La maternidad en la ficción contemporánea

Espacios literarios en contacto

ELC 16

Colección dirigida por

Àngels Santa (Universidad de Lleida)

Mariona Visa, Erica Briones &
M. Carme Figuerola (eds.)

La maternidad en la ficción contemporánea

PETER LANG
Bern · Berlin · Bruxelles · New York · Oxford · Warszawa · Wien

Bibliographic Information published by the Deutsche Nationalbibliothek
The Deutsche Nationalbibliothek lists this publication in the Deutsche Nationalbibliografie; detailed bibliographic data is available online at http://dnb.d-nb.de.

Este libro ha contado con la colaboración de: Universitat de Lleida, INDEST, Centre Dolors Piera, Col.legi d'Infermers I Infermeres de Lleida

Universitat de Lleida
Centre Dolors Piera
d'Igualtat d'Oportunitats
i Promoció de les Dones

Universitat de Lleida
Institut de Desenvolupament
Sócial i Territorial (INDEST)

ISSN 2235-2236 br.
ISBN 978-3-0343-3877-6 br.
ISBN 978-3-0343-4088-5 EPub
DOI 10.3726/b17027
ISSN 2235-6215 eBook
ISBN 978-3-0343-4087-8 eBook
ISBN 978-3-0343-4089-2 Mobi

Wabernstrasse 40, CH-3007 Bern, Switzerland
bern@peterlang.com, www.peterlang.com

Esta publicación ha sido revisada por pares.

Printed in Germany

ÍNDICE

LA MATERNIDAD EN LA GRAN PANTALLA

REPRESENTAR LA MATERNIDAD EN LA FICCIÓN TELEVISIVA

Introducción

El objetivo general de este libro es analizar cuáles son los estereotipos con los que se construye de forma simbólica la maternidad en las obras de ficción audiovisual y literaria estrenadas o publicadas en nuestro país en la contemporaneidad, desde inicios del siglo XXI hasta la actualidad. A la vez, se quiere observar qué relato se hace de los procesos vinculados a esta etapa: la búsqueda del embarazo, la infertilidad, los abortos espontáneos o voluntarios, la gestación, las pérdidas perinatales, el parto, la lactancia y el posparto, después de siglos donde estas experiencias han sido silenciadas en las obras culturales, o tratadas de forma simbólica sin incluir la subjetividad femenina.

Las obras de ficción actúan siempre como un espejo en el que se reflejan las cuestiones más significativas de cada sociedad, legitimando los roles y valores imperantes, pero posibilitando a la vez su debate y su progreso. Los capítulos de este libro, escritos por académicas procedentes de distintas universidades españolas y latinoamericanas, se basan en el análisis de obras artísticas, literarias, cinematográficas y televisivas que han sido populares en las últimas décadas y que, en algunos de los casos, han trascendido por su innovación a la hora de representar la figura materna. A lo largo de los estudios de caso propuestos por cada autora, algunos basados en al análisis de obras anteriores que sirven para enmarcar históricamente las actuales, comprobaremos si los cambios sociales, culturales y tecnológicos del nuevo milenio han propiciado nuevos relatos, con más matices, sobre qué significa convertirse en madre y hasta qué punto se ha conseguido una mayor visibilidad de los procesos que acompañan esta etapa vital.

Desde finales de los años 80 del siglo pasado se popularizó el término "maternidad intensiva" (Hays, 1996)[1] o el inglés "new momism" (Douglas y Meredith, 2005) para hacer referencia al modelo de madre más propagado en los medios de comunicación. La ideología de la maternidad

1 Todas la referencias bibliográficas de la introducción podrán encontrarse al final del primer capítulo.

intensiva contenía tres principios fundamentales: la inversión de una enorme cantidad de tiempo, energía, dinero y desgaste emocional en la crianza de los hijos; el desprecio inicial de la aportación paterna a dicha crianza y la consideración de los niños como seres sagrados, inocentes, puros por naturaleza, que constituyen el polo opuesto de una sociedad mercantilista. Se responsabilizaba por tanto únicamente a las mujeres del desarrollo social y cognitivo del bebé, con toda la dificultad logística y emocional que este hecho conllevaba. En palabras de Hays, "la idea de que la correcta crianza infantil exige no solo de grandes cantidades de dinero sino también habilidades de nivel profesional y copiosas cantidades de energía física, moral, mental y emocional por parte de la madre individual es un fenómeno histórico relativamente reciente" (Hays, 1998, 25). Además, este hecho suponía una clara contradicción cultural ya que la misma sociedad que difundía esta ideología que instaba a las madres a dar con abnegación su tiempo, dinero y amor a los niños, al mismo tiempo las impulsaba a ser individualistas y ambiciosamente competitivas en el trabajo. Este modelo dio pie al mito de la *superwoman*, también ampliamente representado en la ficción, en que la mujer era retratada con éxito en su vida profesional, laboral y personal. Se vieron así en los libros y en la pantalla cinematográfica o televisiva a muchas protagonistas que proyectaban un ideal de mujer inalcanzable: con altas cualidades en el desempeño de su trabajo, con una vida personal llena de afectos y además con una estética acorde a los cánones de belleza del momento.

En la actualidad, como se podrá leer a lo largo del libro, algunas ficciones empiezan a ser críticas con este rol. Gracias a la aparición de nuevos formatos audiovisuales y literarios y a la incorporación de más mujeres en su producción, cada vez tenemos acceso a más relatos de madres que nos hablan en primera persona de su experiencia y que muestran no solo la parte más edulcorada de esta etapa sino también el amplio abanico de sentimientos que despiertan los cambios físicos y psíquicos que comporta la maternidad. Además, las obras de ficción del nuevo mileno han empezado a mostrar los problemas de conciliación personal y laboral, hasta ahora eludidos en un gran número de obras populares. Rebecca Feasey (2012) define como "good enough mothers" a las madres que siguen este modelo, que engloba a aquellas mujeres que luchan con una serie de problemas emocionales, logísticos y financieros y que muestran la crianza de una forma más realista, dialogando con el ideal de buena madre.

También llegan a las librerías y a nuestras pantallas cada vez más historias que visibilizan la diversidad de madres que existen en la actualidad, más allá de la familia nuclear heterosexual con hijos biológicos. Igualmente, paulatinamente vemos más mujeres protagonistas que no son madres, por lo que aumentan también los referentes que desligan a la mujer del rol tradicional de la reproducción.

De todas formas, existen todavía algunos relatos, y precisamente aquellos más mayoritarios, en los que el modelo de madre vigente sigue sujeto a estereotipos patriarcales que imposibilitan una representación libre y empoderada de lo que significa convertirse en madre en la actualidad. A pesar del progreso de las mujeres en el mundo laboral y su consecuente normalización en las representaciones culturales, todavía queda un largo camino por recorrer para llegar a una representación realista y plural de la maternidad en la ficción generalista.

Por lo que respeta a la visibilidad de los procesos de reproducción y crianza, se están produciendo también muchos cambios en las obras contemporáneas, incorporando nuevos discursos sobre lo que siente el cuerpo de la mujer durante la gestación y dando voz a vivencias que hasta hace pocos años se compartían solo entre susurros en la intimidad del hogar. Aunque la representación de mujeres embarazadas fue una de las primeras imágenes simbólicas creadas por los humanos, esta presencia terminó de forma brusca después de la celebración del Concilio de Trento, en el siglo XV (Visa, Crespo, 2014). Así, durante mucho tiempo, hasta buena parte del siglo XX, la exhibición pública del embarazo y de otros procesos biológicos de la maternidad se consideró indecorosa y quedó escondida de la esfera pública. La etapa reproductiva fue solo representada de forma simbólica y se propagó un imaginario que dejaba al margen las experiencias y opiniones de las mujeres. No fue hasta mediados del siglo pasado que se empezó a romper el tabú sobre el cuerpo materno, primero desde contextos artísticos específicos y más adelante desde los nuevos medios de comunicación. La digitalización propició la aparición de nuevas plataformas y redes sociales que posibilitaron la compartición de experiencias propias a grandes audiencias; las madres anónimas pudieron así, por primera vez, relatar en primera persona y debatir globalmente sus vivencias, algunas de ellas silenciadas hasta entonces, como la búsqueda del embarazo o el aborto. En la última década el relato sobre estas etapas ha aumentado en las obras culturales e incluso han aparecido producciones centradas específicamente en narrar estas experiencias.

Este volumen empieza con un capítulo introductorio, titulado "El análisis de contenido, una apuesta metodológica para el estudio de la maternidad en la ficción", que realiza una revisión de los estudios existentes sobre la representación de la maternidad en los medios de comunicación, en concreto en el cine y en la televisión, deteniéndose en la metodología utilizada para poder contextualizar a continuación los capítulos que se incluyen en este libro, de los que se detallará los principales objetivos y la aproximación metodológica utilizada.

Seguidamente, el primer bloque responde a la voluntad de obtener una visión panorámica de cómo se representa la maternidad en otros altavoces culturales que sirven de contexto para el posterior análisis centrado en la ficción, como son el arte y la publicidad.

A continuación, se abre el segundo bloque del libro, centrado específicamente en la literatura, que nos habla de la escritura femenina y la relación madres-hijas, estudiando no solo la figura de la madre sino también la multiplicidad de géneros que en los últimos años han ocupado el lugar de la novela familiar para describir esta relación. Así, se aborda el gran auge que ha tenido la narrativa testimonial por parte de escritoras madres que convierten parte de su experiencia maternal en material literario, explorando temáticas y narrativas propias.

Después se encuentran dos bloques centrados en la ficción audiovisual. El poder del cine, la televisión y, actualmente, de las plataformas digitales de distribución de contenidos audiovisuales en la construcción de identidades culturales es altamente reconocido. La exposición a los mensajes transmitidos a través de estas obras tiene una clara influencia en las representaciones mentales que la audiencia se hace de las etapas vitales, así como en las actitudes que se adoptará cuando se vivan.

Por lo que respeta a las series de ficción, son actualmente el producto cultural de más éxito, y gracias a la distribución a demanda a través de plataformas como Netflix, Movistar, Filmin, HBO o Amazon Prime Video, entre otras, ha aumentado su producción y consumo. Es por este motivo que las obras en que más nos centraremos serán las producciones de ficción serial distribuidas por estos canales, sin dejar de lado las series distribuidas por la televisión generalista.

Desde finales de los años 90 del siglo XX se habla de lo que según numerosos críticos es la era de la "Quality TV" (McCabe, 2007), con un gran número de series que abordan temáticas transgresoras e innovadoras, ya que la distribución por cable primero y a través de plataformas de pago después ha hecho posible la creación de obras liberadas de la obligación de gustar a todos los públicos y de contentar a un gran número de marcas publicitarias. Durante los primeros años de esta etapa dorada proliferaron series con protagonistas masculinos como *The Sopranos* (HBO 1999–2007), *Mad Men* (AMC 2007–2015) o *Breaking Bad* (AMC, 2008–2013). No es hasta la década actual que se empiezan a ver gran cantidad de obras con protagonistas femeninas (muchas de ellas con mujeres también en el equipo de guion y producción) que exploran temáticas históricamente alejadas de las ficciones televisivas como los procesos de reproducción y la crianza vista desde una perspectiva de género.

En España, la producción de series de ficción con mujeres como protagonistas experimentó también un notable aumento, especialmente en 2005, año en que las obras protagonizadas por mujeres despuntaron en las televisiones generalistas (Menéndez, 2014, 64). Y desde entonces ha ido en aumento, como podrá verse en los ejemplos citados en los capítulos, hecho que demuestra como la ficción internacional y, en concreto la norteamericana, actúa como promotora de nuevas tendencias y patrones audiovisuales que sirven como influencia a la ficción nacional (Hidalgo-Marí, 2017).

A partir de estos cuatro bloques hemos querido aproximarnos al conocimiento y la descripción del estado actual de la representación de la maternidad en la ficción, analizando algunas de las obras más destacadas creadas en las últimas décadas. Como hemos apuntado, en ellas tienen cabida nuevos discursos sobre lo que significa ser madre, muchos de ellos incluyendo el relato de las mujeres en primera persona. Esperamos que esta tendencia vaya en aumento en el futuro y las experiencias maternas ganen cada vez más visibilidad.

Muchas gracias a todos los autores que con sus aportaciones han contribuido a la realización de este volumen monográfico, y que desde sus respectivas disciplinas han aportado luz sobre cómo se construye simbólicamente la maternidad en la ficción contemporánea, que no podemos olvidar que actúa como escaparate en el que se reflejan las tendencias y las problemáticas de nuestra sociedad.

Mariona Visa
Universitat de Lleida

APROXIMACIONES METODOLÓGICAS

El análisis de contenido, una apuesta metodológica para el estudio de la maternidad en la ficción

Mariona Visa y Teresa Serés

Este primer capítulo realiza una revisión de los libros y artículos existentes sobre la representación de la maternidad en los medios de comunicación, en concreto en el cine y en la televisión, aunque también en la literatura, deteniéndose en la metodología mayoritariamente utilizada, para poder contextualizar a continuación los estudios que se incluyen en el presente trabajo, de los que se detallarán los principales objetivos y la aproximación metodológica utilizada.

La representación de las identidades en los medios de comunicación puede ser abordada desde distintas perspectivas metodológicas. Sin embargo, si atendemos a los capítulos aquí recogidos, observamos una clara tendencia a los estudios que se interesan por metodologías de análisis de contenido.

Así pues, entendemos que las primeras reflexiones sobre métodos de análisis que requerían la obertura de este libro debían hacer referencia a esta metodología. Además, cabe destacar que en cualquier texto que se proponga hablar de este tipo de análisis no se puede obviar un debate de fondo en lo que se refiere a la distinción entre el enfoque cualitativo y cuantitativo, y que se ha tratado ampliamente en numerosos estudios en que el objeto es el método. Esta discusión, sin duda, conlleva a clarificar previamente algunas cuestiones. Andréu (2018), por ejemplo, intenta exponer las diferentes cualificaciones que se han atribuido al análisis del discurso y analiza cómo han evolucionado hasta nuestros días. En este sentido es prescriptivo, y así lo recoge este autor en su artículo, iniciar la definición del análisis de contenido con las palabras de Berelson (1952, p.18), quien identifica esta metodología como "una técnica de investigación para la descripción objetiva, sistemática y cuantitativa del contenido manifiesto de la comunicación". Sin duda algunos aspectos de esta formulación han sido discutidos y revisados. El primer elemento que ha sido objeto de revisión se refiere a la necesidad del análisis de contenido de partir de un contenido manifiesto (Andréu, 2018). En este sentido se remite a ciertos autores, como Hostil y Stone (1969, p. 5) que introducen algunas consideraciones remarcables, como la referencia al contenido latente de los textos: "El análisis de contenido es una técnica de investigación para formular inferencias identificando de manera sistemática y objetiva ciertas características específicas dentro de un texto". Otro de los autores referidos por Andréu, y que plantea también aspectos a revisar, es Kripendoff (1990, p. 28), quien añade la necesidad de tener en cuenta el contexto y propone su definición en los términos siguientes: "una técnica de investigación destinada a formular, a partir de ciertos datos, inferencias reproducibles y válidas que puedan aplicarse a su contexto".

Pero, de hecho, en la asignación de un enfoque cualitativo o cuantitativo al análisis de contenido subyace un debate más amplio y el inicio del cual, además, se ha situado en 1955, cuando el Social Science Research Council's Committee on Linguistics and Psychology organizó una conferencia sobre el análisis de contenido, a partir de la cual comienza la contraposición entre lo que se entiende por análisis de contenido cuantitativo y cualitativo.

"Para los partidarios del análisis cuantitativo lo que sirve de la información es la frecuencia de la aparición de ciertas características de contenido. Para los analistas cualitativos es la presencia o ausencia de una característica de contenido dada, o de un conjunto de características, en un cierto fragmento de mensaje que es tomado en consideración." (Andréu 2018: p. 7).

Así pues, a lo largo de la historia nos encontramos con aquellos investigadores que apuestan por un enfoque cualitativo y que a menudo critican la fragmentación y la falta de profundidad explicativa de los estudios cuantitativos a la hora de abordar cuestiones del ámbito de las Ciencias Sociales, mientras que otros optan por una metodología cuantitativa, puesto que consideran que los estudios cualitativos son poco objetivos y carentes de precisión, y rigor científico. En relación con este fenómeno cabe hacer referencia a la evolución histórica del análisis de contenido, así pues, Andréu (2018) establece una periodización que recoge los cambios que ha sufrido el análisis de contenido desde sus inicios, en que las técnicas eran básicamente cuantitativas, hasta el incremento de las propuestas cualitativas. Entre los años 50 y 60 señala una cierta flexibilización en lo que se refiere a la "exigencia de objetividad", y subraya un mayor interés en las propuestas cualitativas entre los años 80 y 2000. Sin embargo, concluye que los mejores análisis son aquellos que combinan ambas técnicas. Y es en este mismo orden de cosas que Sayago (2014) hace incapié la ductilidad del análisis de contenido e identifica el carácter multidisciplinar como el factor que determina su potencial.

"En tanto campo de estudio, se destaca por su multidisciplinariedad y por la heterogeneidad de corrientes y tradiciones que confluyen en él. No solo está constituido por la convergencia de diferentes ciencias (lingüística, sociología, antropología, psicología social, psicología cognitiva, ciencias políticas, ciencias de la comunicación, pedagogía, etc.), sino que, en el interior de cada una de esas ciencias, pueden converger corrientes muy distintas entre sí."

Además, cabe destacar que en los últimos tiempos los análisis de contenido se han abordado tanto desde una perspectiva cuantitativa como cualitativa, y así se recoge en la definición propuesta por Andréu (2018: pp. 3–4):

"Pertenecen al campo del análisis de contenido todo el conjunto de técnicas tendentes a explicar y sistematizar el contenido de los mensajes comunicativos de textos, sonidos e imágenes y la expresión de ese contenido con ayuda de indicios cuantificables o no. Todo ello con el objetivo de efectuar deducciones lógicas justificadas concernientes a la fuente – el emisor y su contexto – o eventualmente a sus efectos. Para ello el analista tendrá a su disposición todo un juego de operaciones analíticas, más o menos adaptadas a la naturaleza del material y del problema que tratará de resolver, pudiendo utilizar una o varias que sean complementarias entre sí para enriquecer los resultados o pretender así una interpretación fundamentada científicamente."

Por tanto, entendemos que el enfoque cuantitativo o cualitativo puede obedecer a opciones distintas que estarán ligadas al tipo de estudio que se quiera abordar. Los análisis cuantitativos pueden ser útiles en aquellos casos que se pretenda probar hipótesis ya establecidas y que se quiera utilizar la medición numérica y estadística. Mientras que los cuantitativos serán más adecuados para plantear preguntas e hipótesis, describir patrones, recoger observaciones, etc. Es quizás la búsqueda de modelos y patrones en los distintos casos sobre la representación de la maternidad, propuestos en este libro, lo que explicaría una mayor proliferación de capítulos con estudios que aplican el análisis de contenido cualitativo.

Estudios sobre la representación de la maternidad en la ficción

Desde los años setenta del siglo pasado los estudios sobre la representación de la mujer en la ficción audiovisual han devenido un tema fundamental de investigación en numerosas disciplinas. Son menores aquellos análisis centrados en la representación específica de la maternidad en los medios, aunque a menudo se ha abordado de forma genérica en distintas obras.

Entre los primeros estudios centrados en la construcción simbólica de la maternidad por parte de la sociedad, destacan algunas publicaciones que durante los años 80 y 90 del siglo XX interrogaron directamente a las madres sobre sus expectativas antes de tener hijos y sus opiniones después de tenerlos, como el libro *Becoming a mother* (Oakley, 1979) o *Motherhood and modernity* (Everingham, 1994). Pero la más popular fue la obra *The cultural contradicitions of motherhood,* escrita por Sharon Hays en 1998. En esta, la autora primero realiza un análisis de contenido de los manuales de crianza de la época para proseguir con entrevistas a madres sobre sus experiencias personales. A partir de confrontar el discurso institucional de los manuales oficiales con las vivencias de las madres pudo formular la gran contradicción cultural de la maternidad, ya que la misma sociedad que insta a las madres a dar con abnegación su tiempo, dinero y amor a los niños, al mismo tiempo las impulsa a ser individualistas y ambiciosamente competitivas en el trabajo.

A esta obra le siguieron otros estudios, realizados también de forma cualitativa interrogando directamente a las madres sobre los condicionantes de ser madre en la sociedad contemporánea, como *Misconceptions* (Wolf, 2002), (Miller, 2005), *Opting out: why women really quit careers and head home* (Stone, 2008) o el más reciente *Madres arrepentidas* (Donath, 2015).

En el campo concreto de la representación de la maternidad en los medios audiovisuales, destaca el trabajo de Rebecca Feasey, que ha abordado la representación de la maternidad a través de distintas metodologías. Por lo que se refiere a la perspectiva más cualitativa, su libro *Mothers on mothers. Maternal readings of popular television*; de 2016, fue el resultado de realizar un cuestionario online a madres inglesas sobre cómo se vinculan con las madres que aparecen en televisión (tanto en las ficciones como en los programas de telerrealidad) y cómo las interpretan, así como qué influencia tienen en su día a día.

Más allá de este ejemplo, no existen gran cantidad de estudios basados en cómo perciben las madres su presencia o ausencia en las obras audiovisuales. En nuestro país solo encontramos dos ejemplos de artículos sobre esta temática que pregunten directamente a las madres a través de cuestionarios o entrevistas: *La representación de la lactancia materna en el cine* (Visa, 2016) y *Las madres en las películas de animación* (Sánchez-Labella, 2017), que realizan una encuesta a madres y/o niños con el fin de conocer las obras más populares para este target y delimitar así el objeto de estudio que a posteriori será sometido a un análisis de contenido. En el primero, la parrilla de análisis fue diseñada para anotar el título de cada film estudiado, su nacionalidad, año, director, número de referencias o visualizaciones de madres lactantes, las características de estas y la situación en que se amamanta, su connotación, las informaciones dadas respecto al amamantamiento y la vinculación del acto con elementos eróticos, irónicos, místicos o cotidianos. En el segundo, el análisis de contenido se centraba en la producción y el año, el modelo de familia al que pertenecía el personaje con rol de madre, el rol que desempeñaba, el peso narrativo, la presencia continuada o eventual de dicho personaje, las características en cuanto al personaje como persona y sus objetivos.

Por lo que respecta a estudios basados principalmente en estudios de caso, sí que encontramos numerosos ejemplos de obras que han abordado la representación de la maternidad. *The mommy mith* (Douglas, Michaels, 2005), analizó la representación de las madres en la cultura popular anglosajona. En este libro se acuñó el término "new momism", respondiendo al ideal de perfección difundido por los medios que promueve un ideal imposible al sugerir que la mujer debe trabajar fuera de casa con éxito y vivir a la vez la maternidad de manera intensa.

En el campo específico del cine, cabe nombrar *Motherhood misconceived* (Addison, Goodwin-Kelly, Roth; 2009), en el que se recopilan una serie de textos que analizan las madres representadas en los filmes americanos contemporáneos, tanto populares como independientes; *Mommy angst* (Bishop, Hall; 2009), que examina diversos medios (también Internet) para interpretar y explicar las diversas y conflictivas imágenes de la maternidad en la cultura contemporánea; o *Motherhood online* (Moravec, 2011), que pone el foco en blogs y foros como nuevos espacios maternales online, concepto que en nuestro país pondrá de relieve el libro *Madres en red* (Visa, Crespo, 2014).

Ya en la segunda década del siglo XXI, *From happy homemaker to desperate housewives: Motherhood and popular television* (2012), la anteriormente citada Rebecca Feasey, analizó si distintos textos televisivos se adhieren al mito de la maternidad intensiva o si en cambio negocian con representaciones más realistas de las madres, lo que ella llama "good enough mothers". *The modern in the age of mechanical reproduction* (Marder, 2012) incidió en cómo se ha representado el cuerpo materno y el acto de nacer en la literatura, el psicoanálisis, la filosofía, el cine y la fotografía durante el siglo XX y concluye cómo a menudo se explica en términos no humanos ni naturales; *Mediating moms* (Podnieks, 2012) manifestó la enorme atención que la cultura popular ha puesto en la maternidad; *Motherhood and representation: The mother in popular culture and melodrama* (Kaplan, 2013) se centró en el paradigma de la madre como bruja o como ángel en diversos textos cinematográficos y literarios y *Cinematernity: Film, motherhood, genre* (Fisher, 2014) revisó los roles de las madres en distintos géneros cinematográficos.

En España destacan los libros que comentamos a continuación, resultado de investigaciones textuales sobre la representación de la maternidad en obras cinematográficas o televisivas: *Cinematergrafía: la madre en el cine y la literatura de la democracia* (Fuentes, 2004), en el que se analizan en profundidad personajes femeninos del cine español de 1975 a 2000; el capítulo "Maternidad, secretos y deseos en Mujeres desesperadas", en el libro de Cascajosa *La caja lista: Televisión norteamericana de culto* (2007); *El hombre intranquilo. Mujer y maternidad en el cine clásico americano* (Lanuza, 2012) y *Padres y madres en serie* (Visa, 2015).

Cuanto a artículos académicos, "La representación de la maternidad en las series de ficción norteamericanas. Propuesta para un análisis de contenido, *Desperate Housewives y Brothers & Sisters*" (Medina et al, 2010) detalla tres niveles a tener en cuenta de los productos mediáticos a estudiar: la estructura del imaginario social, la estructura narrativa y finalmente la interpretación del relato mediático. "De la maternidad al empoderamiento: una panorámica sobre la representación de la mujer en la ficción española" (Hidalgo-Marí, 2017) profundiza en la evolución de la representación femenina en la ficción española y establece prospectivas sobre las tendencias en dicha representación, ya que paulatinamente se apuesta por el empoderamiento de las mujeres tanto en esferas familiares como profesionales y sociales.

Finalmente, aunque menores, también encontramos estudios centrados no solo en la representación simbólica de la maternidad sino en cómo se visualizan los procesos biológicos vinculados a ella, siendo el embarazo el que más interés ha despertado. *Knock me up, knock me down* (Oliver, 2012) se fija como el embarazo ha pasado de ser una condición vergonzante en el cine clásico a una situación romántica o incluso cómica en el cine actual; *Pregnancy in literature and film* (Boswell, 2014) muestra cómo el embarazo afecta la narrativa literaria y cinematográfica en diversos géneros y pasa de ser un mero complemento argumental a una forma narrativa madura, expresando nuestro miedos, valores y esperanzas. A nivel nacional, el artículo "Embarazo y parto en el cine" (González de Dios et al, 2013) analiza cómo estos dos procesos se representan y con qué connotaciones en el cine actual.

Metodologías utilizadas en los capítulos de este volumen monográfico

Las propuestas que confieren el presente libro son en su mayoría análisis de contenido cualitativo y apuestan por el estudio de caso. A través de la selección de algunos ejemplos, que abrazan de manera transversal desde el cine, la literatura, el arte y la televisión, los diversos autores establecen una serie de categorías que permiten describir el tratamiento de que es objeto la maternidad en todos estos ámbitos. Es habitual en muchos de ellos hacer una propuesta taxonómica de los distintos tipos de maternidad que representan tanto personajes de ficción –en la mayoría de ejemplos- como personas reales, y que incluye en numerosos casos la consideración de una categoría emergente como es la de las "no-madres". El establecimiento de estos modelos a menudo permite identificar la correlación existente entre los modelos hegemónicos actuales con aquellos que se han dado en momentos anteriores, con la voluntad de descubrir si en la representación de la maternidad de las propuestas estudiadas se ha producido una transgresión real o se trata simplemente de una transgresión aparente tras la cual se esconden unos planteamientos netamente convencionales.

El primer capítulo del libro, "La representación de la maternidad en el arte contemporáneo: del menaje doméstico a la libre dimensión espiritual", de Ana M. Palomo-Chinarro muestra como hasta más allá de la mitad del siglo XX no hubo una auténtica revolución en el significado social de la representación de la maternidad. No es hasta finales del siglo XX e inicios del XXI cuando una serie de artistas abordan, con la misma beligerancia que sus antecesoras, las cuestiones de género y los argumentos próximos a la maternidad y a sus consecuencias, pero lo hacen sirviéndose de actitudes frescas basadas en la ironía mordaz y el sarcasmo. El capítulo revisa las creaciones de Natalia Iguiñiz, Heather Gray, Jill Miller, Courtney Kessel, Lenka Clayton, Verónica Ruth Frías o Mayte Carrasco, y a su vez incide en su toma de conciencia, en su complejidad y en la diversidad de su interpretación.

En "La maternidad en la publicidad audiovisual", M. Salomé Ribes analiza algunos anuncios publicitarios actuales para comprobar cómo se representa la imagen de la madre y hasta qué punto la publicidad se hace eco de los cambios que esta figura, y el concepto de familia por extensión, ha experimentado en la sociedad durante los últimos años. La descripción se ciñe sobre todo a la televisión y a la actualidad, aunque también se refiere a algunos carteles publicitarios más antiguos. A partir de algunos ejemplos demuestra como la representación de las madres en la publicidad ha evolucionado y, aunque sea tímidamente, consigue superar los clichés que configuran su imagen.

El segundo bloque del libro, dedicado a la representación de la maternidad en la literatura, empieza con el capítulo "George Sand y la maternidad: entre la ficción y la vida misma", de Àngels Santa y M. Carme Figuerola. La maternidad ocupa en la vida y en la escritura de George Sand un papel importante y las autoras abordan, a través de la descripción de su vida personal y el análisis de su obra artística, el significado de las relaciones materno filiales en sus creaciones. Aunque en los relatos sandianos no abundan los personajes maternos, las heroínas representantes de la maternidad se sitúan en obras de caudal relevancia y, además, se pueden encontrar múltiples protagonistas que– sin pertenecer a la categoría de madres- manifiestan sentimientos maternales, con lo que la conjugación de ambos aspectos permite vislumbrar la postura de su creadora.

Seguidamente, Helena Alonso, Laia Balasch, Montse Sanjuan y Joana Soto describen "Los imaginarios de la maternidad en la literatura catalana del siglo XXI". A partir del análisis de novelas, obras teatrales y poemarios centrados en el tema de la maternidad o de las relaciones materno-filiales describen el aumento de la narración de estas vivencias desde el año 2010 y destacan un fuerte componente autobiográfico en la mayoría de autoras estudiadas, que en su mayoría ponen luz a los aspectos más duros y complicados de la experiencia maternal.

En "Las figuraciones del yo materno: la nueva narrativa autobiográfica de la (pro)creación", de Olga Albarrán, se abordan tres casos de narrativas autobiográficas: *Tiempo de espera* de Carme Riera (1998), *Nueve lunas* de Gabriela Wiener (2009) y *Quién quiere ser madre* de Silvia Nanclares (2017), destacando cómo combinan elementos del testimonio, la confesión, el diario, la crónica, la novela de formación y diluyen los siempre confusos límites entre literatura y vida. Son tres obras que nos hablan de una historia simple y, en cambio, raramente contada: un relato reproductivo en primera persona. Tratan del proceso corporal, de la condición femenina y de la institución de la maternidad. También presentan su escritura del yo siguiendo un ritmo corporal, mostrando una temporalidad vinculada al cuerpo reproductivo, ya sea menstrual o gestacional, que marca el tono narrativo.

"Maternidad en cuento: reflejos literarios de dinámicas maternas del Brasil contemporáneo", de Ana Luiza de Figueiredo Souza, relaciona el éxito editorial del libro *La teta racional* de Giovanna Madalosso, con reconfiguraciones de la maternidad en el Brasil contemporáneo, especialmente en lo que se refiere a la concepción del amor materno, la relación con el cuerpo, la ambivalencia materna y la elección de la no maternidad. Se trata así de otro ejemplo que la literatura nos ofrece estos últimos tiempos sobre la realidad materna y sus reconfiguraciones, buscando comprender la vivencia de la maternidad desde los aspectos positivos, pero también negativos. Al analizar la selección de Giovanna Madalosso, el capítulo se dedica a dos cuestiones principales: a) de qué forma la maternidad y la no maternidad son retratadas en la antología; y b) qué configuraciones contemporáneas permiten que eses retratos se concreten y sean bien recibidos por lectores y críticos. De este modo, los objetivos del trabajo consisten en analizar las representaciones maternas y no maternas presentes a lo largo de la colección; y relacionarlas con modelos maternos hegemónicos actuales y de períodos históricos anteriores, señalando rupturas y continuidades entre ellos.

"Las relaciones maternofiliales en el Cine de Pixar del s. XXI", de Júlia Martínez-Cabeza y Estrella Martínez-Rodrigo abre el bloque audiovisual. En este capítulo muestran, a partir del análisis de los largometrajes de animación *Del revés* y *Coco*, como la figura de la madre ha tomado importancia en el cine de animación del siglo XXI. Las autoras aplican de manera explícita la técnica cualitativa del análisis de contenido en las seis figuras maternas que aparecen en los largometrajes y, en torno a ellas, estudian las siguientes categorías: apariencia física, modo de vestir, edad, manera de reaccionar y de relacionarse con los miembros de la unidad familiar, mensajes verbales emitidos, ambientes en los que se desenvuelven estos personajes, su dedicación profesional dentro y fuera del hogar, y valores asociados al personaje.

En "Un monstruo en el sótano: maternidad, duelo e infanticidio en *The Babadook*", Itxaso del Castillo Aira y Katixa Agirre analizan las estrategias que esta película australiana utiliza para reflejar la ambivalencia incomprendida en relación con la maternidad: la representación simbólica del espacio doméstico, la utilización de lo háptico para la transmisión de las sensaciones físicas y la tensión entre los géneros cinematográficos -principalmente el terror y el melodrama-, y la subversión de sus convenciones desde una mirada femenina.

A continuación, "La dialéctica simbólica de lo materno en *Roma* (Alfonso Cuarón, 2018)", de Lorenzo J. Torres Hortelano realiza un análisis textual de esta película, buscando el sentido simbólico del film. El autor analiza elementos de la puesta en escena y del relato, como la opción por fotografía en blanco y negro, la preferencia por planos de tamaño amplio y larga duración (planos-secuencia), los lentos trávelin laterales que suelen acompañar a la protagonista, la utilización de una gran profundidad de campo que hace que la gran mayoría de planos de la película estén enfocados desde el primer término hasta el fondo de la imagen, la mezcla sin solución de continuidad de la lengua española con la mixteco, la utilización de varios actores no profesionales o la mezcla, a nivel narrativo, de las peripecias vitales de los personajes con los elementos dramáticos de la historia de México en los años 70.

"*Madre*: del cortometraje al largometraje, la maternidad en la ficción contemporánea", de María del Puy Alvarado, describe la película *Madre* (Sorogoyen, 2019) desde el punto de vista de la producción cinematográfica. Para ello, se expone el paso del cortometraje previo al largometraje y todas las fases de la producción, desde el desarrollo hasta la promoción y el estreno en salas nacionales. Se realiza un análisis de la obra como proyecto global y a la vez se ofrecen algunas pinceladas generales sobre la producción cinematográfica en España para contextualizar mejor el momento de realización de ambas películas: el corto y el posterior largometraje.

En "Identidad y maternidad en el cine costarricense contemporáneo: *Apego* (Patricia Velásquez, 2019)", Natalia Martínez pretende contextualizar por un lado los itinerarios de género que quedan reflejados en la película y, por otro, examinar la representación de la maternidad y de las relaciones materno-filiales, y de los procesos vitales de las dos mujeres protagonistas.

"La representación del aborto en el cine español (1973–2019): de la clandestinidad a la seguridad", de Álvaro Alconada, Maravillas Torrecilla y Erica Briones, nos introduce en las perspectivas desde las que ha sido tratado el aborto en el cine español contemporáneo, desde los años 70's a la actualidad. Así, se han clasificado cronológicamente las películas en las que el tema del aborto está presente, distinguiendo tres periodos en función de la legislación vigente en nuestro país en relación al aborto para analizar su aparición (con mayor o menor centralidad) y las circunstancias que lo rodean tanto dentro de la película como en el entorno legislativo en que se estrena.

Siguiendo la misma temática, "La representación del aborto en Chile en los medios audiovisuales de ficción", de Mariana Loezar y Erica Briones se centra en el análisis del aborto en las películas chilenas. A partir de seis títulos producidos desde 1965 hasta la actualidad, se realiza un análisis de contenido de los datos generales de las selecciones y de las fases en torno a la decisión del aborto: Estoy embarazada, Cómo me hace sentir mi embarazo, Otras personas saben que estoy embarazada, Punto de inflexión: se considera el aborto como una opción, Se decide abortar, Las consecuencias del aborto y El papel de los servicios sanitarios.

El próximo bloque es el dedicado a la ficción televisiva. El capítulo inicial es "Everyone's a better mom than me!": el reto de la maternidad en la comedia televisiva. El caso de *The Big Bang Theory*," de Beatriz Gómez, que realiza una radiografía completa del discurso de este fenómeno televisivo, aprovechando la finalización de la última temporada de la serie. La ficción analizada le ofrece la oportunidad de estudiar la maternidad a través de dos generaciones: la de las madres de los protagonistas y la de las protagonistas como madres. El estudio a través de la comparación de momentos históricos distintos, busca comprender cuales son los cambios que se han producido en la representación de la maternidad, entendido como un hecho no solo natural sino también histórico, cultural y social. Como en otras comedias, se concluye como su representación oscila entre la convención y la transgresión en el intento de divertir a la audiencia y, simultáneamente, mostrar la complejidad del proceso de maduración de sus personajes ante el reto de la maternidad y la paternidad.

Le sigue "¿Madre no hay más que una? Maternidades reales, mágicas y simbólicas en *Juego de Tronos"*, de M. Isabel Menéndez Menéndez y Marta Fernández Morales. En él, con un enfoque comparativo y aplicando la perspectiva de género, las autoras se acercan de forma crítica a algunas madres y no-madres de la serie, analizando su construcción narrativa, su evolución y su resonancia como figuras femeninas no canónicas en el marco de la ficción televisiva contemporánea. El objetivo es demostrar que la producción de HBO, aunque no puede considerarse un texto globalmente feminista, permite una lectura a contracorriente de las narrativas al uso sobre maternidad, y dibuja un escenario en el que se muestra lo tradicional para posteriormente deconstruirlo, y mostrarnos como los personajes de mujeres –sean o no sean madres– se alejan del estereotipo, aunque, como señalan no parece haber sitio en esta serie para maternidades ordinarias y mucho menos afectuosas.

"Mujeres profesionales y domesticidad/maternidad en las series detectivescas anglo-sajonas: El caso de *No Offence*", de M. Isabel Santaulària, incide en la representación de las mujeres profesionales en la ficción detectivesca y los posibles conflictos de intereses que se muestran entre el trabajo y la esfera doméstica. El caso de esta serie británica es gratificante ya que, en un contexto en el que parece que la felicidad de la mujer radica en el matrimonio y la maternidad, *No Offence* aporta referentes de tres mujeres a las que ni siquiera la maternidad consigue apartar de lo que es su verdadera vocación: la carrera laboral, que además les ofrece un apoyo que generalmente solo se encuentra en la familia en otras historias de ficción.

En "It comes with the tits" o, ¿por qué somos madres?: Explorando la figura de la madre soltera en las series de Amy Sherman-Palladino *Gilmore Girls* y *The Marvelous Mrs. Maisel*", Noor Yasmina Benchichah, a través de las madres protagonistas de estas ficciones, examina la representación de la maternidad en la televisión estadounidense actual en general y la figura de la madre soltera en concreto. A partir de estos dos relatos muestra la existencia de obras en las que ser mujer, madre y soltera no son los elementos que motivan la narración, y en los que la mujer soltera no ve la maternidad como un problema que debe ser solucionado.

"La mirada de la serialidad televisiva a los extremos de la maternidad: el caso de *El Cuento de la criada"*, de Ana Lanuza y Elena Cebrián, se ocupa de identificar el análisis social que plantea la serie a partir del acercamiento a las dos tramas con que se cuenta como Gilead- la república totalitaria en que se desarrolla la obra- instrumentaliza y desnaturaliza la maternidad y, visibilizando las estrategias con las que se plantean las preguntas sobre la "maternidad líquida". A través de las implicaciones de la ruptura de los vínculos entre las personas, se concluye como *El cuento de la criada* mira de frente a la sociedad que ha ampliado las formas de familia y de maternidad. y le pregunta si hay límites.

Seguidamente, "El proceso de reproducción y crianza en la ficción televisiva contemporánea" de Mariona Visa, se detiene a estudiar cuatro series estrenadas durante los últimos años centradas en la etapa de la reproducción y crianza: *Catastrophe* (Channel 4, 2015, aquí vista en Movistar +), *Mira lo que has hech*o (Movistar +, 2017), *The letdown* (Netflix, 2017) y *Madres trabajadoras* (CBC, 2017; aquí vista en Netflix). El objetivo es observar cuáles son los procesos más representados en ellas, qué connotaciones obtienen, qué problemáticas se muestran y con qué perspectiva se abordan.

Siguiendo esta estela, en "Ficción audiovisual y maternidad. Análisis de la serie *Mira lo que has hecho*", Andrea Castro-Martínez y Pablo Díaz-Morilla, a través del análisis de contenido de diferentes capítulos y de entrevistas semiestructuradas al equipo que ha dado forma a la serie se estudia el proceso de construcción audiovisual de aspectos vinculados a la llegada del primer hijo, con el objetivo de investigar la representación en esta ficción de la maternidad y de los procesos que la acompañan.

Conclusiones

Si bien el interés por la representación de la mujer en la ficción audiovisual no es un tema nuevo, desde los años setenta ha adquirido un papel central como investigación en muchas disciplinas. Sin embargo, hay una presencia menor de análisis referidos a la representación específica de la maternidad en los medios. Es por ello que adquiere sentido el objetivo de este libro de analizar cómo se construye de forma simbólica la maternidad en las obras de ficción estrenadas o publicadas en nuestro país desde inicios del siglo XXI hasta la actualidad.

Tal como se ha visto en el presente capítulo, a través de un análisis breve de los distintos textos que incluye este volumen, se pone de manifiesto cómo desde la literatura, el arte o la ficción audiovisual se vislumbran ciertos cambios en la representación de la maternidad, que podemos observar en los productos de ficción contemporáneos. Así pues, se descubre con este capítulo inicial como a través de los textos literarios ya se evidencia el gran auge que ha tenido, en los últimos años, la narrativa testimonial de escritoras madres, que desde su experiencia maternal ofrecen una propuesta literaria con temáticas y narrativas muy personales. Y así mismo, como aparecen nuevos productos audiovisuales, en que se da cabida a temáticas que no habían tenido hasta el momento visibilidad: la reproducción, la crianza, el aborto; nuevos modelos de maternidad, y también nuevas figuras, madres y no-madres.

Todas estas propuestas de estudio se tratan a través de diversos análisis, que convergen en el planteamiento metodológico, ya que la apuesta más común es el estudio de caso, que se aborda desde el análisis de contenido cualitativo. Sin duda, la ductibilidad del método, que permite un enfoque muy transversal y multidisciplinar, justifica esta apuesta en los artículos que se recogen en este libro.

Referencias

Addison, H., Goodwin-Kelly, M. K., & Roth, E. (Eds.). (2009). *Motherhood misconceived: representing the maternal in US Films*. New York: SUNY Press

Abela, J. A. (2008). Las Técnicas de análisis de contenido: Una revisión actualizada. Edit. Universidad de Granada. España

Andréu, J. (2008) Las Técnicas de análisis de contenido: Una revisión actualizada. Granada: Universidad de Granada

Berelson, B. (1952). *Content Analysis in Communication Research*, Free Press, Glencoe

Bishop, M. J., & Hall, A. C. (Eds.). (2009). *Mommy Angst: Motherhood in American Popular Culture: Motherhood in American Popular Culture*. ABC-CLIO

Boswell, Parley Ann. (2014). *Pregnancy in Literature and Film*. Jefferson: McFarland

Donath, O. (2016). *Madres arrepentidas: una mirada radical a la maternidad y sus falacias sociales*. Barcelona: Reservoir Books

Douglas, S., & Michaels, M. (2005). *The mommy myth: The idealization of motherhood and how it has undermined all women*. New York: Simon and Schuster

Everingham, C. (1994). *Motherhood and modernity: An investigation into the rational dimension of mothering*. Australia: Allen & Unwin

Feasey, R. (2012). *From happy homemaker to desperate housewives: motherhood and popular television*. London: Anthem Press

Feasey, R. (2016). *Mothers on mothers: maternal readings of popular television*. Bern: Peter Lang

Feasey, R. (2017). Good, Bad or Just Good Enough: Representations of Motherhood and the Maternal Role on the Small Screen. *Studies in the Maternal*, 9(1): 5, 1–31. doi: https://doi.org/10.16995/sim.234

Fischer, L. (2014). *Cinematernity: Film, motherhood, genre*. Princeton University Press

Fuentes, M. J. G. (2004). *Cinematergrafía: la madre en el cine y la literatura de la democracia* (Vol. 6). Valencia: Publicacions de la Universitat Jaume I

González de Dios, J. C. Martínez González, and P. J. Ruiz Lázaro. (2013)- Embarazo y parto en el cine (I): emociones y reflexiones. *Pediatría Atención Primaria* 15.60. e177–e188

Hays, S. (1998). *The cultural contradictions of motherhood*. New Haven: Yale University Press

Hidalgo-Marí, T. (2017). De la maternidad al empoderamiento: una panorámica sobre la representación de la mujer en la ficción española. *Prisma Social*, (2), 291–314

Hostil O.R. (1969) *Content analysis for the social sciences and humanities*. Boston: Addison Wesley

Kaplan, E. A. (2013). *Motherhood and representation: The mother in popular culture and melodrama*. London: Routledge

Krippendorff, K. (1990). *Metodología de análisis de contenido. Teoría y Práctica. Barcelona:* Paidos Comunicación

Lanuza, A. (2012). *El hombre intranquilo: mujer y maternidad en el cine clásico americano* (Vol. 437). Madrid: Encuentro

Marder, E. (2012). *The Mother in the Age of Mechanical Reproduction: Psychoanalysis, Photography, Deconstruction.* New York: Fordham Univ. Press

Medina, P., Aran, S., Munté, R., Rodrigo, M., & Guillén, M. (2010). La representación de la maternidad en las series de ficción norteamericanas. Propuesta para un análisis de contenido, Desperate Housewives y Brothers & Sisters. In *II Congreso Internacional de la Asociación Española de Investigadores en Comunicación*

Mercado, M. T. (2007). Maternidad, secretos y deseos en Mujeres desesperadas. *La caja lista: Televisión norteamericana de culto*, 215–230

Moravec, M. (Ed.). (2011). *Motherhood online.* Cambridge Scholars Publishing

Nanclares, S. (2017). *Quién quiere ser madre.* Madrid: Alfaguara

Oakley, A. (1979). *Becoming a mother.* New York: Schocken

Oliver, K. (2012). *Knock me up, knock me down: Images of pregnancy in Hollywood films.* New York: Columbia University Press

Podnieks, E. (Ed.). (2012). *Mediating moms: Mothers in popular culture.* Canada: McGill-Queen's Press-MQUP

Riera, Carme (1998). *Tiempo de espera* (Vol. 262). Barcelona. Editorial Lumen

Sánchez Labella, M. I. (2014). Infoxicación en la animación televisiva. Personajes masculinos y femeninos que perpetúan roles. *Ámbitos. Revista internacional de comunicación*, (26)

Stone, P. (2008). *Opting out?: Why women really quit careers and head home.* California: Univ. of California Press

Sayago, S. (2014). El análisis del discurso como técnica de investigación cualitativa y cuantitativa en las ciencias sociales. *Cinta moebio* 49: 1–10. doi: 10.4067/S0717-554X2014000100001

Visa, M. y Crespo, C. (2014). *Madres en red: del lavadero a la blogosfera*. Madrid: Clave Intelectual

Visa, M. (2015). *Padres y madres en serie*. Barcelona: Editorial UOC

Visa, M. (2017). La representación de la lactancia materna en el cine. *Estudios sobre el Mensaje Periodístico*, *23*(1), 689–700

Visa, M. (2017). La representación de la lactancia materna en el cine. *Estudios sobre el Mensaje Periodístico, vol 23, núm. 1, p. 689–700*

Wolf, N. (2003). *Misconceptions: Truth, lies, and the unexpected on the journey to motherhood*. Hambug: Anchor

Wiener, G. (2010). *Nueve lunas*. Barcelona: Literatura Random House

EXPRESAR LA MATERNIDAD EN EL ARTE Y LA PUBLICIDAD

La representación de la maternidad en el arte contemporáneo: del menaje doméstico a la libre dimensión espiritual

Ana M. Palomo-Chinarro

Lo materno se revela como un espacio de conflicto: conflicto entre los propios deseos y las expectativas externas; conflicto entre trabajo remunerado y trabajo de cuidados; conflicto entre los dictados morales y la lucha de las mujeres por disponer libremente de su reproducción.

Juan Vicente Aliaga

En una sociedad en la que las desigualdades globales y la consecuente indignación se propugnan como destacados elementos motrices de los movimientos contestatarios, el empoderamiento de la mujer ha pasado a formar parte del grupo de los paradigmas cambiantes por los cuales nos deslizamos. La presencia de la mujer ocupando las calles, manifestándose en las redes sociales y argumentando reiteradamente en todos los estamentos, públicos y privados, la justicia de sus reivindicaciones, le ha proporcionado una visibilidad que no tenía desde hacía tiempo. El rol que la mujer debe ejercer en los diferentes ámbitos sociales se ha convertido en un nudo gordiano que hay que deshacer y la deliberación sobre este rol ha acabado en todos los fórums que intentan promover cambios políticos, económicos y sociales.

El género femenino no existía, con notoriedad ni representación social, hasta la década de los años veinte del siglo pasado; la revolución nació entre las mujeres trabajadoras, auténticas impulsoras de los movimientos y de las reivindicaciones sociales. Pero, muy pronto, algunas mujeres que habían accedido al mundo de la cultura entraron en liza y denunciaron que el hombre se había apropiado de la historia y que no había dejado lugar para ellas. El arte no podía quedar al margen de este proceso evolutivo de la sociedad; al contrario, las mujeres artistas se adjudicaron importantes prerrogativas en la pugna iniciada. El movimiento feminista encontró en la historia del arte de carácter androcéntrico un material fundamental para reescribir el género; en su cuerpo teórico se dejó notar, de manera continuada, la praxis de muchas creadoras preocupadas por colaborar en la inclusión del género femenino en una nueva dimensión participativa. En este sentido, debemos hacernos eco de reflexiones como las vertidas por Ana Martínez-Collado:

> La cuestión no era sólo plantear la necesidad de incorporar a las mujeres artistas en la historia del arte, sino la necesidad de un cambio de paradigma, de un patrón alternativo que altere el valor de las categorías en las que está fundamentada la disciplina, tales como la 'artisticidad' o la 'autoría'. El problema consistía en dónde colocar desde el terreno de la historia a las mujeres, si ellas no entraban en las categorías de 'los grandes maestros' o de los 'grandes genios' [...]. (Martínez-Collado, 2012, p. 75)

Linda Nochlin argumentaba, en un polémico ensayo publicado en el año 1971, que las instituciones artísticas de corte patriarcal habían excluido a la mujer artista y que el trabajo de esta mujer había sido devaluado sistemáticamente. En este mismo ensayo preguntaba cuál había sido el papel de la mujer artista y dónde estaban estas mujeres que no aparecían en la historia del arte. Una respuesta acorde a lo preguntado por Nochlin nos la daba la escritora y crítica de arte Rosa Olivares:

> [...] estaban pariendo, estaban haciendo la comida, estaban fregando. Estaban facilitando el triunfo de sus parejas, en una demostración todavía no suficientemente estudiada de cómo el Síndrome de Estocolmo afecta especialmente a las mujeres, tradicionalmente esclavas del entorno afectivo y familiar. (Olivares, 2008, p. 4)

Desde que destacadas activistas del feminismo militante propusieran que lo que durante tanto tiempo había formado parte de lo privado debía pasar a formar parte de lo público, algunos de los papeles ejercidos hasta entonces por la mujer fueron críticamente interpelados. Con el eslogan de "lo personal es político", todas aquellas actividades que habían mantenido enclaustradas a las mujeres entre los límites de lo doméstico y, por tanto, las habían convertido en víctimas propiciatorias de la sumisión al patriarcado, empezaron a ser objeto de discusión y denuncia. De entre estos roles, el de la maternidad ha resultado ser uno de los que más elementos discordantes ha aportado. La exclusión normativa de la mujer de los parámetros de poder, hasta épocas muy recientes, había constituido un serio hándicap cuando se trataba de mostrar valores de la maternidad que fueran más allá de los propios del orden patriarcal imperante. La controversia establecida sobre el papel de la mujer en la sociedad en el siglo XX, había comportado un gran conflicto en el tratamiento de la maternidad. Durante este período las mujeres artistas se esforzaron fervorosamente por desprenderse de la condición, históricamente atribuida, de subalternas. De esta manera, la maternidad, que había formado parte de la iconografía del arte desde la antigüedad, adoptó cambios importantes cuando la mujer dejó de ser un ente biológico para pasar a ser un destacado elemento económico, político y social. Las maternidades ya no serían solo representaciones del hecho maternal, sino que pasarían a ser posicionamientos ante la realidad: las maternidades derivarán, en la contemporaneidad, en un sinfín de teorizaciones que la exaltarán, la negarán, la convertirán en obstáculo para la progresión social y profesional o en trampolín para su realización personal.

> Lo que ha supuesto para el arte el trabajo de todas las artistas que han trabajado y están trabajando sobre el tema de la maternidad y la crianza, es un proceso de recuperación de una experiencia que se ha tratado de ocultar o bien de desnaturalizar durante siglos. [...] han sido numerosas las artistas que desde principios del siglo XX han ofrecido diferentes visiones acerca de este tema. Unas figurativas o narrativas, otras abstractas, expresivas o incluso metafóricas, en todo caso son imágenes personales que han luchado por liberar de construcciones ideológicas a una experiencia extremadamente vital que ha sido durante demasiado tiempo despojada de su lado más humano en la representación. (González, 2013, p. 235)

Las mujeres artistas, desde principios del siglo XX, pasaron de buscar un lugar al lado del hombre a desmarcarse de algunos de los roles preestablecidos, también se revelaron ante su papel de figurantes, sumaron reivindicaciones, reformularon los fundamentos de la historia y del arte, sometieron sus postulados a la identidad y al sexo, reflexionaron sobre su propio cuerpo, trataron de subvertir el discurso, intentaron despertar conciencias, ensayaron una mirada indignada, iracunda como diría Valcárcel (1997), y se ocuparon de la larga tarea de transformar las relaciones entre los géneros.

Deberíamos considerar que hasta más allá de la mitad del siglo XX no hubo una auténtica revolución en el significado social de la representación de la maternidad. A partir de este período, podríamos adentrarnos en un territorio fronterizo de experimentación colectiva con nombres muy destacados y representaciones de la maternidad que irían desde la ortodoxia, en todas sus acepciones, a la heterodoxia más transgresora. No obstante, es a finales del siglo XX e inicios del XXI cuando una serie de artistas abordan, con la misma beligerancia que sus antecesoras, las cuestiones de género y los argumentos próximos a la maternidad y a sus consecuencias, pero lo hacen sirviéndose de actitudes frescas basadas en la ironía mordaz y el sarcasmo. Ante la dificultad de definir este término poliédrico, la ironía, que caracteriza la dimensión esencial de sus trabajos, nos basaremos en una lúcida reflexión del profesor Vidal Oliveras que nos dará pautas sobre las que fundamentar el compromiso social y artístico de las autoras que vamos a tratar y de sus obras: "La distancia provocada por la ironía aporta una perspectiva desconcertante que nos hace replantear las cosas. [...] La ironía implica duda, toma de conciencia de la contradicción y la complejidad, diversidad de interpretación" (Vidal Oliveras, 2001, s. p.).

Revisaremos, pues, la perspectiva desconcertante que puede observarse en algunas de las creaciones de Natalia Iguiñiz, Heather Gray, Jill Miller, Courtney Kessel, Lenka Clayton, Verónica Ruth Frías o Mayte Carrasco, y a su vez nos fijaremos en su toma de conciencia, en su complejidad y en la diversidad de su interpretación. Sus propuestas parecen replicar a la estupefacción mostrada, en una tesitura similar a la suya, por Virginia Woolf (1931) cuando nos contaba, indignada, la frustración sentimental de la mujer obligada a sustituir su libre dimensión espiritual por el sencillo menaje doméstico. El interés despertado por la utilización de un lenguaje artístico marcadamente irónico, permite descubrir síntomas de una enorme vitalidad cultural en todas ellas y, además, tener la seguridad de que tras su condición de mujeres, madres y artistas, subyace la preocupación por el presente y el futuro de la mujer en la sociedad por lo que respecta a roles esenciales, como el de madre y a la experiencia vital que el mismo conlleva.

En este sentido, uno de los trabajos más significativos es el de la creadora y activista política peruana Natalia Iguiñiz (Lima, 1973). Sus *Pequeñas historias de maternidad*, están conformadas por obras que exploran, desde diferentes formatos y haciendo uso en ocasiones de la ironía antes citada, una experiencia tan vital y universal como la de ser madre. "Se trata de entender la maternidad como un proceso complejo y ambivalente, en el que las mujeres negociamos con nuestra biología y nuestra cultura para hallar nuestra manera, muchas maneras, que existen de vivir esta experiencia" (Iguiñiz, comunicación personal, 4 de agosto de 2014). En *Pequeñas historias de maternidad 1,* de 2005, destaca, por lo que tiene de metafórico, el trabajo *Wawa.* En Perú, comer la wawa, un mazapán figurativo relleno de mermelada de ciruela adornado con figuras que tienen cara de bebé, es una tradición popular. Por las connotaciones orgánicas que tiene este pan dulce, las interpretaciones más comunes del trabajo de Iguiñiz se mueven en dos líneas: las alusiones a los deseos de posesión, por una parte, y la oculta, y negada, agresividad de una madre hacia su hijo, por otra. A pesar de que las interpretaciones siguen abiertas, nos interesa más la segunda línea, severamente recriminada, ya que va en contra del 'instinto' que se nos atribuye. Pero la reivindicación subyace de manera clara. Natalia Iguiñiz, fuerza los límites, devora a la cría… Allí está ella, por delante del padre y del estado.

> […] la maternidad es un impulso que puede ser domesticado. Pero si, al contrario, la cultura dice que no hay forma de evitar el impulso, que ser madre es esencial para la condición femenina, se genera una presión. Una presión que en un punto ayuda en las dificultades que implica el proceso, pero que también puede generar frustraciones. (Iguiñiz, 2005, s. p.)

También en esta primera parte del proyecto, a medio camino entre la mirada indignada y la mirada irónica, encontramos el trabajo *Chicas malas*. Se trata de una serie integrada por doce retratos de mujeres que no poseen hijos biológicos; mujeres que, al margen de su sexualidad, no han cumplido con el histórico mandato femenino de la maternidad. Las imágenes van acompañadas de frases pronunciadas en las entrevistas que Natalia Iguiñiz hizo a las retratadas y que corroboran la incomodidad que supone para algunas mujeres situarse al margen de las normas patriarcales establecidas. Se trata de "un análisis crítico de los prejuicios o temores de quienes se incomodan o censuran a las mujeres que no cumplen con el mandato cultural de la maternidad" (Iguiñiz, 2005, s. p.).

La segunda parte de su amplio proyecto sobre la maternidad, *Pequeñas historias de maternidad 2,* de 2008, se centra en "la reflexión sobre el cuerpo biológico y social que reinventamos cada día" (Iguiñiz, 2008, s. p.). En una de las piezas más emblemáticas, la videoinstalación *Acción cotidiana,* se reproduce en tiempo real una actividad rutinaria de su vida: entra en un baño público, cierra la puerta, monta la bomba extractora de leche, se desviste medio cuerpo, conecta el artefacto a sus senos y espera a que la máquina haga su trabajo. Se trata de una acción de quince minutos en los que esta acción cálida, orgánica e idealizada, se convierte en algo frío y mecánico. Resulta más que evidente que en el vídeo se cuestiona la naturalidad de esta experiencia materna, e Iguiñiz se pregunta: ¿es placentero dar de lactar?, ¿una madre debe criar? Son aquí especialmente reveladoras las palabras de la artista: "[...] es imprescindible desnaturalizar la maternidad para liberarnos de las trabas que no nos permiten desarrollar todas nuestras potencialidades humanas" (Iguiñiz, comunicación personal, 6 de agosto de 2014). En *Pequeñas historias de maternidad 2,* serie que registra y reelabora lo cotidiano, Iguiñiz trata también algunas otras cuestiones que forman parte de "las muchas ansiedades que nos produce un recién nacido" (Iguiñiz, 2008, s. p.): esas otras mujeres que nos acompañan en los cuidados de nuestros hijos, la literatura pediátrica sobre el crecimiento infantil, el enfrentamiento a la propia vulnerabilidad, el cuerpo femenino durante y después del parto, etcétera. Natalia Iguiñiz sigue, actualmente, trabajando en su representación crítica de la maternidad a través de conversaciones con mujeres que nos cuentan sus experiencias personales.

La necesidad de una buena parte de mujeres, que son artistas y madres, de encontrar formas creativas para integrar sus diferentes actividades diarias se ha dado en llamar "estrategia de supervivencia". Pero está claro que es mucho más que supervivencia, puesto que hay una clara voluntad de ofrecernos un retrato agrio y satírico de una sociedad caracterizada por la desigualdad de género y la injusticia social. Esta realidad se puede reseguir, también, en algunas de las creaciones de Heather Gray, Jill Miller, Courtney Kessel, Lenka Clayton, Verónica Ruth Frías o Mayte Carrasco, entre otras.

Su experiencia como mujer, madre y ama de casa, llevó a la fotógrafa Heather Gray (Gloucester, Virginia, 1979) a realizar algunas de las maternidades más irónicas y pop[1] de la historia del arte. Su trayectoria artística explora temas de identidad y de género; le interesa especialmente el impacto que puedan tener los medios de comunicación en la configuración de la identidad y cómo consiguen, además, influir en el comportamiento y el consumo de algunas mujeres guiadas por el ideal de belleza que se les ofrece insistentemente. En una serie de trabajos, realizados entre 2004 y 2008, exploró las contradicciones entre los roles sociales establecidos y la realidad particular de cada una de las mujeres. Se trata de fotografías ambientadas en el entorno rural en el que vive, en las que

1 En algunas de sus obras Heather Gray aparece posando como una auténtica *pin up* al más puro estilo de las iconografías características de Mel Ramos. El pintor pop estadounidense, de la costa oeste, combinó los desnudos femeninos idealizados con anuncios de marcas de productos de consumo. Gray coincide con Ramos tanto en la utilización del desnudo, como en el interés por el mundo de la publicidad.

aparece disfrazada, en ambientes teatralizados y situaciones poco habituales, mientras su hijo permanece ajeno al cuerpo desnudo o semidesnudo de la madre que está concentrada en otros quehaceres provocativos. Gray siempre mira a la cámara cuando se autorretrata con su hijo, divertida o desafiante, pero lanzando al espectador el reto de repensar el papel de la mujer y de la madre en la sociedad. La propia artista añade que utiliza su trabajo para incorporar y procesar los muchos obstáculos, emociones cambiantes y pérdida de la identidad que han aparecido en su vida a raíz de la maternidad (Liss, 2009).

En una parecida línea de denuncia sobre la dificultad de conciliar la crianza de los hijos con la vida cotidiana (trabajo, obligaciones domésticas, vida social...), la norteamericana Jill Miller (Chicago, Illinois, 1973), que trabaja habitualmente de forma colaborativa con comunidades e individuos, decidió reflexionar a propósito de la imposibilidad de muchas mujeres para amamantar a sus hijos en público. Lo hizo creando *The milk Truck*[2], un proyecto basado en la acción de guerrilla, irónico y de estética pop, mediante el cual facilita la lactancia de los bebés en el espacio público del área metropolitana de Pittsburgh. *The milk Truck* es una unidad móvil de lactancia diseñada como respuesta a las recriminaciones, o incluso sanciones, de las autoridades de Pittsburgh hacia las madres que amamantan en restaurantes, centros comerciales o cualquier otro espacio común. Cuando una mujer es señalada por amamantar en público, contacta con la unidad móvil a través del teléfono o de las redes sociales y esta aparece en el lugar de los hechos para ofrecer a la lactante un lugar confortable para este acto natural y, también, para incomodar y escarmentar al establecimiento o a la autoridad que ha causado esta situación[3].

2 El proyecto completo y el vídeo que acompaña a la acción están disponibles en http://www.themilktruck.org/milkmap

3 Todo hace pensar que esta *performance* de Jill Miller parte de otros trabajos colaborativos como el del colectivo M.A.M.A. (acrónimo de Mother Artists Making Art), de Los Angeles, formado por Karen Schwenkmeyer, Lisa Schoyer, Deborah Oliver, Lissa Mann y Athenea Kanaris. Durante los años noventa, M.A.M.A. realizó acciones relacionadas con su propia experiencia como madres, incidiendo especialmente en algunos temas silenciados, invisibles y/o tabús como el amamantamiento. Algunas de las intervenciones más mediáticas fueron *Milkstained, Let Down* o *California Civil Code 43.3* (ley de 1997 por la cual se legalizó que las mujeres pudiesen amamantar en púbico), todas ellas de 1998.

Miller ha seguido reflexionando a propósito de la conciliación de los roles históricamente atribuidos a la mujer. En diversas ocasiones ha mostrado algunos de sus vídeos *Xtreme mothering,* en los que parodia las grabaciones de deportes extremos, sustituyendo estas acciones arriesgadas por otras tan cotidianas como la preparación del desayuno de los pequeños, la formación para el uso del orinal, etcétera.

A su vez, el trabajo de la artista y académica Courtney Kessel (Pittsburgh, Pensilvania, 1977) parte intencionadamente, y como ella ha declarado en diferentes ocasiones, justo del lugar en el que Mary Kelly acabó su archivo de crianza. En la performance, de 2012, *In balance with* ella misma y su hija Chloé se situaron en los extremos opuestos de un balancín y después, durante treinta minutos, fue añadiendo elementos relacionados con sus vidas cotidianas en el extremo en el que se encontraba su hija (juguetes, violín, utensilios de comida, ropa para lavar, libros…); puntualmente iba regresando a su lugar en el balancín comprobando cómo se iban desequilibrando las partes, pero descubriendo a la vez cómo ella sola, pues es madre soltera, era capaz de conseguir el equilibrio. Es más que evidente que la artista intentaba, a través de una lúdica metáfora, hablar del necesario equilibrio entre la mujer y su 'carga' como madre, artista, investigadora o cualquier otra profesión posible. El trabajo de Kessel, en esta y otras obras, nos habla del amor maternal, del trabajo visible e invisible que comporta la maternidad (Klein, 2012) y de la conciliación de las tareas profesionales y familiares, todo ello pasado por la criba de un feminismo aprehendido con anterioridad.

En similar sintonía discursiva, otro de los trabajos destacables es el propuesto por la artista conceptual británica Lenka Clayton (Pittsburgh, 1977). Su incursión en el campo de la maternidad se inició en 2011 con *Maternity leave*[4], un proyecto en el que transitan los ámbitos de lo cotidiano, lo familiar, lo poético e incluso lo absurdo. Aprovechando su baja por maternidad, instaló en la cuna de su bebé un micrófono que grababa todos los sonidos domésticos relacionados con él mismo y con su madre-cuidadora (respiración, sonidos, llanto, canciones de cuna…). Estos sonidos se retransmitieron, mediante un canal de audio directo, en una galería del Carnegie Museum of Art en la que se colocó un receptor de sonidos casero, de plástico blanco, como los que se usan en los

4 El proyecto completo y el vídeo que lo acompaña está disponible en http://www.lenkaclayton.com/work/#/maternity-leave

hogares para controlar a los bebés. De esta manera el espectador pudo acceder a un mundo privado e íntimo, que se encontraba a kilómetros de distancia de la galería y que documentaba algunos aspectos destacados de la crianza inicial. Cabe anotar aquí que Clayton consiguió cobrar de la galería una paga semanal de 200 dólares, el equivalente a un subsidio por maternidad.

En 2012 ideó *Artist residency in motherhood*[5], una residencia artística de maternidad, ubicada en su propia casa, totalmente financiada con fondos públicos[6]. Es aquí donde Lenka Clayton realizó el trabajo artístico y, a la vez, ejerció de madre de un niño pequeño. La artista considera que las residencias artísticas al uso alejan a las usuarias de su rutina y de su vida cotidiana, por lo tanto, la que ella llevó a cabo era diferente puesto que convertía el mismo entorno familiar, en el que crecía su hijo, en un lugar válido y acogedor para la creación. Clayton, lógicamente, fue la primera beneficiaria de la residencia. Durante su estancia en la misma elaboró diferentes trabajos, de gran interés, relacionados con el cuidado de los hijos. Resulta destacable, entre otros, *Mother's day*, un registro, al más puro estilo de Mary Kelly o de Susan Hiller, en el que recogía en textos mecanografiados la experiencia de cien madres, pertenecientes a diversos estratos y situaciones sociales, en los que describían su actividad, durante doce horas diarias, ofreciendo así a Clayton la posibilidad de mostrar una lectura poliédrica de ocupaciones domésticas similares.

En esta misma época, la del cambio de milenio, en nuestro país trabajaron muchas creadoras que no pertenecieron ni pertenecen a colectivo alguno y que tampoco podemos incluir, de manera absoluta, en movimientos reivindicativos de grupo. Estas mujeres ya habían interiorizado la evolución y los preceptos del feminismo y ahora podían trabajar sin un posicionamiento militante respecto al sexo o al género. Este sería el caso de Verónica Ruth Frías o de Mayte Carrasco.

El completo proyecto sobre la maternidad de Verónica Ruth Frías (Córdoba, 1978) es seguramente, con el de la norteamericana Heather Gray, el que encierra mayor sarcasmo, aunque a primera vista pueda

5 El proyecto completo está disponible en http://residencyinmotherhood.com

6 El proyecto fue financiado por las fundaciones Robert C. Smith Fund y Betsy R. Clark Fund de The Pittsburgh Foundation. También recibió el premio Sustainable Art Foundation Award. Asimismo, recibió el soporte de la Pittsburgh Filmmakers y del Pittsburgh Center for Creative Reuse.

resultar humorístico debido a los disfraces y maquillajes que utilizó para registrar sus trabajos. Al saber de su embarazo, en 2011, Frías comenzó el proyecto *Súper M*[7] ya que consideró que para ser madre debía crearse una nueva identidad encarnándose en una súper mujer, artista y madre. Este proyecto, de fotografía, vídeo, dibujo y escultura, constó de tres fases. En la primera, antes de dar a luz, pueden verse los vídeos *De Súper M a Súper mujer* o *El traje de Súper*, y también la serie fotográfica *Súper cansada*, trabajos en los que reflexiona sobre el embarazo, la mentalización por la próxima maternidad y la espera. Lo explica Cyro García del siguiente modo:

> Gestar es una palabra compleja en concepto y significados, debido a su derivación del latín *gestare* que se traduce como llevar, que es sinónimo de portar, transportar, cargar o producir, o lo que es lo mismo, expulsar de forma física y visceral todo aquello que alberga nuestro interior y debe ver la luz allende del límite epidérmico de la propia portadora. Es un mostrar, un sacar hacia fuera nuestro más íntimo ser. Y es en este punto donde la gestación o el desarrollo de una obra de arte, desde sus ideas primigenias hasta su ejecución pasando por la configuración mental de la misma, se une con el acto de gestar la vida, que no hacerla, pero sí portarla y expulsarla al mundo en el que todos vivimos y convivimos lejos de su tranquilad intrauterina ajena al devenir y sufrimiento humano. La portadora se convierte así en mujer-madre-artista: una tiene que sustentar, además de todo el peso del pasado historicista, su propia condición femenina, la otra gestar el feto hasta su fase de expulsión y la última debe idear y producir obras de arte. Éste es un proceso sumativo que necesita de una energía extra para alcanzar una conclusión satisfactoria. (García, 2011, s. p.)

En una segunda fase, después de nacer su hija, realizó tres vídeos en los que trata del instinto de protección con *La niebla*, de la madre ejemplar con *La buena madre* y de las obligaciones del cuidado del hijo con *Un ratito de relax*. También en esta segunda tanda realizó una serie de ocho fotografías en las que nos presenta a la *Súper heroína* en diferentes escenarios con su hija en brazos: en el supermercado, en la playa, en el parque… de nuevo, a vueltas con el tema de la conciliación y con la falta de ayuda pública para hacerla posible. Frías desea sustituir los conceptos de mujer y madre, anquilosados y estereotipados según su opinión, por los de súper-mujer y súper-mamá, con la idea de evidenciar que la mujer de hoy necesita, no

7 El proyecto completo y los vídeos que lo acompañan están disponibles en http://cargocollective.com/veronicaruthfrias

elige, compaginar su vida profesional con la familiar sin renunciar a ninguna de las satisfacciones que se puedan derivar de ambas.

> [...] de-construye el rol maternal en su obra *Súper M*, en donde analiza la gestación paralelamente a la elaboración de una obra artística. La mujer-madre-artista, tiene que soportar el peso de la historia, su propia condición femenina, la gestación y la producción de obras de arte. En este proceso necesita energías extra para llevar a buen puerto todos los condicionamientos antes mencionados. De este modo la artista entiende que para conseguir sus objetivos debe convertirse en súper-mamá. Súper M es la madre actual que debe compaginar familia y profesión, debe seguir su propia vida a la vez que compartirla. (Castañer, 2012, p. 15)

Finalmente, en una tercera fase[8], que llevó a cabo en la Residencia Artística Línea de Costa, de Cádiz, realizó una instalación compuesta por dieciséis dibujos y un buen número de piezas de cerámica en la que la artista nos muestra aquello que considera prioritario en la educación de los hijos; a saber: el arte, la música o la sonrisa.[9]

Por su parte Mayte Carrasco (Málaga, 1964) ilustra desde su habitual mordacidad, en esta ocasión lúgubre, el tema de la maternidad en la enigmática obra *Nigra et rubra* que nos sitúa ante la principal acusación de la crítica feminista hacia el patriarcado y sus consecuencias sobre el género femenino: el matricidio y la no existencia de la mujer para la vida en sociedad. A pesar de estar muerta y aparecer como un esqueleto, sigue estando preparada para la función biológica que le ha sido asignada: dar vida, ser madre. A su vez, también hace alusión a una de las respuestas que propuso el movimiento feminista más radical a la maternidad servil: la matrofobia, la nula disposición de la mujer a prestar su cuerpo de manera

8 El proyecto completo se pudo ver durante el mes de noviembre de 2014 en el ECCO (Espacio de Creación Contemporánea), de Cádiz.

9 No nos adentramos en el pantanoso territorio de la educación de los niños pues, por cuestiones de espacio. No obstante, nos gustaría dejar constancia de que resulta de especial interés el trabajo y el libro de artista *Mother-Son Talk: A dialogue between Mother and Her Young Sons,* de 1996, de la creadora norteamericana Gail Rebhan (Chicago, Illinois, 1953). En este texto ilustrado la artista recopiló toda una serie de observaciones maternas a partir de la investigación del entorno social y doméstico de sus dos hijos, incidiendo en la manera en que los pequeños estaban aprehendiendo el género o la raza. Es un trabajo en la línea del *Post-partum document* de Mary Kelly, pero a diferencia de Kelly la investigación de Rebhan comienza una vez sus hijos han abandonado el ámbito familiar y empieza su proceso de sociabilización.

estrictamente reproductiva. Completando esta negación de la mujer, las ropas negras que le sirven de mortaja ocultan su cuerpo casi por completo y la despojan de cualquier atisbo de identidad dotándola, sin embargo, del halo de virginidad inherente a las representaciones de la mujer en la imaginería religiosa. El contraste con el intenso rojo de fondo se erige en una clara alegoría a una lucha que se nos antoja inminente, el campo de batalla en el que el género femenino se enfrentará al avasallador poder del hombre.

En este punto del texto, resulta evidente la constatación de que la mayor parte de los trabajos abordados transmiten una visión crítica, basada en la ironía y el sarcasmo, de la realidad personal que las artistas estaban viviendo u observando. La ironía es corrosiva y la razón irónica desnuda cualquier realidad y deja al descubierto el pensamiento. Sus obras en torno a la maternidad aportan, con frecuencia, una visión nada idealizada de esta experiencia vital y significan un deliberado posicionamiento crítico frente a los poderes que giran en la órbita de la lógica patriarcal.

Las reseñadas, como otras muchas mujeres artistas, se preocuparon por la invisibilidad de la maternidad, la crianza, los primeros cuidados… y, especialmente, por la conciliación de los roles que, desde siempre, se nos han atribuido. Algunas de ellas lo hicieron aún a partir de reflexiones conceptuales heredadas de épocas anteriores, pero, entre las artistas más jóvenes –las nacidas después de 1970- se observa una liberación de los preceptos teóricos feministas, evidentemente ya interiorizados, que aporta espontaneidad y frescura a su trabajo creativo y, asimismo, plantea el deseo de articular nuevas e imaginativas soluciones como la demanda del cuidado colectivo durante el primer tiempo de cuidados maternales, la implicación institucional en los temas relacionados con la conciliación, etcétera. Parece ser que esta es la tendencia, y así lo demuestran también otros trabajos internacionales de vídeo y performance como los de Masha Godavannaya (Rusia), Alejandra Herrera Silva (Chile), Alice de Visscher (Bélgica) o Lovisa Johansson (Suecia), entre otras. En su totalidad desarrollaron sus obras en un escenario hostil, de ahí sus reivindicaciones, en el que la actitud insumisa no había sido aceptada por la sociedad en su conjunto. Observados estos trabajos reivindicativos desde una perspectiva actual, podríamos convenir en que nada hacía suponer que esta hostilidad se mantuviera e incluso se intensificara hasta el día de hoy, cuando podemos ver con preocupación el renacer de actitudes sociales reaccionarias que parecían superadas en el mundo occidental.

> Se trata de un extraño bucle histórico que vuelve a traer el feminismo a la primera plana aun cuando (desde principios de la década de los noventa) muchos eruditos de los medios de comunicación de masas se hayan dedicado a proclamar el fallecimiento del feminismo o su reencarnación como 'post' [...] (Jones, 2008, p. 8).

Referencias

Aliaga, J. V. (2013). Lo que las obras rezuman. Un recorrido informado por la producción artística de *Genealogías feministas en el arte español: 1960–2010*. En Aliaga, J. V. y Mayayo, P. (Eds.), *Genealogías feministas en el arte español: 1960–2010* (pp. 51–100). Madrid, This Side Up

Castañer, X. (2012). *El medio digital como soporte de los nuevos discursos de género*. Trabajo presentado en el curso Culturas, prácticas y conocimientos artísticos en la sociedad digital. Marbella, Universidad de Málaga

García, C. (2011). Verónica Ruth Frías. Súper M. *Cargo Collective* [en línea]. Recuperado de http://cargocollective.com/veronicaruthfrias/Super-M

González García, C. (2013). Miradas sobre la maternidad y la crianza en el arte contemporáneo. Paula Modersohn-Becker, Mary Kelly y Louise Bourgeois. En Carro Fernández, S.; González Tascón, M. M. (Coords.) y Nuñez Paz, M. I. (Ed.), *Salud reproductiva, legislación y opciones de maternidad* (pp. 235–252). Oviedo, Trabe

Iguiñiz, N. (2005). Pequeñas historias de maternidad 1. *Galería Forum* [en línea]. Recuperado de https://galeriaforum.net/pequenas-historias-de-maternidad-1/

Iguiñiz, N. (2008). Pequeñas historias de maternidad 2. *Ciudadaníasx* [en línea]. Recuperado de http://www.ciudadaniasx.org/docs/Historias-de-Maternidad2.pdf

Jones, A. (2008). *¿Cerrando el círculo? 1970–2008. El regreso del arte feminista*. En *Exit Book*, núm. 9, pp. 8–15

Klein, J. (2012). Tales of Motherhood. *ArtPulse* [en línea]. Recuperado de http://artpulsemagazine.com/tales-of-motherhood

Liss, A. (2009). *Feminist Art and the Maternal.* Minneapolis, University of Minnesota Press

Martínez-Collado, A. (2012). Apuntes sobre una teoría del feminismo y de género en España. Un marco de referencia limitado a las circunstancias de nuestra historia e inmerso en los debates globales. En VV. AA. *Mujeres en el sistema del arte en España* (pp. 72–89). Madrid: EXIT Publicaciones

Olivares, R. (2008). Barbie en el País de las Maravillas. En *Exit Book*, núm. 9, pp. 4–5

Valcárcel, A. (2004) [1997]. *La política de las mujeres.* Madrid: Cátedra.

Vidal Oliveras, J. (2001, 26 de septiembre). El arte de la ironía. *El Cultural* [en línea]. Recuperado de http://www.elcultural.es/revista/arte/El-arte-de-la-ironia/1509

Woolf, V. (2010) [1931]. *Las olas.* Barcelona: Lumen-Tusquets

La maternidad en la publicidad audiovisual

M. Salomé Ribes

La publicidad presenta en sus spots un modelo de sociedad. No solo sirve para dar a conocer un producto o persuadirnos para comprarlo, sino que transmite unos valores que refuerzan el modelo del entramado social en el que nos movemos. De hecho, cada vez más, comprobamos que en muchos de los anuncios desaparecen los elementos informativos del producto porque, según Ferrés (1996), citado por Remolar (2009), "Más que ofrecer argumentos racionales para la compra, más que basar los anuncios en cualidades intrínsecas del producto, en valores funcionales, se trata de anunciar el producto asociándolo a valores emotivos del receptor" (p. 175). Bajo esta premisa, el protagonista de los anuncios no es el producto sino el receptor y, por lo tanto, cuanto más se parezca el mundo que le rodea al mundo representado, habrá más identificación y más necesidad de adquisición del producto. Para Remolar (2009), "el consumidor, quan compra un objecte que s'ha convertit en un símbol compra, per tant, al mateix temps, un valor" (p. 178), por lo que la publicidad vende símbolos e "instaura —en palabras de Baudrillard— un culto al objeto, no por los servicios que pueda ofrecer, sino por la imagen de sí mismo que permite formarse al consumidor" (p. 181).

En este capítulo se van a analizar algunos anuncios publicitarios actuales para comprobar cómo se representa la imagen de la *madre* y hasta qué punto la publicidad se hace eco de los cambios que esta figura, y el concepto de familia por extensión, ha experimentado en la sociedad durante los últimos años.

El punto de partida es mostrar algunos ejemplos de una figura materna que ha evolucionado en su rol social y está lejos de ser únicamente el ama de casa presente en los primeros spots. También en algunos de los anuncios analizados aparece la figura del padre como un miembro implicado en la crianza de los hijos y en las tareas del hogar y no solo como el proveedor de recursos económicos, rol con el que se le representaba en los primeros anuncios. Como consecuencia de este supuesto cambio, aparecen familias no tradicionales porque, de hecho, también el concepto de familia ha cambiado en la realidad y se ha ampliado dando lugar a nuevos tipos de relaciones.

La descripción se ciñe sobre todo a la televisión y a la actualidad, aunque también se refiere a algunos carteles publicitarios más antiguos. No pretende ser un estudio exhaustivo sino que intenta, a partir de algunos ejemplos, demostrar hasta qué punto la representación de las madres en la publicidad continua basándose en estereotipos o ha evolucionado y, aunque sea tímidamente, consigue superar los clichés que configuran su imagen.

No se pretende, tampoco, hacer un análisis de los spots como materia publicitaria. El estudio se ciñe a la figura de la madre o a la del padre o a la familia, con alguna disquisición que se ha considerado necesaria. No se han interpretado eslóganes, ni el mensaje subliminal, ni la estructura ni los métodos usados para conseguir que el producto sea más o menos atractivo.

Es evidente que las conclusiones que pueden derivarse de un trabajo que solo describe algunos ejemplos no pueden, ni deben, elevarse a categoría, pero esa no es la pretensión: mediante algunos de estos anuncios actuales puede constatarse una tendencia y, aunque se va muy despacio, el papel de la mujer y del hombre que se reflejan en ellos son el ejemplo de que la sociedad está experimentando cambios profundos que, como no podría ser de otra manera, aparecen también en la construcción simbólica de la publicidad.

La publicidad convencional tiene un futuro incierto porque ha perdido parte de su eficacia por el uso del mando a distancia que posibilita el zapping y la saturación que se ha alcanzado, y además, el consumo de televisión se ha estancado por la aparición de las redes sociales, lo cual repercute en la búsqueda de nuevas fórmulas publicitarias. Hasta ahora el spot, que es de una gran complejidad en su realización, se había consolidado como el medio publicitario más eficaz en la pequeña pantalla con una duración muy limitada (20"-30") a causa del alto coste que supone el tiempo televisivo. Sin embargo, las productoras se dedican a diseñar nuevas fórmulas publicitarias que no tienen cabida en la programación televisiva por ser de más duración, que tienen a favor que permiten desarrollar una historia con más matices y que van destinadas a su difusión en las redes sociales.

En este trabajo se recogen algunas muestras de esta tipología de spots de larga duración que solo pueden verse si se buscan expresamente en las redes porque no tienen salida en la televisión comercial. Aunque el objetivo de estos productos publicitarios podría ser adecuado para introducir más aspectos informativos, los spots más largos a los que se ha tenido acceso para elaborar este trabajo son una ampliación de la historia que se cuenta en los más cortos. Es como si la publicidad se planteara cada vez más como un nuevo medio de comunicación independiente de la TV.

Maternidad y publicidad

La figura de la madre en los inicios de la publicidad

Los anuncios de los primeros años nos retrotraen a una sociedad muy diferente a la actual. La mayoría de las imágenes que aparecen en la publicidad nos resultan hoy en día ajenas a nuestra cotidianidad. La sociedad de nuestros días tiene poco que ver con la de aquellos años tanto en lo referente a productos de consumo como en lo que concierne al papel de la mujer, en aquel momento relegada, en la mayoría de los casos, al papel de ama de casa y madre y utilizada en los medios publicitarios como principal destinataria del mensaje. En este sentido, cuando se publicitan productos para el hogar (limpieza, alimentación, electrodomésticos, menaje, juguetes…) la mujer que aparece forma parte de una familia tradicional y casi siempre es madre. Por lo tanto, en estos carteles publicitarios 'madre' y 'ama de casa' prácticamente son acepciones sinónimas. La figura de la mujer sola solo puede verse, en general, en la promoción de productos de belleza o destinados al marido, ya que es ella quién los compra.

La única tipología de familia es la formada por un matrimonio monógamo e indisoluble por aquel entonces, cuyo fin principal es la procreación. Los hijos tienen el deber de obedecer y respetar a sus padres, y la mujer, esposa y madre, dentro de los cánones de machismo inherentes a la sociedad, se muestra sumisa para con el marido y dispuesta a satisfacerle, y es la encargada de cuidar del hogar y de transmitir los valores tradicionales a los hijos.

Algunos ejemplos de publicidad[1] de la época en la que la mujer aparece como madre y esposa solícita los tenemos en los carteles que anuncian

1 Las referencias de los anuncios citados en esta apartado pueden encontrarse al final del capítulo en la sección Imágenes ya que se desconoce la fecha exacta de edición.

el jabón Lagarto (dibujo de mujer con un delantal delante de la lavadora), y los que se refieren, entre otros, al caldo de puchero Knorr, al chocolate Cola Cao y a la leche condensada La Lechera (en estos casos la mujer aparece con sus hijos). Mención aparte merece el cartel sobre la margarina Tulipán, porque la madre está de pie untando la rebanada de pan para su hijo con el producto anunciado, y el chico es suficientemente mayor para poder hacérselo él mismo. Igualmente, otro modelo poco ejemplarizante para nuestra manera de pensar actual es la publicidad del jugo de tomate Vida, en la que se ve al padre sentado fumando en pipa, al niño pequeño bebiendo un vaso de zumo apoyado en su padre y unas manos femeninas —solo las manos, ¡el resto del cuerpo no aparece!— sirviendo el zumo en dos copas que están sobre la mesa. El eslogan dice 'A la salud de los tres', pero al no verse la imagen completa de la madre, se la despersonaliza y se la presenta como lo que es, una mujer dispuesta a satisfacer al resto de los miembros de la familia, sin que estos colaboren en lo más mínimo en las tareas del hogar.

Actualmente no dudaríamos en calificar estos anuncios de sexistas y, especialmente el de zumo Vida utilizaría uno de los procedimientos para cosificarla, según Clemencia Rodríguez en *Estrategias de comunicación*, citada por Grabolosa (2016), "La técnica de cosificar la dona es subdivideix en cinc procedeiments més: [...] el cos es fragmenta (s'emmarquen només certes parts del cos femení, però mai tot sencer)" (p. 303).

Resultan también curiosos los dos anuncios de cerveza seleccionados, especialmente porque remarcan que es la madre la que compra y son los niños los que se lo recuerdan (con los eslóganes "Mamá no te olvides... papá la espera en casa" —en tono imperativo— y "Mamá lleva siempre a casa Cruzcampo" —en este caso, de manera enunciativa). Sin embargo, lo curioso, bajo nuestro punto de vista, es que en la publicidad de Cruzcampo son los niños los que se reúnen alrededor de una cerveza que, se supone, beben. Entonces no estaba prohibido que los niños bebieran alcohol y así se publicitaba. Estos carteles nos dan una información precisa sobre la visión de la madre, pero también abundan sobre otros aspectos que nos acercan a una concepción de la sociedad en principio superada.

Dos videos seleccionados de los años 60 (PPS, 2016.12.10) y 70 (Andreu, 2015.11.15) presentan a la madre como proveedora de alimentos para sus hijos. En el primero, una voz en off masculina pregunta a un niño que está en clase qué tiene para desayunar y concluye "Su mamá le pone siempre dos *bimbollos* para el recreo". En el segundo, la voz en off de la madre pregunta a su hijo, pequeño, qué hace y al contestar este que va a cambiar la rueda del coche de papá y que no necesita gato, la madre se muestra satisfecha porque tiene energía gracias a Nesquik. Además, en el primer anuncio, la imagen de la maestra es la de una chica joven que lleva gafas, es decir, responde al estereotipo de mujer trabajadora que seguramente no es madre por su juventud y que tiene un aire intelectual por su manera de vestir: la madre habitualmente se queda en casa.

Acabamos esta sección con un video de chocolates Loyola (PPS, 2016.12.01) en el que los tres miembros de la familia (padre, madre e hijo) entonan la canción del anunciante y bailan al ritmo de twist por un igual: no hay subordinación de la madre, ni se ve quién compra el chocolate, ni se sabe si lo comen todos... En este caso, en un momento en el que la mayor parte de spots eran sexistas, destaca un anuncio tan inocuo y poco dado a interpretaciones.

La incorporación de la mujer al mercado laboral

La incorporación de la mujer al mercado de trabajo, la revolución sexual, el cambio político y la lógica evolución de la sociedad han hecho que esa publicidad, en muchos casos, absolutamente sexista, presente otras maneras de ver a la mujer que no está exclusivamente sujeta al núcleo familiar tradicional y no se corresponde solo con su papel de madre y abnegada esposa. Se trata sin embargo de una transición lenta, en la que siguen abundando ciertos clichés que perduran en la actualidad.

Por ejemplo, en la publicidad de Starlux de 1988 (2015.01.16), la madre quiere cocinar pero su hija mayor y su hijo menor le impiden hacerlo y lo hacen ellos. No sabemos si la madre trabaja o no, pero sí sabemos que, en una imagen estereotipada, el padre llega con una cartera y todos se vuelcan en él como el destinatario principal de la comida, mientras la madre, orgullosa de la hazaña infantil, les señala con la cabeza para indicar al progenitor que son ellos los que han preparado la comida. Lo positivo, desde el punto de vista de la mujer, es que en este anuncio el niño también prepara las viandas, ya no es una cosa solo de mujeres, y el padre también lo celebra.

Y dos spots que se filmaron más tarde vienen a decir que, aunque la limpieza del hogar corresponde a la madre, cuando hay que hablar en serio del tema, en un caso (Rodríguez, 2009.12.15) aparece el director general de

Camp para indicar las bondades del producto y proclama uno de los eslóganes más conocidos del momento, "Busque, compare y si encuentra algo mejor cómprelo", y en otro caso (Juanpatv, 2017.03.17), el que resuelve es el mayordomo, o sea, el profesional, que pronuncia otra de las sentencias más famosas del campo publicitario, "El algodón no engaña" y, solo Tenn puede eliminar las manchas más difíciles que no se pueden ver a simple vista.

La madre en la publicidad del siglo XXI

En los últimos años hemos asistido a una revolución de la vida familiar "clásica": la familia nuclear (tradicional) es solo uno de los tipos de familia que existen junto a nuevos modelos de familia como la familia monoparental, la familia homoparental, la familia reconstituida, la familia extendida, la familia sin hijos, la familia unipersonal… Todos estos cambios se reflejan en la manera en que la publicidad se expresa e intenta conectar con el consumidor.

Mostramos, a continuación, dos ejemplos de spots publicitarios que muestran diversos tipos de familias con lo que la figura de la madre también debe reubicarse porque ya no es aquella que por su responsabilidad era el alma de la familia tradicional. En el primero (Models & Actors, 2018.03.12), Danone ha decidido destacar el rol de los padres y madres como agentes de transmisión de hábitos de alimentación saludables entre los más pequeños, porque las criaturas aprenden por imitación. La campaña se llama "Buenos Principios" y muestra a familias reales muy diferentes. Se trata de distintos planos en los que aparecen diversas familias que no responden al rol tradicional y en las que se ve como el hijo o la hija comparte momentos o actividades con el padre o la madre. Siguiendo el hilo, se pueden vislumbrar familias monoparentales, familias con hijos o hijas adoptados, familias homoparentales, familias con hijos o hijas de diferente raza, familias, quizás con criaturas en acogimiento o por gestación subrogada… Todas, sin embargo, tienen rasgos en común: la felicidad que desprenden y la misma relación con los niños y niñas tanto del padre como de la madre (y, en consecuencia, la misma responsabilidad en la educación y en la vivencia del tiempo libre). Cabe decir que esta publicidad (como otras que comentamos en este apartado), que puede verse en Internet, es más extensa que los 20" que permite un spot televisivo, aunque parece ser que se emitió por TV una versión más reducida.

La segunda campaña se estructuró en diferentes historias (una por personaje) y una de resumen (Abancommercials, 2018.05.16) en la que aparece una familia reconstituida formada por una madre con tres hijos y la pareja actual de la madre. Como solo queda una Danet en la nevera todos aportan las razones que les hacen merecedores de poder comérsela. A grandes rasgos y de forma divertida y un tanto alocada nos enteramos de cuales son realmente las relaciones entre ellos y los equilibrios que hacen para entenderse y convivir, pero también nos damos cuenta de que es una familia que se quiere y de que solo "discuten" cuando queda una sola ración de un postre tan delicioso.

El embarazo también aparece en la publicidad y en estos casos, la experiencia es vivida por los dos miembros de la pareja. En Clearblue (2018.10.31), un hombre y una mujer, los posibles futuros padres, miran conjuntamente el indicador de embarazo, que también señala las semanas, y expresan su felicidad cuando comprueban que el resultado es positivo. La madre, en un momento íntimo, no está sola ni se esconde, sino que decide compartir ese instante con la persona que es corresponsable del embarazo.

En la siguiente historia (Banco de Santander, 2019.03.06) seis mujeres en las primeras semanas de gestación y sus parejas hablan con su futuro hijo o hija, sin conocer el sexo y, posteriormente, se dan cuenta de que tienen prejuicios y diferencian tanto sus planes de futuro como su manera de dirigirse a ellos dependiendo de si se trata de un niño o una niña. Eso les hace reflexionar y replantearse su manera de educar en un futuro próximo. El eslogan del emisor es "Educación por la igualdad" porque defienden que están por el progreso que se basa en dar visibilidad a referentes femeninos y apoyar la creación de empleo y el emprendimiento de la mujer desde el primer momento. Otra vez, la publicidad mostrando que la sociedad debe favorecer la educación igualitaria a chicos y chicas desde incluso antes de nacer y que son responsables de ello tanto la madre como el padre. Lo curioso desde una mirada externa es que sea un banco el que "venda" este producto. Los bancos parece que cada vez más intentan, en su publicidad, transmitir mensajes más sociales y alejados de su objetivo económico principal.

En este sentido, otro banco, BBVA (2019.12.18) inició la campaña "Aprendemos juntos" sobre diferentes aspectos de interés general que van emitiendo en diferentes coloquios, en versiones de duración de programa televisivo y más cortas. La que hemos escogido es la que lleva a cabo un psicólogo que también es padre que conversa con una madre que le hace preguntas sobre educación y, más concretamente en este caso, sobre las tareas domésticas. El resumen es que "'Ayudar en casa' no es suficiente, hay que compartir la carga mental", y defiende por este motivo que la mujer, especialmente la madre, es la que lleva el peso del hogar y la que necesita que su pareja se responsabilice del mismo modo que ella de todas las obligaciones familiares, no solo de hacer la compra o cocinar o planchar...

Lo que llama la atención en este diálogo es que se plantea casi como un monólogo en el que habla el especialista, un psicólogo que sabe muy bien lo que dice, pero desde un punto de vista estético que en un 'cara a cara' una de las dos personas, que coincide con el hombre, se explique y la otra, que es la mujer, se dedique casi totalmente a asentir con la cabeza no parece el formato más adecuado. No hace honor al eslogan "Aprendemos juntos". Quizás podría haberse escuchado más la voz femenina basada en la experiencia para poder llegar ambos a una charla compartida; de lo contrario, habría que plantearlo como una conferencia, que es lo que acaba siendo.

El psicólogo defiende que la mujer y, en concreto, la madre, soporta una carga emocional y de responsabilidad que no le permite estar de igual a igual con su compañero. Los dos próximos anuncios que explicamos hacen referencia a esta diferencia. El de Coca Cola (Nando nan, 2012.12.19) sitúa a un hijo joven que oye como su madre no puede trabajar porque no tiene referencias (se adivina que hasta ahora ha estado cuidando la casa y a los hijos), que va a ver al responsable de Recursos Humanos de la empresa para explicarle los méritos de su madre, que se resumen en que "siempre ha estado allí" y que ha educado a sus hijos perfectamente, con lo que le convence.

El anuncio de Direct Seguros (Callback Studios, 2016.02.10) describe con imágenes y palabras algunas de estas habilidades que tanto el padre como la madre deben desarrollar para poder salir airosos del difícil trance de la educación de los hijos. En este caso, incide, pues, igualmente, en los dos. Y lo relaciona, al final, con el objetivo de su empresa en el sentido de que "ser un buen padre te convierte en un buen conductor". En este caso, el problema puede darse con el lenguaje. Somos conscientes de que utilizar un lenguaje no sexista puede convertirse en pesado y difícil de aplicar, pero el eslogan final no convence, después de distinguir durante el anuncio entre padre y madre ("ser madre puede darte habilidades de ninja" o "ser padre no es una ciencia exacta"), porque parece que solo se refiere al padre como buen conductor y no a la madre, ya que lo expresa en singular. El mensaje final sí lo expresa en plural, "gracias, padres, por hacer la carretera más segura", por lo que entonces pueden incluirse las dos personas y no se da la discriminación.

En las dos publicidades siguientes, la figura de la madre es la protagonista no por su condición de madre sino por ella misma. En la primera (Kia España, 2018.10.15), la madre conduce un coche junto a su hijo adolescente y este le comenta, con aires de suficiencia, que algún día le explicará cómo van las nuevas tecnologías. Ella no responde porque el joven está haciéndose una *selfie* pero ella demuestra con su móvil y su coche, el Sportage, que está al día. Se muestra, pues, la figura de una madre que ha sabido reinventarse y adaptarse a los rápidos cambios que se generan en una sociedad cada día más compleja en lo que a tecnología se refiere. Es una mujer que no es muy joven y que, sin embargo, se muestra, perfectamente integrada en la sociedad y segura de sí misma. En el corto no sabemos si tiene pareja o no, pero no importa porque no depende de nadie.

En la de Casa Tarradellas (2018.10.16), la familia, compuesta por los padres y dos hijas, se muda y la novedad es que es a causa del trabajo de la madre, por lo tanto, en este caso se presenta una madre que trabaja fuera del hogar y que se lleva a toda la familia con ella porque, se supone, tendrá mejores condiciones laborales en otro destino. El trabajo del padre no sabemos cuál es ni si debe renunciar al suyo, pero este spot representa un cambio de mentalidad desde el momento en que la mujer tiene un trabajo mejor remunerado que su compañero o con mayor responsabilidad y este acepta el traslado.

Las que no lo aceptan son las hijas, y esta es otra característica de las familias del s. XXI. Para marcharse no se aplica la autoridad de la figura paterna, sino que se las convence o por lo menos se habla con ellas para hacerles entender que es lo mejor para todos. Esto significa que la respuesta de las hijas, que, por otro lado, tienen ideas propias, puede parecer incluso irrespetuosa para personas con mentalidad más tradicional, sobre todo la de la mayor que, de manera muy ingeniosa, compone un rap para explicarse. En la sociedad, se ha pasado de una relación jerárquica o una relación de complicidad, y la publicidad plasma también esta dinámica. Además, también es interesante que la hija mayor adopte un papel que, en algunos contextos, podría interpretarse como masculino por el género de su composición, porque los chicos hacen rap. En este caso, la joven es desinhibida y no se marca fronteras en cuanto a lo que es propio de chicos o chicas.

Cuando ya están en la casa nueva, sin muebles y, lo más dramático, sin WiFi, lo que les devuelve la sonrisa es compartir una pizza, que, evidentemente, ofrece la madre que es una profesional pero también se ocupa de la casa.

En esta línea del papel que adopta la hija mayor destacamos una publicidad (AMAG 2018.05.09) de una madre que habla con su bebé, que después sabemos que es un niño y se llama David, y reivindica la igualdad de género. La madre hace un discurso cuyo fin es el de acabar con los estereotipos de género para educar a su hijo para el futuro. "Si te vienen con que las niñas juegan a las cocinitas y los niños al fútbol, tú, ni caso. ¡Milongas! Valemos exactamente lo mismo que cualquier hombre o mujer de este planeta", afirma la madre.

A pesar de estos ejemplos que estamos reseñando, también podemos encontrar anuncios clásicos en el sentido de que aparece la figura de la madre como ama de casa y responsable de la alimentación. Sin embargo, en esta publicidad (Findusweb, 2019.02.04), el padre aparece esporádicamente llevando en brazos a una de las hijas a la mesa, por lo que algo ha cambiado en nuestra percepción de los roles de cada cual para que el hombre no sea esa figura que está en la mesa esperando a que le sirvan en un papel totalmente pasivo.

En esta otra (Gallina Blanca, 2019.01.24) llega la madre con dos criaturas y también tiene que preparar la cena. En este caso, como no aparece una figura paterna, no sabemos si se trata de una familia monoparental, o si el padre llegará más tarde… por lo que no tenemos criterios objetivos para considerar el spot tradicional. Aquí el anuncio responde perfectamente a la situación porque la mujer se siente salvada por la posibilidad de hacer una sopa rápida, barata y buena, según reza el eslogan "Sopas Gallina Blanca al rescate". El mensaje es muy reconocible y quizás quieran jugar con la posibilidad de que la gente se pregunte por el tipo de familia, aunque es probable que poca gente se fije y tampoco no dan pistas para que alguien considere que se trata de una familia 'diferente'. En todo caso, no es ninguna rareza encontrar familias no nucleares.

En otro de los spots de Danone (2019.09.25), se quiere dar un homenaje a la figura de los abuelos. En este caso, la madre, que sí que tiene marido pero no aparece ni sabemos a qué se dedica, se encuentra desbordada muchas veces porque es ella la que debe llevar el peso de la logística para organizar la casa y a las tres niñas que tienen, especialmente para llevarlas y recogerlas del colegio o cuando enferman. Es un ejemplo, como reconoce la madre, de los que hay muchos en los que ambos miembros de la pareja pueden trabajar fuera de casa porque tienen a los abuelos cerca que se ocupan de llegar donde los más jóvenes no pueden llegar. El trabajo que realizan nuestros mayores está fuera a veces de sus posibilidades, pero los adultos, sus hijos, no dan abasto, por lo que es bueno reconocer su labor y también comprobar que esta madre, por lo que se dice en la pequeña historia que cuenta, tiene que organizarse sola como si no tuviera marido.

Los próximos spots que comentamos son un ejemplo de empresas que se adaptan a los cambios sociales y presentan diferentes versiones según la temporada: en una ocasión (Kinder Sorpresa España, 2018.10.03), un padre y una hija pequeña hablando de temas con cierta sensibilidad, en otra ocasión (Jose Gregorio Afonso Curbelo, 2019.01.14), una madre y un hijo preadolescente, y finalmente (Jose Gregorio Afonso Curbelo, 2018.04.22), una madre y un hijo a los que se une el padre después.

Finalmente, comentamos que hay algunos anuncios que por tratar sobre temas sensibles, por ser avanzados a su tiempo o por buscar el límite de lo que está permitido, no están exentos de controversia. Hace algunos años, Benetton consiguió escandalizar a mucha gente con los contenidos de sus carteles publicitarios. No queremos acabar esta exposición sin presentar uno de estos casos (Desigual). Cabe decir que la aceptación de las redes sociales provoca una respuesta rápida y masiva a personajes y situaciones (programas de TV, anuncios, discursos…) que entusiasman o que no gustan nada.

Se trata de un anuncio (Pitahaya, 2014.05.03) en el que una joven que se está probando un vestido de la marca delante del espejo se pone cojines para simular un embarazo y, como se gusta, pincha un preservativo haciéndolo inútil. El lema "Tú decides" se antoja en este contexto peligroso: si la chica decide quedarse embarazada y ser madre está en su derecho, pero como no se sabe si se lo hará saber a su pareja para que sea una decisión compartida o le engañará, es normal que las personas partidarias de una acción o la contraria se enzarcen en discusiones apasionadas. En todo caso, esta polémica va más allá del objeto de este trabajo.

Conclusiones

Con este artículo se pretendía dar unas breves pinceladas sobre la figura de la madre en algunos de los anuncios publicitarios que se han emitido principalmente en TV estos últimos años, aunque también se ha trabajado con algunos carteles en publicaciones y algunos spots en plataformas digitales para dar una visión tan amplia, dentro de las limitaciones, como fuera posible. Primero, sin embargo, se ha retrocedido unas décadas para demostrar que, en muchos aspectos, los cambios sociales que se han producido en la sociedad han tenido su representación en la publicidad, que no es ajena a ellos. La muestra no es grande ni tampoco se ha hecho un estudio cuantitativo, pero sí se han buscado diferentes realidades que se plasman tanto en la vida diaria como en los anuncios publicitarios, porque, en cierta manera, unas y otros se retroalimentan.

Es cierto que hay temas relacionados con la maternidad que por sus implicaciones legales o morales, por la falta de consenso a la hora de tratarlos, por ser tabú o por pudor… no aparecen reflejados en ninguna campaña publicitaria, seguramente como ocurre en muchos otros países del mundo occidental: el aborto (espontáneo o provocado), la gestación subrogada, la infertilidad, las pérdidas perinatales…, incluso la lactancia natural. Efectivamente, puede alegarse que no son temas fáciles, pero existen. Y, de hecho, no solo no aparecen en la publicidad sino que es difícil referirse a ellos en la vida real, por lo que puede insistirse en el hecho de que la publicidad es un espejo donde se muestra nuestra cotidianidad al mismo tiempo que buscamos referentes en los que reflejarnos. En palabras de González y Prieto (2009), "La interacción de la publicidad con el público es permanente. En principio, la publicidad toma de la sociedad los tipos reales y se los devuelve potenciados por la fortaleza que le confieren los medios. Pero al mismo tiempo el público asume esos tipos reflejados en la publicidad e intenta acomodar a ellos su conducta y su estilo de vida." (p. 323)

En los últimos tiempos, el concepto de *mujer*, y el concepto de *madre* ha experimentado muchos cambios que se han reflejado en la publicidad, aunque de manera poco convincente, y también, con una aportación más personal y con una difusión instantánea, en las redes sociales. Muchas madres o futuras madres tienen su blog, donde preguntan a otras madres, aconsejan, exploran… y, en definitiva, viven su propia realidad, adaptada a sus circunstancias[2]. Es obvio que ha habido indudables progresos en la integración de la mujer en el mundo laboral y una tímida evolución del universo masculino en el rol doméstico y de crianza de los hijos. Sin embargo, la publicidad como la vida real está llena de ejemplos donde los arquetipos femeninos tradicionales continúan estando presentes.

En una encuesta cualitativa llevada a cabo el 2005 sobre la imagen de las mujeres en la publicidad, las participantes, según García y Martínez (2008), destacaron como prácticas negativas: "la invisibilitat i ridiculització de les dones, la permanencia del rol de la dona als informatius com a víctima, la coexistència d'estereotips que vinculen les dones a patrons estètics, el reforçament dels rols tradicionals que minimitzen l'univers femení a un àmbit privat-domèstic, la cosmovisió masculina com a model a seguir per les dones, la representació de la dona com a persona-objecte en els mitjans i l'especialització temática de les revistes en funció dels gèneres" (p.135), lo cual implica que, a pesar de algunos tímidos avances, estamos lejos de conseguir una publicidad en que se muestre la igualdad de hombres y mujeres, como estamos lejos de conseguir esa igualdad en el mundo real.

Este capítulo solo pretende reflejar de manera sucinta que en la sociedad se han producido cambios en cuanto al rol de las madres y que estos cambios se reflejan en los medios de comunicación, entre los que la publicidad es un exponente más. Sin embargo, el hecho de haber escogido una serie de anuncios que llaman la atención por representar una imagen que nos gustaría que fuese más veraz en el mundo real no esconde que queda un largo camino por recorrer y que hay que plantearse hasta qué punto la publicidad imita a la realidad social o es la realidad social la que queremos que imite a la publicidad.

2 Visa y Crespo (2014) tratan con mucha naturalidad temas cotidianos y espinosos sobre la maternidad y la blogosfera.

Referencias

García, N. y Martínez, L. (diciembre 2008). Les audiències actives i la imatge de les dones a la publicitat. *Treballs de Comunicació* [Societat Catalana de Comunicació], 25, 131–141. Recuperado de DOI: 10.2436/20.3008.01.55

González Lobo, M.A. M. & Prieto del Pino, M. D. (2009). *Manual de publicidad*. Pozuelo de Alarcón. España: ESIC

Grabolosa, L. (2016). Estereotips femenins a la publicitat actual. *Annals del Patronat d'Estudis Històrics d'Olot i Comarca*, [en línea], 27, 299–310. Recuperado de https://www.raco.cat/index.php/AnnalsPEHOC/article/view/321517

Remolar, A. (2009). *La representació de la infància en la publicitat televisiva*. Universitat de València. Recuperado de https://www.tdx.cat/bitstream/handle/10803/10330/remolar.pdf?sequence=1&isAllowed=y

Visa, M. & Crespo, C. (2014). *Madres en red. Del lavadero a la blogosfera*. Madrid. España: Clave Intelectual

Videografía

Abancommercials (2018.05.16) ¿QUIÉN SE COMERÁ LA ÚLTIMA DANET? [Archivo de video]. Recuperado de https://abancommercials.com/espa%C3%B1a/anuncio/danet/quien-comera-ultima-danet/6452

ASEVI. CASAS CON AIRE FRESCO [Archivo de video]. Recuperado de http://hogaresasevi.com/

Banco de Santander (2019.03.06) UNA HISTORIA DE PROGRESO | GENERACIÓN 81 [Archivo de video]. Recuperado de https://www.youtube.com/watch?v=NGbHi_wESJ0

BBVA (2019.12.18) #AprendemosJuntos: 'Ayudar en casa' no es suficiente, hay que compartir la carga mental [Archivo de video]. Recuperado de https://www.youtube.com/watch?v=lVHRst02Ksk

Callback Studios (2016.02.10) DIRECT SEGUROS PADRES RESPONSABLES [Archivo de video]. Recuperado de https://www.youtube.com/watch?v=Qg5bPcKhqHk

Casa Tarradellas (2018.10.16) MUDANZA - SPOT PIZZA CASA TARRADELLAS [Archivo de video]. Recuperado de https://www.youtube.com/watch?v=WJqxG1t6das

Clearblue (2018.10.31). PRUEBA DE EMBARAZO CLEARBLUE CON INDICADOR DE SEMANAS [Archivo de video]. Recuperado de https://www.youtube.com/watch?v=zfCieYvxms4

Danone (2019.09.25). ABUELOS: #GraciasPorCuidarles [Archivo de video]. Recuperado de https://www.youtube.com/watch?v=9Gfy IIYTT4A

Findusweb (2019.02.04) DE PRIMERO, VERDURAS. DE PRIMERO, FINDUS [Archivo de video]. Recuperado de https://www.youtube.com/watch?v=viDHh3b6Ht8

Gallina Blanca (2019.01.24) SOPAS GALLINA BLANCA AL RESCATE [Archivo de video]. Recuperado de https://www.youtube.com/watch?v=zGKv1XngROo

José Antonio Andreu Fernández (2015.11.15) ANUNCIO NESQUIK AÑOS 70 [Archivo de video]. Recuperado de https://www.youtube.com/watch?v=Skm45m0dwj4

Jose Gregorio Afonso Curbelo (2018.04.22) KINDER SORPRESA (ANUNCIO DE KINDER) [Archivo de video]. Recuperado de https://www.youtube.com/watch?v=hAWB--SR8po

Jose Gregorio Afonso Curbelo (2019.01.14) MADRE E HIJO CON KINDER DÉLICE (ANUNCIO DE KINDER) [Archivo de video]. Recuperado de https://www.youtube.com/watch?v=xM4uXBpsGEQ

Juanpatv (2017.03.17) TENN. EL ALGODON NO ENGAÑA [Archivo de video]. Recuperado de https://www.youtube.com/watch?v=Uc VxG9mo72M

Kia España (2018.10.15) NUEVO KIA SPORTAGE - NUNCA DEJA DE SORPRENDER [Archivo de video]. Recuperado de https://www.youtube.com/watch?v=y50gcKiSf0I

Kinder Sorpresa España (2018.10.03) ALIMENTA SU CURIOSIDAD CON KINDER SORPRESA Y MIRACULOUS [Archivo de video]. Recuperado de https://www.youtube.com/watch?v=pN6oR9YJRok

Mindundis (2015.01.16) 1988 DOBLE CALDO STARLUX - ÉXITO EN CASA [Archivo de video]. Recuperado de https://www.youtube.com/watch?v=toiF4v3_NoQ

Nando nan (2012.12.19) COCA COLA MADRE REFERENCIAS [Archivo de video]. Recuperado de https://www.youtube.com/watch?v=LhYp2uo2VFc

Pilar Rodríguez (2009.12.15) COLÓN. BUSQUE, COMPARE Y SI ENCUENTRA ALGO MEJOR CÓMPRELO [Archivo de video]. Recuperado de https://www.youtube.com/watch?v=nfPXh_T5pbY

Pitahaya (2014.05.03) FELIZ DÍA DE LA MADRE – ANUNCIO DESIGUAL #tudecides TV 2014 [Archivo de video]. Recuperado de https://www.youtube.com/watch?v=lIyj_cLkz3k

Principal Models & Actors - Danone (2018.03.12). BUENOS PRINCIPIOS [Archivo de video]. Recuperado de https://www.youtube.com/watch?v=5P2NbUwrRtE

Taller PPS (2016.12.10) BIMBOLLOS BIMBO - AÑOS 60 [Archivo de video]. Recuperado de https://www.youtube.com/watch?v=hx2GJrUeplc

Taller PPS (2016.12.01) CHOCOLATE LOYOLA - AÑOS 60 [Archivo de video]. Recuperado de https://www.youtube.com/watch?v=G4ud5ALjLGo

Imágenes

Àngels, guardado por (s.f.) JABÓN ATOMIZADO LAGARTO [Cartel publicitario]. Recuperado de https://www.pinterest.com/pin/336644140879247007/

Iso, guardado por (s.f.) CALDO DE PUCHERO KNORR-SUIZA [Cartel publicitario]. Recuperado de https://www.pinterest.com/pin/796433515327023200/

José Pablo, guardado por (s.f.) MAMÁ LLEVA SIEMPRE A CASA CRUZCAMPO [Cartel publicitario]. Recuperado de https://www.pinterest.com/pin/355362226830336104/

Luis Benvenuty (2011–07–23) XIBECA DAMM [Cartel publicitario]. Recuperado de https://www.lavanguardia.com/vida/20110723/54190347366/xibeca-cumple-80-anos.html

Paola Martínez, guardado por (s.f.) COLA CAO EL ALIMENTO DE LA JUVENTUD [Cartel publicitario]. Recuperado de https://www.pinterest.com/pin/699324648358273537/

Rosie Jara, guardado por (s.f.) LA LECHERA 'OH QUÉ RICA' [Cartel publicitario]. Recuperado de https://www.pinterest.com/pin/285415695112100931/

Yure Foto, guardado por (s.f.) EL NUEVO TULIPÁN [Cartel publicitario]. Recuperado de https://www.pinterest.com/pin/528539706238118409/?d=t&mt=signup

Todocolección (s.f.) JUGO DE TOMATE VIDA [Cartel publicitario]. Recuperado de https://www.todocoleccion.net/catalogos-publicitarios/pagina-publicidad-original-jugo-tomate-vida-frutos-espanoles-s-fesa-valencia-ano-1961~x35933017

MATERNIDAD Y FICCIÓN: APORTACIONES LITERARIAS

George Sand y la maternidad: entre la ficción y la vida misma

ANGELS SANTA Y M. CARME FIGUEROLA

La difícil maternidad

La maternidad ocupa en la vida y en la escritura de George Sand un papel importante. Mujer emancipada, mujer libre, no olvidó nunca sus obligaciones de madre y ese sentimiento le acompañó a lo largo de toda su vida. Sin embargo, su relación con la maternidad no fue fácil. Desde antes de su nacimiento, este estado estuvo presente en su situación familiar y la predestinó en cierto modo. Sentimientos posesivos, sentimientos complejos, deseos de controlar las situaciones, todo ello se agolpa para crear un universo conflictivo del que es difícil escapar y al que habrá que enfrentarse para gestionar los diferentes momentos de la existencia y el contacto con los seres que amamos para quien deseamos lo mejor siempre que ese estado dependa de nosotros y de nuestra propia realización en sus vidas.

Capital importancia tiene para la escritora su abuela. De ella aprendió mucho, ella le legó su casa, Nohant, en la que podría realizarse y que se convertiría con el paso del tiempo en uno de los lugares de acogida emblemáticos del siglo XIX y en el que aún perdura el aroma del paso de la novelista. Su abuela, Marie Aurore de Saxe, era la hija natural del mariscal Maurice de Saxe, quien a su vez lo era también del rey Augusto de Polonia. Esa situación de bastardía influye en el carácter de la joven que no la olvidaría nunca, matizada por su profundo conocimiento de Jean-Jacques Rousseau, que debe a su marido, y que legaría a su nieta. Contrae matrimonio con el financiero Louis Dupin de Francueil, mucho mayor que ella, por el que siente un afecto casi filial. De esta unión nace Maurice, el que sería el padre de George Sand, que centra todo el amor de madre de Marie Aurore de Saxe. En *Histoire de ma vie* la novelista narra la estrecha unión existente entre madre e hijo. Es evidente que tal vez, pese a la utilización de escritos íntimos como cartas o fragmentos de diario, la reconstrucción realizada por la escritora no responde totalmente a la realidad, aunque recoge en lo esencial los sentimientos que albergaban los protagonistas de la misma. Este profundo cariño se ve entorpecido por la existencia de la madre de George Sand, Antoinette Victoire Sophie Delaborde, mujer que no pertenecía al mismo mundo que los Dupin de Francueil. La escritora lo pone de manifestó cuando nos presenta a su progenitora:

> Ma mère ne parlait presque pas de ses parents, parce qu'elle les avait peu connus et perdus lorsqu'elle était encore enfant. [...] Le pauvre meurt tout entier, le mépris du riche scelle sa tombe et marche dessus sans savoir si c'est même de la poussière humaine qui foule son pied dédaigneux (Sand, 2004, p.105)

La última frase muestra claramente la humilde ascendencia de la madre, cuyos padres mueren sin historia, muy alejados de los antepasados de su abuela materna.

Sin embargo, los tiempos turbulentos de la Revolución Francesa propician que ambas, la joven Delaborde y Marie Aurore de Saxe, coincidan en la prisión des Anglaises, casi en el mismo período. Aunque ni la una ni la otra debieron ser conscientes de ello. También es posible que el joven Maurice, visitando a su madre, se cruzara con Antoinette, pero si ello sucedió en realidad, ninguno de los dos jóvenes guardó un claro recuerdo de ello. Será mucho más tarde cuando Maurice hable en sus cartas desde Milán por primera vez a su madre de una joven que ha conocido y que le ha seducido totalmente: « Oui! Aimé d'une bien aimable et bien charmante femme, et il ne me manque pour être parfaitement heureux ici que ta présence » (Sand, 2004, p.377). Maurice trata de dulcificar su confesión con sus últimas palabras, en las que previendo unos posibles celos de la madre se apresura a notificarle que la encuentra a faltar, que su presencia es para él insustituible. Ello muestra claramente la situación de dependencia del joven con respecto a su madre, que había sido durante su infancia y su adolescencia el objeto único y exclusivo de su cariño. George Sand es benevolente con este sentimiento de su padre y trata de justificarlo. Comprende que los dos amores se enfrentan en el corazón del joven y se convierten, casi sin quererlo, en enemigos. Desde el inicio de la relación con Antoinette y lo que es más a lo largo de la misma, hasta su muerte, existió esa rivalidad entre las dos mujeres, rivalidad que tomaba tintes trágicos en el caso de Mme Dupin de Francueil. Es cierto que la vida de Antoinette Victoire Sophie no había sido ejemplar, pero se adivina en las reticencias que tiene hacia ella la madre de Maurice razones de más peso y de carácter sentimental, como si la joven quisiera arrebatarle el corazón de su hijo. No podrá soportar que su hijo pretenda casarse con ella y hará todo lo que pueda para evitarlo: « Lorsque ma grand-mère vit son fils épouser ma mère, elle fut désespérée; elle eût voulu dissoudre de ses larmes le contrat qui cimentait cette union; mais ce ne fut pas sa raison qui la condamna froidement, ce fut son cœur maternel qui s'effraya des suites » (Sand, 2004, 381–382). El matrimonio con la joven no es en absoluto del agrado de Mme Dupin de Francueil; la dama habría hecho cualquier cosa para evitarlo. No son únicamente las razones objetivas, derivadas de la razón, las que la llevan a rechazarlo, sino los sentimientos que alberga su corazón de madre, el sufrimiento que el menoscabo en el afecto de su hijo le acarrea. Nada consigue disipar el recelo ni calmar los celos, ni la obstinación de su hijo ni la fidelidad a esta mujer que ama y de la que es amado. No puede calmar sus celos ni deshacerse de ellos, parecido sentimiento conlleva que las relaciones sean difíciles y la mayor parte de las veces insoportables. Pero George Sand se muestra comprensiva con su abuela, comprende su amor de madre y entiende que los celos son únicamente una consecuencia de este; ese amor se convierte para ella en sagrado y nada ni nadie pueden juzgarlo ni condenarlo, solo le está permitido a Dios. Cuando la escritora relata estos acontecimientos, conoce ya el amor de madre, por haberlo experimentado ella misma, por ello tal vez su juicio es más benévolo. Por otra parte, el afecto que siente por su abuela, la lleva a perdonarla y a disculparla en su comportamiento, a pesar de la difícil situación en que colocaba a sus padres. Para su padre, Maurice, las cosas no son fáciles, muy al contrario. Se siente dividido entre su amor de hijo y su amor a la mujer de sus sueños; no puede decidir nada con claridad, porque su decisión no es inocua, causa dolor y desesperación a la una o a la otra: « Il faut choisir entre sa mère et sa maîtresse, tromper o désespérer l'une ou l'autre » (Sand, 2004, p. 393). No puede decidirse, dejará que los acontecimientos hablen por sí solos y ello le llevará al engaño. Lo único que puede hacer para conservar el amor de Antoinette Victoire Sophie y el afecto de su madre es engañar a esta última. Y esa será finalmente la decisión que el destino le impone y ante la que se doblegará. Sin embargo, antes se verá inmerso en una serie de acontecimientos que le entristecen y que provocan su desazón; su preceptor Deschartres interviene en la situación, tratando de alejar a la joven del lado de su pupilo, sin resultado alguno y ello provoca una serie de peleas y de discusiones que contribuyen a agriar el ambiente. Finge abandonar a la mujer que ama, pero en realidad no lo hace nunca. Algunos parientes intervienen tratando de calmar los celos de la madre.

No obstante, pese a las reiteradas afirmaciones que confirman el afecto de su hijo, la abuela de George Sand no se calma, más bien al contrario. El amor que siente por su hijo no la lleva al sacrificio para lograr su felicidad. Cree que la razón está de su parte. Y pretende alejarle definitivamente de esta mujer a la que desprecia. La escritora no se equivoca cuando designa a su madre con el término de rival, porque en realidad eso es lo que es: una rival en el corazón de su abuela, rival que le roba el amor de su hijo. Esa es la única verdad, aunque la novelista la juzgue con conmiseración: « Evidemment la pauvre mère a une rivale. Sa tendre jalousie a fait éclore le mal qu'elle redoutait » (Sand, 2004, p.414).

La situación de Maurice no es nada fácil; se halla estrechamente unido a Victoire[1]. Los lazos que les atan son cada vez más fuertes, comparten su vida, están constantemente juntos y se consideran como esposos. Ello da lugar al nacimiento de varios hijos, de los cuales solamente uno sobrevive unos cuantos años, muriendo poco después del nacimiento de George Sand. En varias ocasiones Maurice promete a su madre abandonar a su compañera, sin decidirse jamás a hacerlo, le basta verla de nuevo para decidir quedarse a su lado.

Su pasión le domina, su afecto va más allá de lo que puede inspirarle el amor maternal. Se halla completamente entregado a Victoire: « Sa vie était désormais tout absorbée dans l'amour » (Sand, 2004, p.482). La tristeza domina la vida de la madre. No encuentra ningún tipo de consuelo y es incapaz de superar el abandono de su hijo:: « Elle se sent une rivale dans le cœur de son cher enfant elle ne s'en console pas » (Sand, 2004, p.483). Finalmente, cuando Victoire se encuentra embarazada de la escritora, ya a punto de dar a luz, deciden casarse. Y lo hacen sin advertir a la madre de Maurice, lo que provoca en él desazón y dolor, por estar engañando a una madre que le ama con locura y por la que él siente un gran respeto y afecto.

Intentará confesarle la verdad y por ello se desplaza a Nohant, pero cuando intenta hablar, su madre le abruma con su dolor y con sus

1 A lo largo de su existencia la madre de George Sand será denominada por uno de los tres nombres de pila que tiene, en un principio Maurice se refiere a ella como Antoinette, después la llamará Victoire y por último se inclinará por el nombre de Sophie.

reproches, él se siente sin fuerzas para confesarle la verdad y regresa a París, al lado de su esposa sin haberlo hecho. Mme Dupin du Francueil no es consciente del daño que causa a su hijo, provocando sus sufrimientos y obligándole a vivir en un estado doloroso e incierto. Por su parte, Sophie no se preocupa demasiado por los sentimientos de su suegra. En realidad, piensa que el matrimonio civil no compromete tanto como el matrimonio religioso y que mientras este no se realice, nada será definitivo. Su propósito es no casarse por la iglesia hasta que la madre de su marido la acepte. Es una manera de disculparse ante el problema que representa para Mme Dupin de Francueil, le es difícil entender la repetida oposición de la misma. Solo Maurice se siente incomprendido y angustiado: « Je retournerais bientôt te demander raison de tes lettres, méchante mère que je chéris » (Sand, 2004, p.508), escribe a su madre, en respuesta a sus quejas y a su desconfianza. Desconfianza que aumenta cada día y que la lleva a escribir a finales de noviembre de 1804 al alcalde del distrito V de París para saber si su hijo ha contraído matrimonio. Lo sospecha como sospecha también el nacimiento de la escritora. Obtiene confirmación del mismo y sus esfuerzos se centran a partir de ese momento en tratar de ver cómo podrá solicitar la anulación de ese matrimonio. Continúa escribiéndose con su hijo y ni el uno ni el otro menciona en sus cartas el principal objeto de su preocupación. Sus mentiras son por omisión, en ningún momento se sinceran y abordan el problema de frente. Aunque sí admiten la existencia de la pequeña, por la que la abuela muestra un cierto interés. No ceja por tanto en su empeño de destruir el matrimonio y continúa haciendo gestiones para lograrlo: « Ma grand-mère se rendit à Paris dans le courant de ventôse avec l'intention de faire rompre le mariage de son fils, espérant même qu'il y consentirait, car jamais elle ne l'avait vu résister à ses larmes » (Sand, 2004, p.534). Sin embargo, antes de hablar con su hijo, quiere asegurarse que la ruptura del matrimonio es posible. Las personas a las que consulta le dan pocas esperanzas, casi nulas y no puede decidirse a llevar a su hijo a los tribunales por un asunto incierto. Renuncia, pues, a ello, pero decide permanecer unos días en la ciudad sin advertir a Maurice, para tener tiempo de aceptar el contratiempo que le producen sus esperanzas fallidas. El afán de posesión y el afán de dominio por su parte se ponen claramente de manifiesto en estos propósitos. En ningún momento ha roto las relaciones con su hijo, pero espera conseguir lo que desea a toda costa; únicamente ante la imposibilidad de hacerlo desiste. No parecen importarle demasiado ni el amor de su hijo por Sophie, ni la existencia de su nieta a la que convertiría en bastarda, ni el sufrimiento que causaría con todo ello a Maurice. La maternidad se revela en uno de sus aspectos más controvertidos, deseosa de imponer su autoridad contra todo y contra todos. Maurice se entera de la estancia de su madre en París y decide forzar la situación. Con la complicidad de la portera, le presenta a la pequeña Aurora que conquista inmediatamente a la dama. Ello provoca una explicación con su hijo que la espera fuera y por fin, Mme Dupin de Francueil parece aceptar el matrimonio de su hijo, aunque no lo hace inmediatamente. Espera a que los rumores conviertan la situación en insostenible, el temor al qué dirán la resuelve a aceptar los hechos consumados.

La relación familiar se establece en un plano de normalidad. Poco tiempo después se celebra el matrimonio religioso entre Maurice y Sophie y la abuela acepta la situación.

A partir de ese momento la vida discurre con cierta tranquilidad pese a estar inmersos dentro de la epopeya napoleónica en la que Maurice participa activamente. Su mujer permanece en París ocupándose de su familia, además de la escritora tiene una hija de ocho años, Carolina, habida en una primera relación. Cultiva la amistad de su hermana y la infancia de la escritora transcurre plácidamente en este ambiente familiar. En 1808 la pequeña Aurora se traslada con su madre a Madrid, en España, en dónde su padre es ayudante de campo de Murat. En España nace un hermano de George Sand. En julio del mismo año regresan a Francia y se dirigen directamente a Nohant en donde Mme Dupin de Francueil les acoge. La pequeña Aurora recupera rápidamente sus fuerzas, pero su hermano recién nacido muere sin remedio en septiembre. Sin embargo, esta no es la única desgracia que se abate sobre la familia. Ocho días después, el padre de George Sand muere a su vez, como consecuencia de una desgraciada caída del caballo. El golpe es muy duro para su madre: « Au lieu fatal, terme de sa course désespérée, ma pauvre grand-mère tomba comme suffoquée, sur le corps de son fils. […] La pauvre mère, pâmée sur le corps de son fils, ne faisait entendre qu'un râle, semblable à celui de l'agonie» (Sand, 2004, p.624). Tenemos la prueba, una vez más, del amor irrefrenable y poderoso que anima el corazón de Aurore de Saxe.

Perdido su hijo definitivamente, Mme Dupin de Francueil quiere conservar a su lado a su nieta Aurore; ella es lo único que le queda. Pero ese deseo excluye a la madre. De nuevo las dos mujeres se sitúan frente a frente, primero por la posesión del hijo, ahora por la posesión de la nieta.

Aurore de Saxe no ceja en su empeño. Aunque no quiere tener cerca de su nuera. Un hito más en la batalla que ha opuesto durante tanto tiempo a las dos mujeres. Ninguna parece tener en cuenta los deseos de la pequeña, embarcadas como está en sus propios deseos y en sus propias ambiciones, que les alejan de la felicidad de la niña.

Sophie, aparte de su hija Aurora, tiene también obligaciones con su otra hija Carolina, que se encuentra por el momento interna en París pero que no tardará en volver a casa. Además, sus disposiciones financieras no son demasiado holgadas para enfrentarse al gasto que supone la educación de sus dos hijas. La abuela quiere alejar a George Sand de su hermanastra. La situación no es fácil. Y tardan bastante tiempo en resolverla. Cuando la escritora se queda definitivamente con su abuela, su tristeza y su desesperación son evidentes.

Un dolor intenso se apodera de la joven Aurora. Su abuela la considera como un substituto de su hijo y centra en ella todo su amor y todo su cariño, separándola de su madre. La niña se siente manipulada, y no puede comprender ni el abandono de la madre ni el afán de posesión de la abuela: « La petite Aurore a le sentiment d'avoir été achetée par sa grand'mère » (Reid, 2004, p.1524). Más tarde ella actuará de manera muy semejante con sus hijos, convirtiéndose en una madre dominadora y posesiva.

A la edad de 17 años y medio, en diciembre de 1821 muere su abuela dejándola como única heredera de todos sus bienes. Las relaciones con su madre no habían mejorado demasiado a lo largo de estos años, pese al cariño de la joven. En 1820 Sophie había rechazado cualquier posibilidad de entendimiento con su suegra.

La abuela guarda, con respecto a su nuera, una extrema desconfianza. No quiere que ella se ocupe de la tutela de su hija. Y advierte a Aurora de los problemas que su madre puede acarrearle. Vemos que a pesar del tiempo transcurrido Mme Dupin de Francueil no ha aceptado a la mujer que su hijo escogió para compartir su vida:

> Elle avait désiré, par-dessus tout, que je ne fusse point confiée à ma mère, et la manière dont elle me l'avait exprimé, à l'époque de pleine lucidité où elle avait rédigé ses dernières volontés m'avait fortement ébranlée : « Ta mère, m'avait-elle dit, est plus bizarre que tu ne penses, et tu ne la connais pas du tout. Elle est si inculte qu'elle aime ses petits à la manière des oiseaux, avec de grands soins et de grandes ardeurs pour la première enfance ; mais quand ils ont des ailes, quand il s'agit de raisonner et d'utiliser la tendresse instinctive, elle vole sur un autre arbre et les chasse à coups

> de bec. Tu ne vivrais pas à présent trois jours avec elle sans te sentir horriblement malheureuse. Son caractère, son éducation, ses goûts, ses habitudes, ses idées te choqueront complètement, quand elle ne sera plus retenue par mon autorité entre vous deux » (Sand, 2004, p.1081).

A la muerte de la abuela, su madre, acompañada por su hermana, llega a Nohant. E inmediatamente se desahoga lanzando toda una serie de improperios y de acusaciones en contra de Mme Dupin de Francueil, lo que sorprende negativamente a Aurora que profesa un intenso cariño a la dama. La apertura del testamento irrita de nuevo a su madre, quien no puede aceptar que no le sea concedida la tutela de su hija y que ella lo haya aceptado.

Aurora se siente decepcionada por esta reacción de su madre. Ella fue incapaz de luchar por ella en su momento, de quedarse a su lado y ahora se halla repleta de exigencias y de duros juicios en contra de su abuela. La joven quiere volver al convento, pero no encuentra plaza y su madre decide que vayan a vivir juntas a París, en el piso de su abuela. Los problemas se recrudecen, la madre pretende controlarlo todo y pide explicaciones a la hija sobre el empleo de su dinero; el abogado se pone de parte de Aurora manifestando que ella tiene pleno derecho a utilizarlo como quiera y que no tiene porqué justificarse. La situación entre ambas está muy lejos de ser idílica. Por el contrario, los incidentes están a la orden del día. Ello lleva a la joven a realizar una serie de estancias en casa de unos amigos de su padre, los Rosétiers du Plessis, a través de los cuales conoce a quien será su marido, Casimir Dudevant. En septiembre de 1822 contrae matrimonio con él, después de haber obtenido a duras penas el consentimiento materno. Seguramente en este matrimonio, tan rápido, influyó el carácter de su madre y las pretensiones que esta tenía de controlar su vida y su libertad. Como vemos las experiencias con el sentimiento materno que tuvo la escritora en su infancia y su adolescencia no fueron demasiado positivas, como tampoco lo fueron las de su madre con su suegra, que ella conocía perfectamente. Ese sentimiento era demasiado absorbente y autoritario para poder colmar los anhelos de la joven y probablemente, aunque sea de manera inconsciente, influyeron en su propia visión de la maternidad y de su realización.

George Sand tuvo dos hijos. El primero, Maurice, nació el 30 de junio de 1823. La segunda, Solange, nació el 13 de septiembre de 1828. Se ha discutido mucho sobre la paternidad de la niña, ya que se ha puesto en duda en numerosas ocasiones que fuera hija del marido de la escritora,

Casimir Dudevant. Lo cierto es que, dejando aparte ese problema, la relación de George Sand con Solange fue tormentosa y acarreó numerosos problemas a la novelista.

Desde muy temprano su hijo Maurice absorbe su tiempo y su cariño. Apenas un mes tras su nacimiento Aurore escribe a su esposo una cariñosa carta en la da testimonio del amor que siente por los dos:

> Je ne pourrai jamais m'accoutumer à vivre sans toi; je m'ennuie à périr ; tout le monde m'importune et me déplaît. Il n'y a que notre petit Maurice qui soit gentil parce qu'il pleure avec moi. C'est de faim il est vrai, mais nous pleurons tous deux, et je l'aime encore mieux s'il est possible depuis que je n'ai plus que lui pour me consoler (Sand, 1964, p.108)[2].

La inquietud por el pequeño es contante y se manifiesta en cualquier ocasión. Aurore vive pendiente de su hijo y le profesa un profundo cariño:

> Je vous disais que mon petit Maurice avait une toux qui me donnait bien de l'inquiétude, heureusement il se porte à merveille maintenant. Les sangsues lui font le plus grand bien, car, dès le lendemain, il a retrouvé le sommeil (Sand, 1964, p.433)[3].

Aurore se ocupa de sus hijos durante su infancia, aunque su situación matrimonial se deteriora poco a poco y la obliga a planear la manera de substraerse a Nohant y a su vida familiar:

> J'emmène Maurice partout. Il se porte à merveille. C'est toujours le *plus* beau des amours, ta fille sera jolie aussi, tu la retrouveras bien *profitée* comme on dit ici. J'ai fort peu de lait, mais *elle boit et mange bien*, elle est toute ronde (Sand, 1964, 462-p. 463)[4]

A partir de 1830 empezarán sus ausencias. Ese mismo año en primavera pasa dos meses en París en casa de unos amigos. Se lleva a Maurice pero deja al cuidado de su marido a la pequeña Solange. En enero del siguiente año se va a París sola, después de haber llegado a un acuerdo con Casimir Dudevant que le permite en parte hacer su vida, dejando a sus dos hijos en Nohant. Regresará en abril y vuelve de nuevo a París en julio, también sin sus hijos. En la primavera de 1832 se va de nuevo a París llevándose consigo a su hija Solange pero Maurice se queda en Nohant al cuidado de

2 Lettre de George Sand à Casimir Dudevant, Paris, mardi soir, 29 juillet 1823.
3 Lettre de George Sand à sa mère, Nohant, 12 janvier 1828.
4 Lettre de George Sand à Casimir Dudevant, La Châtre, 22 octobre 1828.

su padre. En diciembre de 1833 parte con Alfred de Musset en dirección a Italia de dónde regresará en julio del año siguiente. Larga ausencia sin sus hijos. Maurice sufre a causa del abandono de su madre, aunque esta expresa su preocupación por él en su correspondencia. Las relaciones con su esposo son cada vez más tensas, por ello decide separarse de él judicialmente en octubre de 1835; el tribunal de La Châtre concede la separación en febrero de 1836. La custodia de los pequeños recae en George Sand. A partir de ese momento se ocupará de ellos, que viven bajo su protección.

En su adolescencia la salud de Maurice no es demasiado buena, sufre reumatismos. Pasa con su madre y Solange, acompañados por Frédéric Chopin, amante en esos momentos de la escritora, el invierno de 1838 en Mallorca. Maurice se halla estrechamente unido a su madre, en ese sentido Maurice Toesca, bajo el seudónimo de Maurice Roya, escribe uno de los primeros libros dedicados al hijo de la escritora: *Le plus grand amour de George Sand* (Bissonnette, 2017, p.21), en donde se muestra la profunda connivencia que siempre los unió. En 1862, a la edad de 39 años, contrae matrimonio, a instancias de su madre, con Lina Calamatta, hija del pintor Luigi Calamatta, muy amigo de los Sand. La escritora es profundamente feliz con este matrimonio que colma sus esperanzas. Maurice vive siempre en Nohant desarrollando una importante actividad artística, a la sombra de su madre.

Solange tiene un carácter fuerte que la opone con frecuencia a su madre, de quien se resiste a seguir los consejos. En 1846 se enamora del escultor Clésinger, catorce años mayor que ella, mientras su madre y ella posan para él. Se casan en mayo de 1847. Hombre apasionado, un tanto rebelde, se comporta con la escritora de forma un tanto abrupta, reclamándole dinero e imponiendo a Solange un comportamiento que no puede sino desagradar a la escritora; se produce una ruptura irreparable entre ambas mujeres. Chopin se sitúa al lado de Solange, a quien intenta comprender y ello motiva su distanciamiento definitivo de George Sand. La escritora no perdonará nunca a su hija su actitud en estos momentos y la brecha abierta en sus relaciones será definitiva. Unos años más tarde, en 1851, Alejandro Dumas hijo comunica a su padre en una carta que ha encontrado en Silesia la correspondencia intercambiada durante diez años con Chopin (Schopp, 2019, p.9). Ello ha sido posible porque la hermana de Chopin encontró estas cartas a la muerte de este y antes de entrar en Polonia, temiendo la confiscación de la policía, las confió a un amigo de su familia que vivía en Myslowice. Estas cartas, siguiendo los deseos de la escritora, son destruidas. Antes, Alejandro Dumas hijo las ha leído y ha sacado algunas copias de las mismas, que entrega caballerosamente a la escritora. George Sand se lo agradece en el alma, puesto que la correspondencia contenía secretos familiares que prefiere mantener en la obscuridad. Ello evidencia una vez más la difícil relación de la novelista con su hija:

> Quand ma fille me faisait souffrir par les hauteurs et les aspérités de son caractère d'enfant gâtée, je m'en plaignais à celui qui était mon autre moi-même. [...] J'aurais bien souffert d'ouvrir à tout le monde ce livre mystérieux de ma vie intime, à la page où est écrit tant de fois, avec des sourires mêlés de larmes, le nom de ma fille (Sand, Dumas père et fils, 2019, p.56–57)[5].

Para George Sand no fue fácil ser madre, como tampoco lo fue para su abuela o para su madre, pese a ser la maternidad tan importante en sus vidas. Por ello era inevitable que en la obra de la escritora parecido sentimiento se viera reflejado directa o indirectamente.

La maternidad en la ficción sandiana

Estudios biográficos sobre la escritora ponen de relieve las dificultosas relaciones materno-filiales que marcaron su existencia. En su trayectoria, los vínculos biológicos se revelaban mucho más problemáticos que otras ciertas filiaciones establecidas de forma voluntaria y que podrían ser calificadas de "adopciones" sentimentales (Beizer, p.177). Por otra parte, a nivel intelectual, sabido es que la novelista apostó por transgredir los géneros establecidos, superando unos límites impuestos culturalmente y optando incluso, por un tercer sexo[6] en el que convergirían características tradicionalmente asignadas a hombres y a mujeres. Los relatos de Sand cuentan con heroínas ambivalentes, andróginas casi, puesto que trasvasan los atributos característicos de una u otra categoría. Al proponer ese nuevo espacio ofrecido a ambos sexos, cabe preguntarse qué papel otorga Sand a

5 George Sand à Alexandre Dumas fils, Nohant, 7 octobre 1851.

6 En su correspondencia su gran amigo Flaubert se dirigirá a ella misma utilizando esa expresión: « Mais cependant, quelle idée avez-vous donc des femmes, ô vous qui êtes du troisième sexe » (Carta de 19 de septiembre de 1868. (*Correspondance*, p. 136)

la maternidad y cómo la concibe en la ficción ya que este medio le brinda la posibilidad de trascender las limitaciones de la vida real en su búsqueda de lo ideal (Zanone, 2004, p.13).

A priori los relatos sandianos son parcos en madres. Dicha ausencia coincide con una práctica general en la tradición literaria atribuible al silencio al que se ha sometido a la mujer a lo largo de la historia (Caute 2018, p.26). Sin embargo, las heroínas representantes de la maternidad se sitúan en obras de caudal relevancia dentro del corpus sandiano. A lo anterior se añade que múltiples protagonistas – sin pertenecer a la categoría de madres- manifiestan sentimientos maternales, con lo que la conjugación de ambos aspectos permite vislumbrar la postura de su creadora.

En *Pauline*, relato corto que Sand inicia en 1832, el año que la proyectó hacia la fama (aunque su publicación date de 1839), la narradora esbozó un tema que sentía muy cercano y al cual Sand prestó atención en obras sucesivas: los obstáculos a los que debía enfrentarse la mujer artista. Tal aspecto le permitía proyectar sus propias alegrías y desencuentros en una sociedad como la decimonónica que consideraba con particular recelo al artista (Rea, 2005) y, con mayor ahínco, se cernía sobre actrices, bailarinas y, por analogía, a toda fémina consagrada al mundo del espectáculo artístico. Sand construye una trama basada en un juego de simetrías opuestas y recrea a dos tipos de madres cuyo cometido consiste en acentuar los rasgos de Laurence, la heroína, definida también mediante el contraste con su amiga epónima. No sin un esfuerzo sostenido y mantenido en el tiempo, la exitosa Laurence se labra un futuro en un entorno parisino repleto de hostilidades. Para acceder a su independencia, de forma simbólica la actriz es "expulsada" de un entorno campesino que condena su voluntad de no ceder a las funciones tradicionales de la mujer en un siglo como el suyo en el que, especialmente en el medio rural, se asigna al género femenino el papel de continente, aludiendo a su capacidad de reproducción. Para vehicular su mensaje construye una trama basada en un juego de simetrías contrapuestas y recrea a dos tipos de madres. Se tratan estas últimas de personajes secundarios cuyo cometido consiste, principalmente, en acentuar los rasgos de Laurence, la heroína, definida también mediante el contraste con su amiga epónima. No sin un esfuerzo sostenido y mantenido en el tiempo, la exitosa Laurence se labra un futuro en un entorno parisino repleto de hostilidades. Para acceder a su independencia, de forma simbólica la actriz es "expulsada" de un entorno campesino que condena su voluntad de no ceder a las funciones tradicionales de la mujer. Lejos de un simple elogio a lo natural, motivo de corte romántica, la autora concentra nuestra mirada en las renuncias que conlleva la fama: más allá de la vocación, del trabajo arduo y riguroso que exige el oficio, la actriz debe enfrentarse a la censura social, expresada de forma notable por las figuras maternas del relato. Si bien la progenitora de Laurence sacrifica sus principios éticos con tal de respetar la voluntad de su hija por labrarse una carrera, su comprensión y respeto son objeto de censura por parte de la madre de Pauline que ve en tal permisibilidad una dejación de la tarea educativa materna. Ese prejuicio no solo condena a la actriz, sino que su supuesta falta de moralidad se convierte en estigma que mancilla también a la madre, a tenor de lo que la madre de Pauline recrimina a Laurence:

> … c'est elle [ta mère] qui répondra devant Dieu du maleur que tu as eu de monter sur les planches. Elle pouvait s'y opposer, et elle ne l'a pas fait ! Je lui ai écrit trois lettres à cette occasion, et Dieu sait si elle les a lues ! Ah ! si elle m'eût écoutée, tu n'en serais pas là !…(Sand, 2007, p. 44)

La narradora admite ciertas debilidades en el desarrollo formativo de Laurence atribuibles a su madre. Con todo, las mencionadas deficiencias se subsanan a través del carácter bondadoso de la madre, concebida a imagen del modelo rousseauniano, cuya generosidad se convierte en un sacerdocio altruista digno de la admiración de Sand[7]. Así es como la progenitora llega a admitir que se puede ejercer la profesión artística con dignidad y rigor. El reconocimiento de las renuncias y frustraciones que esa conclusión conlleva establece y determina un nexo indisoluble e imbatible entre la artista y su madre, ambas tratadas como pares en el texto: la condición filial de la actriz justifica también un sacrificio por su parte al asumir una responsabilidad tradicionalmente atribuida al cabeza de familia. Solo su trabajo realizado con constancia y seriedad aporta los recursos imprescindibles para evitar a su madre caer en la miseria. El vínculo sentimental entre ambas atiende menos, a una razón biológica, sino afectiva.

Por el contrario, la madre de Pauline, con su carácter seco y su exacerbada vanidad, desencadena la desgracia de su hija. El relato subraya

7 « Madame S… avait su à propos lui faire le sacrifice apparent de ses principes, et, quoi qu'on en dise, quoi qu'on en pense, ce sacrifice est le plus sublime que puisse suggérer l'amour maternel. Honte à la mère qui abandonne sa fille par la crainte d'être réputée sa complaisante ou sa complice ! » (Sand, 2007 : 70)

además el mérito de la madre de Laurence, la única capaz de adivinar el juego donjuanesco de Montgenays que corteja a Pauline como estrategia para alcanzar los favores de la heroína. Las advertencias de la anciana, desoídas por el personaje epónimo, no solo se valoran por el acierto en su criterio, sino que representan una capacidad únicamente atribuible a la experiencia maternal. En términos de Sand suponen una extensión de su "instinct du génie maternel" (Sand, 2007, p.88).

El mérito de la autora reside en la modernidad de su tesis[8]: si bien alaba los beneficios de una relación materno-filial en sintonía, el mencionado "instinto" no se adquiere indefectiblemente por vía natural de modo que la calidad de "buena madre" queda lejos de ser un atributo innato.

Mediante la contraposición de ambos modelos relacionales mencionados la novelista expone la que se convertirá en una tesis fundamental de su pensamiento: el amor, cuya eficiencia educativa se revela mayor que la de la simple transmisión de conocimientos, no es un arma exclusiva de la mujer que ha dado a luz, sino de la que persigue la bondad de sus descendientes.

Otra de sus obras caudales, *Mauprat*, pondrá de manifiesto ese mismo principio. Con todo, en diversas ocasiones Bernard, el héroe asimila a la joven con su madre hasta el punto de que ciertos especialistas (Reid, 1992, p.47) han apreciado en el planteamiento narrativo atisbos de incesto emocional. Como sucede con otras muchas criaturas sandianas, la mujer impone a su pretendiente una etapa formativa, cuyas pruebas servirán esencialmente, para dignificarlo con tal de constituir un núcleo familiar ideal. Prefigura así la afirmación que transmitirá años después en boca de Mademoiselle Merquem:

> C'est en vain qu'elle se soustrait au mariage et se dispense de créer une famille. Tout est famille pour elle quand même. La femme est née pour être mère. Un instinct, qui et en même temps pour elle une conscience, lui commande l'adoption, c'est-à-dire toutes les sollicitudes du coeur pour l'ignorance et la faiblesse. (Sand, 1868, p.199)

Atribuir la elevación moral y el progreso social de Bernard a Edmée no aportaría novedades al corpus sandiano de no apreciarse tales

8 Mucho más recientemente la filósofa Élisabeth Badinter ha expresado una idea próxima a dichos supuestos en *L'amour en plus. Histoire de l'amour maternel XVIIe-XXe siècles* (1990, p. 290).

connotaciones maternales en el comportamiento de la protagonista. Sand seguía la tendencia de su época: recordemos que incluso en el siglo XVIII el discurso médico o filosófico recurría a razonamientos fundados en la biología para confinar a la mujer a las tareas de reproducción y de atención al hogar. Sin embargo, con la secularización de las ideas y costumbres el concepto de la maternidad había cobrado nuevos valores. A nivel psicológico, el amor materno resultaba fundamental para un correcto desarrollo del individuo, mientras que, a nivel social, la compasión materna se erigía en bálsamo para los desheredados (Knibiehler, 2000, p.59). Sin embargo, la innovación sandiana en *Mauprat* consiste en dotar a la madre "ideal" de unos rasgos que apuntan a la síntesis entre los géneros ya que la heroína, sin renunciar a una feminidad manifiesta a través de su belleza, la combina con una intrepidez y una fuerza de corte viril.

Con todo, donde George Sand debate de forma manifiesta sobre el prototipo materno es en *François le Champi*, novela publicada en 1847. La maternidad se aborda en este caso desde múltiples ópticas: su vertiente biológica, social, cultural, ética e incluso erótica. La autora plantea un aspecto adyacente a la maternidad y que representaba un desafío social durante su época: el destino de los niños abandonados. *François le Champi* aporta también su grano de arena a la búsqueda una respuesta social al fenómeno mencionado proponiendo una nueva visión de la maternidad.

La acogida del texto fue notable ya entre sus contemporáneos. Posteriormente, fue de gran trascendencia en su suerte la interpretación que autores como Ruskin y Proust dedicaron al relato y que ha alcanzado la posteridad gracias a las evocaciones que trasladaron a sus propias obras. No obstante, cuesta imaginar que dichos lectores se interesaran por un relato únicamente bucólico, cercano a la novela pastoril (Gonzalo, 2019) y en múltiples ocasiones incluido en colecciones literarias infantiles. Por el contrario, la experiencia de Proust convierte esta novela en el sucedáneo del "fruto prohibido", expresión que debemos a Béatrice Didier (1991, 140), en alusión al placer obtenido junto a la madre a través de la lectura. Sensación embriagadora que corre paralela a la del protagonista epónimo de la obra de Sand. Evelyne Ender (2002) analizó esta novela desde el prisma psicoanalítico y reveló matices incestuosos en la conducta del héroe. Es palmario que no corresponde articular el pensamiento de Sand en términos freudianos, sin embargo, cabe resaltar cómo la novelista formula una curiosa transformación del amor materno-filial en deseo amoroso.

Señalábamos antes que, en su postura más cercana al realismo, la novela expone un problema sociológico del momento. Estudios contrastados muestran que el abandono de niños constituyó una práctica permanente durante los siglos XVIII y XIX que algunos contemporáneos incluso consideraban como una lacra social (Boulanger, 2011, p.16). Desde el mismo prólogo Sand exponía aspectos esenciales de la tesis que iba a defender: el fenómeno de los expósitos era producto de la miseria que afectaba a ciertos colectivos –especialmente en un contexto rural-[9]; alcanzaba por igual a ambos géneros; era posible revertir el estigma que acompañaba a las criaturas abandonadas y por, consiguiente, evitar la marginalidad de dichos individuos. Desde esa perspectiva la trama se convierte en una demostración tangible de los argumentos aducidos por la escritora. Ideológicamente la autora coincide con lo propugnado por los primeros socialistas del siglo XIX. El propio Leroux o los fourieristas, entre otros, prestaron una particular atención a dicho fenómeno al considerarlo una disfunción de la sociedad que les permitía una crítica global del sistema existente y que añadía fundamento a sus propuestas alternativas con tal de contrarrestar dichas anomalías (Brémand, 2017, p.48). Para subrayar la marginalidad a la que dicha consideración arrastra al protagonista, la escritora le proporciona una identidad débil: el primer encuentro entre Madeleine y François sirve para resaltar tal aspecto. En el diálogo inicial establecido entre ambos, el chico carece de respuesta sobre su apellido, su edad y su lugar de procedencia. Desconoce incluso el nombre completo de su madre "adoptiva", a la que se refiere mediante la denominación popular de "la Zabelle". Además, en su prólogo la escritora destaca con un énfasis especial el sobrenombre que adjudica al personaje epónimo:

> Je n'intitulerai donc pas mon conte François l'Enfant Trouvé, François le Bâtard, mais François *le Champi*, c'est-à-dire l'enfant abandonné dans les champs, comme on disait autrefois dans le monde, et comme on dit encore aujourd'hui chez nous. (Sand, 1858, p.34)

Al reivindicar "Champi" como término de uso mayoritario en el Berry, Sand se sitúa en una postura mediadora entre el medio rural y el lector parisino, su opción subraya en particular el aspecto del abandono, especialmente teniendo en cuenta que desestima la denominación "enfant trouvé". Esta

9 « C'est la faute aux riches », asegura Madeleine Blanchet al joven François para intentar explicarle su condición (Sand, 1858, 84).

última, por el contrario, incidiría en el sentido opuesto y que es de pleno uso en la época. El progreso que experimenta el protagonista no colmará este vacío identitario: a lo sumo el texto se referirá a él como "François de la Fraise", nombre que le revela el cura d'Aigurande cuando le comunica la herencia recibida de su madre biológica. Las marcas, cicatrices, lunares y otros han gozado de una importante suerte literaria puesto que han permitido escenas de reconocimiento entre seres físicamente transformados. En el caso de Sand ni siquiera se recurre a este tópico: el párroco se limita a identificar al expósito por una marca que evoca la influencia materna sin que esta llegue a proporcionarle una identidad legítima. Al igual que en la centuria anterior la mujer queda reducida a la marginalidad si se aparta de los cánones civiles. Pese a los avances del siglo, sigue vigente el refrán popular "Les hommes font les lois, les femmes font les moeurs" (Knibiehler, 2000, p.68), con lo cual el poder femenino queda reducido al ámbito de lo cotidiano, de lo afectivo: la madre proporciona estabilidad a François en el seno familiar, sin embargo, queda aún un trecho por recorrer para admitir que esta pueda también transmitir a nivel legal un apellido al hijo. Como señala Beizer (2006, 181), ni siquiera en el matrimonio final entre François y Madeleine se resuelve dicha cuestión. Esa carencia se convierte en una arista más de su estigma, en un verdadero obstáculo cuando Mariette considera al expósito con mirada enamorada. Hasta el punto de que su vecina no duda en usarla para diluir sus devaneos amorosos (Sand, 1858, p.208–209).

Como se mencionó, a dicha vertiente realista de la novela, se añade la búsqueda de un ideal que brinda a Sand la oportunidad de presentar al lector su propio planteamiento al respecto. A ojos de la autora, Madeleine encarna la visión sublime de la maternidad. Para transmitir su mensaje recurre a un procedimiento ya utilizado anteriormente: la comparación. Un primer nivel de lectura permite advertir la antítesis existente entre Madeleine y su suegra. El instinto maternal de ambas no evita que se concreten posturas opuestas: sin que esta última sea tachada de mala madre[10], su intento por influir en la opinión de su hijo y jefe de familia, su desprecio por el expósito basado en estereotipos la convierten en representante de una maternidad indeseable. Contrasta así con la generosidad de la

10 A juzgar por el afecto que su hijo Cadet Blanchet demuestra tras su fallecimiento, puesto que no duda en ofrecer compensaciones económicas a quienes habían contribuido al cuidado de la madre (Sand 1858, p. 70).

joven Madeleine que no duda en inmolarse a sí misma con tal de redimir a François. La autora escenifica con ello la tradicional correlación entre sacrificio e identidad femenina, binomio que, según Caute (2018, p.50), atiende a la capacidad femenina tanto de dar vida como de ocuparse de los difuntos, dedicaciones que también se plasman en la obra en cuestión.

Más allá de ese primer estadio narrativo, la figura materna se perfila mediante la comparación de tres mujeres, cada una de ellas representa una vertiente de la maternidad. Poco conocemos sobre la madre biológica de François que aparece únicamente mencionada con un doble objetivo: a nivel intradiegético, como en los mejores relatos de literatura popular, asegura unos bienes económicos que dignifican la condición social de François. En el plano estructural, su presencia-ausencia permite acentuar el grado de abandono sufrido por el protagonista, que, en el momento mismo de conocer la existencia materna, ve cómo por segunda vez se le priva de la misma. Ni siquiera se le concede el derecho a expresar su afecto:

> …il se disait aussi qu'elle venait peut être de décéder, et que son présent était une de ces dispositions qu'on prend à l'article de la mort: et cela le rendait encore plus sérieux, d'être privé de porter son deuil et de lui faire dire des messes. (Sand, 1858, p.154)

Esa doble pérdida se compensa con las dos madres adoptivas cuya actitud divergente plantea dos tipologías. En cuanto a la Zabelle – la presencia del artículo y huella de la oralidad evocan ya los orígenes populares del personaje, Sand la convierte en una víctima más del sistema económico y explica por ese bies su conducta poco conforme al estereotipo materno. Sin albergar maldad en su corazón (Sand, 1858, p.42), es víctima de su pobreza y concibe a François como un recurso a su alcance, susceptible de contribuir a su subsistencia: tras el fallecimiento de su nodriza, la Zabelle rescata al niño y lo emplea guardando su irrisorio rebaño a la espera de que, tras su primera comunión, pueda acceder al mundo del trabajo. Simple moneda de cambio, la Zabelle no duda en abandonarlo cuando intuye que su presencia va a resultarle nociva. Le inflige entonces el maltrato físico y, sin embargo, ni siquiera en tal caso el hijo deja de manifestarle un afecto gratuito. A las antípodas de dicha conducta, se sitúa el comportamiento de Madeleine: ya a nivel físico la narración establece características opuestas entre ambas mujeres. La fuerza y envergadura de la Zabelle poco tiene que ver con la delgadez de la molinera. Esa pequeñez magnifica aún el alcance de su empresa que se salda en una adopción en toda regla puesto que articula una vertiente económica y otra afectiva:

> On me tuera si l'on veut, j'achète cet enfant-là, il est à moi, il n'est plus à vous. Vous ne méritez pas de garder un enfant d'un aussi grand coeur, et qui vous aimait tant. C'est moi qui serai sa mère, et il faudra bien qu'on le souffre. On peut tout souffrir pour ses enfants. Je me ferais couper par morceaux pour mon Jeannie; eh bien! j'en endurerai autant pour celui-là. (Sand, 1858, p.66)

Madeleine contrarresta así el que hubiera podido constituir un segundo abandono del expósito. Lo integra a un círculo familiar y resalta su condición estableciendo un nuevo paralelismo con su hijo natural. Las atenciones que la molinera le prodiga, encauzan al expósito por una senda iniciática que debe superar para completar su formación: junto a Madeleine se instruye a nivel moral y espiritual mediante la lectura del Evangelio y la vida de santos, mientras que los cuidados materiales se traducen en un embellecimiento físico del personaje. Sand recrea también la eclosión del complejo de Edipo a través de una escena en la que el adolescente le pide a su madre ser besado con la misma intensidad que le prodiga a Jeannie, su hijo biológico. Episodio neurálgico de la trama, marca un nuevo umbral: a partir de ese instante el afecto materno-filial adquiere matices carnales. Se convierte en deseo que ni siquiera las tentaciones exteriores podrán diluir. La función de personajes femeninos como la Sévère o de Mariette persigue poner de relieve la fidelidad de François respecto a su madre. Sin duda dicha transformación es la que ha permitido advertir en la novela una presencia simbólica del incesto (Ender, 2002). Solo Madeleine se erige en la síntesis de toda fémina aunando los rasgos maternos con los sexuales: "parce que de femmes, voyez-vous, il n'y en a qu'une pour moi et c'est ma mère Madeleine [...] qui m'a élevé comme si elle m'avait mis au monde" (Sand, 1858, p.135).

En definitiva, los desencuentros familiares de la biografía de la propia autora permiten imaginar que particularmente *François le Champi* brinda a la novelista un medio de vencer sus obsesiones individuales. El amor incondicional que muestra Madeleine sintetiza una maternidad ideal en la que madre e hijo se funden en una entrega mutua y absoluta. La influencia de Rousseau, cuyo pensamiento fue un referente para Sand, resulta palmaria en esa veneración por la madre, no exenta de una cierta idealización. Como el filósofo, George Sand proporciona a la "buena madre" un carácter tierno y bondadoso, capaz de influir positivamente o de regenerar la unidad familiar y, por analogía, la colectividad. Le asigna, por tanto, un papel fundamental tanto en la constitución personal como en la educación del individuo (Knibiehler, 2000, p.63). Pero a la vez, la novelista recuerda que ese aspecto sociable de la mujer se delimita en gran medida por su corporeidad: actor biológico indiscutible, su belleza, su cuerpo, su sexualidad constituyen atributos que se consideran positivamente cuando se entregan a una causa noble: la de reforzar su papel como nexo de unión familiar y social cumpliendo así con una maternidad en su sentido más amplio.

Referencias

Badinter, E. (1980). *L'amour en plus. Histoire de l'amour maternel XVIIe-XXe siècles*. Paris: Flammarion

Beizer, J. (2006). « Autonymies : François la Fraise et le nom du corps ». In Díaz, B. et Hoog Naginski, I. (eds.), *George Sand. Pratiques et imaginaires et de l'écriture* (pp. 173–185). Caen : Presses Universitaires de Caen

Bissonnette, L. (2017). *Maurice Sand. Une œuvre et son brisant au XIXe siècle,* Rennes, Montréal : Presses Universitaires de Rennes, Les Presses de l'Université de Montréal

Brémand, N. (2017). « Les premiers socialistes et les femmes abandonneuses (1830–1850) », *Revue d'histoire de l'enfance « irrégulière »*, [En ligne], 19 | 2017, mis en ligne le 27 novembre 2019, consulté le28 novembre 2019. URL: http://journals.openedition.org/rhei/4024; DOI: 10.4000/rhei.4024

Caute, A. (2018). *Maternité et sacrifice dans le récit au féminin français, québecois et américain*, 1945–1968. Paris: Garnier

Correspondance George Sand-Gustave Flaubert (1863–1876). (2011). Clermont Ferrand: Paleo

Didier, B. (1998). George Sand écrivain. « Un grand fleuve d'Amérique ». Paris : P.U.F.

Didier, B. (1991). *L'écriture-femme*. Paris: P.U.F.[1981]

Ender, E. (2002) « Le Triomphe de l'éros dans *François le Champi* ». *George Sand Studies,* 21, 84–101

Gonzalo, T. (2019). “Lectura de *François le Champi* en clave pastoril». In Figuerola M.C., Evocar la literatura francesa y francófona de la modernidad (pp. 141–150). Lleida: Pagès Editors y Universitat de Lleida

Knibiehler, Y. (2000). *Histoire des mères et de la maternité en Occident.* Paris : P.U.F.

Le Boulanger, I. (2011). *L'abandon d'enfants*. Rennes : Presses Universitaires de Rennes

Rea, A. M. (2005), “La femme qui se donne en spectacle ou la danseuse et l'actrice chez George Sand”. In Caors, M. (ed.),*George Sand et les arts* (pp, 199–212). Clermont Ferrand : Presses Universitaires Blaise Pascal

Reid, M. (1992). « *Mauprat*, mariage et maternité chez Sand ». *Romantisme*, 76, 43–59. doi: https://doi.org/10.3406/roman.1992.6030

Reid, M. (2004). « George Sand. Vie et Œuvre » in Sand, George (2004). *Histoire de ma vie*, Gallimard, Paris

Roya, M. (pseud.) (1933). *Le plus grand amour de George Sand*, Paris, Editions Rieder

Sand, G. (1858). *François le Champi*. Paris : Michel Lévy frères. [1850]

Sand, G. (2004). *Histoire de ma vie*. Paris, Gallimard

Sand, G. (2007). *Pauline.* Paris: Gallimard. [1836]

Sand, G. (1868). *Mademoiselle Merquem*. Paris: Michel Lévy Frères

Sand, G. (1964) *Correspondance, tome I (1812–1831)*, Paris, Garnier

Sand, G. y Dumas, A. père et fils (2019). *Correspondance*, Paris, Phébus

Schopp, C. (2019). « Introduction » in Sand, George & Dumas, Alexandre père et fils (2019). *Correspondance*, Paris, Phébus

Tricot, M. (2004). *Solange, fille de George Sand.* Paris, L'Harmattan

Zanone, D. (2004),« Romantiques ou romanesques ? Situer les romans de George Sand ». *Littérature*, 134, juin, 5–22

Los imaginarios de la maternidad en la literatura catalana del siglo XXI

Helena Alonso, Laia Balasch, Monste Sanjuan y Joana Soto

La reflexión sobre la maternidad desde la(s) teoría(s) feminista(s) encuentra un punto de inflexión en la ya clásica obra de Adrienne Rich *Of Woman Born. Motherhood as Experience and Institution* (1976), que supuso una primera gran aproximación poliédrica a la idea de maternidad, partiendo del supuesto que esta es, a la vez, privada y pública, personal y colectiva, única y diversa. Así pues, ninguna otra experiencia humana es comparable, por su complejidad, a la maternidad, dado que en ella convergen implicaciones tan diversas como la social, económica, física, médica, asistencial, biológica, cultural, antropológica, moral, religiosa... Nada más alejado del imaginario simplista que reduce la maternidad al objetivo anhelado de cualquier mujer que se precie y que, consecuentemente, explica felicidades o desgracias en función de la relación que una mujer establece con ella.

El salto de las aproximaciones teóricas contemporáneas sobre la maternidad hacia la ficción (literaria o audiovisual) es natural y esperable. En el caso de la literatura resulta significativo que la visión no reduccionista y edulcorada de la idea de maternidad y, por tanto, la aceptación de las maternidades alternativas o incluso "subversivas", haya encontrado una plataforma de expresión cómoda en la literatura infantil y, en menor medida, juvenil. Este imaginario alternativo convive con la tradicional idea de maternidad: aquella que define a la mujer con hijos como ser completo que cuida y da su vida por ellos.

En este capítulo, aunque sin pretensiones de exhaustividad, analizaremos la presencia de la maternidad en la literatura catalana del siglo XXI, a partir del análisis de novelas, obras teatrales y poemarios. Aunque el tema de la maternidad, o las relaciones materno-filiales, está presente en muchísimas obras, hemos descartado aquellas en las que no constituye el tema central o, al menos, no juega un papel determinante.

Partimos de una perspectiva epistemológica de la realidad social que Stuart Hall (2009: 25) ha definido como constructivista. La realidad que las personas percibimos y sobre de la cual interaccionamos no es la realidad objetiva del mundo en el que vivimos, sino que somos los seres humanos los que construimos el significado, la función y el valor de lo que nos rodea. Este marco teórico entiende que la ficción literaria almacena experiencias personales y colectivas y las dota de una determinada significación, mientras construye e interpreta identidades.

Algunos precedentes

En 1898, Caterina Albert (todavía sin utilizar el pseudónimo de Víctor Català) presentó *La infanticida* en los Jocs Florals de Olot, donde obtuvo el primer premio. La obra causó gran escándalo, y alguno de los miembros del jurado aconsejó realizar cambios para que fuera más "digerible", en nombre de la moral y del buen gusto. Se trata de un monólogo en que una mujer, Nela, encerrada en un centro psiquiátrico donde ha sido recluida por haber dado muerte a su hija, explica qué la ha llevado hasta allí. Madre soltera, finales del siglo XIX, y una sociedad rural muy tradicional. El pánico a enfrentarse a las convenciones sociales, especialmente a su propio padre, la conduce al infanticidio. La obra plantea, pues, uno de los grandes tabús universales. Mucho mayor fue el escándalo cuando se supo que la autoría correspondía a una mujer. ¿Cómo era posible que una mujer osase escribir sobre un tema tan absolutamente censurable? Ante el escándalo, el jurado decidió no conceder el premio a la autora[1] que, por si no fuera poco, se mostraba hasta cierto punto comprensiva, o al menos compasiva, con la infanticida. Así, en la acotación con la que se abre el texto dramático, podemos leer:

1 Como consecuencia, Caterina Albert decidió no dar a conocer nada más al público con su nombre, y las obras posteriores pasaron a ser firmadas con el pseudónimo Víctor Català, con el que ha sido conocida hasta la actualidad.

> Tingui's en compte que la Nela no és un ésser pervers, sinó una dona encegada per una passió; que obrà, no per sa lliure voluntat, sinó empesa per les circumstàncies i amb l'esperit empresonat entre dues paral·leles inflexibles: l'amor a Reiner i l'amenaça de son pare; aquell empenyent-la cap a la culpa; l'altre, mostrant-li el càstig; les dues, de concert, duent-la a la follia.[2]

La infanticida lleva a un extremo la "problematización" de la maternidad, pero podemos considerarla un precedente de aquellas obras literarias que la explican huyendo de tópicos que la reducen a la máxima aspiración femenina.[3]

La transgresión de Albert dista de otras propuestas literarias publicadas en torno a la maternidad. Según la profesora Montserrat Palau (Diari Ara), durante los siglos XVII y XVIII se editaron tratados internacionales que tenían como objetivo explicar cómo deberían ser una buena madre y esposa. Son libros firmados por hombres, habitualmente médicos y curas, que perseguían regular el comportamiento de la mujer. En Catalunya, estos tratados se empezaron a traducir durante la República e incluso hubo quien los escribió.

El libro *L'etern femení* fue publicado el 1934. Escrito por Llucieta Canyà, era una guía moral que explicaba a las mujeres como ser virtuosas con sus maridos y buenas con sus hijos. Éxito de ventas, continuó publicándose hasta los años 60, ya en plena dictadura. Durante el Franquismo también se multiplicaron los libros que proponían modelos de mujer.

La democracia abrió la puerta a nuevas propuestas que se aproximaban de forma distinta a la maternidad. Uno de los referentes fue Maria Mercè Marçal. En *La germana, l'estrangera*, la escritora hablaba del embarazo y de la hija que estaba esperando. Carme Riera publica también *Temps d'espera*, un dietario sobre el embarazo.

En los últimos años, el feminismo ha experimentado una eclosión importante y ha conseguido un lugar preeminente en la agenda social y

2 Téngase en cuenta que Nela no es un ser perverso, sino una mujer cegada por una pasión; que obró no por su libre voluntad, sino empujada por las circunstancias y con el espíritu preso entre dos paralelas inflexibles: el amor a Reiner y la amenaza de su padre; aquel empujándola hacia la culpa; y el otro, mostrándole el castigo; las dos, de concierto, llevándola a la locura.

3 Tópicos, por otro lado, que han generado una tremenda frustración o un profundo sentimiento de culpabilidad a todas las mujeres que, o bien no han notado la llamada de la maternidad o bien se han sentido estafadas al descubrir algunos aspectos negativos que la maternidad conlleva.

política. Su crecimiento tiene una relación directa en la representación de la maternidad en la ficción literaria. Este estudio quiere poner sobre la mesa la necesidad de entender qué arquetipos se dibujan, cómo se describen los deseos, las expectativas, los miedos, las frustraciones, las dificultades y, en definitiva, las realidades de lo que significa ser madre.

Metamorfosis psíquica y física de la mujer

La gestación, el parto y el posparto implican cambios físicos y psíquicos irreversibles en la mujer, que las escritoras contemporáneas recogen con miradas que se alejan del relato mayoritario que ha asfixiado la literatura a lo largo de la historia: el sufrimiento de la mujer en el parto. No es un discurso casual. La teología judeocristiana ha concebido "el dolor de la mujer en el parto como un castigo divino" (Rich, 1986, p.128) y la sociedad lo ha acabado asumiendo como destino natural e inevitable, reforzado con obras literarias como *La plaça del Diamant* de Mercè Rodoreda. Este clásico de la literatura catalana describe el parto como un episodio horroroso en que las mujeres mueren partidas, y "si no s'han ben partit, la llevadora les acaba de partir amb cops de ganivet o a cops de vidre d'ampolla i ja queden així per sempre, o estripades o cosides" (Vivas, 2018, p. 137)[4]. No en vano, la poeta Maria-Mercè Marçal señala en los años 80 del siglo XX que se encuentra ante un "vacío" sin referentes literarios cuando se dispone a escribir sobre el embarazo y el parto, que describe con la palabra "dolpler": dolor y placer (Julià: 2017).

Afortunadamente, en el siglo XXI las visiones sobre el fenómeno se han multiplicado. En el poema "Part", la escritora Blanca Llum Vidal narra la metamorfosis que supone dar a luz con la metáfora de un pájaro que se convierte en elefanta. La poeta describe el cambio como un proceso de autoconocimiento emocional y del cuerpo que, además, conduce hacia dos partos: el del hijo y el de la mujer, que nace de nuevo. El texto concibe el recién nacido como un ser completo, que conoce, intuye y percibe el entorno y al que sitúa exactamente al mismo nivel que la madre-poeta:

4 Si no se han partido bien, la comadrona las parte a golpe de cuchillo o de botella de cristal, y quedan así para siempre, desgarradas y cosidas.

> Part
> Hi arribes ocell i en surts elefanta.
> [...]
> Hi arribes que enrampa i en surts que t'encens de flor salvatge.
> Hi arribes un nen amb nen a dins i en surts un nen amb nen arran
> i en surts un nen amb l'altre nen que se t'arrapa i que se't beu,
> que se t'arrapa i que t'ho veu, que també en surts, que també neixes[5]
> (Amor a la brega, 16).

La escasa producción literaria en torno a la maternidad ha provocado un déficit no solo de referentes sino también de vocabulario. Hasta 1980, la maternidad no se consideraba un tema lírico, y fue Marçal quien lo sacó de la servitud, le dio dimensión simbólica y lo situó en las coordenadas culturales (Julià: 2017). La poeta Anna Gual articula en *Ameba* un proceso similar con el uso literario de palabras restringidas habitualmente en el ámbito médico como meconio, lanugo, vernix caseosa o líquido amniótico, que con la poesía sitúa en un nuevo espacio de significación.

> Vernix caseosa
> Bocins de meconi barrejats
> amb el líquid amniòtic
> i un cordó umbilical d'artèria única
> que fa avançar
> les agulles del rellotge.
> Només tu decideixes
> en qui et reencarnaràs[6] (Ameba, 40).

Los cambios físicos que experimenta el cuerpo de la mujer durante la gestación, que se convierte en la base de la alimentación del feto, están presentes en la literatura contemporánea en obras como *Poemas de una embarazada*, de la escritora Eva Baltasar. La poeta se convierte en el texto en «tierra de pasto,» «planta petrolífera» o almacén: «Tota jo m'he convertit en un rebost»[7]. Esta metamorfosis va unida a un impulso vital incesante e

5 Parto. Llegas pájaro y sales elefanta [...] Llegas que acalambra y sales que te enciendes de flor salvaje. Llegas niño con un niño dentro y sales niño con un niño pegado y sales niño con el otro niño que se te agarra y se te bebe, que se te agarra y que lo ve, que también sales, también naces.

6 Vérnix caseosa, trozos de meconio mezclados con el líquido amniótico y un cordón umbilical de arteria única que hace avanzar las agujas del reloj. Solo tú decides con quién te reencarnarás.

7 Toda yo me convertí en una despensa.

incontrolable, que activa su funcionamiento: «M'està passant alguna cosa grossa/que podria movilitzar un imperi o dos» (Baltasar, 2010, p. 23)[8].

Un aspecto a menudo menospreciado y claramente invisibilizado del parto es el placer sexual. Desde que la cultura ha desexualizado la figura de la madre, las sensaciones orgásmicas en el parto o en la succión de los pechos durante la lactancia, las han negado incluso las mujeres que las tenían (Rich: 1986). La dramaturga Marta Galán las reivindica:

> Parir és brutal. Sexual, físic, plaent. Ho tornaria a fer un milió de vegades i ho dic molt seriosament. Pariria una vegada i una altra fins que m'aguantés el cos, fins que els meus ossos, els meus nervis, els òrgans, el cervell diguessin prou (El conillet del tambor de Duracell, 34).[9]

También Gemma Ruiz apuesta en *Argelagues* por desacralizar el momento del parto. Lejos quedan, en su narración, las imágenes romantizadas del dar a luz: "parir es como cagar trozos de niños":

> Pare! La mare! Que hi vagi! Corrents! No... no sé què vol, jo! Mentida. La Remei ben bé que ho sap. Be que l'ha vist. Un tros de carn així. D'un pam encara no i del color dels cardenals que surten després d'un cop. No l'havia vist mai, un esguerro com aquell. Ni sabia que n'hi poguessin haver. I amb unes hetxuretes tan de criatura... Feia esgarribar. Perquè tenia capet. I bracets. I manetes. I ditets. A la Remei encara la feia esgarrifar més pensar que a la mare li hagués pogut sortir per baix, el tros de carn així. Que se'n poguessin cagar. I que ella en deixés anar algun dia (Argelagues, 31).

Madre *versus* persona

Uno de los rasgos fundamentales que ha propuesto el patriarcado como forma de organización social ha sido la división entre la esfera pública (productora) y la privada (reproductora). Tradicionalmente, hombres y mujeres han ocupado el espacio de forma diferente y, mientras a ellos se les ha abierto la puerta del mundo exterior, el estatus de ellas se ha

8 Me está ocurriendo algo gordo que podría movilizar un imperio o dos.

9 Parir es brutal. Sexual, físico, placentero. Lo volvería a hacer un millón de veces, y lo digo muy en serio. Volvería a parir una y otra vez hasta que me aguante el cuerpo, hasta que mis huesos, mis nervios, mis órganos, mi cerebro dijeran basta.

asociado con aquello relacionado con el ámbito doméstico y reproductivo: el cuidado, el afecto y la familia (Postigo, 2007).

Algunas de las novelas tienden a reproducir la dualidad del esquema público/privado. A menudo las funciones derivadas de la maternidad se continúan asociando al ámbito doméstico y del cuidado de los demás. Las madres son las responsables del bienestar de los miembros del hogar y su amor hacia los hijos es tal que, incluso, harían lo imposible para satisfacer sus más extrañas voluntades:

> El fill gran hi té una flaca, per les prunes. I la mare de la Remei la té per ell. Si fossin cireres el que el perdessin, hauria anat allò on fos a trobar-li un cirerer[10] (Argelagues, 21).
>
> I no se'n sap avenir de tot tan net i polit com ho té sempre la mare. (...) La mare els ben ensabona i els esbandeix. No és d'entretenir-se, sempre va per feina, igual com quan fa el dinar o fa el dissabte[11] (Argelagues, 189).

Para los hijos, la figura de la madre tiene un efecto protector. Su presencia garantiza su seguridad y, cuando desaparece, niños y niñas quedan desamparados, a merced de la crueldad de los demás. Si alguien debe cuidar de ellos, acostumbran a ser otras mujeres, también madres, las que se encargan. Gemma Ruiz describe el efecto profiláctico de la maternidad y el peligro al que se ven sometidos los hijos después de la muerte de la madre:

> La mare ha tingut l'última criatura. (...) I es troba que quan les veïnes la deixen entrar al quarto, la mare ja és de cera. (...) I ja està. Ja no la veurà mai més. (...) Va morir de sobrepart.
>
> (...) El pare agafa la Nina i la lliga per la cintura. (...) I allavors la despenja. Per tots els barrancs que troba. (...) La Nina ha de caçar tots els troncs que vegi, tots els que rodolant rodolant s'hagin estimbat. (...) I ai d'ella que xiscli o plori o digui que ja no pot més, que ja n'hi ha prou. Ai d'ella. Quan la torna a terra i la deslliga, no és el sec que li marca tot el volt el que més mal li fa. És allò d'un dia et deixaré anar si em toques gaire els collons[12] (Argelagues, 177 - 180).

10 El hijo mayor tiene una debilidad, por las ciruelas. Y la madre de Remei la tiene por él. Si fueran cerezas lo que le hiciera perder la cabeza, habría ido donde fuera para encontrarle un cerezo.

11 Y no sale de su asombro de tan limpio como lo tiene siempre la madre. Y de cómo lo echa de menos. (...) La madre los enjabona y enjuaga. No es de entretenerse, siempre trabaja y trabaja, igual que cuando hace la comida o limpia la casa.

12 El padre coge a Nina y la ata por la cintura. (...) Y entonces la descuelga. Por todos los barrancos que encuentra. (...) Nina debe cazar todos los troncos que vea, todos

Al estatus asociado al ámbito doméstico, la maternidad también se define por conceptos como el sacrificio, la abnegación, la renuncia y una asombrosa generosidad. El sistema capitalista ha utilizado la maternidad como instrumento de control de las mujeres, relegando el cuidado de los hijos al ámbito exclusivamente familiar, otorgando la responsabilidad principal de la crianza a la mujer y concibiendo esta tarea como una pérdida económica respecto del tiempo de trabajo productivo. Este es el trasfondo y el poso político del texto teatral *El conillet del tambor de duracell*, de Marta Galán, una obra irónica y muy crítica que utiliza la imagen de un juguete, un conejito con pilas inagotables, para describir el estereotipo de la madre perfecta. La figura representa a la mujer sacrificada, abnegada y feliz, que sitúa a los hijos por delante de todo, incluso de ella misma, y que es a la vez una excelente profesional que ha logrado conciliar con éxito la vida familiar y laboral: "soy una puta máquina y puedo con todo", espeta la protagonista.

> Són el més important que he fet a la vida; el més espectacular i perfecte que he fet mai. [...] He deixat de fer les activitats prescindibles de la vida per cuidar-vos, això he triat. He deixat l'alcohol i les festes (prescindibles). El sopar amb col·legues (prescindibles). Els projectes preciosos (prescindibles)[13] (Conillet, p. 121).

De este modo, vemos como la construcción simbólica de la maternidad se construye por oposición a las ideas de libertad, autonomía y emancipación. La buena madre es, sin lugar a dudas, aquella que se asemeja a la madre *madonna* y angelical (Moras, 2002) o a la *madre coraje*, aquella que renuncia incluso a su vida en favor de los demás. Todo parece indicar que ser mujer y ser madre nunca podrán ser dos conceptos complementarios: la primera es libre y autónoma, mientras que la segunda, generosa, sacrificada, solícita y eficaz.

Júlia, la protagonista de *El fil invisible*, es una mujer que deberá enfrentarse a los deseos de paternidad de su pareja. Sus miedos responden

---

los que rodando rodando se hayan despeñado. (...) Y ay de ella que chille o llore o diga que ya no puede más, que ya es suficiente. Ay de ella. Cuando la vuelve a tierra y la desata, no es la marca lo que más le duele. Es lo de un día te soltaré si me tocas mucho los cojones.

13 Son lo más importante que he hecho en mi vida; lo más espectacular y perfecto que he hecho nunca. He dejado las actividades prescindibles de la vida para cuidaros, eso he escogido. He dejado el alcohol y las fiestas (prescindibles). La cena con los colegas (prescindibles). Los proyectos preciosos (prescindibles).

a la relación que ella establece entre las ideas de maternidad, sacrificio y pérdida de libertad. Se da cuenta de que, si sucumbe a la voluntad de él, la carrera profesional que acaba de empezar ser verá truncada por la llegada del bebé, a quien deberá cuidar y dedicar su atención. Según su razonamiento, la decisión no acepta grises: o decide ser madre o decide vivir. Y es que, en el fondo, Júlia ve en la maternidad un modelo más de esclavitud y opresión social:

> —Estic en un moment professional molt dolç, amb molta feina per davant, molts encàrrecs, una criatura provocaria una aturada. No ho creus?
> —Jo t'ajudaria —va dir.
> —M'ajudaries? Quin verb has triat! La criatura seria de tots dos, ho hauríem de compartir tot.
> —Doncs ho compartiríem —va dir, si no convençut, sí conciliador.
> (…)
> —Bé, i un cop la criatura al món, canviaries els teus horaris per poder-la anar a buscar dos o tres diez a la semana a la llar d'infants? O ho hauria de fer jo cada dia?
> En Carles no va respondre de seguida. Rumiava, mentre amb l'índex resseguia la vora de la copa. M'adonava que això de renunciar a una part de les seves hores de dedicació profesional li era complicat[14] (El fil invisible, 86–87).

Vemos cómo, poco a poco, se va dibujando una nueva manera de referirse a la maternidad. Se trata de un cambio de perspectiva, la aparición de un modelo opuesto al de la mujer abnegada, que todo lo da, incluso su propia libertad. Aparecen figuras que ya no callan o que ponen por delante la vida y el éxito laboral y reivindican la posibilidad de escoger ser madres, o no.

Ada Castells en *Mare* también nos propone otro modelo de madre. La madre de esta historia es una mujer, Raquel, autoritaria, egoísta y violenta con sus tres hijas. La comunicación y el amor nunca existieron:

14 —Fijate, estoy en un momento profesional muy dulce, con mucho trabajo por delante, muchos encargos, una criatura provocaría un parón. ¿No lo crees?
—Yo te ayudaría —dijo.
—¿Me ayudarías? ¡Qué verbo has elegido! La criatura sería de los dos, deberíamos compartirlo todo.
—Pues lo compartiríamos —dijo, si no convencido, sí conciliador.
(...)
—Bueno, y una vez la criatura en el mundo, ¿cambiarías tus horarios para poder ir a buscar dos o tres diez a la semana a la guardería? ¿0 debería hacerlo yo cada día?
Carlos no respondió enseguida. Pensaba, mientras con el índice recorría el borde de la copa. Me daba cuenta de que esto que renunciar a una parte de sus horas de dedicación profesional le era complicado.

> D'una mare en reclamem protecció, afecte, un bon criteri. Són qualitats que la meva no va cultivar mai[15] (*Mare,* 13–14)

A pesar de ser una figura materna que agredía a sus hijas en el ámbito familiar, socialmente, nadie reconocía este maltrato. Se permite antes que unas criaturas sufran abandono y golpes que cuestionar la familia y el papel materno:

> La Rut es queixa que en la nostra infantesa no hi hagués ningú que aturès els cops de la mare. El pare no volia reconèixer què passava i les ties no s'atrevien a ficar-se pel mig[16] (*Mare*, 82)

Vemos por tanto una mujer que se rebela contra esa figura de madre que le impone la sociedad y lo hace con violencia contra sus hijas. No hay escapatoria, no puede tener otro papel en la vida que el que le ha señalado y una de sus hijas de algún modo, después de su muerte, lo reconoce:

> ...amb la lectura dels seus records m'adono que aquesta va ser la constant d'una dona que mai no va deixar de ser una nena[17] (*Mare,* 67)

Se da cuenta que nunca quiso ser "mujer de" o "madre de", quizás nunca quiso crecer del todo para vivir una existencia que no deseaba y a la cual no podía oponerse. El binomio mujer y madre, por tanto, tampoco es posible para Raquel. La renuncia sin opción a su libertad significa la amargura, la frustración, un tormento que le persigue hasta la vejez y la muerte.

En *Tot un caràcter*, Imma Monsó nos describe también de forma hilarante otra forma de maternidad, alejada del tópico, a través de la compleja relación que existe entre madres e hijas. Enérgica y extremista, *la mamá* de Júlia no es aquella mujer abnegada y solícita, sino alguien ambiguo, impetuoso y seguro de sí misma, que continuamente está echando en cara los sacrificios que le ha tocado sobrellevar para cuidar de sus hijas. Con

15 De una madre reclamamos protección, afecto, sentido común. Son cualidades que la mía no cultivó nunca.

16 Rut se queja de que en nuestra infancia no hubiera nadie que parara los golpes de nuestra madre. Nuestro padre no quería reconocer lo que ocurría y las tías no se atrevían a intervenir.

17 ...con la lectura de sus recuerdos, me doy cuenta de que esa fue la constante de una mujer que nunca dejó de ser una niña.

una gran agudeza e ironía, la escritora presenta las ambigüedades psicológicas de las relaciones intrafamiliares:

> *I va concloure* [la madre] *que, fet i fet, almenys ells tenien alguna cosa per celebrar, no com a casa, que no podíem celebrar mai res perquè ella* (…) *només tenia dues filles bruixes i desagraïdes* (…). *Aleshores li vaig dir que podía estar contenta d'aquestes dues coses i dels dos néts que la meva germana li havia donat, la gent es posa molt contenta per aquestes petites coses, però ella va dir que de cap manera això era motiu de celebració*[18] *(Tot un carácter,* 26).

Pocos textos hemos encontrado que dibujen el concepto de madre y persona en un mismo plano descriptivo. En este sentido Eva Piquer en *La feina o la vida* expresa la dificultad de compaginar los dos roles:

> La supermare perfecta, capaç de rendir al cent per cent a la feina i al cent per cent a la casa, i de fer-ho tot i més amb aquella alegria, no existeix. Ni a Catalunya ni a Suïssa ni a Disneylàndia. És un consol[19] (*La feina o la vida*, 188)

Por su parte, Najat El Hachmi en *Mare de llet i mel* presenta a una mujer, Sara, de origen marroquí, que desafía las tradiciones que quiere imponerle su familia. Eso significa renunciar a su papel de madre ya que abandona a su hijo recién nacido en el hospital. Para Sara, maternidad es sinónimo de privación de libertad, de no poder desarrollar sus deseos o ambiciones como persona y no duda en preferir ser parte del mundo donde pueda ejercer sus anhelos que dedicarse a la crianza. El concepto de persona se contrapone, otra vez, al de madre.

El Hachmi destaca la incomprensión de esta actitud y así refleja la enorme dificultad que ha tenido la huida de Sara, una huida que significa abandonar a su hijo después de parir, en la misma habitación del hospital. Así la madre de Sara dice:

18 Y concluyó [la madre] que, a la postre, al menos ellos tenían algo que celebrar, no como en casa, que no podíamos celebrar nada porque ella (…) sólo tenía dos hijas brujas y desagradecidas (…). Entonces le dije que podía estar contenta de estas dos cosas y los dos nietos que mi hermana le había dado, la gente se pone muy contenta por estas pequeñas cosas, pero ella dijo que de ninguna manera esto era motivo de celebración".

19 La supermadre perfecta, capaz de rendir al cien por cien en el trabajo y al cien por cien en la casa, y de hacerlo todo con aquella alegría, no existe. Ni en Cataluña, ni en Suiza, ni en Disneylandia. No deja de ser un consuelo.

> A mi se m'esquincen les entranyes, no podia suportar la idea que fossis tan lluny i acabada de parir[20] (*Mare de llet i mel,* 377).

> No saps el que van ser aquells dies, filla. Em vaig oblidar de tot, anava com boja per carrers i places, buscant-te, preguntant a tothom. I al damunt aquella criatura que havia quedat sense mare tan de sobte[21] (*Mare de llet i mel*, 385).

Sin embargo, la sociedad sustituye inmediatamente esa figura perdida en la madre de la joven que desempeñará a su vez el papel de madre:

> Si no m'haguessis deixat el nen, t'asseguro que no hauria tingut cap raó per continuar viva[22] (*Mare de llet i mel,* 385).

Vemos como para El Hachmi, esa madre renuncia al hecho de serlo, prescinde de su propio hijo porque no se siente así en cuanto este sentimiento le cierra las puertas de ser una persona, la maternidad es una pared donde se estrellan todas sus aspiraciones. Y delante de esto, solo hay una solución, abdicar de ella.

Pérdida, muerte perinatal

En contraste con el grueso de relatos existentes sobre la gestación y el embarazo, los abortos y la muerte perinatal son aún experiencias poco narradas en la literatura catalana, un reflejo de la invisibilidad que también tienen en la vida cotidiana. El texto teatral *Llibert*, de Gemma Brió, junto con *Una gossa en un descampat*, de Claudia Cedó, son dos casos que ponen luz a este tema. Brió trata en *Llibert* un tema complejo: querer la muerte de un hijo que ha nacido con una parálisis cerebral grave. La protagonista de la obra afronta, con sinceridad y ciertas dudas, el deseo de que su hijo se muera. No es una decisión fácil: la imagen estereotipada de una

20 A mí se me rasgan las entrañas, no podía soportar la idea de que estuvieras tan lejos y acabada de parir.

21 No sabes lo que fueron aquellos días, hija. Me olvidé de todo, iba como loca por calles y plazas, buscándote, preguntando a todo el mundo. Y además con aquella criatura que había quedado sin madre tan de repente.

22 Si no me hubieras dejado al niño, te aseguro que no habría tenido ninguna razón para seguir viva.

madre que lo haría todo para salvar la vida de sus hijos contrasta con este deseo y hace aflorar los sentimientos de culpabilidad de la protagonista: «I si no es mor? Mala mare! Qualsevol mare s'hauria d'alegrar que el seu fill visqués!!!»[23] (Brió, 2018, p. 62).

La muerte es un tema omnipresente en la literatura universal, pero son escasas las páginas que tratan, describen e iluminan la muerte perinatal y los días previos a la despedida. Brió narra con ironía el choque que supone la irrupción de la muerte justo en el mismo momento en que se produce el inicio tierno de una nueva vida y lo hace introduciendo el personaje de Sant Pere, que se niega a abrir las puertas del cielo a un niño que acaba de nacer porque «no tiene papeles», no lleva «ni el sello de vida».

La obra de Gemma Brió presenta paralelismos evidentes con *Una gossa en un descampat*, de Clàudia Cedó. Dos textos dramáticos, ambos publicados en 2018, que presentan la muerte perinatal como consecuencia de una decisión que debe tomar, en última instancia, la madre. Optar por la muerte allí donde únicamente debería haber vida. La puesta en escena de una decisión terrible que conlleva, inevitablemente, la tortura del sentimiento de culpa. En el caso de *Una gossa en un descampat*, la decisión debe tomarse en el quinto mes de embarazo. Y la consecuencia es terrible: "Pariràs un bebè mort. No t'ho pensaves, que hauries de passar per això, però la vida va com va"[24] (p. 96)

El fracaso personal, e incluso colectivo, es uno de los temas tratados en la multipremiada obra de Clàudia Cedó, que parte de una experiencia personal de la autora. Si la pérdida de un embarazo deseado es siempre dura, aquí se añade la tortura psicológica de la obligación de tomar una decisión sobre la interrupción del embarazo. A la evidencia médica que lo aconseja en todos los sentidos se opone el deseo absoluto de maternidad y el dolor de la presión psicológica. Júlia, la protagonista, conversa durante toda la obra con Júlia 2, su otro yo, su conciencia, la voz de quien lo ha vivido todo junto a ella pero puede hablar desde una cierta distancia emocional. La voz de quien pretende que Júlia digiera toda la experiencia vivida para sobreponerse. El silencio en torno a la (no)madre es demoledor:

23 Y si no muere? ¡Mala madre! Cualquier madre tendría que alegrarse que su hijo ¿viviera!!!

24 Parirás un bebé muerto. No pensabas que tendrías que pasar por esto, pero la vida es así.

> JÚLIA: Passen de puntetes per damunt del meu fill mort.
> JÚLIA 2: Suposo que no volen que t'encallis. Que et quedis barrada a les roques. Potser portes massa temps...
> JÚLIA: Portes massa temps! Quant de temps s'ha de plorar per un fill mort? Què hi diu, la majoria moral? A partir de quin moment passes de ser insensibleploramassapoc o normalestàsplorantlojust a bojadeprimidaportesmassatemps?
> JÚLIA 2: La gent fa el que pot.[25](*Una gossa en un descampat,* p. 93).

Una segunda decisión deberá ser tomada: conocer al hijo parido muerto, verlo, mirarlo. Es en este momento, durísimo y tristísimo, donde aparece la fuerza de una realidad que deja de ser privada e individual:

> JÚLIA 2: [...] Recordo la infermera que va portar-lo en braços. Recordo que l'aguantava amb amor. Com es pot sentir amor pel fill mort d'una altra? Perquè formem tots part de la mateixa massa. Un mateix cos adolorit que respira amb els arbres i amb els altres. Que no saps on acabes tu i on comença l'altre. El dolor junt, el dolor barrejat.[26] (*Una gossa en un descampat,* p. 106).

Y así, de esta manera aparentemente tan sencilla, salimos del espacio absolutamente íntimo y personal que ocupa la pérdida de un embarazo muy deseado, para entrar en el espacio de una pérdida colectiva. No es contradictorio, aunque lo parezca. En la maternidad, también en la fallida, lo personal y lo colectivo convergen desde el momento en que los discursos sobre la maternidad son construcciones sociales.

25 JÚLIA: Pasan de puntillas por encima de mi hijo muerto.
JÚLIA 2: Supongo que no quieren que te encalles. Que te quedes atascada en las rocas. Quizás llevas demasiado tiempo...
JÚLIA: Llevas demasiado tiempo! ¿Cuanto tiempo se debe llorar por un hijo muerto? ¿qué opina, la mayoría moral? A partir de qué momento pasas de ser una insensiblelloademasiadopoco o normalestásllorandolojusto a locadeprimidallevasdemasiadotiempo?
JÚLIA 2: La gente hace lo que puede.

26 Recuerdo a la enfermera que lo trajo en brazos. Recuerdo que lo sostenía con amor. ¿Cómo se puede sentir amor por el hijo muerto de otra? Porque todos formamos parte de la misma masa. Un mismo cuerpo dolorido que respira con los árboles y con los otros. Que no sabes donde acabas tú y donde empieza el otro. El dolor junto, el dolor mezclado.

Convención social y maternidad

Alejada de la concepción patriarcal de la maternidad productivista, Blanca Llum Vidal hace valer el poema *Mares* el papel exclusivo de las mujeres en la función de dar vida, y las liga así a este ciclo de vida infinito que une generaciones: «Me la donaves, mare meva, i érem tres que ens aferràvem per un fil que és un fil vell que no comença ni té fi»[27] (Vidal, 2018, p.20). El texto es a la vez un homenaje a la madre de la poeta y una reivindicación de la sororidad.

El amor romántico y la concepción clásica de familia, entendida como un matrimonio formado por una pareja heterosexual monógama con hijos, son estereotipos contra los que se rebela la escritora Marta Galán. La dramaturga reivindica la necesidad de tener una red familiar y de amigos para la crianza y denuncia la falta de apoyo institucional a las familias y la desprotección de las madres. El texto no se queda únicamente en la crítica, sino que propone hacer frente a esta estructura y amenaza con una huelga de mujeres, indispensables para la vida y (actualmente, también) la crianza: «És molt perillós que jo m'aturi. És la fi del món; la fi del nostre món»[28] (Galán, p.39).

María Barbal en su novela *Emma* refleja como una mujer, Emma, es castigada por la sociedad por abandonar la familia, su marido y su hija, a causa de un amor loco que la aleje de una vida aburrida y monótona. Es desterrada de la vida social no tanto por abandonar el hogar familiar como por hacerlo con su hija. Los amigos, los conocidos le recriminan y la fustigan por el hecho de no actuar como de lo que se espera de una "verdadera" madre. Y es castigada de dos formas. La primera, por el sentimiento de culpa y los remordimientos por haber actuado mal. Así en uno de los momentos expresa esa pena por el perjuicio que ha causado a su hija:

> Tot el neguit que el món t'ha donat l'ha provocat la teva mare: a palades, jo he amuntegat sorra humida, fang, podridura, neu bruta, contra la teva porta[29] (*Emma,* 186).

27 Me la dabas, madre mía, y éramos tres que nos agarrábamos a un hilo que es un hilo viejo que no empieza ni tiene fin.

28 Es muy peligroso que yo me pare. Es el fin del mundo, el fin de nuestro mundo.

29 Toda la desazón que el mundo te ha dado lo ha provocado tu madre: a paladas yo he amontonado arena húmeda, fango, podredumbre, nieve sucia, contra tu puerta.

Y la segunda es que a Emma no se le permite recuperar la vida de antes, no se le permite tampoco volver a ver a su hija, se le deniega el papel de madre y la razón es que no se ha comportado como tal. El castigo final por haber destrozado la familia, por haber desafiado las convenciones sociales la llevan al aislamiento, a la pérdida de su hija y al suicidio.

¿Pero la sociedad permite esta familia rota, una familia sin la figura maternal? En *Emma,* al igual que en *Mare de llet i mel* y *Argelagues,* vemos como existen mecanismos que sustituyen rápidamente esta figura para no romper el equilibrio establecido:

> Feia poc que havia perdut una batalla: convèncer el meu Alexandre i la seva aliada, la iaia Júlia, que no havies de fer la primera comunió. Estava dolguda. Un cop més el seu acord, un vespre, m'havia fet callar[30] (*Emma,* 22).

Y así cobra importancia la figura de la abuela, madre del padre, que junto a este serán los garantes de la continuidad de la vida familiar. Otra mujer que actúa como enemiga furibunda de Emma y representa esa sociedad que no la va a perdonar.

El vínculo entre presión social y maternidad queda claramente dibujado en *Argelagues*, cuando Ruiz describe qué pasa con las mujeres que son violadas. Si alguna queda embarazada después de la agresión, los hombres las obligan a una maternidad forzada y deciden en su lugar:

> I de la Remei? Què n'hagués fet el germà gran, d'ella, si hagués quedat amb una criatura d'aquell desgraciat? (…) De finals per elles n'hi havia de tot un repertori, en aquelles muntanyes.
>
> (…) Potser el germà gran hauria sigut de la calanya del pare d'aquella mossa de Les Eres. Li va fer tenir la criatura i la va fer casar amb el que l'havia obert pel mig. Au, té, de propina. O hauria fet com el germà gran d'una de Castellcir, que la va fer desterrar del poble, ella i nen[31] (*Argelagues*, 81–82).

30 Hacía poco que había perdido una batalla: convencer a mi Alexandre y a su aliada, la abuela Julia, que no tenías que hacer la primera comunión. Estaba dolida. Una vez más su complicidad, una tarde, me había hecho callar.

31 Y de Remei? Qué hubiera hecho el hermano mayor, de ella, si hubiera quedado con la criatura de aquel desgraciado? (…) De finales por ellas había todo un repertorio, en aquellas montañas. (…) Tal vez el hermano mayor habría hecho como el padre de aquella moza de Las Eras. Le hizo tener la criatura y la hizo casar con el que la había abierto por medio. Ala, toma, de propina. O habría hecho como el hermano mayor de una de Castellcir, que la hizo desterrar del pueblo, a ella y al niño.

Ser madre, por lo tanto, pasa por delante del deseo personal. Este es el tema principal de la novela *El fil invisible*, de Gemma Lienas. La presión social es a menudo tan efectiva que incluso hay familias que optan por robar los hijos de los demás. Todo vale por conseguir el objetivo de la maternidad y el dolor generado se silencia porque la institución familiar es algo que se debe proteger por encima de todo.

Maternidad no biológica

La reflexión sobre la aceptación de una maternidad no biológica, la adopción, resulta interesante porque, al mismo tiempo que se normaliza plenamente, saca a la luz otros conflictos en relación con la maternidad (y en mucha menor medida con la paternidad). Es lo que sucede en la novela de Laia Asso Ministral, *Ventres de paper*, que hurga en un procedimiento que, aun teniendo final feliz, deja marcas profundas ("las heridas abiertas de la adopción").

En primer lugar, la necesidad de demostrar una idoneidad para tener hijos, que la maternidad biológica no necesita demostrar. Algo todavía más paradójico en el caso de aquellas que, como la protagonista de la novela, han sido madres biológicas. El proceso administrativo es vivido angustiosamente por la protagonista, mientras que para la administración es algo frío, protocolario y ni siquiera personalizado:

> En llegir l'informe sencer vam descobrir que no teníem ni l'exclusivitat de tots aquells relats d'intimitat. Les redactores del document havien oblidat fer-hi alguns canvis i, de tant en tant, hi apareixien els cognoms d'una altra parella. Després de vomitar durant dies la nostra vida asseguts en cadires de pedra, només havíem estat mereixedors d'un "copiar i enganxar". L'hòstia[32] (*Ventres de paper*, 41).

32 Al leer el informe completo descubrimos que no teníamos ni la exclusividad de todos esos relatos de intimidad. Las redactoras del documento habían olvidado hacer algunos cambios y, de vez en cuando, aparecían los apellidos de otra pareja. Después de vomitar durante días nuestra vida sentados en sillas de piedra, tan solo nos merecíamos un "cortar y pegar". La hostia

Pero no olvidemos que la adopción es posible porque existe otra maternidad, esta sí, biológica. ¿Quién es la madre biológica? ¿Qué se debe responder cuando la criatura adoptada pregunte? Y la gran pregunta: ¿Por qué? ¿Qué lleva a una mujer a abandonar a un bebé recién parido? *Ventres de paper* indaga en estas cuestiones. Las voces narrativas nos permiten conocer el punto de vista de la madre biológica, tristísimo y resignado, la comprensión y el agradecimiento infinito de la madre adoptiva, y la curiosidad de la hija adoptada.

Nigist, la madre biológica, es una mujer etíope, pobre, casada, víctima de una sociedad patriarcal que le niega el más mínimo poder de decisión sobre su cuerpo y, en consecuencia, sobre su embarazo. Aun así, resignada ante la obligación de abandonar a su hija, Nigist alberga alguna esperanza que le permita sobrevivir al dolor.

> Després reses una oració en veu molt baixa demanant que vagi a parar a una família blanca, de les que viuen a Espanya o potser més amunt. I pregues perquè la dona blanca sàpiga veure quan té fred o quan té gana i també perquè la sàpiga consolar quan plori a les nits.[33] (*Ventres de paper,* 27).

La relación entre madre adoptiva e hija adoptada se explica de forma muy fragmentada (la niña bebé, por un lado y la niña ya adulta y embarazada, con un dilema sobre un posible aborto, por otro). La posibilidad de ser madre hace que Meki, hija adoptiva, se plantee preguntas.:

> També he rumiat altres coses, mama. El que et diré no vull que et sàpiga greu, d'acord? He pensat en la meva altra mare, la dona que em va tenir, vull dir. Fins ara no hi havia donat gaires voltes, la veritat. Quan era petita tu m'explicaves històries inventades, te'n recordes? Em deies: "com que no en sabem res, ens ho podem inventar, d'acord"? […] Tu no hi penses mai en ella, mama? I si no em va deixar per tot això? I si mai no va voler quedar-se embarassada? I si tenia problemes? I si no era tan bona persona com sempre ens l'hem imaginat? I si simplement em va abandonar perquè no em volia? I si jo soc igual que ella i no m'estimo prou la nena?[34] (*Ventres de paper*, 68).

33 Después rezas una oración en voz muy baja suplicando que vaya a parar a una familia blanca, como las que viven en España o quizás más arriba. Y rezas para que la mujer blanca sepa ver cuando tiene frío y cuando tiene hambre y también para que la sepa consolar cuando llore por las noches.

34 También he estado pensando otras cosas, mamá. Lo que te voy a decir no quiero que te moleste, ¿de acuerdo? He pensado en mi otra madre, la mujer que me tuvo, quiero decir. Hasta ahora no le había dado mucha importancia, la verdad. Cuando

Al final de la novela, Meki ha tenido a su hija, a quien ha llamado Nigist, en homenaje a su madre y viaja a Etiopía para conocerla. El círculo se cierra. Y no únicamente porque madre e hija se conocerán, sino también porque Nigist, la madre, ha abandonado su pueblo y su marido, la presión y la opresión social, ha aprendido a leer y escribir, tiene un trabajo... *Ventres de paper* presenta una visión amable de la adopción y, de alguna forma, cae en la trampa que la misma novela, en algún momento, denuncia: la de visibilizar únicamente la cara amable de la maternidad:

> Ser mare és una experiència meravellosa encara que també tingui moments durs. He de reconèixer que, a vegades, m'he sentit obligada a mostrar només la cara més agraïda de la maternitat, com si, de l'altra, me n'hagués d'avergonyir. Potser pel fet de ser mare adoptiva en algunes ocasions això encara s'ha fet més evident. He tingut por que qualsevol entrebanc o fet inesperat es convertís en sinònim de fracàs (*Ventres de paper*, 93).

Conclusiones

Después de analizar esta serie de novelas podemos apuntar las siguientes conclusiones:

- Destaca un fuerte componente autobiográfico en la mayoría de autoras estudiadas. Todas ellas son mujeres.
- Se observa una eclosión importante de la narración de estas vivencias desde el año 2010.
- La mayoría de relatos sobre la maternidad hacen incidencia en la idea de sufrimiento de la mujer: costes emocionales, físicos, anímicos, etcétera. Lejos de la visión edulcorada de ser madre, las novelas ponen luz en los aspectos más duros y complicados de esta experiencia.

---

era pequeña me explicabas historias inventadas, ¿Te acuerdas? Me decías: "como no sabemos nada, nos lo podemos inventar, ¿de acuerdo? [...] ¿Tu no piensas nunca en ella, mamá? ¿Y si no me dejó por todo esto? ¿Y si nunca quiso quedarse embarazada? ¿Y si tenía problemas? ¿Y si no era tan buena persona como siempre nos la hemos imaginado? ¿Y si simplemente me abandonó porque no me quería? ¿Y si yo soy igual que ella y no quiero bastante a la niña?

- También aparecen las vivencias de abortos y muertes perinatales, difíciles de verbalizar en nuestra sociedad, ya sea porque son complicados de asumir por el dolor que supone, pero también porque no deja de ser un fracaso, una frustración que se oculta. Son una imagen de la maternidad idealizada que se trunca.
- La sustitución de la figura de la madre cuando esta desaparece. La sociedad tiene mecanismos para solucionar el problema de la madre inexistente ya sea porque huye de sus obligaciones o las evita. Y vemos cómo los hijos no se resienten de los cambios de persona si las funciones que emanan de ella son las mismas.
- Se reflejan contradicciones dentro de las familias en cuanto pretenden encajar dentro del arquetipo que la sociedad exige. Hay problemas en el sí de las familias pero que se esconden fuera del entorno familiar.

Referencias

Albert, Caterina/Català, V. (1984). *La infanticida i altres textos*, Barcelona: LaSal

Asso, L. (2019), *Ventres de paper*. València: Sembra Llibres

Baltasar, E. (2011). *Poemes d'una embarassada*. Lleida: Pagès Editors

Barbal, M. (2008). *Emma*. Barcelona: Edicions 62

Brió, G. (2018). *Llibert*. Barcelona: Comanegra

Castells, A. (2019). *Mare*. Barcelona: La Campana.

Cedó, C. (2018). *Una gossa en un descampat*. Barcelona: Biblioteca Sala Beckett

El Hachmi, N. (2018). *Mare de llet i mel*. Barcelona: Edicions 62

Galán, M. (2015). *El conillet del tambor de duracell*. Marta Galán. Recuperado de http://www.marta-galan.com

Gual, A. (2020). *Ameba*. Girona: Llibres del Segle

Hall, S. (2009). *Representation. Cultural Representations and Signifying Practices*. California: Sage

Julià, L. (2017). *Maria-Mercè Marçal, una vida*. Barcelona: Galaxia Gutenberg

Lienas, G. (2018). *El fil invisible*. Barcelona: Edicions 62

Moras, S. (2002). *Les imatges de la dona actual de les escriptores catalanes de la fi del segle XX*, Cuadernos de trabajo de investigación 4. Centre d'estudis sobre la dona

Monsó, I. (2013). *Tot un caràcter*. Barcelona: RBA

Piquer, E. (2010). *La feina o la vida*. Barcelona: Columna edicions

Postigo, M. (2007). *Mujer, feminismo y modernidad: atrapadas entre lo público y lo privado*, en Th Émata. Revista de Filosofía. Núm. 39

Rich, A. (1986). *Of Woman Born*. Nova York, Estats Units. W.W. Norton & Co

Ruiz, G. (2016). *Argelagues*. Barcelona: Proa

Vidal, B. LL. (2018). *Amor a la brega*. Lleida: Pagès Editors

Vivas, E. (2018). *Mama desobedient*. Barcelona: Ara Llibres

Las figuraciones del yo materno: la nueva narrativa autobiográfica de la (pro)creación

Olga Albarrán Caselles

Todo trabajo artístico nuevo se incluye en una práctica ya establecida y mantiene un diálogo con otros textos, pero ¿cómo se escribe para lo que no tiene una tradición propia? A falta de una literatura relativa a la procreación desde el sujeto, las mujeres que escriben sobre ello han tanteado diversos estilos y formas que históricamente se han asociado con lo femenino: diarios, cartas, crónicas y testimonios, textos autobiográficos que, como señalan Sidonie Smith y Julia Watson (1998), se han mantenido en los márgenes y conforman una historia propia.[1] La ficción narrativa ha mantenido así una relación jerárquica con los modos autobiográficos a pesar de que, como apunta Manuel Alberca (2014), los haya usado indiscriminadamente como estrategias textuales, sobre todo, en las autoficciones.

Sin embargo, desde una perspectiva de género, la autobiografía no mantendría una relación desigual con la novela, por el contrario, siempre se han dado una serie de intercambios y negociaciones entre ambas en los textos escritos por mujeres. Para Smith y Watson, precisamente estas han empleado el género autobiográfico "to 'talk back,' to embody subjectivity, and to inhabit and inflect a range of subjective 'I's'" (p.16). A partir de las modulaciones subjetivas que ofrecen tres obras publicadas en España en los últimos años, en este capítulo se examinan algunas de las tensiones y características de una nueva variedad autobiográfica sobre la (pro)creación o "histerografías."[2]

1 La primera autobiografía escrita en castellano es precisamente de una mujer, Leonor López de Córdoba (1362–1430): en sus *Memorias* (2013) habla de su vida en la corte pero también de su familia, sus hijos, etc.

2 Tomo prestado el término que utiliza Jessica Garcés para hablar de esta modalidad literaria en la narrativa francesa contemporánea por la similitud con los textos de mi corpus pues el vocablo ha sido elegido "leaning on both the term's etymological roots

Tiempo de espera de Carme Riera (1998), *Nueve lunas* de Gabriela Wiener (2009) y *Quién quiere ser madre* de Silvia Nanclares (2017) son textos autobiográficos y combinan elementos del testimonio, la confesión, el diario, la crónica, la novela de formación y diluyen los siempre confusos límites entre literatura y vida. Son tres obras que nos hablan de una historia simple y, en cambio, raramente contada: un relato reproductivo en primera persona. Tratan del proceso corporal, de la condición femenina y de la institución de la maternidad.[3] También presentan su escritura del yo siguiendo un ritmo corporal, mostrando una temporalidad vinculada al cuerpo reproductivo, ya sea menstrual o gestacional, que marca el tono narrativo.

Sin embargo, a pesar de estas analogías, tienen enfoques distintos. El título, sin ir más lejos, nos ofrece una mejor idea de sus diferencias. *Tiempo de espera* se refiere a la visión tradicional del embarazo como un período pasivo donde no pasa nada. Como una cuarentena, una etapa letárgica para la mujer que, silenciosa y aislada, espera su nuevo y definitivo papel como madre; una perspectiva que es cuestionada en el texto por un sujeto activo, componiendo un diario epistolar durante un período donde, por el contrario, suceden muchas cosas: la creación de nuevas formas de vida. Si *Nueve lunas* aparentemente sugiere los meses de gestación, también hace referencia al nombre dado al campo de la pornografía en línea relacionada con mujeres embarazadas, en sintonía con su propio relato que, a diferencia de Riera, exhibe la carnalidad y sexualidad del sujeto reproductivo. Y *Quién quiere ser madre* es un texto que cuestiona directamente el deseo de quedar embarazada en un momento histórico con muchos problemas de infertilidad. El texto habla sobre el movimiento de este deseo de lo "natural" e "individual" a lo social y político en nuestro presente histórico en que la reproducción asistida ha ampliado la posibilidad de embarazo a personas anteriormente excluidas. Tres historias, por tanto, diferentes que, sin embargo, abordan una misma problemática: el cuerpo reproductivo y la construcción discursiva de subjetividades en proceso.

(literally 'writings of the womb') and biomedical definition (a radiographic means of visualizing the uterus)" (2015, p.31).

3 Adrienne Rich (1975) sostuvo que la maternidad como institución es un mecanismo de control patriarcal que oprime por igual a todas las mujeres con y sin hijos; en cambio, como experiencia individual, puede ser una práctica disidente.

Si el cuerpo materno es "the site of women's radical silence" como asegura Michelle Walker (1998, p. 1), al presentar y asociar estos tres textos que rompen con ese mutismo, en mi lectura expongo algunos modos con que se puede ejercer cierta resistencia dentro de las relaciones de poder que han mantenido oculto (y subordinado) al cuerpo reproductivo. Estos relatos muestran otros modelos que procuran alterar la noción de maternidad que prevalece en la cultura española contemporánea. Las tres obras encarnan cuerpos reproductivos de tal manera que desafían la dicotomía creación/procreación que ha dado preeminencia al trabajo intelectual en detrimento de la reproducción corporal. Asimismo, sus autoras se resisten a aceptar la visión dominante de la gestación –tanto intelectual como corpórea– como proceso que solo tiene validez en tanto su resultado final, ya sea este una obra de arte o un ser humano (Mullin, 2002), puesto que su producto es la narración sobre ese doble proceso (corporal y psíquico), discursos cuyo supuesto resultado remite a sí mismo.

De igual modo, estas tres obras se enmarcan en un contexto que ha propiciado la aparición de publicaciones sobre la procreación con ángulos variados, si bien la primera persona narrativa aparece incluso en los análisis más especulativos ya que la experiencia vivida, como sugiere bell hooks (2015), puede otorgar en determinadas circunstancias un lugar aventajado desde el que hablar y que había sido, no obstante, una posición marginalmente explorada dentro de los discursos reproductivos.[4] De tal modo, esta nueva escritura sobre la reproducción, al ser una narrativa que quiere desestabilizar el orden patriarcal, usa lo personal como estrategia política y la primera persona narrativa –tradicionalmente asociada a la formación de un Yo masculino– se vuelve inevitable.

Marina Bettaglio habla de "maternal chronicles –a heterogenous set of autobiographical texts centering on the experience of mothering– as symptomatic of the postfeminist turn in Spanish society" (2015, p. 228). Entrevistas, análisis, testimonios, pero también poemarios, novelas y cómics, las publicaciones sobre maternidad no se han limitado a un solo género y estilo, y mantienen una preferencia por la primera persona narrativa con independencia del formato textual elegido. Crean un nuevo tipo

4 La reproducción humana, ya sea el embarazo y parto, como la crianza y socialización de las criaturas ha sido un campo acaparado por la voz de los expertos, los cuales han pertenecido a los campos de la religión, la medicina y, recientemente, la psicología (ver, por ejemplo, Hays (1996), Imaz (2010) o Vivas (2019)).

de narrativa autobiográfica que, si bien tiene un compromiso con el principio de verdad, usa la ficción para contar el proceso reproductivo, lo cual permite a las escritoras enunciar críticamente una voz que había permanecido velada.

Autobiografía y procreación

En el campo literario hispánico, Alberca afirma que ha habido una explosión de textos autobiográficos desde los años setenta, coincidiendo con el fin de la dictadura franquista y un deseo de revisitar la memoria histórica tanto personal como colectiva (2014).[5] Dentro de esta corriente, no obstante, se dio a principios del nuevo siglo una variante conocida como *autoficción* que, según Alberca, ha sido el paso necesario para que la autobiografía adquiera tanto prestigio como la ficción "pero sin ser confundida con ella" (p.157). También indica que las obras autobiográficas más recientes en español son una suerte de *antificciones* pues sin desestimar los modos de la ficción no buscan la confusión premeditada o la indeterminación que postulaba la autoficción sino, por el contrario, quieren ser tomadas como relatos verdaderos o reales, a pesar del oxímoron que tal declaración pueda insinuar. Sin embargo, la variante autobiográfica sobre procreación que aquí analizo tiene plena conciencia de su postura genérica y utiliza sin distinción estrategias pertenecientes a las dos modalidades que plantea Alberca, dando como resultado una forma que no deja de lado ni el juego ni la supuesta frivolidad de las autoficciones, ni el afán de veracidad de las antificciones.

Uno de los elementos que hace de un texto ser autobiográfico es el nombre propio, el cual refuerza el pacto de verdad con el lector (Lejeune, 1994). James Fernández asegura que "ya que el autobiógrafo es un individuo (auto) con una vida (bio) narrable, resulta imprescindible una descripción de la adquisición de un nombre propio, de una vida propia" y de cómo se convierte en escritor (1991, p.55). Esta explicación de la trayectoria vital va a estar de manera fragmentaria y discontinua en las

5 Sobre las nuevas formas autobiográficas en la península, ver Alberca, *El pacto ambiguo* (2007) y Casas, *El yo fabulado* (2014).

tres obras sobre procreación de las que se ocupa este artículo, puesto que la negociación con la procedencia es inevitable. Además, no hay que olvidar que el nombre tradicionalmente ha venido del lado paterno: por ello, advierten Smith y Watson, en el texto autobiográfico el autor tiene que demostrar su propia autoridad y negociar con esa figura masculina (1998, p.23). Las escrituras del yo reproductivo participan del género autobiográfico de maneras distintas pues, si bien el padre no desaparece del todo, hay una búsqueda de una genealogía materna y de la propia sexualidad. En los textos de Riera, Wiener y Nanclares, al estar (re)creando un yo materno como sujeto y no solo objeto dentro de esa búsqueda narrativa, las autoras negocian con una subjetividad materna representada tanto en la figura de la madre como en un yo en proceso de serlo.

La autobiografía clásica crea, según Fernández, una tensión entre la filiación (el linaje, la familia) y la afiliación (la tradición literaria a la que quiere pertenecer), ambas masculinas pues las dos vienen dadas por la figura del padre: el autor se crea a sí mismo en el texto autobiográfico mostrando una "ruptura y [una] sustitución: el paso de la filiación a la afiliación se registra, de una forma y otra, en casi todos los textos del género" (1991, p.55). Esta quiebra con el linaje, pareja a la búsqueda de una propia genealogía, es una característica de las obras de mi corpus: por medio de citas explícitas o implícitas, las tres narradoras van creando su propia tradición cultural relativa a la reproducción, distanciándose de ciertos modelos existentes.

"Útero de papel"

El texto que Riera configura, a modo de cartas de amor a su embrión, es una toma de postura alejada del modelo de inmovilidad de la mujer gestante. Si el embarazo se ha concebido como un estado que detiene y por ello dificulta la vida de las mujeres dentro de un feminismo clásico heredero del *Segundo sexo* de Simone de Beauvoir, el texto de Riera reemplaza tal significado de obstáculo o traba por uno de oportunidad de crecimiento y transformación, esto es, elabora un discurso afectivo en que el sujeto gestante se desliza desde una situación considerada socialmente "embarazosa" a otra gozosa.

De este modo, la autora mallorquina participa del movimiento literario que desde los años ochenta ha sacado la figura de la madre de la marginalidad en que se hallaba para situarla en un lugar central (Ordoñez, 1987, p.47) y, al reelaborar el concepto de amor dentro de la relación madre-hija, Riera comparte la propuesta de Adrienne Rich (1976), Luce Irigaray (1992) y Julia Kristeva (1987), entre otras, de utilizar el afecto materno como mecanismo para combatir la falta de conexión entre mujeres promovida por la sociedad patriarcal,[6] lo cual conlleva, no obstante, el peligro de perpetuar "la trampa del Amor" que promueven los discursos dominantes dentro de esa misma sociedad.[7]

Su narración acentúa la interconexión, la filiación y la comunidad entre madre e hija, configurando así una unión sin distinción clara puesto que la relación que se establece entre los personajes, la que estos tienen con la autora y la que entablan autora y lector se confunden,[8] lo cual, como indica Marianne Hirsch (1981), pueden ser entendidas como estrategias textuales que pretenden subvertir la lógica del discurso patriarcal. Por medio de esta representación afectiva de la relación con su hija, Riera quiere alterar la noción del amor materno basada en el sacrificio y la aflicción, para lo que emplea, subvirtiendo, los elementos con que se ha concebido el amor romántico heredero de la lírica tradicional, tales como la confusión entre hija y amante, o las frecuentes alusiones al deseo de encontrarse con el ser amado: "Mi hija, pero también mi madre, mi hermana, mi amiga, mi incestuosa amante" (p.104).

Escribe un diario epistolar en el que no solo mantiene una conversación con la hija que crece en su vientre, sino que también repasa textos que han abordado el tema de la procreación y toma así un lugar dentro de tal afiliación literaria. Su diario pertenece a un género elástico que, como el útero, se acomoda al desarrollo gestacional y a la narración afectiva que crea la subjetividad materna. El diario, si bien tiene convenciones genéricas, como la pretensión de veracidad dentro de ese juego de descubrimiento (de uno mismo)

6 Según Luce Irigaray, esta relación es un núcleo explosivo ya que solo pensar en ella, transformarla, es equivalente a sacudir las bases del orden patriarcal (1991, p.50).

7 Beatriz Gimeno indica que "las características del amor maternal estarán presentes en prácticamente todas las relaciones sociales que las mujeres emprendan. El Amor será lo principal para ellas, dar amor será su vocación" (2016, p.15).

8 Según la misma autora explica, *Tiempo de espera* fue gestado como un texto privado antes de ser transformado en un libro.

y ocultación (a los demás), es un género que se considera sin limitaciones –a excepción de la temporal y las que el mismo autor se impone– y que, a su vez, ha estado asociado a la escritura femenina, como recuerda Laura Freixas (2015), puesto que las mujeres han utilizado la forma diarística debido a sus circunstancias vitales particulares.

La preferencia por este diario epistolar tiene que ver con la herencia literaria (la cual ella misma trata de encontrar) y con el propósito de componer "un cuaderno de anotar la vida interior, la más íntima, la nuestra. Vida intestina, que escribiría C. B. Un espacio en el que las dos nos cobijamos. Un útero de papel" (Riera, 123). Así, Riera configura un género textual que se adapta igual que su matriz a su creación: contenedor flexible del discurso materno donde todo cabe.

Presenta un diálogo con los discursos de la reproducción y una reflexión sobre la figura de la madre en la historia occidental. Su intención forma parte de un impulso generacional hacia el desplazamiento y remplazo, como indica Elisabeth Ordoñez, el cual comprende "reescrituras de mitos y leyendas, variantes mitológicas sobre las relaciones maternas y un mayor interés en las propiedades discursivas complementarias del cuerpo femenino" (1987, p.49, traducción mía). Pero, pese al intento de escapar del discurso patriarcal dominante rescatando una genealogía femenina, Riera queda dentro de esa misma tradición canónica proveniente de la mitología clásica, los relatos religiosos y la lírica tradicional desde Fray Luis de León a Goytisolo, sin apenas referencias a textos literarios escritos por mujeres que no pertenezcan a teóricas feministas.[9]

Examina las propuestas de Beauvoir y Rich como parte de su apuesta por romper con el sufrimiento asociado a la maternidad obviando las referencias a los malestares del embarazo, reforzando así el mensaje de deleite que quiere transmitir y que, no obstante, acaba renovando la imagen de la mujer absorta en la felicidad que le aporta su estado procreativo.[10] Su discurso participaría así de las mismas estrategias de ocultamiento y

9 Cabe mencionar que Carme Riera es profesora de literatura castellana en la Universidad Autònoma de Barcelona.

10 La narradora de *Un milagro en equilibrio* de Lucía Etxebarría relata que tras leer *Tiempo de espera* escribió a Riera para reprocharle precisamente tal silencio, a lo cual, la escritora mallorquina le respondió que "quiso insistir en la parte más amable del proceso para que la niña pensara que ella había nacido como resultado de un acto de amor y no de una simple crisis de vómitos" (2004, p.41).

falsificación de un proceso que, sin embargo, busca reparar el daño infringido debido a dicha mistificación.

Metamorfosis

Por el contrario, la peruana Gabriela Wiener, durante su embarazo y parto en Barcelona, registra con todo detalle esa parte fisiológica del proceso reproductivo en *Nueve lunas*, una crónica mordaz sobre el tiempo de gestación que busca incomodar todos los postulados sobre la madre que su sociedad ha convertido en dogmas; una escritura kafkiana en clave femenina que expone las confidencias más íntimas y abyectas de su metamorfosis, desmontando los mitos y asunciones populares relacionados con el proceso reproductivo, empezando por la supuesta sacralidad del mismo: "Por lo pronto, el embarazo te convierte en un saco de gases. No hay ni pizca de poesía en ello, puedo asegurarlo" (Wiener, 2009, p.24).

¿Qué es ser madre? ¿Qué clases de madre hay? ¿Cómo es el proceso por el que una mujer se convierte en madre? *Nueve lunas* plantea estas preguntas, buscando no tanto dar una definición concluyente como desarticular las nociones sobre el proceso, significado y límites de la maternidad normativa (el mito de la "buena madre"), rompiendo con ciertos tabúes acerca del cuerpo y la sexualidad de las mujeres gestantes, así como subvirtiendo algunos de los temas y el lenguaje adecuados para representarla. *Nueve lunas* participa de la misma intención de liberar a la maternidad de las supuestas reglas que la dirigen para que otras maternidades tengan cabida y puedan ejercerse con autonomía, para que los discursos reproductivos se pluralicen de modo que cada mujer pueda elegir ser o no madre libre de culpas.

Su texto comienza, al igual que *Tiempo de espera*, cuando la narradora confirma su embarazo. Acaba de cumplir los treinta y se encuentra en un momento que, por lo pronto, podemos considerar complicado. Su cuerpo ha sido mutilado en una operación quirúrgica, a su padre le han descubierto un cáncer de colon, una buena amiga se ha suicidado y la revista donde trabajaba ha cerrado: "Mi padre con pronóstico reservado. Mi amiga lanzándose al vacío. Mis glándulas mamarias arrancadas de cuajo. Y ahora había perdido mi empleo" (Wiener, 2009, p.12). Esta serie de hitos son el punto de partida de su historia y, aunque no incluye su embarazo entre ellos, la misma narración nos desvela que es el último responsable de la metamorfosis que su novela rememora. Es el relato del primer embarazo que la narradora concluye y con un humor afilado usurpa todos los mitos relativos al cuerpo procreativo y los códigos acostumbrados a representarlo: desde el repulsivo descubrimiento de su fertilización hasta el desgarro y decepción que le supone parir dentro del sistema médico español, pasando por el asumido amor maternal, la relación con la propia madre, o las concepciones inmaculadas de la mujer embarazada.

Para Wiener, la agencia pasa a ser una transgresión de la norma impuesta a la maternidad: es otra vuelta de tuerca a esa ruptura del tabú social del cuerpo femenino sacralizado. Aquí su metamorfosis corporal no es un milagro ni un estado celebratorio, sino el período más perturbador de su vida: "Dar vida empezaba a producirme auténtico terror, sobre todo porque, para una madre, dar como quitar están demasiado al alcance de la mano. Un ser absolutamente confiado y frágil depende de tu buen humor y mejor juicio. Si lo piensas bien, es enloquecedor" (Wiener, 34). En consecuencia, Wiener toma una actitud irreverente, como advierte Anabel Gutiérrez (2012): su escritura desarma ese cuerpo materno sagrado.

Al igual que Riera, Wiener necesita el apoyo cultural sobre la maternidad, aunque, en su caso, no hay un filtro literario sino un acopio de referencias que van desde Sylvia Plath a Second Life, pasando por Boccaccio y Rotten.com pues su relato se inclina hacia una narración que desafía e incómoda los lugares comunes relativos al embarazo y la maternidad. Crea un juego textual de acumulación de referencias sin seguir ningún tipo de método ni tamiz que reitera una visión propia e independiente de la reproducción: no hay un discurso único ni una respuesta definitiva que formulen cómo ser madre sino un conjunto de relaciones antagónicas que compiten por instaurar las formas de capital simbólico que les favorecen.[11]

La bibliografía sobre la procreación –la cual se extiende ilimitadamente en los confines de la Red– es puesta en entredicho: "Los libros no te preparan para lo que se viene. Los manuales de embarazadas deben

11 Para el sociólogo Pierre Bourdieu, la protección y perpetuación del capital simbólico tiene que ver con salvaguardar la virilidad de la amenaza de ser confundida o acusada de femenina (2000). De ahí que los hombres también estén construidos por discursos que les dictan cómo ha de ser su masculinidad y a los que, no obstante, también están retando.

haber sido escritos por madres completamente narcotizadas por el amor de sus hijos, sin una pizca de distancia crítica" (Wiener, 2009, p.15). Si bien Riera también critica tal cuestión, su texto reescribe en términos positivos el amor entre madre e hija; Wiener, por su parte, nos presenta un juego, el cual consiste en hacer acopio de todo lo que encuentra sobre maternidad sin descartar nada (desde referencias mitológicas a la cultura pop contemporánea), manteniendo un diálogo con otros textos que, desde la crítica feminista, han tratado de desentrañar y desmontar a la figura de la madre, puesto que Gabriela necesita encontrar respuestas culturales a lo que su cuerpo está viviendo. De tal modo, como plantea Irigaray (1991), *Nueve lunas* plasmaría un imaginario femenino sin jerarquías ni individualizaciones que quiere adentrarse en la cultura para promover transformaciones en la sociedad y la historia.

La colección de referencias culturales permite a estas autoras no solo dar crédito a su voz dentro de una tradición cultural que las había dejado fuera, sino también infringir esa imperturbable ley de la individualidad al narrar una historia que no es única sino que nos pertenece a todos. La palabra se convierte en el instrumento para construir una nueva identidad no individual. Wiener, al igual que Riera, resalta en su texto una metáfora creativa que ha operado por siglos en nuestro lenguaje y que, a su vez, subordina la reproducción humana a la producción cultural: "parir" un texto.[12] Si bien Riera y Wiener retoman el paralelismo entre el nacimiento de un ser humano y de una obra literaria, recurren a él para subvertirlo. Silvia Nanclares, en cambio, nos presenta un texto en el que no será la gestación embrionaria sino el deseo de quedar embarazada el núcleo del relato.

Deseo (pro)creativo

Si la literatura en primera persona referente a la procreación ha mantenido un lugar marginal en la producción cultural hispánica, el deseo de ser madre y la relación con la infertilidad ha permanecido aún más en la sombra.

12 Sobre la metáfora reproductiva en los discursos literarios ver Stanford Friedman (1987).

Nanclares, así, nos presenta un texto novedoso en las letras españolas al analizar el deseo de tener hijos desde una posición de autonomía y poder, alejándose de la visión bíblica. En la tradición literaria occidental, la mujer casada sin hijos ha sido permeada por la figura de Sara, como recuerda Belle Boggs (2016, p.43), la esposa fiel que concibe por gracia divina a la edad de noventa años tras una vida de resignada espera. En la reelaboración que lleva a cabo Federico García Lorca de tal personaje bíblico en *Yerma* (1934), nos presenta, en cambio, a una mujer que no se conforma con la imposibilidad de su deseo (con su supuesta esterilidad) y comete un acto de transgresión: asesina al único hombre autorizado para fecundarla.

En su reciente novela, Nanclares analiza las causas y condicionantes históricos que han llevado tanto a ella como a numerosas mujeres de su generación no solo a postergar su deseo de maternidad hasta una edad liminal, sino que también cuestiona sus propias creencias en cuanto a la felicidad y al sentimiento materno, insertando su relato autobiográfico en un contexto neoliberal propio de las sociedades del norte global de la época tecnológica contemporánea. El texto relata la historia de una escritora madrileña que, al cumplir los cuarenta años y vivir la enfermedad y muerte de su padre de manera casi simultánea al comienzo de una relación amorosa, se enfrenta al anhelo de tener hijos componiendo un relato que da cuenta del movimiento de su deseo dentro del campo sociocultural. "Estoy rodeada de historias sin nombre o de nombres sin historia final. En el limbo de la concepción y la no concepción se halla otra Historia del embarazo y la reproducción" (Nanclares, 124): y esa *otra* historia es, precisamente, la que cuenta en su novela, sacando de la clandestinidad la narrativa concerniente al deseo de ser madre en la actualidad.

El libro introduce al lector en los relatos de maternidad que frecuentemente son contados en un ambiente familiar pero raramente en un texto literario, historias de partos complicados y sencillos, de experiencias ampliamente compartidas (pues todos hemos pasado por el trance de un nacimiento, siquiera el propio) y, sin embargo, descartadas del campo literario. Nanclares, consciente de esta falta, configura un relato que viene a suplir dicha escasez, tratando de consumar su deseo de reproducción en un doble sentido: pariendo tanto una criatura como un texto que hable precisamente de la (im)posibilidad de tenerla. Por ello, acumula referencias y se da a la tarea de buscar relatos de mujeres que fueron madres después de los cuarenta cuestionando así la edad supuestamente idónea para serlo. Sin embargo, los límites espacio-temporales que comprenden la fertilidad confinan su deseo de tal modo que su propio cuerpo se convierte en impedimento para su consecución. Así, a diferencia de los textos de Riera y Wiener, el cuerpo femenino no será aquí el espacio donde la maternidad habita sino el que problematiza su surgimiento.

Con el objetivo de procrear, la narradora se ve sumergida en un mundo reproductivo que desconocía, el cual explora tanto en su vertiente virtual (en sitios web dedicados al afán procreativo), como en su presencia clínica. La infertilidad, debido al desplazamiento temporal que ha sufrido la maternidad en los últimos años, ha devenido una nueva enfermedad en ciertos sectores sociales, esta vez con promesa de cura si se dispone de los medios para costearla. Aunque, como recuerda Elixabete Imaz, "a pesar del conocimiento de los procesos reproductivos y del desarrollo de las tecnologías reproductivas, la producción de la gestación está muy lejos de ser controlada" (2010, p.193). Y esta falta de control del proceso es lo que Nanclares pone en evidencia: tener *fe* (en dios o en la ciencia) no asegura la reproducción, pues seguimos sin poder determinar con exactitud, como advertía Spinoza (2011), lo que puede un cuerpo. En este sentido, llevando al extremo la desubjetivación, estas nuevas tecnologías reproductivas comportan una "reificación de lo humano:"

> Se pueden programar los nacimientos, controlar los cuerpos y su funcionamiento a favor de una mayor eficacia, pero todo esto conduce necesariamente a la pérdida de la posición de sujeto, a la alienación, a la ilusión de satisfacer los deseos a escala industrial, a la abolición de la palabra, del símbolo, de la temporalidad, es decir, de todo aquello que nos define como especie. (Tubert, 2004, p.127)

Y este dilema que supone la pérdida de agencia, así como el enigma del propio cuerpo respecto de la posibilidad de reproducirse será precisamente lo que haga a Nanclares cuestionarse acerca de la viabilidad de su deseo.

La edad, en este punto, es determinante: el hecho de retrasar la gestación hasta el límite del período fértil nos hace entender la maternidad desde un ángulo que no había sido apenas explorado pues esta no es vista como el destino forzoso al que atenerse como mujer y del que no puede escapar indemne (como Yerma), pero tampoco como el orden natural de las cosas. Nanclares llega a la maternidad tras un deliberado proceso de selección vital: primero, persigue su propia realización personal y profesional; después, *decide* que ha llegado el momento de ser madre, pero cabe preguntar en qué medida es una decisión libre. Según recuerda Jana Sawicki, "las posibilidades que ofrecen a las mujeres las nuevas tecnologías son ilusorias" (1991, p.73, traducción mía), al igual que quiméricas serían las promesas de realización personal y profesional en el momento histórico de Nanclares debido a la precarización de la vida y que, como cuestiona su texto, no parece estar completa sin hijos.

Nuevas maternidades

Si, como asegura Alberca, podemos situar el nacimiento de la autobiografía moderna con Rousseau "cuando descubrió que ningún hombre era superior a otro, que el relato de la vida de cualquier persona o de un «donnadie» podría tener tanto o más interés que la de un noble, un santo o un rey" (2014, p.161), estaríamos hablando solamente de un tipo de textos pues, en el caso de los escritos por mujeres, Smith y Watson señalan la existencia de una tradición autobiográfica que ha existido por siglos, "especially if one turned to supposedly 'marginal' genres, ¬memoir, journal, diary, the many modes of private autobiographical writing" (1998, p.6). Ahora bien, también fue Rousseau, en el *Emile*, uno de los primeros artífices de la figura de la "buena madre" que pervive hasta hoy (Imaz, 2010, p.34), por lo que no es de extrañar que las autoras que construyen relatos sobre su relación (ambigua y reñida) con esa figura –ahora desde el punto de vista del sujeto–, hayan recurrido al género supuestamente iniciado por Rousseau: han optado por seguir usando las formas autobiográficas que dan cuenta de las vicisitudes de sus vidas, apropiándose de los discursos que las habían construido para (re)crearse y cuestionarlos.

Estos relatos autobiográficos no tienen la aspiración de dar sentido a la totalidad de una vida, sino que cuentan solo un fragmento de la misma, peculiaridad que, no obstante, se ha convertido en uno de los rasgos más notorios del género en la actualidad. Episodios vitales como la enfermedad, el dolor, la muerte y el duelo son los temas que entran en las nuevas escrituras del yo en el campo hispánico, los cuales, "difícilmente admitirían un tratamiento lúdico o ambiguo" (Alberca, 2014, p.166). En cambio, las diversas experiencias relacionadas con el proceso de reproducción son uno de los eventos más significativos de esta nueva narrativa épica del cuerpo (Sanz, 2018), los cuales requieren de un acercamiento crítico diferente, donde la ambigüedad y el componente lúdico serán dos de sus elementos clave.

El realismo es la tendencia predominante en estos relatos reproductivos en primera persona; sin embargo, estas narraciones se inclinan por un tono confidencial que no excluye el humor ni lo lírico al hablar de la experiencia propia en contraste con el estilo objetivista que asumen para presentar la información que también contienen respecto al proceso procreativo. Así, crean una tensión entre lo informativo y lo personal, al hablar de una experiencia ampliamente compartida y al mismo tiempo única: encontrar el equilibrio es uno de los desafíos con los que se encuentra esta escritura híbrida sobre la procreación, evitando caer tanto en el esencialismo materno como en la individualización consumista.

A su vez, se pretende dar visibilidad a lo que había permanecido oculto, existencia a lo que parecía no existir, o mejor, nombrar y cuestionar el silencio. Y al hacerlo, representan de manera colectiva una historia personal y transforman lo individual en algo universal pues, al fin y al cabo, todos nacemos de otro cuerpo. Esta escritura sobre la procreación pasa por una reestructuración que no solo atañe a cuestiones de género sino también de escala biosocial, económica y cultural (Merino, 2017). Las tres escritoras que aquí he presentado se enfrentan a un cuerpo tanto físico como textual novedoso pues las nuevas tecnologías han incursionado en los dos de manera radical. Sus creaciones tratan de reescribir un género de una nueva manera que da respuesta a los problemas planteados por esas tecnologías: una forma autobiográfica que se extiende más allá del cuerpo del relato y de la autora, una escritura que persigue una verdad que revele nuevos modelos en relación al proceso reproductivo, que nos indique otras maneras de entender al sujeto histórico en relación con el deseo de ser madre, con el amor materno y formas alternativas dentro del juego del campo procreativo.

Referencias

Alberca, M. (2014). "De la autoficción a la antificción. Una reflexión sobre la autobiografía española actual." En Casas, pp.149–168

Alberca, M. (2007) *El pacto ambiguo. De la novela autobiográfica a la autoficción*. Madrid: Biblioteca Nueva

Beauvoir, S. (2016). *El segundo sexo*. Traducido por Juan García Puente. México: Debolsillo

Bettaglio, Marina. (2015). "(Post)Feminist Maternal Chronicles and Their Discontents." *Letras Femeninas*, 41(1), pp. 228–245

Boggs, B. (2016). *The Art Of Waiting: On Fertility, Medicine, And Motherhood.* Minneapolis: Graywolf

Bourdieu, P. (2000). *La dominación masculina*. Traducido por Joaquín Jordá. Barcelona: Anagrama

Casas, A. (ed). (2014). *El yo fabulado. Nuevas aproximaciones críticas a la autoficción*. Madrid: Iberoamericana

Etxebarría, L. (2004). *Un milagro en equilibrio*. Barcelona: Planeta

Fernández, J. (1991). "La novela familiar del autobiógrafo: Juan Goytisolo." *Anthropos,* 125, pp. 54–60

Freixas, L. (2015). *El silencio de las madres. Y otras reflexiones sobre las mujeres en la cultura.* Barcelona: Aresta

Garcés Jensen, J. (2015). "Writing the Pregnant Body in Marie Darrieussecq's *Le Pays* (2005)." *Neophilologus*, 99 (1), pp. 29–45

García Lorca, F. (1934). *Yerma*. Madrid: Cátedra, 2006

Gimeno, B. (2016). "El nuevo amor romántico." En *(H)amor de madre*. Gimeno et al., Madrid: Continta Me Tienes, pp. 9–30

Gutiérrez, A. (2012). "Maternidad irreverente: una confesión desde el cuerpo en *Nueve lunas* de Gabriela Wiener." En Chiara Bolognese, Fernanda Bustamante y Mauricio Zabalgoitia (ed), *Este que ves, engaño colorido… Literaturas, culturas y sujetos alternos en América Latina*. Barcelona: Icaria, pp. 409–417

Hays, S. (1996). *Cultural Contradictions of Motherhood.* New Haven: Yale University Press

Hirsch, M. (1981), "A Mother's Discourse: Incorporation and Repetition in La Princesse de Clèves." *Yale French Studies*, 62, pp. 67–87

Hooks, B. (2015) *Yearning. Race, Gender And Cultural Politics*. New York: Routledge

Imaz, E. (2010). *Convertirse en madre. Etnografía del tiempo de gestación*. Madrid: Cátedra

Irigaray, L. (1991). *The Irigaray Reader*. Editado por Margaret Whitford. Cambridge: Basil Blackwell

Irigaray, L. (1992). *Yo, tú, nosotras*. Traducido por Pepa Linares. Madrid: Cátedra

Kristeva, J. (1987). *Historias de amor*. México: Siglo XXI

Lejeune, P. (1994). *El pacto autobiográfico y otros estudios*. Madrid: Megazul-Endymion

López de Córdoba, L. (2013) *Memorias*. Editado por Sandra Álvarez Ledo, Nürnberg: Clásicos Hispánicos

Merino, P. (2017). *Maternidad, igualdad y fraternidad.* Madrid: Clave intelectual

Mullin, A. (2002). "Pregnant Bodies, Pregnant Minds." *Feminist Theory*, 3(1), pp. 27–44

Nanclares, S. (2017). *Quién quiere ser madre*. Barcelona: Alfaguara

Ordoñez, E J. (1987). "Inscribing Difference: 'L'ecriture Feminine' and New Narrative by Women." *Anales de la literatura española contemporánea*, 12 (1–2), pp. 45–58

Rich, A. (1976). *Of Woman Born: Motherhood as Experience and Institution*. New York: Norton

Riera, C. (1998). *Tiempo de espera*. Barcelona: Lumen

Rousseau, J. (1979). *Emile or On Education*. Traducido por Allan Bloom. New York: Basic Books

Sanz, M. (2018). "Materna." *El país*. Recuperado de https://elpais.com/elpais/2018/09/30/opinion/1538320996_911126.html

Sawicki, J. (1991). *Disciplining Foucault: Feminism, Power, and the Body*. New York: Routledge

Smith, S.; Watson, J. (eds). (1998). *Women, Autobiography, Theory: A Reader.* Madison: University of Wisconsin Press

Spinoza, B. (2011). *Ética*. Editado por Vidal Peña. Madrid: Alianza

Stanford Friedman, S. (1987). "Creativity and the Childbirth Metaphor: Gender Difference in Literary Discourse." *Feminist Studies*, 13(1), pp. 49–82

Tubert, S. (2004). "La maternidad en el discurso de las nuevas tecnologías reproductivas." En Ángeles de la Concha y Raquel Osborne (ed), *Las mujeres y los niños primero. Discursos de la maternidad*. Barcelona: Icaria, pp. 111–138

Vivas, E. (2019). *Mamá desobediente. Una mirada feminista a la maternidad*. Madrid: Capitán Swing

Walker, M. B. (1998). *Philosophy and the Maternal Body: Reading Silence*. New York: Routledge

Wiener, G. (2009). *Nueve lunas*. Barcelona: Mondadori

Maternidad en cuento: reflejos literarios de dinámicas maternas del Brasil contemporáneo

Ana Luiza de Figueiredo Souza

Obras sobre la maternidad se han vuelto comunes en el mercado mundial de literatura de ficción, lanzadas cada vez en mayor cantidad en Brasil. Los ejemplos varían desde títulos adquiridos por editoras de medio a gran prestigio – *Las alegrías de la maternidad* (TAG Experiências Literárias, 2017), *Maternidad* (Companhia das Letras, 2019), *Matate, amor* (Editora Instante, 2019) – a proyectos independientes, como el libro de poemas *Azul de un minuto*.[1] Hay también publicaciones que, a pesar de no tener la maternidad como foco, la tratan con énfasis. El ejemplo que ha recibido mayor cobertura mediática es *La vida invisible de Eurídice Gusmão* (en el original, *A Vida Invisível de Eurídice Gusmão*, 2016, Companhia das Letras), cuya adaptación cinematográfica disputa una indicación al Oscar 2020 en la categoría de Mejor Película Extranjera.

La teta racional (originalmente, *A teta racional*, 2016, Grua) integra este panorama. Elogiado por público y crítica, es el libro de estreno de Giovanna Madalosso. La periodista y publicitaria enfrentó resistencia para publicar la selección de cuentos basada en sus experiencias de maternidad y lactancia. El presente capítulo relaciona el éxito editorial del libro con reconfiguraciones de la maternidad en el Brasil contemporáneo, especialmente en lo que se refiere a la concepción del amor materno, la relación con el cuerpo, la ambivalencia materna y la elección de la no maternidad.

En los últimos años, ha habido una proliferación de discusiones sobre la maternidad en los países occidentales. Mujeres brasileñas de diferentes perfiles utilizan sobre todo las redes sociales de internet para compartir sus vivencias maternas: el conjunto de valores y ideologías relacionados con la maternidad que cada mujer – por medio de la convivencia familiar, producciones mediáticas, instituciones de enseñanza, cotidiano social,

1 Los títulos de las ediciones brasileñas son, respectivamente: *As alegrias da maternidade*; *Maternidade*; *Morra, amor* y *Azul de um minuto*.

entre otros factores – adquiere a lo largo de la vida. Ese conjunto ayuda a establecer el lugar que las mujeres reservan para la maternidad dentro de su planificación personal y, también, la forma en que la ven en el ámbito colectivo (Figueiredo Souza, 2019).

Al analizar la selección de Giovanna Madalosso, el capítulo se dedica a dos cuestiones principales: a) de qué forma la maternidad y la no maternidad son retratadas en la antología; y b) qué configuraciones contemporáneas permiten que eses retratos se concreten y sean bien recibidos por lectores y críticos. De este modo, los objetivos del trabajo consisten en: a) analizar las representaciones maternas y no maternas presentes a lo largo de la colección; y b) relacionarlas a modelos maternos hegemónicos actuales y de períodos históricos anteriores, señalando rupturas y continuidades entre ellos.

Trayectoria y éxito del libro

Discutir la maternidad teniendo como base las propias experiencias es un proceso cada vez más común, que refleja una cultura mediática en la cual discursos personalistas disputan valor de autenticidad con premisas científicas e informaciones periodísticas (Polivanov & Figueiredo Souza, 2019). No obstante, cuando se trata del mercado editorial brasileño, la existencia de escritoras abordando la maternidad en obras ficcionales aún no resulta tan común. De acuerdo con investigación de la Universidad de Brasília, 70% de los libros nacionales lanzados entre 1965 y 2014 fueron escritos por hombres.[2] Del 30% restante, muchos versan sobre el universo masculino. El espacio dedicado a la publicación de material escrito por mujeres y relacionado con vivencias femeninas se mantiene reducido, lo cual, según Giovana Madalosso, se agrava debido a "la cuestión de la voz en la infancia". Para la autora de *La teta racional*

> Las jóvenes son desmotivadas en varios aspectos, incluso en el sentido de la validación de la voz de la mujer para tener opinión propia. Esa 'no validación' provoca que las jóvenes no den crédito a sus opiniones y no escriban. Y, para ser un escritor, la

2 Disponible en: https://bit.ly/2CEZJwg. Consultado el: 12 nov. 2019.

premisa básica es creer que se tiene algo significativo que decir. Esa validación de la voz no ocurre mucho en la infancia (Maciel, 2018, sin paginación).

Es posible extender tal desvalorización a la voz materna, históricamente relacionada al ambiente doméstico. Insertada en la cultura patriarcal, es estimulada cuando la madre destaca los beneficios de la maternidad, siendo censurada cuando busca exteriorizar sus desventajas. En entrevista, Madalosso revela que sintió recelos con relación a la colección. Buena parte de los cuentos que la integraban eran reflexiones sobre su vivencia materna, una vez que había acabado de convertirse en madre.

Conforme relata, las editoras rechazaban el original con la justificación de que "el tema era aburrido y no le interesaba a nadie" (Maciel, 2018, sin paginación). Pero Giovana no estaba de acuerdo. "Para gente que lo vive es muy interesante. Y es maravilloso que podamos relacionarnos con nuestros problemas por medio de la literatura" (*idem*).

Conducida por esa convicción, inscribió la obra inédita en la segunda temporada de selección de originales de la editora Grua, siendo escogida para integrar su catálogo. La divulgación de la colección estuvo fuertemente basada en la afirmación de que presentaba un retrato no idealizado de la maternidad.[3] El libro fue finalista del Premio Clarice Lispector de 2017 y su buena acogida por la crítica y el público ayudó a garantizar, en el año siguiente, la publicación de la primera novela de la autora por una editora de mayor prestigio.

Tal acogida se integra a un movimiento – reflejado en diversos nichos de mercado – en el cual mujeres tienen interés por consumir productos que contemplen problemáticas y vivencias femeninas. Por un lado, tales producciones generan identificación, las consumidoras (de libros, series, vestimentas, maquillajes, eventos) se reconocen en aquellas cuestiones y experiencias. Por otro, consumirlas construye la sensación de compromiso con causas femeninas, así como de apoyo al trabajo que las mujeres realizan, en caso de que sean ellas las productoras de aquello que se consume.

No por casualidad encontramos eventos como la *Feira Livre das Mina que Faz*[4], dedicada a la venta de productos hechos por mujeres. El proyecto *Se vira, mulher*[5] ofrece cursos de mantenimiento residencial

3 Como se ve en: https://www.instagram.com/p/BMOvtkABEwK/. Consultado el: 13 nov. 2019.
4 *Feria Libre de las Mujeres que Hacen*, en traducción libre.
5 *Resuélvase, mujer*, en traducción libre.

exclusivamente de y para mujeres. La plataforma *Women's Music Event* funciona como catálogo online para profesionales femeninas de la industria fonográfica brasileña. El proyecto *Visionárias* promueve encuentros, cursos y debates sobre la producción ejecutiva en el área audiovisual, a partir de la perspectiva de mujeres que en ella trabajan. Ya el blog *Cientistas Feministas*[6] se dedica a producir contenido académico elaborado por investigadoras, dando visibilidad a sus proyectos y a los de otras científicas.

En el ramo literario, las editoras Ferina, Padê Editorial, Desdêmona y Quintal Edições publican exclusivamente libros escritos por mujeres. Otras, como Pólen y Escaleras, a pesar de también publicar a hombres, priorizan escritoras en su catálogo. Estando la mayor parte del público lector brasileño constituido por mujeres[7], enfocar en autoras, sobre todo las que escriben sobre temáticas relacionadas con la vivencia femenina, puede ser una estrategia interesante para captar público y obtener ventas.

Como se lee en la solapa del libro aquí analizado, firmada por la escritora Carola Saavedra

> La teta racional surge en un momento de importantes transformaciones sociales y apunta nuevos caminos en la literatura hecha por mujeres, y consecuentemente, en la literatura como un todo: no más apenas una mirada a la esfera íntima (el hogar, los sentimientos), no más un intento de mimetizar el mundo masculino, y si la busca de una nueva identidad (y de un nuevo lenguaje) para esa mujer actuante, pero que, no por eso, acepta silenciar una serie de aspectos posibles de lo femenino: el cuerpo, el embarazo, el deseo o el repudio de la maternidad (Madalosso, 2016, sin paginación).

De este modo, *La teta racional* se encaja en el perfil literario que viene siendo más buscado en los últimos años, especialmente por el público que retrata – el femenino.

6 *Científicas Feministas*, en traducción libre.
7 Disponible en: https://bit.ly/33FO2kU. Consultado el: 13 nov. 2019.

Menos idealización, más realismo

Entre las reseñas[8] sobre la colección, se destacan comentarios acerca de la franqueza con la cual la vivencia materna es retratada, especialmente en el caso de madres debutantes. Tal aproximación se evidencia en el primer cuento del libro, "XX+XY".

En el mismo, acompañamos a una mujer de cuarenta años que, debido a sexo desprotegido con un hombre que conoce en una fiesta después de meses sin relaciones, queda embarazada y necesita cuidar del recién nacido. Es interesante percibir que el nombre del hijo, moisés, escrito en minúsculas, surge justo en el segundo párrafo; el de su padre, Fábio, aparece en la mitad del cuento. Pero el nombre de la protagonista no es revelado.

Algunos aspectos de la construcción del personaje principal reflejan fenómenos contemporáneos relacionados con la maternidad en Brasil. El primero de ellos es su edad. El número de brasileñas que se vuelven madres después de los cuarenta años aumentó 49% en las dos últimas décadas.[9] La diferencia entre la protagonista y la mayor parte de las madres representadas en las nuevas estadísticas es que su embarazo no fue planificado, ni siquiera deseado. Al reflexionar sobre lo que el hijo pensaría cuando le preguntara como fue concebido, comenta

> Porque la verdad, por supuesto, no implica flores ni serenatas. Tampoco amistad o el simple deseo de maternidad por detrás de una inseminación. La verdad, yo tendría que decirle a él, es que mamá quería tanto darse que le abrió las piernas a un tipo de quien ella no sabía ni el nombre (Madalosso, 2016, p. 25).[10]

Tal coyuntura reproduce tres factores de la realidad materna brasileña: a) la mayor parte de las gestaciones en el país no es planificada;[11] b) el

8 Ejemplos disponibles en: https://www.skoob.com.br/booktubers/video/5b90554c99d998096e8c5065?o=l:619856. Consultado el: 13 nov. 2019.

9 Disponible en: https://bit.ly/2r0oakZ. Consultado el: 15 nov. 2019.

10 En el original: "*Porque a verdade, é claro, não envolve flores nem serenatas. Tampouco amizade ou o singelo desejo de maternidade por trás de uma inseminação. A verdade, eu teria que dizer para ele, é que mamãe andava tão a fim de dar que abriu as pernas para um cara de quem ela nem sabia o nome*".

11 De acuerdo con estudios científicos, estos representan 55.4 % de los embarazos nacionales. Disponible en: https://bit.ly/2QpfwYe. Consultado el: 15 nov. 2019.

número de madres que crían sus hijos sin la presencia integral o parcial de los padres es históricamente alto;[12] y c) como el aborto es criminalizado en la mayor parte de los casos, un segmento significativo de las mujeres que quedan involuntariamente embarazadas se ven obligadas a ser madres. Puede ser agregado un cuarto factor, relacionado al sexo decepcionante que condujo al embarazo: la insatisfacción sexual de contingente significativo de brasileñas, muchas de las cuales no experimentan orgasmos, aun habiendo sido madres ya varias veces.[13]

Aunque el abordaje de impasses de la condición materna no sean novedad en la literatura – podemos apuntar, por ejemplo, la cruda relación de Emma con su hija en *Madame Bovary* – ahora lindan lo escatológico en los cuentos de Giovana Madalosso. Traen a flote fluidos, secreciones y olores que no se limitan a exponer su intimidad, sino que también generan en los lectores (especialmente en las lectoras) el mismo asco e incomodad sentidos por la protagonista.

> Yo ya había regresado de la clínica de maternidad. Estaba en casa, sin nadie para ayudarme. Fui con mi hijo en los brazos hasta el baño, me bajé el pantalón y me senté en el excusado. Cagué. Y, mientras, él vomitó en mi regazo. Un chorro de leche ácido que escurrió por mi brazo y por mi barriga. Cuando intenté limpiarme, él se movió de una forma brusca y abrió la herida de mi pezón, que estaba agrietado. Empecé a llorar. Y mi hijo, siempre en simbiosis conmigo, lloró también. Nos acogimos, nos pegamos el uno al otro. Una bola de heces, vómito, sangre, lágrimas y moco amándose intensamente (Madalosso, 2016, p. 13).[14]

Es posible asociar el contenido del cuento con reflejos de una cultura que, en la búsqueda constante por veracidad, desea consumir "flashazos de

12 Datos del IBGE muestran que 57.3 millones de hogares brasileños (38.7%) son liderados por mujeres. Disponible en: https://bit.ly/33b8wkw. Consultado el: 14 nov. 2019.

13 Disponible en: https://glo.bo/2OdDJ0O. Consultado el: 15 nov. 2019.

14 En el original: "*Eu já tinha voltado da maternidade. Estava em casa, sem ninguém para me ajudar. Fui com meu filho no colo até o banheiro, abri a calça e sentei na privada. Caguei. E, enquanto isso, ele regurgitou no meu colo. Um jato de leite azedo que escorreu pelo meu braço e pela minha barriga. Quando tentei me limpar, ele se mexeu de um jeito brusco e abriu a ferida do meu mamilo, que estava rachado. Comecei a chorar. E meu filho, sempre em simbiose comigo, chorou também. Nos acolhemos, nos grudamos um ao outro. Uma bola de fezes, vômito, sangue, lágrimas e muco se amando intensamente*".

la intimidad ajena" (Sibilia, 2016, p. 247). Por esa lógica, descripciones sobre la vivencia materna – hechas personalmente, en medios sociales o en obras de ficción – precisan revelar detalles que en otras épocas habrían permanecido ocultos. Lo que puede observarse es que cada vez más aquello que muestra la maternidad a partir de sus aspectos difíciles, agotadores, físicos, asquerosos y melancólicos se asume como auténtico. "Maternidad real" es el término comúnmente utilizado en relatos hechos en diferentes soportes mediáticos para clasificar acercamientos a la vivencia materna que expongan facetas más allá de aquellas relacionadas a la plenitud, al afecto y a la felicidad. Muchas veces, tales relatos se enfocan en los aspectos negativos de la maternidad, tomando como idealizadas las narrativas que priorizan sus elementos positivos (Figueiredo Souza, 2019).

La demanda por descripciones "más realistas" de la maternidad es una constante, suplida por relatos en tono confesional, envueltos por la culpa. Sin embargo, frente a las necesidades inminentes de la madre (en el caso del fragmento que sigue, sentir algún alivio), esa culpa puede ser modulada. Percibimos negociaciones performáticas entre lo que la narradora sabe que es mejor para su hijo y lo que desea hacer. Entre lo ideal y lo que consigue realizar. Entre lo que configura una actividad repetitiva más en su maternaje y algo que puede distraerla de la misma.

> Como no podía tomar medicamentos, máximo un calmante, fui a buscar la única cosa fumable que había en aquella casa: un tabaco que un amigo me dio en la maternidad. (…). Aun sabiendo que no debía tragármelo (las substancias químicas del tabaco pasarían a la leche), tragué (Madalosso, 2016, p. 24).[15]

Es posible percibir cierto tono condescendiente. Los lectores entienden que el personaje comete un error, pero el error se inserta en circunstancias que la condujeron al mismo. Proceso semejante a lo que tantas madres ponen en juego al revelar sus vivencias maternas a terceros.

La teta racional puede ser entendida como una especie de literatura de denuncia, evidenciando determinadas problemáticas. El cuento que da título a la colección, por ejemplo, gira en torno de los obstáculos que una madre enfrenta para equilibrar las demandas del hijo y las de su empleo.

15 En el original: "*Como não podia tomar remédio, quanto mais um calmante, fui atrás da única coisa fumável que tinha naquela casa: um charuto que um amigo me deu na maternidade. (…). Mesmo sabendo que não devia tragá-lo (as substâncias químicas do charuto também passariam para o leite), traguei*".

En “La paraguaya”, el aislamiento materno es retratado cuando el personaje que da nombre al cuento desaparece de los antiguos círculos sociales después de convertirse en madre.

De este modo, es posible percibir, por parte de Madalosso, un deseo de mostrar ciertas experiencias relacionadas a la maternidad, mientras por parte del público que acogió la obra puede inferirse la voluntad de ver aquellas experiencias representadas.

Reconfiguraciones del amor materno

Hasta mediados del siglo XX, la culpa con relación a la maternidad ocurría porque la mujer deseaba algo que el espacio público condenaba, en una lógica en la cual la opresión constituía el mecanismo que incitaba a los individuos en su vida cotidiana. Hoy, el estímulo ocupa ese lugar, generando voluntades que no están exentas de la confluencia de construcciones sociales. Entre ellas, la de ser una madre flexible, presente, atareada. En ese sentido, lo que las madres actuales llaman de culpa puede ser leído como la frustración con la propia “ineficiencia”, sus fallas e inadecuaciones. Para tener/criar los hijos, la madre sacrifica otro deseo, que desea menos. Sin embargo, una de las paradojas de la maternidad es que la faceta de la obligación – capaz de generar culpa frente al no cumplimiento de las responsabilidades – todavía juega un importante papel, incluso dentro de esos deseos.

Podemos pensar en la protagonista del cuento “La teta racional”. Ella se apura para extraer la leche de las mamas con una bomba, transfiriéndola para frascos que deja en el frigorífico de la agencia y, al final de la jornada laboral, lleva a casa. Mientras está en el trabajo, la niñera le da la leche extraída en el día anterior a su hijo. A camino de la sala de su jefe, la protagonista recuerda una perra que vio en la calle, acostada el día entero con la barriga hacia arriba y los cachorritos mamando. Al descubrir que necesitará quedarse hasta más tarde en la agencia, “miro mis pies en un par de zapatos y, con tristeza, constato que no soy una perra. Digo ok, no se preocupe que yo resuelvo” (Madalosso, 2016, p. 86). La protagonista desea más tiempo con su hijo, amamantarlo sin prisa, como la perra que vio. Pero necesita mantener el empleo si quiere costear los cuidados con el bebé. Para cumplir sus obligaciones de madre, debe adaptarse a la rutina de la agencia – por mucho que quiera priorizar los momentos con el niño. Aunque pueda haber negociaciones entre lo que la madre desea y lo que el hijo necesita, como fue discutido en el tópico anterior, los deberes maternos todavía pesan.

Fernandes (2006) señala que, a lo largo de las últimas décadas, las mujeres acumularon funciones e ideales imposibles de alcanzar, siendo la maternidad el mejor ejemplo de ello. Como la realización personal impulsa la cultura occidental capitalista y el arsenal de opciones es cada vez más amplio (Giddens, 1991), los hijos pueden revelarse como un obstáculo. La influencia de las concepciones tradicionales se alía a imperativos de optimización en los modelos maternos y de maternaje hegemónicos, respondiendo a nuevas cobranzas y definiciones femeninas que, en buena parte, derivan del mercado. La maternidad se vuelve más exigente cuando se asocia a la idea de un sujeto autónomo, ilusión construida por el neoliberalismo que busca suprimir el hecho de que cualquier persona depende de las acciones de las otras, directa o indirectamente.

La cultura de consumo ofrece muchos estímulos, incluso contradictorios. Repulsión y paciencia, felicidad y cansancio, cariño y resentimiento. Donath (2017) percibe la ambigüedad que permea el discurso de las madres y la maternidad. Ser madre, conforme también averigua Brown (2010), envuelve el sentimiento de ambivalencia y sus derivados: exigencia social, ansiedad y culpa. Es vivir socialmente vigilada dentro y fuera de casa. En tal contexto, el amor materno se reconfigura. En el afecto de la madre hacia el hijo – profundo, impactante, transformador, como revela el cuento "Sentimiento nº 01403" (primer fragmento) – pasan a caber frustraciones, errores, asco, rabia e incluso el deseo de dejar momentáneamente de ser madre o de huir de determinados aspectos de la maternidad (segundo y tercer fragmentos).

> Para una madre, no importa cuán bien esté el hijo, hay siempre algo que hacer. Un gesto que suponga la ilusión de salvar al hijo de todos los dolores del mundo (Madalosso, 2016, p. 90).[16]

16 En el original: "*Para uma mãe, não importa o quanto o filho esteja bem, há sempre algo a ser feito. Um gesto que carregue a ilusão de salvar o filho de todas as dores do mundo*".

> (…) intento mentalizar cosas que despierten mi amor, porque una amiga me dijo que el amor estimula la producción de oxitocina y eso hace que la leche fluya más rápido. Pienso en mi bebé, en sus hoyuelos y empiezo a sentir algo en el pecho (…) y entonces el idiota de mi jefe toca la puerta de nuevo pidiendo que, cuando salga del baño, vaya directo a su sala. Mi pezón se marchita (…) dejando claro su rechazo a trabajar en tan precarias condiciones (*ibid*., p. 85).[17]

> Yo quería quedarme tonta, quién sabe conseguir dejar de ser yo misma por algunos segundos. Porque andaba sintiéndome una imbécil. (…). Yo estaba en la cocina a las tres de la mañana con las tetas hacia afuera y el short al revés fumando algo que encontraba asqueroso y llorando sin parar. (…). Entonces agarré el teléfono y llamé a Fábio. (…). Creo que quería vengarme por él no ser mujer y no estar pasando por todo lo que yo estaba pasando (*ibid*., p. 24–25).[18]

También es posible señalar cuánto algunos personajes se sienten insatisfechos por ser preteridos con relación a los hijos, como en el fragmento a continuación.

> Después de unos minutos, lo desencajé un poco y vi que estaba mamando sangre. (…). Sin aguantar más el dolor, lo arranque de mí y abotoné la camisola. Cuando amaneció, llamé al pediatra, ansiosa por un aliento, (…) y también por un alivio, por una autorización para que mi teta herida desistiera, pero lo que escuché de él fue un simple: puede continuar, no hay problema en que él beba su sangre. ¿Puedo al menos tomar un analgésico?, pregunté. No, me dijo él, el analgésico pasaría a la leche, no es bueno para el bebé. Entendiendo quien era prioridad en aquella historia que se repetía desde el surgimiento del hombre, regresé a la cama (Madalosso, 2016, p. 16).[19]

17 En el original: *"(…) tento mentalizar coisas que despertem o meu amor, porque uma amiga me disse que o amor estimula a produção de ocitocina e isso faz o leite fluir mais rápido. Penso no meu bebê, nas covinhas dele e começo a sentir um negócio no peito (…) e então o babaca do meu chefe bate na porta de novo pedindo que, quando eu sair do banheiro, vá direto para a sua sala. Meu mamilo brocha (…) deixando clara a sua recusa em trabalhar em tão precárias condições*".

18 En el original: "*Eu queria ficar tonta, quem sabe conseguir deixar de ser eu mesma por alguns segundos. Porque eu andava me sentindo uma imbecil. (…). Eu estava na cozinha às três da manhã com as tetas de fora e o short do avesso fumando um negócio que eu achava asqueroso e chorando sem parar. (…). Então peguei o telefone e liguei para o Fábio. (…). Acho que queria me vingar por ele não ser mulher e não estar passando por tudo que eu estava passando*".

19 En el original: "*Depois de uns minutos, desencaixei-o um pouco e vi que estava mamando sangue. (…). Sem aguentar mais a dor, arranquei-o de mim e fechei a camisola. Quando amanheceu, liguei para o pediatra, ansiosa por um alento, (…) e também por um alívio, por uma autorização para minha teta ferida bater em retirada, mas o que eu ouvi dele foi apenas: pode continuar, não tem problema ele*

Resulta interesante percibir que, a lo largo de los cuentos, los hombres son generalmente los responsables por la mayor parte de los problemas de los personajes femeninos – un jefe insensible, un padre incompetente, un marido que termina el matrimonio de forma abrupta, un pediatra indiferente a los dolores de la paciente durante la lactancia –, mientras las mujeres aparecen como aquellas que buscan solucionar esos males – una niñera que cuida del bebé mientras la patrona trabaja, una suegra que se hace presente, una hija que ampara a la madre divorciada, amigas que recomiendan médicos, eventos y trucos de la maternaje, una especialista que enseña cómo hacer fluir la leche.

A pesar de esa red femenina de colaboración – que puede ser leída como medio de apoyo entre mujeres frente a estructuras misóginas conservadas por hombres –, los personajes no liberan a otras madres de críticas o juicios. En "XX+XY", vemos a la suegra de la protagonista decirle que creía que "esa forma en la que ustedes hicieron a mi nieto no es cosa de Dios" (Madalosso, 2016, p. 19). Ya la protagonista describe a una amiga en particular. Carolina: "Confirmé mi teoría de que, por detrás de las mujeres más correctas, se esconden las más locas. (…). Ella estuvo cinco años tratando de quedar embarazada. Solo hablaba de eso. Y cuando el bebé finalmente nació, ella resolvió delegar la tarea de madre a una niñera" (*ibid.*, p. 21).[20] Al contrario del cuento "La teta racional", en que la figura de la niñera se justifica por la necesidad de que la madre trabaje fuera, la niñera de Carolina aparece como representación de la transferencia de las tareas maternas, práctica común – sobre todo entre las brasileñas más favorecidas económicamente e/o que cuentan con red de apoyo familiar – que refleja el deseo de fuga de la propia protagonista.

También se nota la importancia atribuida al cuerpo de las madres en las descripciones de lo que experimentan. De la ternura al dolor, es en el mismo donde se expresa buena parte de las ambivalencias maternas. Es fuente de cansancio, incomodidad, pero también fuerza y placer. El énfasis

---

beber o teu sangue. Posso pelo menos tomar um analgésico?, perguntei. Não, ele me disse, o analgésico passaria pro leite, não é bom pro bebê. Entendendo quem era a prioridade naquela história que se repetia desde o surgimento do homem, voltei para a cama".

20 En el original: "*Confirmei minha teoria de que, por trás das mulheres mais certinhas, se escondem as mais descacetadas. (…). Ela ficou cincos anos tentando engravidar. Só falava nisso. E quando o bebê finalmente nasceu, ela resolveu terceirizar a tarefa de mãe para uma babá*".

que el cuerpo y el bienestar corporal adquirieron en las últimas décadas se hace presente en la colección, reflejando un nuevo modo tanto de referirse como de relacionarse con la maternidad (Figueiredo Souza, 2019). La escritura de Madalosso, de este modo, se integra a un movimiento académico, artístico y cotidiano que busca comprender la vivencia materna de forma más amplia, incorporando aspectos positivos y negativos. Proceso cuya consecuencia puede ser una nueva forma de valorización de la maternidad, como indica el siguiente fragmento.

> (…) desde que mi hijo nació, yo andaba sintiendo unas cosas extrañas. Era como si mi emocional hubiera sufrido un corte más profundo y ganado una nueva camada, que me dejaba experimentar más amor y más felicidad, pero también más miedo y más dolor. La maternidad, descubrí, es un acto de coraje, porque quien ama con tamaña intensidad se expone al mundo sin la piel (Madalosso, 2016, p. 20).[21]

Estereotipos de la no maternidad

El índice de brasileñas sin hijos es el mayor de la última década,[22] siguiendo un movimiento mundial de disminución de las tasas de natalidad y postergación de la maternidad (United Nations, 2017). Aun así, la representación mediática de las no madres se mantiene escasa y, muchas veces, caricaturesca. Si la imagen popular de la madre es altruista y cariñosa, la no madre es egoísta y fría. Si el imaginario colectivo asume que las mujeres que desean la maternidad buscan construir una familia, aquellas que no la desean son representadas como opuestas a modelos familiares tradicionales. Y así en adelante.

Aunque presente personajes más complejos que esas dicotomías, *La teta racional* refuerza algunos estereotipos al presentar a las no madres.

21 En el original: "*(…) desde que meu filho nasceu, eu andava sentindo umas coisas estranhas. Era como se o meu emocional tivesse sofrido um corte mais profundo e ganhado uma nova camada, que me deixava experimentar mais amor e mais felicidade, mas também mais medo e mais dor. A maternidade, descobri, é um ato de coragem, porque quem ama com tamanha intensidade se expõe ao mundo sem a pele*".

22 Como se ve en: https://glo.bo/2UEoyUz. Consultado el: 11 nov. 2019.

Ellas son las protagonistas de dos cuentos: "La paraguaya", en el cual una mujer reencuentra una amiga que vive con el marido y los hijos en Paraguay, y "Suite de las sobras", en que la hija de una recién divorciada lleva a su madre a viajar. Ambas coprotagonizan directa y constantemente con madres (tan cruciales para la trama como las protagonistas). Son aficionadas por trabajo. Lidian con muchas fiestas, drogas y parejas sexuales. Poseen agendas desreguladas. No consiguen mantener relaciones amorosas asertivas. Tienen personalidad independiente. Y se sienten solitarias. Por su parte, las madres con las cuales coprotagonizan reflejan estereotipos maternos como haberse dedicado totalmente a la vida familiar o a intentar controlar la conducta de los hijos, proyectando expectativas en los mismos.

A pesar de las semejanzas, hay diferencias en esas aproximaciones. En "La paraguaya", la última relación de la protagonista fue con un "Hombre maduro, equilibrado. Alguien para tener hijos" (Madalosso, 2016, p. 69). Cuando el matrimonio termina, constatando su soledad, decide buscar a la paraguaya que la acompañaba en los paseos de años atrás. Mientras buscaba su dirección, encuentra a una amiga de ella, Priscila, que "parecía feliz. Tenía dos hijos, un perro, un mural lleno de fotografías" (*ibid.*, p. 72).

> *Le pregunté si no le parecía extraño que ella [la paraguaya] entrara en contacto con nosotros y desapareciera sin decir nada. Ella dijo que no. La vida era así mismo. Las personas maduraban, hacían nuevos amigos, se casaban, tenían hijos. Las relaciones del pasado perdían su importancia. Me sentí como en uno de esos sueños en los que, de repente, percibimos que estamos desnudos. Tuve deseos de salir corriendo por la puerta. Mentí sobre estar atrasada para un compromiso y me fui (Madalosso, 2016, p. 75).*[23]

La protagonista revela temor por sentirse desagregada, la única entre sus referencias más queridas en no cumplir el ritual de matrimonio seguido de hijos (que ella llegó a intentar). Sentimiento común entre no madres, que recelan perder a las amigas cuya vida es transformada por la maternidad.

23 En el original: "*Perguntei se não achava estranho ela [a paraguaia] entrar em contato com a gente e sumir sem dizer nada. Ela disse que não. A vida era assim mesmo. As pessoas amadureciam, faziam novos amigos, casavam, tinham filhos. As relações do passado perdiam a importância. Me senti como num desses sonhos em que, de repente, percebemos que estamos nus. Tive vontade de sair correndo pela porta. Menti que estava atrasada para um compromisso e fui embora*".

Aun así, el aislamiento materno también es recurrente, expresado inclusive cuando la protagonista descubre el paradero de la paraguaya: un humilde restaurante en el cual vive con la familia, alejada de todos los que conoció en su juventud.

Ella explica que quedó embarazada la primera vez que durmió con el actual marido, Cadão, habiendo regresado al país de origen para cuidar al hijo. Después, quedó embarazada del menor. "Se resignó" (Madalosso, 2016, p. 82). Cuando la protagonista indaga por qué no trató de abortar, responde que fue "por miedo de envejecer loca y sola como las tías" (*ibid.*, p. 81).

> Creo que la miré con pena, porque ella dijo que todo estaba bien. Ya había transferido las expectativas hacia sus hijos. ¿Y tú?, me preguntó. Me encogí de hombros, todo lo que estaba sintiendo ya había escapado en las entrelíneas, y me pareció bien (...) estar libre de aquella obligación maldita de ser o parecer feliz (Madalosso, 2016, p. 82).[24]

La maternidad fue un medio utilizado por la paraguaya para escapar de un destino que consideraba triste, comúnmente atribuido a aquellas que no tienen hijos, aun habiendo revelado que, durante el embarazo, "pasaba el día entero acostada, mirando hacia el techo y pensando en cómo matarme o matar a Cadão o matar a mi hijo" (*ibid.*, p. 81). La protagonista se conmueve, pero a lo largo del cuento da señales de sentirse atraída por la idea de formar una familia. A partir de ahí, es posible problematizar la oposición binaria "madre" y "no madre". Como identifica Donath (2017, p. 61), existe un amplio espectro de actitudes emocionales que oscilan entre "una tendencia a la maternidad" y "una tendencia a la no maternidad", que puede ser expresado por una misma mujer. Esa dualidad es explorada a través de las reacciones de satisfacción y disgusto de ambos personajes con relación a aspectos relativos a esos dos universos.

Ya en "Suite de las sobras", la protagonista, por sugerencia de la hermana, intenta animar a la madre después del chocante divorcio, pero pierde la paciencia frente a las críticas que la misma hace sobre su estilo de vida, carrera artística y falta de voluntad de tener hijos. La madre, por

24 En el original: *"Acho que a olhei com pena, porque ela disse que estava tudo bem. Já tinha transferido as expectativas para os filhos. E você?, me perguntou. Dei de ombros, tudo que eu estava sentindo já tinha escapado nas entrelinhas, e achei bom (...) estar livre daquela obrigação maldita de ser ou parecer feliz".*

su parte, encarna las aspiraciones femeninas tradicionales de las clases más ricas, del matrimonio con un hombre de buena posición social hasta una casa de campo "donde pudiesen envejecer en paz con los nietos a su alrededor" (Madalosso, 2016, p. 95).

Esta protagonista no tiene dudas sobre el deseo de permanecer sin hijos. Inclusive, en uno de los últimos encuentros con la madre antes del divorcio, se siente feliz porque "no tenía ningún novio o marido para incomodarme" (*ibid.*, p. 103). Sin embargo, lo que la aleja de los sueños maternales y familiares refleja una personalidad desapegada, que la vuelve insensible a diversos gestos cariñosos por parte de la madre. En la mitad del cuento, percibe que hasta ese momento no había creado ningún lazo significativo, y que la persona que más se esfuerza por mantener el vínculo con ella es la madre que ella trataba de alejar de sí. Acompañamos, así, la torpe reaproximación de ambas, en la cual la madre, aun en una situación vulnerable, es quien provee más apoyo.

A pesar de que los dos personajes rompen sus papeles de una madre cuya ternura es inquebrantable (se siente lastimada cuando percibe que la hija no la quiere cerca) y la hija que necesita la figura materna (exime ese modelo, pero descubre que contar con el afecto de la madre es importante), los extremos entre el amor materno devoto y la frialdad egocéntrica que moldan los estereotipos de madres y no madres se mantienen.

Consideraciones finales

Todos los cuentos son narrados en primera persona, evidenciando el acercamiento personalista. Los más largos y notables se relacionan con la maternidad, y dos de ellos remiten a la no maternidad. Buena parte de las protagonistas son madres de niños pequeños, lo cual se explica por el hecho de que muchos de los cuentos fueron escritos cuando la autora había acabado de convertirse en madre.

La teta racional muestra que la maternidad pasó a ser criticable, risible, objeto de irritación, asco, sublevación y dualidades. Escapa tanto del lugar sacralizado como del ámbito doméstico a los cuales fue históricamente circunscrita. De este modo, por medio de una obra de ficción basada en la vivencia materna de la autora, es posible reflexionar sobre nuevas prácticas y valores ligados a la maternidad y, al mismo tiempo, verificar que la demanda de retratos maternos más "sinceros", "transparentes" y "realistas", menos idealizados, se extiende más allá de las narrativas personales de mujeres sobre la maternidad, extendiéndose a la ficción literaria y al mercado editorial brasileños. Fenómeno que, a juzgar por la buena recepción de la colección, puede ganar más fuerza en los próximos años.

Referencias

Brown, I. (2010). Ambivalence of the Motherhood Experience. In: A. O'Reilly (Ed.), *Twenty First Century Motherhood: Experience, Identity, Policy, Agency* (pp. 121–139). New York: Columbia

Donath, O. (2017). *Mães Arrependidas: uma outra visão da maternidade*. Rio de Janeiro: Civilização Brasileira

Fernandes, M. H. (2006). A Mulher-Elástico. *Anales del 2nd International Congress of Fundamental Psychopathology*. Belém, PA: UFPA

Figueiredo Souza, A. L. (2019). *"Me deixem decidir se quero ou não ser mãe!": narrativas pessoais de mulheres sobre a maternidade nas mídias sociais*. (Tesis de Maestría, Programa de Posgrado en Comunicación de la Universidade Federal Fluminense, Brasil)

Giddens, A. (1991). *Modernity and self-identity: Self and society in the late modern age*. Stanford: Stanford University Press

Maciel, N. (2018, Marzo 25). Literatura nacional ainda sofre com pouca representatividade feminina. *Correio Braziliense*. Retirado de: https://www.correiobraziliense.com.br/app/noticia/diversao-e-arte/2018/03/25/interna_diversao_arte,668445/literatura-nacional-ainda-sofre-com-pouca-representatividae-feminina.shtml

Madalosso, G. (2016). *A teta racional*. São Paulo: Grua

Polivanov, B. B., & Figueiredo Souza, A. L. (2019). "Desconstruindo a Maternidade": Narrativas Pessoais, Intimidade e Confiança em Mídias Sociais. In B. Polivanov, W. F. Araújo, T. Silva & C. G. Oliveira (Eds.), *Fluxos em redes sociotécnicas: das micronarrativas ao big data* (pp. 24–52). Brasília: IBPAD

Sibilia, P. (2016). *O show do Eu*: A intimidade como espetáculo. Rio de Janeiro: Contraponto
United Nations. (2017). *United Nations World Fertility Data 2017*. Department of Economic and Social Affairs: Population Division

LA MATERNIDAD EN LA GRAN PANTALLA

Las relaciones maternofiliales en el cine de Pixar del s. XXI

Julia Martínez-Cabeza Jiménez y Estrella Martínez-Rodrigo

El personaje femenino es una figura que ha experimentado importantes cambios en su representación ficcional desde el nacimiento del cine. Desde los albores del Cine Clásico, la mujer ha pasado de ser un ente sumiso y esclavo del romance, supeditado a la voluntad del hombre, a tener una personalidad cada vez más redonda y de protagonismo creciente.

En el Séptimo Arte, el personaje femenino estuvo caracterizado durante décadas por la sensualidad, belleza y glamour. Sin embargo, el rumbo que determinaron largometrajes como *La tentación vive arriba* (1955), fue abandonado durante las décadas de los 80 y los 90 por géneros como el de acción. En estos se produjo el fenómeno de la masculinización de la mujer, lo que desemboca en personajes de muy sexualizados, pero que llevan a cabo conductas tradicionalmente masculinas, como el uso de la violencia. Es el caso de las *chicas Bond* durante gran parte de la emblemática saga, como se puede ver en películas como *El mañana nunca muere* (1997).

Uno de los factores que sin duda han determinado al personaje femenino en el Cine es su relación con el resto de personajes: amante, amiga, esposa, pero, sobre todo, madre. Explica Marín (2011, p. 118) que "ser madre ha sido considerado durante siglos como sinónimo de ser mujer. La feminidad estaba asociada directamente a la maternidad y el instinto maternal no era sino un reflejo de la fuerza de la naturaleza." Debido a su relevancia en la ficción cinematográfica, profundizaremos en los distintos estereotipos de la madre para introducirnos, posteriormente, en su representación en el Cine de Animación a través del análisis de las figuras maternas de dos largometrajes de Pixar: *Del Revés* (2015) y *Coco* (2017).

El estereotipo de madre en la ficción cinematográfica

Para hablar en profundidad de la figura de la madre en el Cine, es preciso detenernos en el concepto de estereotipo. Habitualmente ha sido utilizado para conseguir que el espectador sea capaz de anticipar -hasta cierto punto- lo que sucederá dentro de las historias. Por ello, no resulta extraño que durante el siglo XX, la mujer estuviera definida por la maternidad y su posición dentro del hogar. "La figura de la madre forma parte de las representaciones artísticas de todas las culturas. Detrás de cada imagen de una madre se han intentado reproducir unas ideas y una ideología. Pero no solo eso, también es el signo de los tiempos en los que se realizan." (Crespo, 2015, p. 157).

Esto dio lugar a una serie de modelos de madre de características concretas, asociados a su vez a diferentes géneros cinematográficos. Explica Guarinos (2008, pp. 116–117) que hay seis estereotipos de madre: *mater amabilis, mater dolorosa, madre castradora,* madrastra, madre del monstruo y madre sin hijos. A estas categorías habría que añadir la mala madre (Swigart, 1991; Marín, 2011), y la que definiremos en el presente trabajo como madre desencantada.

La *mater amabilis* se identifica como una mujer de mediana edad, ama de casa feliz, y cuya única finalidad es la de cuidar de sus hijos y su marido. A menudo su papel resulta poco trascendental en el desarrollo de la historia, y era bastante frecuente en la representación de las familias norteamericanas de clase media durante el siglo XX.

La *mater dolorosa* tiene un trasfondo más profundo que el estereotipo anterior, y bebe en su origen de la religión cristiana. "Igual que la madre por excelencia, la Virgen dolorosa, la madre debe ofrendar sus dolores, sufrir en silencio y estar siempre dispuesta al servicio" (Solís, 2016, p. 23). El maltrato y las circunstancias vitales difíciles la afectan tanto a ella como a sus hijos, por lo que se trata de un personaje castigado que se asocia al drama.

La madre castradora es una mujer madura y severa que implementa los cánones familiares tradicionales. Sin embargo, "cuando la progenie tiene edad suficiente para tomar decisiones, el control excesivo de la madre protectora puede llegar a adquirir connotaciones negativas y generar incluso conflictos desencadenantes de rupturas familiares" (Lacalle & Sánchez, 2015, p. 232). En situaciones extremas, como la representada en la película de terror *Insidious: Chapter 2* (2013), la dominación ejercida por la madre da lugar a secuelas psicológicas irreversibles en el hijo que culminan en el matricidio.

La madrastra, por su parte, es una figura recurrente en la iconografía del Cine de Animación de Disney clásico, presentándose incluso como una bruja malvada, villana, de largometrajes como *Blancanieves y los siete enanitos* (1937). Es una mujer fría y maquiavélica que no siente a sus hijastros como parte de la familia, lo que desemboca en un trato despectivo y cruel hacia ellos.

Asociada al género de terror encontramos a la madre del monstruo. Se trata de una progenitora desnaturalizada que se ve forzada a deshacerse de su hijo, ya que el vástago es un ser maligno destinado a dañar o destruir la humanidad. En algunas ocasiones, la tarea de dar muerte al hijo puede recaer en el padre, si bien las consecuencias directas sobre la madre siguen siendo abrumadoras, como se aprecia en largometrajes como *The Ring* (2002).

Por su parte, la madre sin hijos suele ser una chica joven que no puede quedarse embarazada, pero que se encuentra obsesionada con la maternidad. Esto la impulsará a llevar a cabo actos de moral cuestionable e incluso ilegales. *La mano que mece la cuna* (1992) es la película más representativa para ilustrar el presente estereotipo.

En cuanto a la mala madre, se trata de "una mujer insensible a las necesidades de sus vástagos, narcisista, preocupada solo por sí misma, desconocedora de los intereses de sus hijos. Incapaz de empatizar con ellos, los usa a menudo para su propia gratificación. Es inconsciente de su propio comportamiento y daña a sus hijos produciéndoles todo tipo de trastornos psicológicos en el futuro" (Swigart, 1991; Marín, 2011). No obstante, la mala madre anida en otros modelos, como la madre castradora. Por ello, resulta preciso matizar que los estereotipos no son categorías cerrada, sino que sus fronteras a veces se vuelven difusas.

Finalmente, la madre desencantada es aquella que descubre que la maternidad no es un camino de rosas. "Generalmente, la maternidad aparece en los recursos audiovisuales como «una situación que genera felicidad, representa un cambio social positivo (adquirir el estatus de madre) y permite un estado de satisfacción, agrado y complacencia»" (Brigidi, 2014; Lacalle & Sánchez, 2015). Sin embargo, este modelo de madre rompe con la idealización y presenta actos como el parto o la crianza acercándose a su crudeza real. Tiene que lidiar con problemas tan frecuentes como la conciliación trabajo-familia, la falta de apoyo en el hogar familiar y la presión de ser una madre perfecta que antepone siempre el bienestar de su familia al suyo propio. Encontramos un claro ejemplo de este modelo en la serie de ficción *The Letdown* (2017).

Tras este breve recorrido por los estereotipos de madres, es necesario hablar de uno de los conflictos más representados en el Cine: la conciliación de la carrera profesional con la vida familiar. "La maternidad es despreciada por las posibles consecuencias negativas para la carrera profesional de la mujer; por otro lado, se idealiza y se considera el trabajo más importante y satisfactorio de la sociedad" (Milestone & Meyer, 2012; Lacalle & Sánchez, 2015).

Se espera de la mujer que sea capaz de compaginar su trabajo con la maternidad, y ante el fracaso de esta situación se presentan dos caminos: el triunfo de la familia y abandono de la carrera profesional, decisión que puede culminar con la infelicidad y arrepentimiento del personaje femenino, como es el caso de Debbie Eagan (*Glow*, 2017–2018). O la anteposición del trabajo al rol en el hogar, lo que produce el enjuiciamiento negativo del personaje femenino, llegando a ser encasillado como mala madre.

Recapitulando, la madre es una figura que el Cine ha tratado durante décadas debido a su asociación inherente a la mujer. Los estereotipos que se han desarrollado pueden tener connotaciones positivas y negativas, pero la ficción más reciente aspira a dar una visión realista sobre la maternidad y las complicaciones que de ella derivan.

La representación de la madre en el Cine de Animación

Nos centraremos ahora en su representación en el Cine de Animación. La combinación del desarrollo tecnológico, la tradición, y la creatividad han dado lugar a este formato, que es capaz de trascender las barreras geográficas y temporales. Aunque tradicionalmente la animación ha estado ligada a los niños en el imaginario colectivo, no se trata de un género, sino de un lenguaje capaz de representar todos los géneros cinematográficos. No obstante, en el presente trabajo nos centraremos en las producciones de *Pixar Animation Studios*, dirigidas en su totalidad a un público familiar.

Respecto al Cine de Animación tradicional de Disney, la madre es una figura a menudo ausente. Se convierte en un rasgo definitorio de las jóvenes representadas en las películas el ser personas "sin madre y/o vulnerables porque están solas. Además, si existe un sucedáneo de madre, ésta es mala, envidiosa…" (Núñez, 2008, p. 148). Por tanto, la maternidad recae en la madrastra, una mala madre asociada a la negligencia e incluso adscrita al rol de villana.

A finales del siglo XX, momento en el que comienza la coexistencia entre *Walt Disney Pictures* y *Pixar Animation Studios*, la madre aparece con más frecuencia en los largometrajes, aunque su presencia en la historia es intrascendente. Así, largometrajes como *Toy Story* (1995) presentan este tipo de madre: un personaje que aparece en escasas escenas y cuyo único rol dentro de la película es el de "ser la madre de".

Ya en el siglo XXI, la madre adopta un rol más importante y activo en el Cine de Animación. En largometrajes como *Vaiana* (2016), la maternidad se representará de dos maneras: humana y mística. Por un lado, la reina Sina –madre de Vaiana- es fuerte, paciente y tranquila. Tras la fuerte crisis que asedia a su pueblo, tendrá que tomar la difícil decisión de ayudar a su hija a escapar de su isla, sabiendo que es posible que la muchacha no consiga regresar. Por otro lado, Te Fiti es la diosa de la naturaleza creadora de la vida, encargada de que nazcan nueva flora y fauna en las islas del sur del Pacífico (Martínez-Cabeza & Martínez-Rodrigo, 2017). Es decir, de alguna manera la maternidad toma una relevancia notable en el largometraje, asociada no solo al amor y la generosidad, sino a la fortaleza.

Actualmente, es tal la relevancia de la figura de la madre, que el ganador del Oscar al mejor cortometraje de animación en 2019 fue *Bao* (Vernetti, 2019), producido por *Walt Disney Pictures* y *Pixar Animation Studios*. La historia de esta obra se centra en las relaciones maternofiliales y en la dificultad de lidiar con el proceso madurativo de los hijos, y el síndrome del nido vacío.

Tomando como referencia el breve recorrido teórico expuesto en el presente trabajo, procedemos a analizar las figuras maternas que aparecen en los largometrajes de Pixar *Del Revés* (2015) y *Coco* (2017).

Los objetivos que pretendemos alcanzar mediante el análisis de *Del Revés* (2015) y *Coco* (2017) son:

- Comprobar si la figura de la madre aparece en los largometrajes analizados y si es uno de los personajes principales.
- Averiguar a qué valores se asocia el personaje de la madre.
- Analizar qué funciones relevantes desempeña el personaje de la madre.

Las hipótesis planteadas en torno los objetivos establecidos son:

- Las madres son personajes principales de los largometrajes con un elevado nivel de importancia dentro del desarrollo de las historias.
- Los valores asociados a la figura de la madre son el amor, la generosidad, la empatía y la familia.
- La función principal desempeñada por las madres es la de mantener unida a la familia y cuidar de sus hijos.

Respecto a la metodología, aplicaremos la técnica cualitativa del análisis de contenido a los largometrajes *Del Revés* (2015) y *Coco* (2017). Nos centraremos en las seis figuras maternas que aparecen en ellos: la madre de Riley (*Del* Revés), Imelda Rivera, Coco Rivera, Elena Rivera y Luisa Rivera (*Coco*). En torno a ellas, estudiaremos las siguientes categorías: apariencia física, modo de vestir, edad, manera de reaccionar y de relacionarse con los miembros de la unidad familiar, mensajes verbales emitidos, ambientes en los que se desenvuelven estos personajes, su dedicación profesional dentro y fuera del hogar, y valores asociados al personaje.

En base a los resultados obtenidos, elaboraremos el perfil de cada una de las madres analizadas, veremos si se ajustan a alguno de los estereotipos definidos en la fundamentación teórica de la investigación, y comprobaremos si nuestras hipótesis eran correctas.

Procedemos a exponer los resultados obtenidos del análisis de los largometrajes *Del Revés* (2015) y *Coco* (2017). Partiremos de una breve contextualización y puesta en valor de cada película, para después introducirnos en el análisis a través de las categorías descritas. Finalmente, extraeremos una conclusión individualizada atendiendo a los resultados obtenidos en cada caso.

Del revés (2015)

Dirigida por Pete Docter y Ronnie del Carmen, se trata de una producción de *Pixar Animation Studios* y *Walt Disney Pictures* que contó con una enorme acogida entre el público. Cuenta con múltiples premios y nominaciones, entre los que destacamos el Oscar a la mejor película de animación (2015), así como la nominación al Oscar al mejor guion original el mismo año. También obtuvo en 2015 el premio BAFTA al mejor film animado, diez premios Annie y el Globo de Oro al mejor film de animación.

La historia se centra en Riley, una niña en cuyo interior conviven cinco emociones: Alegría, Tristeza, Ira, Miedo y Asco. Ella siempre había sido feliz, hasta que sus padres decidieron mudarse a San Francisco, lugar al que no llegaría a adaptarse. Esto desencadenaría que Tristeza se manifestase de manera más habitual, lo que generaría ciertos conflictos con Alegría. Sin embargo, tras una peligrosa aventura, las emociones de Riley comprenderán que no todo es blanco o negro, y que hacerse mayor conlleva que existan nuevas emociones como la Nostalgia.

La idea que motivó la película es el paso de la niñez a la adolescencia, y los cambios a nivel emocional que esto supone. Ante el complicado proceso de maduración juvenil, resulta fundamental el papel que desempeñan los progenitores. Por ello, el análisis de este largometraje resulta de gran interés en el presente trabajo.

Centrándonos ya en la figura de la madre, lo primero que llama la atención es que carece de nombre, por lo que para el espectador será conocida como la madre de Riley. Esto produce cierta despersonalización del personaje, que se ve despojado de algo tan básico en la construcción de la identidad como es tener su propio nombre. Esto fomenta que el personaje se defina por su rol de madre, y no mediante otras características individuales.

Respecto a su apariencia física, tiene las caderas anchas, característica asociada a la maternidad y a una mayor facilidad para dar a luz. Sin embargo, su pecho es pequeño lo que -sumado a la ausencia de maquillaje y una recatada forma de vestir- elimina el componente sensual y sexual del personaje, a pesar de tratarse de una mujer joven.

Respecto a su ocupación, aunque no se diga de forma explícita, podemos deducir que es ama de casa. Extraemos esta conclusión mediante su comparación con el personaje del padre: él hace llamadas de negocios y se ausenta del hogar con frecuencia, mientras que ella realiza tareas domésticas. Son escasas las ocasiones en las que el personaje de la madre aparece fuera de casa, y siempre es en situaciones de ocio.

En relación con las diferencias que se presentan entre el padre y la madre, podemos afirmar que fomentan que los personajes se adscriban a determinados estereotipos. En la primera escena de la película, aparece Riley cuando era un bebé, sostenida en brazos de su madre. Tras este pequeño detalle, las imágenes que aparecen se pueden enmarcar en el período de la primera infancia (1–3 años) y el período preescolar (3–6 años). Durante estas etapas, las tareas de crianza se muestran compartidas: el padre alimenta a la niña y le cambia el pañal, la familia realiza actividades de ocio, etc.

Sin embargo, en el período escolar (6–12 años), el padre es la figura de autoridad en el hogar: cuando la niña se porta mal, es él quien regaña y/o castiga, mientras que la madre calla ante las malas contestaciones e intenta solucionar las situaciones mediante el cariño y la comprensión. Así, el varón se presenta como fuerte e intolerante ante las faltas de respeto, y reafirma su estatus de cabeza de familia, mientras que la madre se muestra sumisa y pasiva, aunque se cuestione su autoridad. No obstante, podemos achacar el comportamiento de la mujer al estilo de crianza que ha decidido aplicar, basada en la empatía y el cariño.

Esta diferencia de roles se intensifica al adoptar la madre el papel de mediadora entre Riley y su padre. En una de las escenas, podemos ver cómo la mujer se frota los ojos cansada tras un largo día. Pero, en lugar de irse a dormir, va a hablar con su hija pidiéndole que intente ser feliz al igual que hace ella, porque su padre está estresado, y que ellas demuestren emociones negativas podría dificultar la situación. Por otro lado, la madre es mucho más empática y está más pendiente de las necesidades de su hija que el padre.

A través de los hechos expuestos hasta ahora, podemos establecer que el modo de hablar de la madre es calmado y cariñoso, casi siempre en un tono sereno si se trata de su hija. Los mensajes formulados suelen tener un carácter emocional. También queda patente que su modo de reaccionar suele ser cariñoso, tranquilo y basado en la empatía y la comprensión.

Este patrón comunicativo solo es roto por la madre al producirse una situación crítica: Riley intenta fugarse y volver sola en autobús a la ciudad en la que vivían antes de mudarse. A pesar de la ansiedad, la madre demuestra una gran fortaleza al ser ella la que se moviliza cuando la niña desaparece mientras que el padre está en *shock*. Cuando Riley vuelve a casa, ella alza el tono preocupada, preguntándole que dónde estaba. Sin embargo, cuando la niña rompe a llorar y confiesa a sus padres que es infeliz, ambos se vuelcan en reconfortarla a través de un cálido abrazo al tiempo que le demuestran que la quieren y la comprenden.

Recapitulando, la madre de Riley encajaría en el estereotipo de la *mater amabilis*. Es un personaje secundario volcado en el cuidado familiar, asociado a los valores del amor, la empatía y la comprensión. Está plenamente definida por el rol de madre y esposa, no tiene características propias como pueden ser aficiones, y tampoco un nombre. Finalmente, es sumisa y permite que su hija le falte al respeto, lo que sumado al resto de sus rasgos nos dejan ver a una figura materna muy clásica, encarnada por un personaje plano sin evolución.

Coco (2017)

Respecto a *Coco*, se trata de una película animada estadounidense de 2017 producida por *Pixar Animation Studios*. Dirigida por Lee Unkrich y producida por Darla K. Anderson, este largometraje se basa en la tradición mexicana del Día de los Muertos, y cuenta la historia de Miguel, un niño cuyo mayor sueño es ser músico como su ídolo Ernesto de la Cruz. Sin embargo, su familia odia la música y le prohíbe cualquier contacto con ella, lo que originará que el joven termine perdido en la tierra de los muertos en busca sus raíces.

En 2018, *Coco* ganó dos premios Oscar -mejor película animada y mejor canción original- y el Globo de Oro a mejor película de animación. También obtuvo múltiples galardones en 2017 en otros certámenes, como un premio BAFTA, y 11 premios Annie. Con un presupuesto de 175 millones de dólares, el largometraje ha conseguido recaudar más de 807 millones de dólares a nivel mundial, lo que la convierte en un éxito a nivel económico. Además, la excelente representación de la tradición mexicana del Día de los Muertos, con un exhaustivo trabajo documental del equipo de producción, y la puesta en valor de la familia hacen de este largometraje una de las obras de animación imprescindibles del siglo XXI.

El análisis de esta película nos resulta de gran interés debido a su representación de cuatro figuras maternas de características diferentes: Imelda Rivera, Coco Rivera, Elena Rivera y Luisa Rivera.

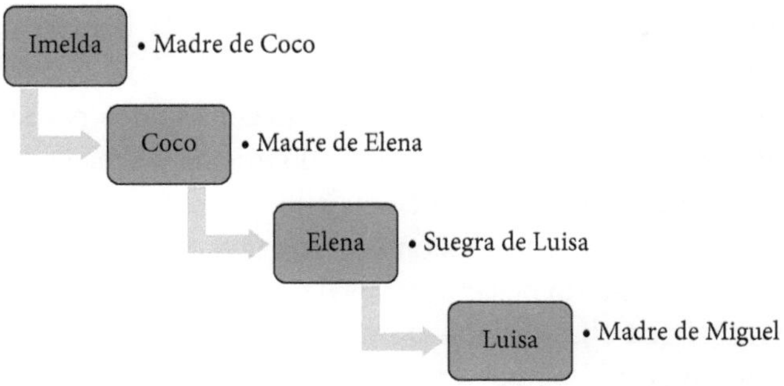

Gráfico 1: Relaciones maternofiliales en *Coco* (2017). Fuente: Elaboración propia.

Antes de continuar, es necesario matizar que la película se desarrolla en dos mundos paralelos: el de los vivos y el de los muertos. Las personas que aparecen en el mundo de los muertos ya han fallecido, por lo que se representan como esqueletos con la calavera pintada –la tradicional calavera mexicana-, cabello e indumentaria atendiendo a su clase social y profesión de cuando estaban vivos. Este será el caso de Imelda, mientras que Coco, Elena y Luisa están vivas.

Existen características comunes entre las mujeres de la familia Rivera: trabajan en el negocio familiar, una zapatería. Por otro lado, no existe la figura del ama de casa como tal, ya que las tareas domésticas se comparten entre todos los miembros de la familia. Además, los mensajes emitidos por las cuatro madres suelen tener tintes emocionales, y apelan con frecuencia al valor de la familia y el amor.

Siguiendo la línea de las similitudes, las cuatro mujeres –incluyendo a Imelda cuando vivía- presentan rasgos físicos propios de la cultura mexicana: piel morena, ojos castaños y cabello oscuro, si bien el pelo de Coco y Elena se han vuelto canos por la edad. En los casos de las tres mujeres vivas, sus vestimentas son recatadas y también típicas de México, mientras que la difunta Imelda luce un vestido escotado y ceñido hasta la cintura. No obstante, ninguno de los personajes se asocia a la sexualidad ni a la sensualidad femenina.

Podemos diferenciar entre estas figuras maternas distintos grados de poder dentro de la estructura familiar: dos matriarcas de carácter fuerte que adoptan el rol de cabeza de familia (Imelda y Elena), y dos madres sumisas y cariñosas que no demuestran tener autoridad en el hogar (Coco y Luisa).

En primer lugar, vamos a centrarnos en Imelda, la gran matriarca primigenia. Se trata de un personaje que infunde mucho respeto a la familia. Nadie se atreve a desafiarla o contradecirla, hasta la llegada de Miguel. Obtuvo este estatus después de que su marido la abandonase para ser músico, momento en el que ella aprendió a hacer zapatos para mantener a su hija. El dolor del abandono por el que ella misma define como "el amor de su vida", la crianza en soledad de su hija, y las necesidades económicas, hacen que Imelda pueda ser considerada una *mater dolorosa.*

Refuerza su profundo pesar a través de varios diálogos y acciones. Le explica a Miguel que ella adoraba la música, pero que cuando nació Coco, encontró algo en su vida mucho más importante. Es decir, la maternidad supuso sacrificar una de sus pasiones. Por otro lado, cuando se reencuentra con su marido Héctor –que resultó no haberla abandonado por propia voluntad, sino que murió asesinado cuando volvía a casa de su gira musical- le reprocha que, pese a que hubiera muerto, él ya se había marchado antes dejándola sola con una niña pequeña, acto imperdonable.

Este dolor culmina cuando Imelda interpreta la canción popular mexicana "La Llorona", cuyas estrofas hablan del amor fracasado y de la tristeza. Además, la figura de la Llorona en el folclore mexicano es una mujer que, abandonada por su amado, asesina a sus hijos para después suicidarse. Por tanto, no es casualidad que Imelda intérprete este tema en concreto, ya que puede establecerse un cierto paralelismo atendiendo al abandono del ser amado y el peso de la soledad frente a la maternidad. Sin embargo, Imelda es un personaje que evoluciona a lo largo del largometraje: pasa de ser una mujer fría y enfadada a demostrar afecto por su familia e incluso perdonar a su marido.

En el caso de Elena -la matriarca en el mundo de los vivos- se trata de una mujer que sigue los pasos de Imelda. Deja claras sus normas –la música está prohibida y lo primero es la familia- y no teme discutir e incluso llegar a la violencia física con aquellos que no las respetan. Sin embargo, se muestra cariñosa con su familia, especialmente con su nieto Miguel, en cuya educación moral participa de forma activa. Se siente orgullosa del negocio familiar y es muy tradicional. Consciente de su forma de actuar, le explica a Miguel que es dura porque le quiere.

El personaje de Elena evoluciona desde el odio irracional por la música hasta el amor hacia ella, debido al bien que le hace tanto a Coco – su madre- como a Miguel. Finalmente, tras descubrir que su abuelo no había abandonado a su familia, lo perdonará, desencadenando que el resto de miembros vivos de la familia también lo hagan.

Respecto a Coco, se trata de un caso un especial. Sabemos que es madre, y que ejerció la maternidad durante su juventud. Sin embargo, en el largometraje la conocemos como una anciana que padece alzhéimer, y que presenta el comportamiento de una niña pequeña. El rol materno se invierte con Elena –su hija- que es ahora quien la cuida. Sin embargo, en un momento de lucidez le pregunta a Elena de forma cariñosa "¿Qué te ocurre, mi hija? ¿Por qué lloras?". Por tanto, podemos ver que se trata de una mujer cariñosa y atenta. Mirando más allá, podemos ver que es un personaje que alberga cierto pesar y sufrimiento: toda su familia odia a su padre por el supuesto abandono cuando ella era una niña, pero Coco no deja de preguntar por su padre ya siendo una anciana enferma. De lo que deducimos que el personaje ha convivido con un vacío toda su vida, pero que no ha perdido la esperanza de reencontrarse con su padre en ningún momento.

Finalmente, Luisa es la madre con menor peso en la película. De ella sabemos que está embarazada, que es buena, cariñosa y familiar, pero capaz de enfadarse con su hijo Miguel si no actúa de manera correcta. Sin embargo, es un personaje secundario que apenas habla en ningún momento del largometraje. Se muestra conforme con su vida, su familia y su trabajo, y no muestra evolución.

Recapitulando, en este largometraje encontramos la maternidad representada de varias maneras. Toma fuerza el rol de matriarca, y entre los estereotipos representados encontramos el de *mater dolorosa*. El valor principal para estas mujeres es el de la familia, estrechamente relacionado con el amor y la tradición. También podemos ver en ellas la generosidad y el sacrificio personal por el bienestar de los demás. Aunque las cuatro mujeres analizadas presentan una importancia distinta en el transcurso de la historia, apreciamos que algunas de ellas –en especial Imelda- no se encuentran definidas exclusivamente por su papel de madres.

Conclusiones

En la presente investigación nos propusimos alcanzar tres objetivos mediante el análisis de *Del Revés* (2015) y *Coco* (2017), así como formulamos tres hipótesis en torno a ellos. Respecto al primer objetivo, hemos comprobado que el personaje de la madre aparece de forma explícita y en varias escenas, y no solo es mencionada como ocurre en un elevado número de largometrajes de animación clásicos. En el caso del nivel de protagonismo de la figura materna, es mucho más elevado en *Coco* que en *Del revés,* pero, aun así, la madre de Riley tiene la suficiente importancia como para no poder ser suprimida del largometraje sin alterar la historia. Por tanto, respecto a la hipótesis de que las madres son personajes principales de los largometrajes con un elevado nivel de importancia dentro del desarrollo de las historias, podemos decir que se ha cumplido.

Respecto al segundo de los objetivos, queríamos averiguar a qué valores se asocia el personaje de la madre, partiendo de la hipótesis de que serían el amor, la generosidad, la empatía y la familia. En este caso, la hipótesis se ha demostrado de forma contundente en ambos largometrajes. Cabe matizar que, si bien todos estos valores se encuentran presentes en las dos películas, según el caso no tienen la misma relevancia. Si nos referimos a las madres que aparecen en *Coco* (2017), la familia es el valor fundamental asociado a ellas, mientras que para la madre de Riley (*Del revés,* 2015) son la empatía y la generosidad. En cuanto al amor, un pilar esencial de todas estas madres, especialmente con sus hijos, pero también con el resto de su familia cercana (maridos, padres, etc.).

En cuanto al tercer y último objetivo, nos propusimos analizar qué funciones relevantes desempeña el personaje de la madre, con la hipótesis de que su función principal sería la de mantener unida a la familia y cuidar de sus hijos. En el caso de *Del revés* (2015), la hipótesis se cumple totalmente, siendo esta –además- la única función de la madre de Riley. Si nos referimos a *Coco* (2017), también se cumple, pero algunas de las madres presentan además otras funciones, como la de dirigir el negocio familiar, y resolver diferentes conflictos desarraigados de los actos de Miguel.

Para finalizar, se puede observar que la figura de la madre ha tomado importancia en el Cine de Animación del siglo XXI. Se trata de una buena madre marcada por valores como la familia y el amor, y no una madrastra malvada que ejerce como villanada. También podemos apreciar una tendencia hacia la creación de personajes femeninos polifacéticos y redondos, lo que resulta de ayuda para promover entre el público más joven la idea de que la mujer no solo se define no solo por la maternidad.

Referencias

Anderson, D. K. (Productora) & Unkrich, L. (Director). (2017). *Coco* [Película]. Estados Unidos: Walt Disney Pictures & Pixar Animation Studios

Beauvoir, S. (1970). *El segundo sexo. Los hechos y los mitos.* Buenos Aires: Siglo Veinte

Blum, J. & Peli, O. (Productores) & Wan, J. (Director). (2013). *Insidious: Chapter 2* [Película]. Estados Unidos: Blumhouse Productions

Brigidi, S. (2014). Experiencias encarnadas. Representaciones audiovisuales de madre(s) y maternidad(es). *Revista de Medicina y Cine*, *10*(3), 118–126

Broccoli, B. & Wilson, M. G. (Productores) & Spottiswoode, R. (Director). (1997). *El mañana nunca muere* [Película]. Estados Unidos: EON Productions

Crespo, C. (2015). La madre en el imaginario popular de Occidente: de la Virgen María a Mad Men. En M. Visa (Coord.), *Padres y madres en serie. Representaciones de la parentalidad en la ficción televisiva* (pp. 157–165). Barcelona: Editorial UOC

Disney, W. (Productor), Cottrell, W., Hand, D., Jackson, W., Morey, L., Pearce, P. & Sharpsteen, B. (Directores). (1937). *Blancanieves y los siete enanitos* [Película]. Estados Unidos: The Walt Disney Company

Europa Press (2018). Los Increíbles 2, el mejor estreno de animación de la historia de EE.UU. *epcultura.es*. Disponible en: http://www.europapress.es/cultura/cine-00128/noticia-increibles-mejor-estreno-animacion-historia-eeuu-20180618111100.html

Feldman, C. K., Wilder, B., Harrison, D. (Productores) & Wilder, B. (Director). (1955). *La tentación vive arriba* [Película]. Estados Unidos: 20th Century Fox

Guarinos, V. (2008). Mujer y cine. En VV.AA., *Los medios de comunicación con mirada de género* (pp. 103–120). Instituto Andaluz de la Mujer. Consejería para la Igualdad y Bienestar Social (Junta de Andalucía)

Kohan, J. (Productora), Flahive, L. & Mensch, C. (Directoras). (2017). *Glow* [Serie]. Estados Unidos: Netflix

Lacalle, C. & Sánchez, M. (2015). La representación de la madre en la ficción televisiva española. En M. Visa (Coord.), *Padres y madres en serie. Representaciones de la parentalidad en la ficción televisiva* (pp. 227–238). Barcelona: Editorial UOC

Lasseter, J., Rivera, J., Stanton, A. (Productores), Docter, P. & del Carmen, R. (Directores). (2015). *Del revés* [Película]. Estados Unidos: Pixar Animation Studios

Madden, D. (Productor) & Hanson, C. (Director). (1992). *La mano que mece la cuna* [Película]. Estados Unidos: Interscope Communications

Marín Murillo, F. (2011). Adolescentes y maternidad en el cine: «Juno», «Precious» y «The Greatest». *Comunicar*, 18(36), 115–122

Martínez-Cabeza, J. & Martínez-Rodrigo, E. (2017). Posibilidades educativas del cine de animación. El caso de Vaiana. En C. Marta Lazo (Coord.), *Nuevas Realidades en la Comunicación Audiovisual* (pp. 325–337). Madrid: Tecnos

Milestone, K. & Meyer, A. (2012). *Gender and popular culture.* Cambridge: Polity Press

Núñez, T. (2008). La mujer dibujada: el sexismo en películas y series de animación. En VV.AA., *Los medios de comunicación con mirada de género* (pp. 139–161). Instituto Andaluz de la Mujer. Consejería para la Igualdad y Bienestar Social (Junta de Andalucía)

Parkes, W. F., MacDonald, L. (Productores) & Verbinski, G. (Director). (2002). *The Ring* [Película]. Estados Unidos: DreamWorks

Robertson, M. (Productor) & O'Donnell, T. (Director). (2017). *The Letdown* [Serie]. Australia: A Giant Dwarf Production

Shureer, O. (Productora), Clements, R. & Musker, J. (Directores). (2016). *Vaiana* [Película]. Estados Unidos: Walt Disney Animation Studios & Walt Disney Pictures

Solís, O. (2016). El papel de los medios de comunicación en la reproducción de los estereotipos de género a través de la publicidad. *Diotima, Revista Científica de Estudios Transdisciplinaria*, 1(2), 20–30

Swigart, J. (1991). *The Myth of the Bad Mother*. New York: Doubleday

Vernetto, P. (2019, 25 de febrero). Oscar 2019: 'Bao', de Pixar gana el mejor corto de animación. *La Vanguardia*. Disponible en: https://www.lavanguardia.com/cultura/20190224/46615843436/oscar-2019-ganador-mejor-corto-de-animacion.html

Walker, J., Lucho, J. (Productores) & Bird, B. (Director). (2004). *Los Increíbles* [Película]. Estados Unidos: Walt Disney Pictures & Pixar Animation Studios

Walker, J., Paradis, N. (Productores) & Bird, B. (Director). (2018). *Los Increíbles 2* [Película]. Estados Unidos: Walt Disney Pictures & Pixar Animation Studios

Un monstruo en el sótano: maternidad, duelo e infanticidio en *The Babadook*

Itxaso del Castillo Aira y Katixa Agirre

De madres y monstruos

Si lo que nos han contado es cierto, las madres son esos seres sublimes, ángeles de la guarda, espíritus sacrificados dispuestos a asumir hasta las últimas consecuencias su única misión en este mundo: velar por sus hijos, amarlos hasta consumirse ellas mismas, sin lamentarse jamás de su destino. Al fin y al cabo, son madres y han culminado el deseo femenino por excelencia: tras parir, han alcanzado sin duda la cumbre de la vida de la mujer.

El caso es que también nos cuentan que la madre puede ser un ser histérico, castrador, que envidia la juventud de su hija y compite con la novia de su hijo. Madres poseídas, locas como solo pueden estarlo las mujeres, Medeas incontrolables, señoras Bates poderosas, responsables de todas las miserias futuras de sus hijos que, a falta de una madre entregada como marca la norma, probablemente acaben siendo psicópatas o banqueros despiadados.

Si desconfiamos de ambos extremos y nos fijamos en el terreno gris, embarrado y ambiguo de la maternidad contemporánea lo que nos encontramos en realidad es a madres felices pero agotadas, madres que desean amar a sus hijos pero a quien los chillidos de las criaturas irritan hasta límites insospechados, madres sobrepasadas, hartas, madres que se sienten culpables por sentirse sobrepasadas y hartas, madres que quieren disfrutar de su sexualidad y a quienes sus hijos interrumpen en plena faena, madres que a veces piensan: ojalá no hubieras nacido. Y se arrepienten de ese pensamiento en cuanto vuelve la calma.

De estas madres que sufren el dolor de la ambivalencia materna nos habla *The Babadook*, película australiana y ópera prima de la directora Jennifer Kent. Catalogada dentro del género del terror, y con su propio monstruo incluido (el Babadook del título), es cierto que el film provoca terror, pero es el terror ante el tabú profanado: la película nos presenta a Amelia, madre que, exhausta por la crianza en solitario de un niño problemático e incapaz de superar el duelo por un marido muerto, llega a intentar asesinar a su propio hijo.

Entre la abnegación y el infanticidio, *The Babadook* llega al fondo del drama de la maternidad: la ambivalencia incomprendida, silenciada, obviada por la sociedad, castigada en caso de ser expresada. En las próximas líneas intentaremos dilucidar cómo este sentimiento de ambivalencia se despliega y transmite a lo largo de todo el metraje utilizando diferentes estrategias: la representación simbólica del espacio doméstico, la utilización de lo háptico para la transmisión de las sensaciones físicas y la tensión entre los géneros cinematográficos -principalmente el terror y el melodrama- y la subversión de sus convenciones desde una mirada femenina.

Cuerpo y casa: prisión y refugio

La casa es el espacio femenino por excelencia. Frente al espacio público, terreno masculino donde se trabaja y produce, la casa es donde la mujer (el ángel del hogar) atiende y cuida a sus seres queridos creando un refugio, un confortable nido donde criar a los pequeños y atender a los adultos. Esta separación clásica de los espacios en base a la división de géneros constituye, en realidad, la idealización de una cárcel para la mujer, tradicionalmente confinada entre cuatro paredes, atrapada en actividades reproductivas y cíclicas que no obtienen reconocimiento social ni económico. Para la mujer su casa es un espacio ambivalente: hogar y cárcel. Esta dualidad ha sido reflejada en la literatura. Desde el siglo XIX proliferan relatos sobre casas encantadas en el género del terror gótico, una forma de representar la decadencia, disfuncionalidad y amenaza de la familia nuclear. "La fórmula argumental gótica se basa en una heroína perseguida que está atrapada figurativa o literalmente en su propia casa por un villano masculino" (Kneale, 2015, p. 5), en el que la casa "no solo es vista como un espacio negativo de terror y de encarcelamiento de las mujeres, sino también como un lugar de resistencia donde se exponen, confrontan y subvierten los discursos patriarcales y las ideologías domésticas." (Kneale, 2015, p. 9). Esto ocurre en la película australiana que nos ocupa, ya que el monstruo masculino que los invade saca a la luz y confronta todas las sombras que empañan la versión idílica de la maternidad.

The Babadook cuenta la historia de Amelia, una madre cuyo marido murió en un accidente de coche camino al hospital para dar a luz. Se acerca una efeméride dolorosa: el séptimo cumpleaños de su hijo, un niño muy demandante y poco sociable con miedo a los monstruos nocturnos. Una noche aparece un libro sobre un monstruo al que hay que llamar repitiendo tres veces su nombre: Babadook. Como lo leen, formulan el conjuro y el monstruo entra en su casa. Primero aterroriza al niño, el único que puede verlo. Luego a la madre, en cuyo cuerpo entra para que mate a su hijo. Cuando tiene el cuello del pequeño entre las manos, Amelia se recobra, expulsa al monstruo y lo acorrala en lo más profundo del sótano, donde tendrá que alimentarlo y contener para siempre.

La película transcurre en su mayor parte en la casa donde ambos se aíslan del resto del mundo. La noche fatídica, ese aislamiento será absoluto, se corta la corriente eléctrica y la línea telefónica, haciendo imposible cualquier posibilidad de ayuda del exterior. Hay un momento en el que, tras haberle gritado cosas horribles, Amelia trata de reconciliarse con Sam y le propone ir a comer fuera. “Tenemos que salir de esta casa. Llevamos demasiado tiempo encerrados, ése es el problema”. Amelia es consciente de la opresión que supone la casa, principalmente cuando sirve como refugio ante un mundo en el que no tiene fuerzas para vivir. La representación de la casa como el espacio íntimo femenino se identifica con la psique de sus habitantes: también se expresa. Las maderas chirrían, las luces se apagan y se encienden o hasta explotan, las paredes se resquebrajan y un delirante nido de cucarachas se arrastra por la cocina. Esta identificación trasciende lo mental e, incluso, tiene lugar con el cuerpo de la madre, ya que, desde las ópticas más tradicionales, éste es una casa para el bebé en curso, un contenedor, un objeto pasivo que es poseído y habitado por alguien más. Esta analogía está presente en la película que distingue diferentes espacios domésticos para abordar diferentes aspectos psicológicos y corporales de la protagonista.

La puesta en escena de *The Babadook* es claramente corporal en varios aspectos. Uno, en la profusión de planos detalles del cuerpo. Dos, en el tratamiento de las texturas de los objetos que aparecen (la colcha del cuarto, las paredes…) así como el de la música. Tres, la diferencia del movimiento corporal de la protagonista: inhibida y recogida al principio, fuerte y expansiva cuando es poseída. A Amelia le cuesta ganar el centro del encuadre, tiende a los márgenes como forma de expresar su falta de agencia. Cuarto, los efectos especiales analógicos de los que hace uso, especialmente la idea del libro, hecho de forma artesanal.

El sótano: el inconsciente, el pasado, el patriarcado

Según asegura Kneale (2015, p.10) en su estudio sobre el espacio doméstico en la literatura gótica, la casa en este género está orientada hacia el pasado, no hacia figuras históricas importantes, sino al pasado histórico de una familia. En el caso de *The Babadook*, el pasado de la familia se guarda en el sótano, ya que allí atesora Amelia las pertenencias de su difunto marido. De alguna manera, ese pasado manda sobre las vidas presentes de madre e hijo. El sótano, lugar masculino donde los hombres montan su taller o su gimnasio, está aún dominado por la presencia paterna.

El espacio del padre, bajo tierra, es frecuentado por Samuel a pesar de las prohibiciones maternas. Ella lo cuida como un mausoleo, un lugar de memoria al que no puede bajar. Sam, en cambio, prepara trampas para defenderse de los monstruos y muestra sus trucos de magia a una audiencia de peluches y frente a la foto de sus padres. Sam mantiene, de esta manera, una relación con ese padre al que nunca conoció y que su madre impide, ya que para ella uno sustituye al otro.

El sótano aparece en tres momentos de la película. El primero cuando Sam juega vestido de mago y le cuenta a la foto de su padre cómo va a atrapar al monstruo. Amelia baja a ver qué ha hecho el chiquillo y se lo encuentra todo desordenado. Vemos que el difunto era violinista, además, entre sus pertenencias observamos las fotos y un traje colgado que parece que contuviera un hombre. Esta imagen adelanta la futura estampa de Babadook, vestido con un traje similar.

La segunda ocasión es cuando ella, en sueños, se levanta del sofá y ve la puerta abierta del sótano. “Sam, no bajes, es peligroso”, advierte mientras baja a buscarle. Su marido está ahí, la abraza. La luz cambia, es blanca, ilumina el fondo de la habitación de manera nítida. Le dice que para estar juntos le tiene que traer al hijo. Su rostro queda en penumbras, las mismas que rodean a Amelia. Su voz se transforma: es Babadook.

Ese fondo iluminado desvela unas paredes sin rasear, descarnadas, rugosas. La importancia de las texturas es notable a lo largo de la película. Hay una cualidad táctil en las imágenes, lo que Laura Marks (2000) define como "imagen háptica", es decir, que apela al sentido táctil y kinético del espectador. Esa predominancia de la textura en la imagen (colcha, arrugas del rostro, paredes…) se logra con un uso descarnado de la luz. Jennifer Kent, su directora, opta así por no matizar su iluminación, ni en la grabación ni en postproducción, usando como referencia el cuerpo. "El esquema de color- todo es tono borgoña, azul o negro hasta el blanco- es logrado en la carne, sin geles en las lentes de la cámara o alteraciones en la postproducción". (Jennifer Kent citada en MacIness, 2018). La luz transmite una crudeza que ayuda a transmitir el agotamiento y confusión mental de la protagonista, un cansancio físico palpable en un rostro ojeroso, con arrugas e imperfecciones: es humana, no un ideal. Tal y como aseguran Middleton y Bak, "las cualidades materiales, táctiles de la película, hacen más auténtica la visualización de las dolorosas luchas de la maternidad" (2019, p. 4).

El sótano vuelve a ser escenario para la batalla final. Dentro ya del cuerpo de la madre, Amelia/Babadook persigue, herida, a Sam para matarlo, pero él ya tiene preparada la trampa que ensayó con anterioridad. Amelia cae y pierde el conocimiento. Cuando despierta está atada como Gulliver en la tierra de los liliputienses. Sam le pide que abandone el cuerpo de su madre pero Amelia se consigue soltar y le agarra por el cuello. A punto de estrangularle, Sam le acaricia la cara como le vimos hacer al principio de la película. La caricia hace retornar a la madre, quien suelta a su hijo y vomita un alquitrán denso y negro. Ella es ahora la madre luchadora que protege a su hijo del monstruo.

Por último, el sótano aparece como el espacio de lo reprimido, del pasado amenazante. Lo subterráneo es el hogar del monstruo, es allí donde habita una vez es vencido. Porque los monstruos siempre se las apañan para regresar, así que es mejor convivir con ellos, dejarles un lugar donde no molesten. De hecho, en el libro ya aparecía la amenaza: "Cuanto más me niegues, más fuerte seré." Amelia deja a Babadook en el sótano, encerrado bajo muchos candados pero atendido, porque le da de comer gusanos. A diario debe enfrentarse y calmar al monstruo, manteniéndolo siempre lejos de su hijo. No hay una resolución dicotómica en esta película, perder o ganar, destruirlo o ser destruido, sino una inclusión de la amenaza, de lo oscuro, de lo malvado y lo terrorífico en nuestro hogar/

cuerpo materno. La ambivalencia es la respuesta adaptativa y real a las dificultades de la maternidad.

La cama: ni sexo ni descanso

La cama aparece como el escenario de amor roto y representa la imposibilidad de acoger al nuevo amor que vino a sustituirlo. De hecho, está iluminada con una luz teatral que la coloca en el centro y llena de sombras las esquinas del cuarto, penumbra que se fusiona con las sombras de la pantalla del cine, haciendo que la imagen se desborde por el espacio de la sala de proyección.

La cama es el espacio íntimo y corporal por excelencia: sexo, sueño, miedos se dan sobre el somier. La película arranca con una pesadilla de Amelia sobre el accidente, de la que su hijo le despierta. El hombre del sueño es sustituido por el niño en la cama. La corporalidad de la relación madre e hijo está formalmente representada con planos cortos del pie del niño sobre la cadera de la madre, su mano que le aprieta el cuello, sus dientes que rechinan,... una presencia física que invade el cuerpo de la mujer, que la ahoga, que le impide dormir. Esa proximidad es excesiva, asfixiante, y Amelia, una madre, se retira a un lado de la cama. No quiere tocar a su hijo.

Esta ambivalencia respecto a la permeabilidad de las fronteras entre los cuerpos de madre e hijo se da en la crianza, donde la necesidad física de la gestación, amamantamiento, calor, etc. entra en un terreno de negación y aceptación mutua según la criatura va creciendo: los dos cuerpos que eran uno están destinados a separarse, pero no es un proceso lineal ni fácil para ambos. Sin embargo, la puesta en escena de una madre que rechaza el contacto con su hijo resulta violenta para el espectador y anticipa un relato que solo tiene cabida en el terror. Esta aversión también se hace patente cuando tiene que vestir al niño. A Amelia le gusta que el niño le acaricie la cara, como un adulto, pero no soporta que la apachurre en un abrazo infantil. Este gesto del comienzo de la historia es ambiguo, porque lo hace mientras Amelia está de rodillas atándole las zapatillas. Parece un gesto de amante, quizá de amo condescendiente, más que de niño. A esa caricia Amelia reacciona con agrado, pero cuando Sam la abraza torpemente, infantil, ella se enfada y lo rechaza, para, acto seguido, dulcificar la voz y pedirle que se dé prisa para ir al colegio. Desde el comienzo nos damos cuenta tanto de la ira contenida como del lugar de sustitución que ocupa el niño.

Por otro lado, las continuas interrupciones, primero de su hijo y luego del monstruo, impiden el descanso y contribuyen a agotarla y, en última instancia, confundirla respecto a lo que es real y lo que no lo es. La falta de sueño es uno de los sufrimientos más comunes en la maternidad, y sin embargo suele quedar fuera del relato de la maternidad ideal.

Además, el hecho de que ella no comparta el lecho con nadie hace que la presencia de su hijo sea más frecuente, impidiendo que haya algún tipo de sexualidad. En una secuencia, Amelia saca un consolador del cajón y comienza a masturbarse, pero le resulta imposible acabar porque su hijo aparece asustado por el monstruo. La sexualidad y la maternidad es un binomio que el imaginario de la sociedad occidental no tolera, aunque sea, obviamente, una realidad. La película es valiente por mostrar ese aspecto de la viuda y lo utiliza para recalcar que Sam es un obstáculo, una carga, un lastre que no le permite ser ella misma, ser algo más que madre.

La película empieza en el dormitorio, por lo que debe terminar en él. Tras expulsar al monstruo de su cuerpo, convertida en una madre luchadora, sube del sótano y asiste aterrorizada a cómo su hijo es arrastrado por una fuerza invisible al cuarto, a la cama, que se mueve. Ella grita: "¿Qué quieres?". La cama para y ella se enfrenta a la oscuridad, de donde sale de nuevo su marido. Repite todo lo que dijo aquella noche de camino al hospital. Se oye el sonido de otro coche. La cabeza del marido es limpiamente seccionada en diagonal. Cae al suelo. Amelia lanza un grito sordo y cae al suelo, llorando.

Las sombras del fondo del cuarto suenan, crujen, reptan: el monstruo sigue ahí. Ella se levanta y le dice, con desprecio: "no eres nada". Corta a un plano de la mesilla con fotos familiares de mujeres en blanco y negro. Los muebles se mueven. Ella, en el centro de la imagen, le sigue gritando "no eres nada". El crío se levanta de la cama y se esconde tras ella, abrazándola por la espalda. Unos brazos se dibujan en la oscuridad, acercándose. Las fotos caen. Ella grita: "Esta es mi casa. Estás invadiendo mi casa". Todo tiembla, las paredes se resquebrajan. "Si vuelves a tocar a mi hijo te juro que te mataré". La batalla es feroz, todo se tambalea, el techo se raja, los brazos siguen avanzando. El niño sale volando hacia la oscuridad y Amelia lo coge por los brazos, logrando abrazarlo.

Amelia grita al monstruo con todas sus fuerzas, furiosa, amenazándolo, asustándolo. El monstruo se repliega. Ella mira desconfiada, pero al mando. La figura avanza, pero al llegar donde Amelia cae, vacía: solo es un traje.

Amelia ha tomado posesión de su casa, de su vida, de su modelo de familia. Su pasado ha quedado reducido a eso, a la nada, un guiñapo que no puede ejercer ningún efecto en ellos.

Su cuerpo también ha sufrido una transformación. La Amelia del comienzo es una mujer contenida, que habla bajo, con una postura corporal replegada, de aspecto frágil. Iris Young dilucida en su artículo fundacional "Throwing like a girl" cómo se mueve y orienta en el espacio una mujer debido a la tensión entre inmanencia y transcendencia, la subjetividad o ser un objeto. Amelia hace poco uso de su cuerpo, parece que está al servicio de su hijo, no lo mueve como un sujeto trascendente, sino como vehículo para el cuidado de su hijo, para su protección. Es un cuerpo colonizado. El espacio que rodea a Amelia la constriñe, la deja o en una esquina del encuadre o en el centro, con la parte superior de la cabeza cortada, como encapsulada, encerrada. También proliferan, cuando está fuera de su casa, planos en los que está en medio de dos simetrías, reforzando visualmente su aislamiento e inmanencia.

Ni siquiera cuando escapa a vagar por el centro comercial conseguimos verla en un plano general, siempre hay alguna parte de su cuerpo que está cortada por el encuadre. Es un momento de gran paz, lleno de luz, diáfano, sin sombras y reflejos brumosos de ella misma.

Pero cuando Amelia es poseída por Babadook se vuelve agresiva, hiriente, físicamente fuerte y resistente. Sus movimientos son precisos. Corre, rompe el cuello del perro con sus manos. El diente que le molestaba, se lo arranca. La puerta que su hijo atranca, la derriba. Chilla, su cuerpo se vuelve activo, sujeto de sus acciones.

Tras vencer al monstruo, Amelia es mostrada con más espacio rodeándola: en el umbral y en el jardín, espacios que indican un nuevo tiempo.

El jardín gótico

El epílogo del film tiene lugar en el jardín. El jardín en el género gótico implica diferentes lecturas. Por un lado, es un espacio liminal, situado entre la casa y el mundo. Es un espacio femenino por excelencia y supone un lugar de regeneración, positivo, opuesto al interior amenazante y estancado del hogar. El jardín marca el paso del tiempo, es un lugar que hay que nutrir y cuidar, ligado, por ello, a la maternidad.

El primer plano tras la batalla es la de un árbol en flor. La primavera está cerca, se aproxima un nuevo despertar, la vida vuelve a manifestarse. La representación del tiempo cambia: de la agonía de una noche eterna, definitiva, aislada del mundo y de la razón, a la calle, la naturaleza, el tiempo cíclico, pausado pero imparable.

Sin embargo, la película no se resuelve de una manera clara, indiscutiblemente positiva y racional, sino que se mantiene de nuevo en la ambivalencia. El jardín es en realidad un lugar intermedio, a medio camino entre la naturaleza domesticada y la selva incontrolable. Tal y como dice Kneale "Los jardines bien atendidos pueden entonces ser una extensión de la intimidad del hogar en los alrededores naturales que lo rodean, mientras que los jardines descuidados y sin atender solo añaden un deterioro no hogareño de las casas góticas" (2015, p. 29). El jardín de Amelia está lleno de plantas verdes, sin apenas flor, y de tonos violetas y oscuras si las hay. No hay lugar para el color rojo, amarillo o fucsia: las sombras siguen siendo parte del hogar de madre e hijo. De hecho, lo que subyace en su hogar es algo oscuro. La cámara asciende desde las entrañas de la tierra, donde reposan los restos del perro, hasta la rosa que Amelia poda. Es una rosa negra. Sam dispara con su ballesta en una diana. Ambos encauzan su violencia de una manera no destructiva. No pretenden hacer desaparecer sus dificultades, contradicciones ni ambivalencias; conviven con ellas. Por eso, Sam recolecta gusanos que Amelia lleva al sótano, a dar de comer a Babadook, atrapado en el sótano, domesticado, aparentemente neutralizado, familiar.

La ambivalencia del género: melodramas encubiertos

The Babadook es una película que se caracteriza por su mezcla de géneros: terror, melodrama, thriller psicológico… también a este respecto resulta ambivalente. Las imágenes remiten a motivos muy transitados por el cine de terror: casa encantada, posesión, niño maligno y/o madre perturbada. Hasta la primera mitad de la película es Sam, el niño, el sospechoso de ser un peligro. No sabemos si ve monstruos, si los monstruos existen o si él mismo es el monstruo. Recuerda a películas como *The Omen* (*La Profecía*, Richard Donner, 1976), en el que el niño es un sociópata que pone en peligro a su propia madre. Aparecen cristales en la crema de verduras, una foto hecha trizas de la pareja… amenazas que hacen a Amelia sospechar del niño pero que éste atribuye a Babadook. A partir de la mitad de la película, Babadook entra en la boca de Amelia y ella comienza a verlo. Es ella la que está en peligro. El libro cambia y anticipa otro desenlace, uno en el que ella mata a su propio hijo y luego se suicida. Amelia cada vez está más confundida, y es más agresiva con su hijo. Tememos por él, porque tampoco tenemos claro que ella no se esté imaginando todo.

Su metamorfosis es total cuando el monstruo entra en su cuerpo y comienza el tercer acto. Quiere matar a su hijo, cumple con las instrucciones del libro de forma precisa. En este sentido, la película entra en el subgénero de películas de posesión. La posesión provoca un miedo muy profundo, ya que cuestiona la unidad entre cuerpo e identidad, así como la continuidad de la identidad. Si un cuerpo puede albergar a otra persona u otro ser, si ahora se es de una manera pero en un instante se deja de ser así, provoca una inestabilidad conceptual/ontológica aterradora.

La posesión es revertida mediante el vómito negro y Amelia pasa de poseída/madre asesina a madre coraje. Simultáneamente Sam pasa de niño psicópata a salvador, y luego a niño que debe ser salvado. Ambos personajes fluctúan en esas categorías, especialmente ella, que es víctima/verdugo/salvadora. Sam no es ningún ingenuo, hace planes para defenderse y proteger a su madre, a quien sabe frágil, sufriente. Es una versión oscura de *Solo en casa* (*Home Alone*, Chris Columbus, 1990), un pequeño capaz de defenderse con su ingenio, pero también es un niño al que hay que proteger, por incidir de nuevo la ambivalencia propia de la película.

Pero la etiqueta terror parece quedarse corta a la hora de enmarcar esta película. Autores como Greven (2011, p. 37) ya han advertido que, desde los años sesenta, muchas películas de terror con protagonistas femeninas deben ser entendidas como melodramas velados. Al fin y al cabo, el melodrama o *women's film*, pone en el centro de la representación el deseo femenino. Y así es como se desarrolla la primera parte del film, que, siguiendo los dictámenes del género, se centra en un personaje femenino lidiando con presiones emocionales, sociales y psicológicas propias de la feminidad, en su variante materna, en este caso. Es en la segunda mitad del film cuando los diversos tropos del terror ya mencionados son explotados de manera explícita y consciente. Pero la transición entre uno y otro género es tan sutil que da cuenta de lo permeable de ambos.

La película es un homenaje continuo a multitud de películas clásicas. El aspecto del monstruo, el uso de la sombra, su contraste, por ejemplo, hace una referencia al cine expresionista alemán muy clara. Además, las películas de Méliès se suceden en el monitor de televisión que Amelia mira medio dormida. La cama se mueve y salta como lo hiciera la de Ryan en *El Exorcista* (*The Exorcist*, William Friedkin, 1973). Amelia tiene que sujetar a Sam, al que una fuerza invisible succiona, recreando así una imagen icónica de *Poltergeist* (Tobe Hooper,1982). La pared de la cocina se resquebraja, como si fuera la piel de una persona, tal y como sucedía en *Repulsión* (*Repulsion*, Roman Polanski, 1965). El aspecto del monstruo es significativo: mezcla las sombras angulosas y las ojeras excesivas de *El Gabinete del Dr. Caligari* (*Das Cabinet des Dr. Caligari*, Robert Wiene, 1920) con *Nosferatu* (F. W. Murnau, 1922) pero con manos de cuchillas a lo Freddy Krugger, de *Pesadilla en Elm Street* (*A Nightmare on Elm Street*, Wes Craven, 1984) o el más gótico *Eduardo Manostijeras* (*Edward Scissorhands*, Tim Burton, 1990).

Estos y otros referentes del terror popular se espolvorean a lo largo de la cinta en un juego que bien puede estar destinado al espectador, aficionado del género, o hacer referencia al mundo asociativo de la perturbada mente de Amelia, que, viendo la televisión, engarza un elemento con otro para construir su delirante pesadilla. El libro es un elemento que contribuye a la calidad háptica, corporal, de la película. Los efectos especiales que manejan son analógicos, lo que proporciona, junto con la iluminación y falta de postproducción, un acabado descarnado, corporal y también teatral, que nos traslada a un territorio ambiguo, entre realidad y ficción inquietante, y en el que domina la idea del pastiche.

El melodrama se presenta como un paraguas conceptual mucho más fértil para entender de dónde proviene el horror en *The Babadook*. La película transita hacia el terror desde el melodrama y el gótico femenino. Al comienzo del film Amelia es la madre abnegada de cualquier melodrama. Pero llega un momento en el que la furia se desata: el tabú se rompe. En la segunda mitad el relato adquiere todos los elementos del terror clásico, donde la amenaza proviene de un monstruo externo y reconocible.

Según su directora, su idea no era tanto asustar a la gente sino hablar de "la necesidad de enfrentarnos a nuestra oscuridad en nosotros mismos y en nuestras vidas. Esta era la idea central para mí, coger a una mujer que realmente había huido de una terrible situación durante muchos años y obligarla a enfrentarlo. El terror es solamente un resultado colateral" (Jennifer Kent citada en MacIness, 2018).

En este propósito de retratar la maternidad de una forma más humana, no como una experiencia sencilla y unívoca, aporta la novedad de un hijo que reclama su lugar, su autonomía y la aceptación de la realidad que comparten. Cuando su madre se da cuenta de que le ha desobedecido y ha bajado a jugar al sótano, le riñe porque ahí "están las cosas de tu padre". "También es mi padre. No solo es tuyo", le responde el niño. *The Babadook* también otorga al hijo una voluntad de reconocimiento que huye de *la otredad* de la que se ha valido el cine de terror tradicionalmente. Sin ser el niño perfecto y angelical, siendo en realidad feúcho, irritante y molesto, Samuel viene a reivindicar que merece tanto amor y protección como cualquiera. Al final, madre e hijo se reconcilian, se admiten, el hijo adquiere el lugar que le corresponde, y, generosamente, ambos otorgan un sitio en sus vidas, en su relación, a esa rabia, frustración y maternidad oscura que habita en el sótano y toma la forma de Babadook.

Conclusiones

En las líneas precedentes hemos tratado de argumentar que es la ambivalencia la característica que mejor define *The Babadook*. Esa ambivalencia atañe no solo a la representación de la maternidad como ese terreno inestable y donde conviven sentimientos de toda índole, no todos ellos positivos, sino que se extiende a la representación de los espacios (fuera/dentro, arriba/abajo) y muy notablemente a la tensión entre géneros, siendo difícil saber si se trata de una película de terror que tiende al melodrama o viceversa.

Aunque las críticas y reseñas que obtuvo *The Babadook* cuando fue estrenada fueron mayoritariamente buenas, resulta interesante también detenerse en las opiniones algo más negativas, pues todas parecen tener en común que Mr. Babadook, el monstruo de sombrero de copa y manos tijerescas que sale del libro y aterroriza a la pequeña familia, no da en realidad tanto miedo. Matt Donato, por ejemplo, se queja de que "mister Baba" sea un guiñapo sin vida que cancele toda noción de terror o intriga. En la misma línea, Allan Hunter dice de ella que resulta "sorprendentemente mansa". Para algunos críticos la figura de Babadook no da suficiente miedo y bebe demasiado de sus antecesores en el género, dando impresión de ser una mera copia sin vida, un pastiche inerte.

En realidad, más que beber del género de terror, lo que hemos tratado de argumentar en las líneas precedentes es que Kent utiliza ciertas convenciones del género, algunas veces de manera irónica y guiñolesca, para acercar la historia a un género improbable, el melodrama. El sufrimiento materno de Amelia - la falta de sueño, el contacto físico con su hijo que llega a asquearla, la falta de espacio propio e incluso vida sexual- se presentan como el verdadero objeto del horror. Y eso es así no tanto por las propias circunstancias trágicas de Amelia, viuda temprana, sino por cómo la propia sociedad se niega a aceptar las fallas de Amelia como madre, todas ellas producto de la ambivalencia que ella siente. La hermana de Amelia, su vecina vigilante, o incluso la policía a quien acude Amelia en un momento de desesperación, la tratan con condescendencia o desdén, incluso con rechazo, haciéndola ver que no se esfuerza lo suficiente, que no está dando la talla, que quizá la monstruosa sea ella.

Igual que no creemos que Babadook sea un guiñapo inerte, sino una representación exquisitamente ambivalente de lo que siente Amelia, lo mismo podemos decir de la falta de límites espaciales o genéricos claros que marcan la película. Ni las numerosas referencias al género de terror, ni la aparente falta de límites espaciales, constituyen una mezcolanza confusa, sino que proporcionan un marco ideal donde la subjetividad femenina puede ser representada fílmicamente. Así, lo malvado y oscuro de las mujeres, incluso de las madres (esos seres de luz), puede aparecer representado no en calidad de *femme fatale* o monstruo deshumanizado, que son al fin y al cabo reflejo de miedos masculinos, sino en clave de rabia y frustración puramente humana. Si el feminismo nos hace reaccionar con la idea revolucionario de que las mujeres son personas, lo mismo puede decirse de las madres y los niños. No son lo otro, los que por razón de género o edad se alejan de la norma. Son, simplemente, personas, con sus lados oscuros y luminosos, su ternura y su violencia, su capacidad de hacer el bien y el mal. En definitiva, su ambivalencia.

Referencias

Berenstein, R. (1990) "Mommie Dearest: Aliens, Rosemary's Baby and Mothering" Journal of Popular Culture, 24–1, p. 55–73

Donato, M. (2014) The Babadook Review. We Got This Covered. https://wegotthiscovered.com/movies/the-babadook-review-fantastic-fest-2014/ consultado 1/12/2019

Greven, D. (2011) *Representations of Femininity in American Genre Cinema: the Woman's Film, Film Noir, and Modern Horror.* New York: Palgrave Macmillan.

Hunter, A. (2014). The Babadook review: well-acted but surprisingly tame. Express. https://www.express.co.uk/entertainment/films/526637/The-Babadook-review-well-acted-but-surprisingly-tame Consultado 1/12/2019

Kneale, A. M. (2015) "No horror like home. Women and domestic in New England Gothic." https://www.academia.edu/18935173/No_Horror_Like_Home_Women_and_Domestic_Space_in_New_England_Gothic_Literature Consultado 10/11/2019

MacIness, P. (2018) The Babadook: 'I wanted to talk about the need to face darkness in ourselves'. The Guardian https://www.theguardian.com/film/2014/oct/18/the-babadook-jennifer-kent Consultado 10/11/2019

Marks, L. (2000) *The Skin of the Film. Intercultural Cinema, Embodiment, and the Senses*. Durham: Duke University Press

Middleton J & Bak, M.A. (2019) "Struggling for Recognition: Intensive Mothering's "Practical Effects" in *The Babadook*", Quarterly Review of Film and Video, DOI: 10.1080/10509208.2019.1633169

Quigley, P. (2016) "When good mothers go Bad: Genre and Gender in *The Babadook*." en Irish Journal of Gothic and Horror Studies 15, p. 57–75

Young, Iris M. (2005) *On Female Body Experience: "Throwing Like a Girl" and Other Essays*. New York: Oxford University Press

La dialéctica simbólica de lo materno en *Roma* (Alfonso Cuarón, 2018)

Lorenzo J. Torres Hortelano

> *Ah, entonces el misterio debía ser ése: ella había descubierto un atajo para llegar al bosque. Seguro que era allí adonde iba durante sus ausencias. Para regresar con ojos llenos de blandura e ignorancia, ojos completos. Ignorancia tan vasta que en ella podía caber y perderse toda la sabiduría del mundo.*
> *[...]*
> *Cuando emergía, pues, era una criada. A quien continuamente apartaban de la oscuridad de su atajo para encargarle tareas menores, lavar ropa, fregar el suelo, servir a unos y otros.*
>
> *¿Pero servía realmente? Pues si alguien hubiese prestado atención, habría visto que ella lavaba ropa al sol, que fregaba el suelo mojado por la lluvia, que tendía sábanas al viento. Se las arreglaba para servir mucho más remotamente a otros dioses. Siempre con la entereza de espíritu que había traído del bosque. Sin un pensamiento: nada más que un cuerpo moviéndose con calma, rostro pleno de una esperanza suave que nadie da y que nadie arrebata.*
>
> —Clarice Lispector, La criada, *Felicidad clandestina,* 1997

El "cuerpo moviéndose con calma" imaginado por Lispector es también el de Cleo (Yalitza Aparicio), la protagonista de *Roma* que, desde el inicio del film, se anclará a la cámara hasta los créditos finales, como si fue la diosa remota a la que esta sirviese, mostrando al mismo tiempo su "rostro pleno de una esperanza suave" que nos arrebatará, "a foco", durante los 185 minutos del film. Llegados al final nos encontramos con un nuevo inicio indicador de cierta desazón y distanciamiento que embarga al espectador tras la intensa experiencia que supone el film. Un sinsabor que se ha ido sedimentando durante todo el relato a partir del sufrimiento de las dos mujeres protagonistas y del desprestigio de las figuras masculinas y paternas que las acompañan.

Algunos de estos elementos de la puesta en escena y del relato que refuerzan ese sentimiento ambivalente son: la opción por una matizada y moderna dirección de fotografía en blanco y negro, la preferencia por planos de tamaño amplio y larga duración (planos-secuencia), los lentos trávelin laterales que suelen acompañar a Cleo, la utilización de una gran profundidad de campo que hace que la gran mayoría de planos de la película estén enfocados desde el primer término hasta el fondo de la imagen, la mezcla sin solución de continuidad de la lengua española con la mexica[1], la utilización de varios actores no profesionales (por ejemplo, la ya citada Y. Aparicio), o la mezcla, a nivel narrativo, de las peripecias vitales de los personajes con los elementos dramáticos de la historia de México en los años 70, como la Matanza del Jueves de Corpus o "Halconazo"[2]. Todo ello refuerza esta ambivalencia tan afín, por otra parte, a lo poético[3].

Son elementos formales y opciones de producción que recuerdan a las que caracterizaron al neorrealismo italiano. De hecho, el joven A. Cuarón recuerda haber visto *El ladrón de bicicletas* (*Ladri di biciclette,* Vittorio de Sica, 1948) y cómo le impactó su realismo y naturalismo, así como su mixtura con lo humanístico. Algo que impregna también la que tendría que haber sido su película previa, *Hijos de los hombres* (*Children of Men*, 2006), pero entre medias se cruzó *Gravity* (2013)[4]; no obstante, estuvo

1 Las lenguas mixtecas son un conjunto de variedades lingüísticas originarias de la región de La Mixteca, al sur de México. Sus hablantes suponen la cuarta comunidad lingüística indígena en número de hablantes en México. La Mixteca es una zona pobre, con movimientos migratorios históricos que han dado lugar a que su lengua se encuentre presente en todo México e incluso en Estados Unidos, donde las nuevas generaciones suelen ser bilingües, pero de mixteco e inglés (Wikipedia, "Lenguas Mixtecas"). Originalmente es la lengua náhuatl, pues mexica —o aztecas en la historiografía tradicional— fue el pueblo mesoamericano de filiación nahua que fundó México-Tenochtitlan y que habla esa lengua (Karttunen, 1983, p. 145). "Mixteco" es la castellanización de la palabra de origen náhuatl "mixtécatl" o "habitante del país de las nubes" (Montemayor, 2007, p. 304). También hace referencia al nombre que se daban a sí mismos los mixtecos en la época colonial, "ñuu dzahui" o "pueblo, país o nación del Dios de la lluvia". Los hablantes de mixteco llaman a su lengua con variantes del concepto "lluvia" (Jansen & Pérez Jiménez, 2009, p. 7). Más bajo relacionaremos esta toponimia con el relato fílmico.

2 Para información relevante sobre este episodio nefasto recomiendo: Doyle, 2003.

3 En el sentido que señala González Requena acerca, por ejemplo, de Tarkovski: "La fuerza expresiva de una imagen, su capacidad de despertar la emoción estética, depende [...] de que cada localización y cada paisaje sean capaces de desencadenar en él determinados recuerdos y asociaciones poéticas" (2013); o, como aseveró Freud "Que yo esté donde ello estuvo" (2006).

4 *Gravity* (2014), que tiene también interconexiones muy relevantes con *Roma*, por ejemplo, en el hecho de que hay una escena en la que Cleo y los hijos de la señora Sofía ven una película en la que aparecen dos astronautas, lo que podemos relacionar con el hecho de que Cuarón quiso ser astronauta (Bautista, 2019).

madurando la idea de *Roma* durante más de una década y siempre pensándola como un proyecto en un b/n sin grano, moderno y estilizado[5].

Roma está inspirada en la infancia de A. Cuarón que es su guionista, director, director de fotografía y montador, así como coproductor y está ambientada entre 1970 y 1971 en el lugar donde vivió su infancia, la Colonia Roma, un barrio de principios del siglo XX de clase alta cercano al centro de Ciudad de México, pero que en los años 70 ya había decaído sensiblemente. Según Cuarón, el 90% de su contenido proviene de sus recuerdos familiares mediante una representación emocional de su memoria (Valdés, 2018)[6].

Dejando de lado las cuestiones más formales o técnicas, en *Roma,* como en el Neorrealismo[7], es evidente la presencia constante de la muerte aunque de forma distante, en un segundo término, por ejemplo, mediante juegos, como cuando en la terraza de la casa familiar Cleo juega a "estar muertos" con Pepe (Marco Graf), uno de los hijos pequeños de la señora Sofía (Marina de Tavira) y por ello no pueden hablar entre ellos[8]; o el momento premonitorio del terremoto en el hospital, cuando caen cascotes sobre una incubadora[9]; o mediante alusiones y parodias, como en la película a la que Cleo y Fermín asisten en una sala de cine, justo cuando le declara que está embarazada; o la otra película a la que asiste Cleo en la que se ve un par de astronautas en el espacio, uno de ellos casi moribundo[10].

5 En otro lugar se afirma que prácticamente la ideó desde el inicio de su carrera (Sharf, 2018).

6 Cualidad que ha representado ayudado por la capacidad de la cámara digital de gran formato Arri Rental Alexa 65mm y las lentes Prime 65, con resolución hasta 6.5K, lo que en el momento del rodaje suponía ser la cámara con el sensor más grande del mercado, lo que ayudó sin duda a la consecución de la profundidad de campo y matices de la película.

7 L. Zavala localiza hasta diez rasgos comunes con el neorrealismo italiano: fotografía en b/n, actores no profesionales, sonidos urbanos, música intradiegética, historia realista (alejada de estereotipos), personaje marginal como protagonista, lugares característicos de la ciudad, conexión de lo íntimo con lo social, relativización del guion escrito con alto grado de improvisación y director como autor total (Comunicación personal, 10 de diciembre de 2019). Agradezco también a mis alumnos del Máster de Cine, Tv y Medios Interactivos de la Universidad Rey Juan Carlos, las aportaciones realizadas durante el seminario que en el curso 2019–2020 he dedicado a *Roma.*

8 Minuto 00:11:28.

9 Minuto 00:52:02.

10 Minuto 01:13:18. La película es *Marooned/Atrapados en el espacio* (John Sturges, 1969). Cuarón declaró que la había visto varias veces cuando niño (Caitlin, 2013).

Se entrevén ahí elementos deconstructores de la figura paterna que voy a pensar como la otra cara del tema en el que voy a centrarme: la dialéctica simbólica de lo materno. Por ejemplo, en la primera de estas sesiones de cine citadas vemos una de las comedias más exitosas en la historia del cine francés, *La gran juerga* (*La Grande Vadrouille*, Gérard Oury, 1966), protagonizada por el popular actor Louis de Funès, en la que unos aviadores británicos, al regreso de una misión de bombardeo en la Alemania nazi en el verano de 1942, se pierden en la Francia ocupada. Tenemos, entonces, aquí dos estrategias de desimbolización. Por una parte, desmitificación, en este caso, parodiando el heroísmo bélico, en un momento clave para Cleo como es el de anunciar su embarazo. Y, por otra, efecto deconstructor que se refuerza al final de la secuencia con la huida del compromiso paterno por parte de Fermín. Cleo se cruzará todavía dos veces con este: en el campo de entrenamiento de los llamados Halcones[11] donde Fermín la rechaza miserablemente y en la citada Matanza del Jueves de Corpus, en la que se topan por casualidad, llegando este a encañonarla con una pistola: Fermín es uno de eso Halcones paramilitares que el 10 de junio de 1971 asesinó a más de 120 estudiantes que se manifestaban pacíficamente por el centro de Ciudad de México. Se da aquí una deconstrucción de la Ley Paterna, en el sentido de que hay una ausencia de un Padre eficaz y un autoritarismo perverso por parte del Estado que utiliza a los jóvenes para que se asesinen entre ellos[12]. Todo ese carácter siniestro es más que un simple trasfondo histórico, pues nos devuelve esa ambivalencia que forma parte también de la poética del film.

Como afirma J. González Requena, en la experiencia estética se va más allá de los automatismos perceptivos de la cotidianeidad para "rescatar la dimensión sagrada de la representación [...] como revelación y no

11 Los Halcones fueron un grupo paramilitar mexicano creado a finales de la década de los años 60. En su origen, además de estamentos militares mexicanos también se cree que estuvo involucrado alguna agencia del gobierno de EEUU. Se les reclutaba entre estudiantes universitarios de escasos recursos por intermediarios relacionados con oficiales del Partido Revolucionario Institucional (PRI) y el presidente Luis Echeverría. A los reclutas se les otorgaba educación universitaria, pago en dinero y la promesa de un futuro brillante en el PRI. Eran entrenados por personal del Ejército y se les proporcionaban armas y equipamiento de asalto. Recibían entrenamiento intensivo en artes marciales (Doyle, 2003) —como se ve en un par de escenas icónicas del film.

12 Agradezco al profesor Julio César Goyes el subrayarme este hecho.

como mero reconocimiento" (1989, p. 21). Por ello, mi lectura de *Roma* es principalmente textual, es decir, que intentaré encontrar el sentido simbólico del film a través de su lectura al pie de la letra. La contrapartida es que toda la violencia de los hombres o su incapacidad de estar a la altura, el mensaje político, etc., que se muestran en *Roma* forma un sentido tutor de la película que viene a taponar su punto de ignición: el sufrimiento de ser una madre abandonada por un padre infiel, en el caso de la señora Sofía y, en el de Cleo, el de la pérdida de su bebé.

Me voy a centrar en analizar la representación de la maternidad de Cleo, de su verdad. Esta se muestra desde el principio como madre vicaria de los hijos de la señora Sofía, por ejemplo, la primera vez en el relato que vemos a Cleo con otros personajes es recogiendo a los hijos de esta en el colegio[13]. El punto álgido de esta maternidad vicaria, más allá de la crítica social de lucha de clases que supone el sacrificio habitual de los desfavorecidos frente a sus empleadores ricos, es la secuencia de la playa[14], ya en la sección final, en la que Cleo salva de morir ahogados a dos de los hijos de la familia que la acoge, además, teniendo en cuenta que no sabe nadar.

Es este un tema central en toda su filmografía como punto nuclear sobre el que parecen gravitar, en gran medida, las historias imaginadas por Cuarón y que, incluso, se sugiere en el título de alguna de sus obras, como la citada *Hijos de los hombres*. "Estás hablando del principio de todas las cosas" [...] Es la experiencia formativa. Es el vínculo primario que tiene cualquier ser humano" (Bautista, 2019). La maternidad, entonces, como origen de todo o punto de ignición, es decir, aquel punto del relato en el que parece concentrarse toda la experiencia emocional del espectador y del trayecto simbólico de los protagonistas, un punto de no retorno y a partir del cual se deriva el sentido de todo el relato[15].

Sin embargo, en *Roma* este punto de ignición, al igual que la maternidad en su conjunto, se deconstruye en forma de sufrimiento, a menudo por el poco compromiso de los hombres con los que interactúan. En todo caso, y esta sería una hipótesis, a partir de un relato en el que nada está garantizado, ni siquiera la fertilidad/maternidad/paternidad. En este sentido, ampliando esta hipótesis, Cuarón parece verter esa problemática en la puesta en escena mediante la cámara que ofrece grandes planos generales

13 Minuto 00:07:15
14 Minuto 01:58:07.
15 Para una profundización teórica a este respecto, recomiendo: González Requena, 2015.

a modo de murales, a menudo en movimiento —y en ello se simbolizaría la precariedad de un relato que a veces parece no querer avanzar— y que Cuarón aleja de unos personajes que viven continuamente lo efímero, tanto como las pompas de detergente de la secuencia de créditos iniciales, o como los aviones que continuamente atraviesan el cielo de la Colonia Roma, al tiempo que experimentan lo real de sus vidas.

Esta dialéctica simbólica se extiende asimismo a la estructura narrativa que, en *Roma*, parece avanzar inexorablemente mostrando las heridas de lo real, pero no como meros puntos de giro en el guion, sino como ráfagas de eso real que invade el relato y lo sacude para mostrar actos que, siendo previsibles, no dejan de mostrar su potencia letal, por ejemplo, en la citada escena en la que Fermín abandona a Cleo en el cine, en el asesinato de los estudiantes en el Halconazo, en el bebé nacido muerto de Cleo, o en cómo esta evita que dos de los hijos de la señora Sofía mueran ahogados… En esta irrupción de lo real en el relato, lo materno ocupa un lugar privilegiado, pues es, exceptuando la muerte, lo más real que puede ocurrir en el cuerpo de la mujer. Así, ese temblor que produce la arremetida de lo real se representa en *Roma* como toda una dialéctica simbólica de lo materno: el ejemplo más clarificador es la larga secuencia en la que se nos muestra, paso a paso, el parto de Cleo, en la que, de manera casi notarial, científica, asistimos al nacimiento… de la muerte.

B/n y dialéctica simbólica

En otro lugar he analizado la relevancia de optar por una fotografía en b/n en pleno siglo XXI (Torres, 2016) con intenciones poéticas y míticas. *Roma* encaja con la hipótesis que allí proponía sobre cómo, en las dos primeras décadas del siglo XXI, cristaliza cierto aliento compartido por una serie de directores que han venido rodando películas en fotografía monocroma en las que parecen reflexionar acerca de un espacio mítico que todavía puede ofrecer el cine mediante una mirada de nostalgia (que es evidente en *Roma*) y que, dado el estatus simbólico de ese espacio, es muy pertinente la abstracción que ofrece este tipo de fotografía monocroma (Torres, 2016, p. 23).

Y ello desde el propio título pues, aunque Roma es la colonia donde vivió Cuarón en su infancia y en la que se rodó la película, también hace referencia a la idea de Roma como representación mítica de nuestra civilización, muy permeada asimismo por lo materno más primitivo y amenazante si pensamos en la loba que habría amamantado a sus gemelos fundadores. Es revelador para mi hipótesis comprobar, entonces, cómo se presenta en un relato un elemento tan importante como el título del film (F1)[16]: en el centro de un plano cenital sobre el suelo del patio de entrada a la casa aparecen mediante fundido encadenado las letras blancas de *Roma* que se funden con el agua espumosa, sucia, de la limpieza de la caca de perro —la que el padre pisará en su huida— que Cleo lleva a cabo. Estas letras, a su vez, se superponen al reflejo a modo de reencuadre de luz proveniente del techo —por el que se verá pasar un avión, índice también de esa huida— a modo de Estrella de Belén deconstruida si tenemos en cuenta que gran parte del film ocurre en la época navideña y que nacerá un niño, el de Cleo, y una renacida, la niña Sofi (Daniela Demesa) salvada por aquella de las aguas embravecidas del mar. Precisamente, las letras de *Roma* se disuelven cuando el haz de luz reaparece en un respiro del agua sucia[17]. En todo caso, un título que casi no se distingue del fondo y que desde su misma aparición es precario, por lo que, efectivamente, estaríamos más en una dialéctica simbólica del título.

La configuración de esta imagen y, específicamente, ese haz de luz que se refleja en el agua sucia, recuerda también a la imagen del cántaro roto con pulque[18] derramado por el suelo[19] que le tiran accidentalmente a Cleo de las manos cuando tomaba con una amiga para celebrar tanto su embarazo como la Navidad, toda una premoción de su aborto (F2)[20]. Y, finalmente, es el lugar dónde aparece el nombre del director.

16 Por cuestiones de estandarización editorial, he subido los fotogramas analizados al repositorio científico Zenodo que dotan de un identificador único (DOI) a cada uno de ellos. En este caso, F1: http://doi.org/10.5281/zenodo.3589139

17 Para un análisis suplementario de esta escena de arranque, recomiendo: Rodríguez, 2018.

18 Como señala el profesor Julio César Goyes: el pulque "es la a bebida ancestral más antigua en el proceso, antes del Tequila y el Mezcal. El Pulque es la Bebida de los dioses, la gente lo toma, pero solo se da cuenta de que está ebrio cuando se levanta y camina" (2019).

19 Minuto 01:01:04.

20 F2: http://doi.org/10.5281/zenodo.3589162

Por tanto, la mirada femenina y la maternidad son la clave en *Roma*, el origen del cineasta y la posibilidad de un espacio mítico que se ancla en el propio título; pero que se acabará deconstruyendo o quedando diluido en la cotidianeidad y en los malos presagios. Pero no debió ser fácil para Cuarón deconstruir esa mirada si tenemos en cuenta el proceso de destilación del guion, por ejemplo, en la secuencia citada más arriba en la que Cleo y Fermín asisten a una sesión de cine donde unos pilotos[21] británicos están a punto de caer en la Francia ocupada y ser capturados por la Nazis. Recordemos que es pura comedia popular.

Cleo y Fermín se besan y abrazan en la oscuridad de las butacas traseras de la sala. Cleo le declara que —"[...] no me ha llegado el mes"[22]. Fermín hace caso omiso y sigue besándola. Se ve en pantalla un soldado nazi ridiculizado, con los ojos desorbitados, como noqueado. A través de una mirilla experimentamos su dificultad para apuntar con la ametralladora ya que ve doble: el público de la sala ríe. Los aliados están a punto de escapar. —CLEO: "Es que creo que estoy en encargo". El soldado nazi parece que por fin enfoca y va a poder disparar. —FERMÍN: "A pos... Está bien, ¿no?". El soldado consigue disparar, pero le da a una de sus propias avionetas que perseguía al Aliado. Fermín desiste en sus envites amorosos sobre Cleo y ambos ven, a través del punto de vista de los soldados nazis, cómo cae la avioneta nazi. Los pilotos aliados ríen histriónicamente. Fermín huye bajo la excusa de ir al baño y pese a que está finalizando la película: en ese momento comparte la misma postura y dirección de la mirada del comandante nazi (F3)[23] el cuál es testigo del desastre, pues los aliados logran huir y vencer. Antes, Fermín desliza su mirada por el rostro de Cleo y su vientre. Se comprueba, entonces, la constante dialéctica entre lo heroico materno de Cleo y la huida de Fermín respecto de lo materno: esto es algo que se dio en el propio proceso de destilado del guion original[24], del que Cuarón fue quitando elementos demasiado "falocéntricos"[25] (marco en negrita estos aspectos que luego no se rodaron):

21 Cabe aquí traer a colación un recuerdo de Cuarón: "Yo de niño quería ser piloto. Después de no poder ser astronauta decía 'bueno, piloto'" (Bautista, 2019).

22 Minuto 00:37:24

23 F3: http://doi.org/10.5281/zenodo.3589182

24 Conservo el formato original del guion.

25 Utilizo este término en el sentido que lo propuso L. Mulvey (1975) y teniendo en cuenta que fue una teoría contestada desde su aparición, por ejemplo, Rodowick (1975) y Studlar (1992), aunque el propio Freud tenía obras que ya la contradecían (1919 y 1924).

29 de noviembre de 1970, domingo 41.

INT - CINE METROPOLITAN - TARDE

PELÍCULA

La sala está casi llena pero hacia atrás se vacía. y Fermín están sentados en la última hilera del cine, fajando intensamente. **Sus manos acarician los genitales del otro**, mientras se besan.

FERMÍN
Mámamela...

se separa brevemente y le dice entre **suspiros** -

Esque... No me ha bajado lo del mes...

Pero sucumbe con un **gemido de placer** que intenta reprimir. Besa y **acaricia** a Fermín con más intensidad y **él la explora más profundamente con la mano.**

PELÍCULA

Por fin, **logra sobreponerse a su deseo** para decirle -

(CONT'D)
Te digo. Que no me ha bajado el mes...

Pero Fermín la calla con un beso en la boca. Cuando se va por el cuello, aprovecha para hablar entre **agitaciones de placer** -

(CONT'D)
Que creo que estoy con encargo...

Fermín hace una pequeña pausa, pero continúa besándola -

FERMÍN
Ahhh... Pus 'stá bien... ¿No?

hace una pausa, lo ve a los ojos -

¿Está bien?
FERMÍN
... Ey...

(CONTINUED)

42.

CONTINUED:

sonríe y lo besa en la boca. Baja la cabeza y **comienza a mamársela. Fermín le agarra la cabeza y la obliga a moverse a su ritmo.**

FERMÍN (CONT'D)
… ¡Ay!… ¡Así!…

PELÍCULA

Fermín extiende los brazos y se agarra de los respaldos de las butacas vecinas y comienza a gemir -

FERMÍN (CONT'D)
…¡Asííííííí!… ¡Asííííííí!…
¡Asííííííí!…

Abre la boca y calla el grito mordiéndose la mano, y cuando la explosión pasa, se levanta, una mano en la boca, su cara salpicada de semen.

Abre su bolso y saca unos Kleenex, **se limpia la boca y la cara, después las manos, y se acurruca en Fermín que aún respira agitado.** Los dos ven la película, enamorada.

PELÍCULA

Fermín se mueve suavemente para levantarse -

FERMÍN (CONT'D)
Tengo que ir al baño…

Tsk… Si ya va a acabar…
[…]

Es decir, que en *Roma* no se trata tanto de una crítica a ese falocentrismo, pues originalmente estaba en el guion, sino a una reflexión poética sobre lo que el falo como símbolo supone y cómo, ante la huida de este, indirectamente, se deconstruye la representación de la maternidad. El destilado no borra lo importante de la secuencia en relación con el falo: cómo Fermín no es capaz de hacer con el suyo más que una parodia — como mostraré en la secuencia previa a esta en la que un Fermín desnudo juega con un palo de ducha a modo de sable de *kendo*— aunque, pese a ello, es capaz de dejar embarazada a Cleo. La secuencia analizada, que originalmente no era muy sutil en el guion, gana sin duda con este destilado, pues deja fuera de campo algo que se puede intuir, es decir, hay un proceso de simbolización; pero que finalmente es deconstruido mediante la presencia del film paródico que se proyecta y con la espantada de Fermín.

El falo imaginario

Destilado, por tanto, también de todo rasgo de falocentrismo, a través de esa mirada distante, abstracta que, además, ahora se va a convertir en femenina para enfocar lo paródico de la figura masculina, eso sí, de manera tierna y plena de deseo. Una mirada femenina que va a ser testigo de la deconstrucción de lo simbólico que puede haber en el falo.

Cleo y Fermín se citan en un hotel para hacer el amor[26]. El hotel es de bajo nivel y fuera ha empezado a llover. Casi toda la secuencia se construye con el punto de vista visual de Cleo que, metida en la cama, espera deseante a Fermín, como parece indicarnos la pintura que se fusiona con su cabeza en la que vemos un mar embravecido, capaz de tragarse al heroico barco del fondo. Punto de vista de Cleo: Fermín de pie completamente desnudo y su reflejo en el espejo del baño. Descuelga el palo de la cortina de la ducha, lo extrae y avanza hacia cámara. Vemos a Cleo por primera vez, tapada con la manta áspera del hotel. Fermín realiza una serie de movimientos de una *kata*[27] de *kendo*[28]. Su cuerpo es fibroso y muestra gran dominio de los movimientos y del control de la potencia, pero, a

26 Minuto 00:24:59.

27 *Kata o* "forma": palabra japonesa para nombrar una serie, forma o secuencia de movimientos establecidos que se pueden practicar tanto en solitario como en parejas en las que se llevan a cabo todo tipo de ataques y defensas contra una serie de contrincantes imaginarios y con un ritmo, potencia y respiración determinados. Se practica en escuelas tradicionales de artes marciales japonesas y de otras nacionalidades derivadas de estas, por lo que usualmente son movimientos que no pretenden ser reales, sino que muestran una gran carga retórica y estética, más allá de que preparen físicamente al practicante. Van incrementando su dificultad a medida que se avanza en el dominio del arte marcial (*Kata*, s.f.)

28 El *kendo* o "camino del sable" es un arte marcial japonés moderno que destaca por el uso de una armadura ligera (*kendo*-gu) y el manejo del sable de bambú o *shinai* en sus competiciones. Pero es un arte marcial (*budo*), por lo que persigue forjar la mente y el espíritu de sus practicantes y facilitar el desarrollo de su personalidad a través de la práctica continua (*keiko*) ("What is kendo", s.f.).

medida que avanza la secuencia y sin llegar a la sobreactuación, parece un poco fuera de lugar si tenemos en cuenta que va a ser la primera vez que se acuesten, siendo ella, además, virgen. Cleo oculta una sonrisa irónica que es también tierna, maternal. El espectador es parte de ese juego. El pene fláccido de Fermín contrasta con el palo fuertemente erguido, hasta el punto de que al finalizar la *kata,* su punta queda perpendicular a la cámara, casi pegada a esta, amenazante y desenfocado. Ese palo es, pues, un falo imaginario, sobredeterminado en su uso, desvalorizado por ser un hueco palo de cortina.

Fermín le explica que su vida son las artes marciales, que creció con “muchas carencias”, lo que hace referencia a un pobreza pecuniaria, pero también a una afectiva, como denota el hecho de que enseguida se sienta en el borde la cama dando la espalda a Cleo, mostrando, pues, una indefensión desnuda que enseguida se extenderá al último segmento del plano secuencia, cuando se acerque a Cleo con la cabeza gacha, como queriendo recibir atención maternal antes que buscando placer sexual. Previamente, le confiesa que su madre murió de niño y que sus primos le “madreaban”, es decir, que le daban palizas[29], que inhalaba “chemo” (pegamento)[30], etc., lo que podría señalar un posible trayecto heroico de paso y maduración a través de las artes marciales. Sin embargo, en ese momento se gira y afirma sobre ello que —FERMÍN: “Y todo tiene… ¿foco?” Aquí hay quizá cierta clave para entender el sentido de la predominancia absoluta de la profundidad de campo por la que técnicamente casi todos los planos del film están “a foco”. Cleo asiente y Fermín siente que cuando ella le mira está también todo “a foco” —sin embargo, en ese momento, a medida que la cámara se cierra el campo hasta el primer plano, el fondo se desenfoca. Deja el palo en el suelo y se acerca a ella —a la cámara—, conformándose uno de los pocos primeros planos del film y, pese a ello, la potencia viril se ha disipado pues su rostro queda ensombrecido y solo es capaz de entrelazar una mano de ella con la suya y llevarla tiernamente hacia su rostro en un gesto nada pasional, sino más bien de búsqueda de cariño maternal (F4)[31].

De nuevo, la secuencia en el guion original era diferente, pues estaba escrito que Fermín se acostaba encima de ella y hacían el amor; sin

29 “Madrear” (*Asihablamos.com*, s.f.).
30 “Chemo”, (*Asihablamos.com*, s.f.).
31 F4: http://doi.org/10.5281/zenodo.3589207

embargo, en el montaje final se ve que él hace un gesto como de recogerse en el seno de Cleo, lo que acentúa el carácter virginal de esta. Y, sin embargo, ella se embaraza —*sin pecado concebida*.

En el film que tendría que haber sido el previo a este, el citado *Hijos de los Hombres*, se desarrolla una distopía que en el momento de finalizar este texto cobra una inusitada actualidad en dos sentidos. En el violento Londres de 2027 la humanidad colapsa por la infertilidad global dando lugar a tres clases sociales: los británicos *puros*, los *peces* (rebeldes antisistema) y los refugiados, los cuales viven en reservas. Pero ocurre un milagro cuando aparece Kee (Clare-Hope Ashitey), una joven africana refugiada que dará a luz a una bebé, la cual, al contrario que la de Cleo, logra sobrevivir. Lo interesante en este punto de mi análisis es que el protagonista, Theo Faron (Clive Owen), casi en el centro geométrico de la película[32], le pregunta a Kee quién es el padre y esta responde: —KEE: Whiffet[33]. I'm a virgin (Cuarón, Sexton, Arata, Fergus & Ostby, 2006, p. 69). En realidad, se trata de una broma, pero que tiene su resonancia en el caso de Cleo y Fermín que acabo de analizar.

No puedo extenderme en ello, pero como afirma la historiadora H. Blank, la virginidad[34], es un elemento físico y, sobre todo, cultural que tiene que ver con el tabú y con el hecho de ser un a modo de mediador simbólico de los conflictos más íntimos de lo humano con plena vigencia hoy en día en su nivel abstracto (2007, 8.21 y 20–27). Es decir que, de alguna manera, en ese modo indirecto, poético, mediante el que se muestran los diferentes eventos y temas del film, se deconstruye también uno de los últimos tabúes que, según Blank, sigue siendo especialmente relevante, simbolizándose, entonces, su descomposición.

32 Minuto: 00:51:12.

33 En los subtítulos lo traducen como "tontín".

34 La representación de la virginidad, sobre todo la femenina, en el cine ha sido tratada ampliamente entre otros por Jeffers Macdonalds (2010).

La tierra arrasada y el nacido muerto

En el centro geométrico del film, lugar simbólico por excelencia en todo relato, nos encontramos una imagen icónica de esta dialéctica entre lo materno, en este caso, terrenal y la deconstrucción de lo masculino: un campo arrasado por las llamas en la Hacienda donde celebran la Nochevieja. Ante eso real que carcome el centro de estas memorias, aparece literalmente "el monstruo pagano"[35] (Cuarón, 2018, p. 75) el cual, a modo de homenaje o como contención, se descubre la cara y canta un canto tradicional noruego: se trata de otra premonición de la secuencia del aborto que analizo a continuación. J. C. Goyes (2018) señala cómo este "monstruo pagano" equivale, en varios países latinoamericanos, al mito terrible de la "Madre Monte", la mujer que asesinó a su hijo enloqueció y se la tragó la selva. En este cambio de sexo resuena mi hipótesis de la desconstrucción de lo materno que, de todas formas, está presente en la tierra quemada, así como en la luminosa escena que continúa a esta en la que Cleo y el resto de la familia hacen una excursión a la zona de Milpa[36] desde dónde se divisa el volcán activo Iztaccíhuatl, el tercer pico más alto de México. Desde este punto, a lo mítico, pues según la mitología mexica, Iztaccíhuatl fue una princesa hija única de Tízoc[37] (*Wikipedia*). Y de lo mítico, a su deconstrucción, pues los niños quieren *mirar bajo la "falda" del cerro*[38].

El parto comienza cuando Cleo se ve atrapada sin quererlo en la malhadada manifestación del Día del Corpus[39]. Debido al peligro que corre

35 Uno de los invitados, de nacionalidad noruega, disfrazado con un grueso disfraz de elementos vegetales. Así se describe en el guion: "un extraño monstruo. Es un esparpajo [sic] con cuerpo de paja y pieles largas, una máscara de madera cure [sic] la cara./Pareciera un un [sic] espíritu pagano y corretea a los niños más pequeños" (Cuarón, 2018, p. 69).

36 Minuto 01:06:00.

37 La densidad simbólica de esta decisión de Cuarón es directamente proporcional a la intensidad de su deconstrucción: Tīzoc Chālchiuhtlatona (en náhuatl: "Agujerado con esmeraldas"), (1436–1486) se dedicó especialmente a la vida religiosa y tuvo escaso éxito en la expansión militar (*Wikipedia*).

38 Minuto: 01:07:06.

39 Cabe recordar que el Corpus es una fiesta católica destinada para celebrar la Eucaristía o Santa Cena. Su principal finalidad es proclamar y aumentar la fe de los creyentes en la presencia real de Jesucristo en el Santísimo Sacramento. Nos encontramos, pues, ante otra deconstrucción de la Ley paterna.

allí y encañonada además por Fermín como señalé, se le adelanta el parto y es llevada de urgencia al hospital. En el trayecto, la abuela le reza varios “Ave María”, subrayando el carácter virginal de Cleo.

Cuando llegan al hospital, en una imagen digna de El Bosco, varias parturientas sufren las contracciones mientras caminan en un patio del hospital. La abuela habla por ella, le preguntan sus datos, pero no recuerda su año de nacimiento o la edad y, finalmente, la ingresan. En el ascensor hacia el paritorio aparece el señor Antonio, (Fernando Grediaga), el marido infiel de la señora Sofía (que es médico). Ayuda a Cleo en su trabajo de parto; pero solo hasta cierto límite espacial que él mismo se pone.

En la sala de dilatación uno de los ayudantes de la doctora intenta escuchar el latido del feto de Cleo, pero no lo consigue; por seguridad, inicia un tacto vaginal mientras le pide tranquilidad. Rostros graves: hay líquido meconiano[40], indicio de peligro grave para el feto. Insiste en escuchar al bebé y en pedir tranquilidad mientras Cleo cada vez está más nerviosa. Los médicos son los protagonistas del plano durante todo este segmento.

La llevan hacia la sala de expulsión. Durante varios segundos el plano queda vacío, en suspenso. Finalmente llega la camilla. Da a luz, pero el bebé está en paro cardíaco, los intentos de reanimarlo fracasan (F5)[41]. Ahora sí es Cleo la protagonista del plano en toda la horizontal: si lo comparamos con el plano inicio del film (F1), encontramos ahí el reencuadre o haz de luz vertical del arranque, justo dónde intentan reanimar al bebé. La intensidad del momento aumenta porque compartimos el punto de vista semisubjetivo de Cleo. Se trata de uno de los pocos planos de film en el que el fondo está desenfocado. —PEDIATRA: […] tu bebé nació muerto. Es decir, la muerte queda fuera de foco, en la misma posición que Cleo, en el centro compositivo del plano.

40 El Síndrome de aspiración de meconio (SAM) sucede cuando los bebés inhalan meconio en sus pulmones durante o después del parto, una forma de dificultad respiratoria aguda neonatal. Suele guardar íntima relación con sufrimiento fetal y con asfixia. El meconio son las primeras heces del bebé, compuestas por materiales ingeridos durante el tiempo en el que el bebé pasa en el útero (Clark & Clark, 2008). El meconio se almacena habitualmente en los intestinos del bebé hasta después del nacimiento, pero en ocasiones (a veces en respuesta al sufrimiento fetal) es expulsado al líquido amniótico antes del nacimiento o durante el parto. (“Síndrome de aspiración de meconio ”, s.f.).

41 F5: http://doi.org/10.5281/zenodo.3589245

Los médicos dejan que Cleo se despida de la bebé: la sostiene unos instantes en su regazo. El sufriente trabajo de parto ha sido, efectivamente, gestionado clínica y ejemplarmente, como cincelado con bisturí; pero para deconstruir lo de nuevo materno: los excrementos que Cleo limpiaba en el suelo del patio —el espacio por excelencia del infiel padre y su coche—, ahora ha acabado en los pulmones del bebé. Este es, entonces, el punto de ignición del film, en el que como decíamos más arriba, cristalizan las emociones más profundas de la protagonista y del espectador y en el que ya no hay vuelta atrás en la trama.

Parecería que con este trágico acto el grado de dialéctica simbólica de lo materno habría llegado a su clímax; pero esto solo ocurre realmente cuando el acto se verbaliza, que es lo que acontece cuando en la escena de la playa de la que hablé más arriba, Cleo salva a Paco (Carlos Peralta) y Sofi de morir ahogada y, cuando todos le agradecen, ella, entre sollozos, afirma: —CLEO: Yo no la quería… No la quería. Yo no quería que naciera…[42].

Conclusiones

Hemos comprobado cómo la figura paterna falla estrepitosamente en *Roma.* En este sentido, lo interesante de la propuesta emocional y de recreación de la memoria íntima del director es dejar ese tema en un segundo plano para representarnos la manera en que esta caída de la masculino resulta en una dialéctica simbólica de lo materno, en la que ambas mujeres la señora Sofía y Cleo, intentan resistir, cada una a su manera, en esa campo arrasado.

Pese a que en *Children of Men* la maternidad fallaba de forma radical, allí todavía había héroes que conformaban un relato simbólico. Se mostraba una falla biológica de lo materno, pero aún nacía una niña. Ahora, en *Roma*, la ciencia médica ya no puede resolver la invasión de lo real, mostrándose la herida más íntima de lo materno y de la virginidad perdida sin sentido, en relación dialéctica con la falta de sacrificio de los hombres ausentes o violentos. Por suerte, es una sublimación artística de

42 Minuto 02:02:58.

los recuerdos infantiles del cineasta que, sin embargo, hoy en día muestra inusitada actualidad.

Parece conformarse aquí un fantasma de la natalidad con relación a la dificultad de ser madre y, por tanto, de representar ese hecho, en una dialéctica de ida y vuelta. Ese fantasma provoca quemaduras tanto a nivel antropológico y global (*Children of Men*) como íntimo (*Roma*). Sobre las segundas, D. Winnicott propone una metodología para pensarlo desde otra perspectiva cuando afirma que, para la madre que recién da a luz, el bebé "en cualquier caso, no es 'él' ni 'ella', sino ESO" (1960, p. 1268), lo que nos da cuenta de la dificultad de esta relación, frecuentemente imaginarizada por la iconosfera audiovisual más estándar, pues, realmente, como sigue afirmando Winnicott, la madre embarazada puede tener fantasías mucho más intolerables, como por ejemplo, las relacionadas con abortos y la propia dificultad de contarlo (s. f, p. 1269)[43].

Efectivamente, durante todo el relato, hemos sido testigo de las dificultades de Cleo acerca de verbalizar todo lo relacionado con lo maternal, dándose incluso una escena en la que su paisana, que trabaja con ella en la casa familiar, le informa de que su madre pasa por dificultades (el gobierno ha expropiado sus tierras), pero ella hace caso omiso, pues no puede ir a ayudarla en su estado[44]. También resuena aquí ese juego popular que he citado más arriba en el que ella misma juega a no hablar, es decir, a estar muerta con uno de los hijos de la señora Sofía: Cleo, entonces, en relación dialéctica con la mítica filicida "Madre Monte" y con la criada de Lispector que perduraría "siempre con la entereza de espíritu que había traído del bosque" (1997).

En este sentido, es en la escena del salvamento en la playa donde mejor se comprueba esta dialéctica simbólica, pues si por una parte será donde Cleo se muestre más asertiva —y sufriente—, verbalizando el rechazo de su propio bebé a raíz del dolor que le causa Fermín en lo más íntimo; por otra, atravesando clases sociales y parentescos biológicos, actuará heroicamente arriesgando su vida en ese mar materno y amenazante al mismo tiempo (F6)[45], justo en el momento en el que renueva otras dos vidas jóvenes, como si fuese la loba amamantando a los míticos fundadores de… Roma y fusionándose en un abrazo con la señora Sofía y sus hijos[46].

43 Las cursivas son mías.

44 Minuto 01:29:21.

45 F6: http://doi.org/10.5281/zenodo.3589267

46 Esta es la imagen que se escogió para el cartel (Netflix, 2018): http://doi.org/10.5281/zenodo.3716004

Referencias

Abraham, M., Newman, E., Shor, H., Smith, I. [Productores] & Cuarón [Director]. (2006). *Children of Men* [Largometraje]. EEUU, Reino Unido, Japón: Strike Entertainment, Hit & Run Productions, Ingenious Film Partners 2, Toho-Towa

Amato, G., De Sica, V. [Productores] & De Sica, V. [Director]. (1948). *Ladri di biciclette*. [Largometraje]. Italia: Produzioni De Sica (PDS), Produzioni De Sica

Bautista, B. (23 enero 2019). De "Sólo con tu pareja" a "Roma", la filmografía de Cuarón. En APNews (Associated Press). Recuperado el 19 de mayo del 2020 de: https://apnews.com/aa51f64c22b1418d-86ce282690e817f9

Blank, H. (2007). *Virgin. The Untouched History*. New York: Bloomsbury

Capra Jr., F., Frankovich, M. J. [Productores] & Sturges, J. (1969). *Marooned* [Largometraje]. EEUU: Columbia Pictures, Frankovich Productions

Clark, M. B & Clark. D. A. (diciembre, 2008). Meconium Aspiration Syndrome. En *Pediatrics: Cardiac Disease and Critical Care Medicine*. Recuperado el 3 de julio de 2019 de *eMedicine.com*

Caitlin, R. (1 octubre 2013). "Why *Gravity* Director Alfonso Cuarón Will Never Make a Space Movie Again". En *Wired*. Recuperado el 19 de mayo del 2020 de: https://www.wired.com/2013/10/center_of_gravity/

Cartel de *Roma*. (2018). Netflix, sitio oficial. Recuperado el 19 de mayo del 2020 de: https://www.netflix.com/es/title/80240715

Chemo (s.f.). En *Asihablamos.com El diccionario latinoamericano, para poder entendernos*. Recuperado el 3 de julio de 2019 de: https://www.asihablamos.com/www/significado/palabra/chemo

Cuarón, A. (2018). *Roma* [guion de cine]. Recuperado el 19 de mayo del 2020 de: https://pmcdeadline2.files.wordpress.com/2018/12/Roma-Screenplay-SPANISH.pdf

Cuarón, A., Heyman, D. [Productores] & Cuarón, A. [Director]. (2013). *Gravity* [Largometraje]. EEUU Reino Unido: Warner Bros, Esperanto Filmoj, Heyday Films

Cuarón, A., Rodríguez, G. & Celis, N. [Productores] & Cuarón [Director]. (2018). *Roma* [Largometraje]. México: Participant Media, Esperanto Filmoj

Doyle, K. (2003). *The Corpus Christi Massacre. Mexico's Attack on its Student Movement, June 10, 1971*. National Security Archive, The

George Washington University. Recuperado el 19 de mayo del 2020 de: https://nsarchive2.gwu.edu/NSAEBB/NSAEBB91/

Karttunen, F. (1983). *An Analytical Dictionary of Nahuatl*. Austin: University of Texas Press

Kata (s.f.). En *Wikipedia*. Recuperado el 1 de julio de 2019 de: https://es.wikipedia.org/wiki/Kata

Freud, S. (2006). La descomposición de la personalidad psíquica. Conferencia 31. *Obras completas: Nuevas Conferencias de introducción al psicoanálisis y otras obras: 1932–1936. XXII*. Buenos Aires: Amorrortu

González Requena, J. (1989). La conciencia del color en la fotografía cinematográfica española. En F. Llinás (Ed.), *Directores de fotografía del cine español* (pp. 119–165). Madrid: Filmoteca Española

González Requena, J. (2013). Lo poético y lo real. Que yo esté donde ello estuvo. *La infancia de Iván, Sacrificio. Seminario Psicoanálisis y Análisis Textual. 2008/2009. La Diosa del Agua (Andréi Tarkovski). Sesión del 12/12/2008. Universidad Complutense de Madrid*. Recuperado el 19 de mayo del 2020 de: http://gonzalezrequena.com/3-lo-poetico-y-lo-real-la-interrogacion-por-el-padre/#0

González Requena, J. (2015). El punto de ignición. *Sociocriticism*, 30, 385–412

Goyes. J. C. (2018). *"Carne de tu carne". La novela familiar en el cine de Caliwood*. Conferencia presentada en la Jornada sobre cine y Psicoanálisis (21 septiembre 2018). Medellín: Universidad de Antioquia

Goyes, J. C. (1 de junio de 2019). Comunicación personal [correo electrónico]

Jansen, M., & Pérez Jiménez, G. A. (2009). *La lengua señorial de Ñuu Dzaui. Cultura literaria de los antiguos reinos y transformación colonial*. Oaxaca de Juárez: Colegio Superior para la Educación Integral Intercultural de Oaxaca

Jeffers MacDonald, T. (Ed.). (2010). *Virgin Territory. Representing Sexual Inexperience in Film*. Detroit: Wayne State University Press

Lispector, C. (1997). La criada. *Felicidad clandestina* (141–142). Barcelona: Grijalbo Mondadori

Madrear (s.f.). En *Asihablamos.com El diccionario latinoamericano, para poder entendernos*. Recuperado el 3 de julio de 2019 de: https://www.asihablamos.com/word/palabra/Madrear.php

Montemayor, C., *et al.* (2007). *Diccionario del náhuatl en el español de México*. Ciudad de México: Gobierno del Distrito Federal-Universidad Nacional Autónoma de México

Mulvey, L (1975). Visual pleasure and narrative cinema. *Screen. 16*(3), 6–18. https://doi.org/10.1093/screen/16.3.6

Rodowick, D. N. (1982). The Difficulty of Difference, *Wide Angle 5*(1), 7–9

Rodríguez, A. (15 diciembre 2018). *Roma*, de Alfonso Cuarón. También a nosotros. *Cine divergente*. Recuperado el 19 de mayo del 2020 de: http://cinedivergente.com/ensayos/estudios/roma-de-alfonso-cuaron

Sharf, Z. (25 julio 2018). Alfonso Cuarón Talks 'Roma': Why the Oscar Winner Partnered With Netflix and Became His Own Cinematographer (Exclusive). *IndieWire*. Recuperado el 19 de mayo del 2020 de: https://www.indiewire.com/2018/07/alfonso-cuaron-roma-netflix-cinematographer-interview-1201987584/

Síndrome de aspiración de meconio (s.f.). En *Wikipedia*. Recuperado el 3 de julio de 2019 de: https://es.wikipedia.org/wiki/S%C3%ADndrome_de_aspiraci%C3%B3n_de_meconio

Studlar, G. (1992). Masochism and the Perverse Pleasures of the Cinema. En Gerald Mast, Marshall Cohen & Leo Braudy (Eds.), *Film Theory and Criticism: Introductory Readings*, Nueva York: Oxford University

Valdés, M. (13 diciembre 2018). Alfonso Cuarón: la vida sin primeros planos. *The New York Times*. Recuperado el 19 de mayo del 2020 de: https://www.nytimes.com/es/2018/12/13/alfonso-cuaron-roma-entrevista/

Torres Hortelano, L. J. (2016). El mito es en blanco y negro. La cinematografía monócroma en el *World Cinema* de principios del siglo XXI. *Artefacto*, 20, 18-41, Facultad de Artes, Universidad Nacional de Colombia

What is kendo? (s. f.). En *All Japan Kendo Federation (AJKF)*. Recuperado el 1 julio de 2019 de: https://www.kendo.or.jp/en/knowledge/

Winnicott, D. (s.f., probablemente escrito a mediados de la década de 1960). Nota sobre la relación entre la madre y el feto. *Biblioteca D. Winnicott*. Psikolibro. Recuperado el 19 de mayo del 2020 de: http://www.psicoanalisis.org/winnicott/notmafet.htm

Zavala, L. (10 diciembre 2019). Comunicación personal. [correo electónico]

Wikipedia (s.f.). Tízoc. Recuperado el 1 de septiembre de 2019 de: https://es.wikipedia.org/wiki/T%C3%ADzoc

Wikipedia (s.f.): Iztaccíhuatl. Recuperado el 1 de septiembre de 2019 de: https://es.wikipedia.org/wiki/Iztacc%C3%ADhuatl

Madre: del cortometraje al largometraje, la maternidad en la ficción contemporánea.

María del Puy Alvarado Landa

En junio de 2016 el director y guionista Rodrigo Sorogoyen[1] presentó en un Foro de proyectos un cortometraje titulado 'La Madre'. El guion del proyecto no solo era de gran calidad, sino que además tenía detrás un director talentoso y con las ideas muy claras tanto a nivel narrativo como estético, algo que lo hacía doblemente interesante. Después del pitching, el proyecto consiguió el respaldo de la productora Malvalanda[2], que se unió a Caballo Films para empezar el viaje hacia el largometraje, ya que el propio corto sería la primera secuencia. *La Madre* se acabó titulando *Madre* (2017) y se rodó en noviembre de 2016 en Madrid. Su estreno tuvo lugar en marzo del año siguiente en la Semana del Cine de Medina del Campo. En ese momento comenzó su notoria andadura festivalera y se convirtió en el cortometraje más premiado del año en España, alzándose entre otros muchos galardones con el Premio[3]Goya y[4]el Forqué al mejor cortometraje de ficción. En 2018 la premier internacional de *Madre* tuvo lugar en la Sección Oficial del Toronto International Film Festival (TIFF) y a día de hoy acumula 107 premios y una nominación a los Oscar de la Academy of Motion Pictures Arts and Sciences. Después de este exitoso recorrido, se pusieron los cimientos para levantar el proyecto de largometraje homónimo. El rodaje de este tuvo lugar entre octubre y noviembre de 2018 y se estrenó en España el 15 de noviembre de 2019.

1 Sorogoyen debutó como director en solitario en 2013 con la película 'Stockholm', y ha dirigido otros dos largometrajes 'Que Dios nos perdone' (2016) y 'El Reino' (2018).

2 Malvalanda es una productora fundada por María del Puy Alvarado Landa en el año 2006, quien además es la autora del presente texto. María del Puy Alvarado es productora y productora ejecutiva del cortometraje Madre y del largometraje homónimo.

3 Goyas, premios anuales de la Academia de las Artes y las Ciencias Cinematográficas.

4 Forqué, premios anuales de EGEDA, Entidad de Gestión de Derechos Audiovisuales.

Ambos formatos, tanto el corto como el largometraje, tienen como protagonista a la madre que da título a las películas. Ambas obras trabajan sobre sentimientos y emociones asociadas al ámbito de la maternidad como los miedos, el amor, las relaciones intergeneracionales. La historia surge a partir de una anécdota que una amiga del director le cuenta: una situación sucedida a su hijo parecida a la que plantea el cortometraje, pero que tan solo duró unos minutos.

Ese fue el punto de partida de esta ficción: una madre separada recibe la llamada de su hijo de siete años que está de vacaciones con su ex marido por el País Vasco francés. Al principio la llamada es motivo de alegría, pero pronto se convierte en una horrible pesadilla y en una trágica situación a contrarreloj cuando el niño le dice que no encuentra a su padre quien se ha ido hace un rato a la caravana a buscar unos juguetes.

Madre, la película, continúa el cortometraje diez años después, en forma de drama intimista que aborda la historia de la madre, Elena, que vive cerca de la playa donde desapareció su hijo, en Las Landas francesas, y que está intentando salir del oscuro túnel. Se trata de una historia de superación y de evolución de una mujer. Una película que camina hacia la luz y que transita del thriller al drama intimista. El arco narrativo de la protagonista se ha podido desarrollar en profundidad gracias a la década que transcurre en la propia ficción y al período de tiempo que pasó desde la escritura del corto hasta el comienzo del trabajo creativo del largometraje, al que se unió, además, como coguionista Isabel Peña.

En los últimos años, la cinematografía nacional ha abordado la figura de la madre desde diferentes sensibilidades y puntos de vista. Desde madres algo excéntricas, pero cargadas de realidad como la Carmina (Carmina Barrios) protagonista de los filmes dirigidos por Paco León *Carmina o revienta* y *Carmina y amén*, o la Julita (Julita Salmerón) retratada por su hijo en *Muchos hijos, un mono y un castillo*, pasando por madres que viven situaciones dramáticas como Sara en *La hija de un ladrón*[5], Rocío (Natalia de Molina) de *Techo y comida*[6], o Estrella (Lola Dueñas), en *Viaje*

5 El papel en 'La hija de un ladrón' le valió a Greta Rodríguez la Concha de Plata en el Festival Internacional de Cine de San Sebastián (2019) y una nominación a los premios Goya 2020.

6 Natalia de Molina ganó el Goya en 2016 como actriz protagonista por 'Techo y comida'.

al cuarto de una madre, una aproximación intimista a los apegos y distancias de una relación madre-hija.

Madre (2019) entraría en este elenco de películas centradas en esta temática. La película de Sorogoyen se adentra en la maternidad desde la pérdida y el duelo y en ese espacio de diez años que pasan entre el final de la primera historia y el comienzo del largometraje, la actriz protagonista, Marta Nieto construye su personaje, y en él se centra la historia. Pero, aunque el director quería hablar de la maternidad, también quería trabajar otros temas como el amor, la pérdida, la estigmatización de la locura... y quería adentrarse en la relación entre una madre y un adolescente. Así lo explica el propio autor en una la memoria de dirección del proyecto:

> Y queríamos indagar en esa relación polémica desde un punto de vista social o moral entre una adulta que tiene el sambenito de loca encima y un adolescente, al que lógicamente intentan proteger los padres. Para ellos es una relación tóxica, pero también puede ser todo lo contrario. Pero no había realmente una hoja de ruta.[7] Rodrigo Sorogoyen.

El objetivo principal del presente estudio es analizar *Madre* desde el punto de vista de la producción cinematográfica. Para ello, se expondrá el paso del cortometraje al largometraje y todas las fases de la producción, desde el desarrollo hasta la promoción y el estreno en salas nacionales. Se trata, por tanto, del análisis de un caso vivo porque la película solo se ha exhibido comercialmente en España y el cortometraje todavía se puede ver en plataformas y está participando en muestras y festivales de cine (a enero de 2019).

Se llevará a cabo un trabajo de análisis de *Madre* como proyecto global hasta día de hoy, lo que supone centrarse en el período de tiempo comprendido entre junio de 2016 y noviembre de 2019. Durante esos tres años se produjo el corto, se estrenó y distribuyó en festivales de todo el mundo hasta llegar a la nominación de los premios Oscar en febrero de 2019, y en paralelo, se desarrolló, rodó, y finalizó la postproducción del largometraje, hasta su lanzamiento en España en noviembre de 2019.

Pero, además, se ofrecerán algunas pinceladas generales sobre la producción cinematográfica en España para contextualizar mejor el momento de realización de ambas películas - corto y largometraje -, y para dar a conocer el marco productivo se incluirán una serie de datos cuantitativos

7 Rodrigo Sorogoyen, marzo 2018. Memoria de dirección del proyecto.

sobre el número de cortometrajes y largometrajes producidos en los últimos años.

Para la elaboración de este texto se conjugarán los datos ofrecidos por informes oficiales de instituciones como el Instituto de la Cinematografía y las Artes Audiovisuales (ICAA), con otros datos de primera mano pertenecientes a las productoras de ambos proyectos. Estos datos se combinarán con una investigación periodística que incluye artículos, entrevistas y otro material hemerográfico sobre 'Madre', publicado en los últimos tres años. Así mismo, se apoyará en bibliografía específica sobre producción audiovisual y cinematográfica.

El contexto de la producción cinematográfica en España

La producción cinematográfica en España a lo largo de las dos últimas décadas ha mostrado un crecimiento destacable debido a diversos factores, el que mayor impacto ha tenido en el sector ha sido la entrada en la era digital.

> "De modo paralelo al cataclismo originado por la crisis, se produce en estos años un fenómeno audiovisual cuyas dimensiones son, indiscutiblemente, revolucionarias. Sin ánimo de extenderse en la descripción de un nuevo mundo ya por todos conocido, al menos habrá que mencionar las tres grandes convulsiones que han puesto todo el cine, español y mundial, patas arriba: la irrupción del digital, la democratización de los medios e Internet".[8] Oscar de Julián.

A continuación, vamos a exponer con datos oficiales del ICAA cómo se ha consolidado dicho aumento.

En el año 2015 se produjeron en España 255 largometrajes y 233 cortometrajes; en 2016 la producción aumentó a 272 cortometrajes y 254 largometrajes; en el año 2017, 296 cortometrajes y 241 largometrajes; en 2018, la tendencia queda totalmente evidenciada con 359 cortometrajes y 266 largometrajes.

8 De Julián, Oscar. El cortometraje español (2000–2015). Tendencias y ejemplos. Ed. Vervuert Iberoamericana.

Si realizamos un análisis cuantitativo desde el inicio de la década del dos mil se pueden extraer datos muy concluyentes del crecimiento en número de producciones que ha vivido la industria. En el 2000 se produjeron en nuestro país 109 cortometrajes y 98 largometrajes; en el 2005, 161 cortometrajes y 142 largometrajes; en 2010, 240 cortometrajes y 200 largometrajes.

*Evolución de la producción de cortometrajes y largometrajes en España.

Año	Cortometrajes	Largometrajes
2000	109	98
2005	161	142
2010	240	200
2015	255	233
2016	272	254
2017	296	241
2018	359	266

Las obras cinematográficas registradas, y por tanto, calificadas por el ICAA constituyen los datos oficiales, aunque la producción de cortometrajes es muy superior. Esta diferencia entre datos reales y datos oficiales se produce porque algunas productoras que no acceden a las ayudas públicas no califican los proyectos.

El abandono del fotoquímico hacia las nuevas tecnologías, el abaratamiento y la accesibilidad de las herramientas de producción han sido factores determinantes para este crecimiento. Acompaña también la proliferación de festivales y de plataformas para difundir las obras. La red es un canal idóneo para la exhibición de cortometrajes.

El apoyo a la producción a través de subvenciones nacionales (ICAA) y autonómicas (Comunidad de Madrid, Gobierno Vasco, Diputación de Navarra, etc.) ha contribuido a este aumento de obras producidas.

El cortometraje, más allá de ser un género es sí mismo, también supone un espacio de experimentación para los creadores, de ahí que muchos directores realicen obras independientemente de su duración. Es el caso de Rodrigo Sorogoyen, que después del éxito de su segunda película *Que Dios Nos Perdone* rodó el cortometraje *Madre* y en paralelo escribió *El Reino*.

Otros muchos directores como Daniel Sánchez Arévalo, Carla Simón, Borja Cobeaga, Mateo Gil, Mar Coll, Javier Fesser o Roser Aguilar, han alternado cortometrajes y largometrajes en los últimos años.

Madre, el cortometraje

Sinopsis

Es verano y Elena sube a su casa acompañada de Carmen, su madre. Elena ronda la treintena, está separada y tiene un hijo de seis años. Iván, el niño, está ahora mismo pasando unos días en la playa con su padre.

Aunque a Elena le cuesta separarse de su hijo, lo hace con naturalidad y con la certeza de que es lo que debe hacer. Además, el niño siempre se lo pasa bien con su padre. Mientras Carmen y Elena están comentando los planes para esa noche suena el teléfono. Ambas se alegran, pues podrán hablar con su hijo y nieto respectivamente. Al otro lado de la línea es Iván quien habla. Al preguntarle que qué tal está, Iván le cuenta a su madre que lleva un buen rato sin ver a su padre, que se fue a por unas cosas y no ha vuelto.

En la playa no hay nadie y él empieza a tener miedo. A partir de ese momento Carmen y sobretodo Elena intentarán tranquilizar al niño mientras luchan contra la frustración de solucionar una situación que está totalmente fuera de su alcance.

Lo peor viene cuando Iván les dice que se le está acabando la batería.

El plano secuencia del corto vs primera secuencia del largometraje.

> El corto 'Madre' (…) llega en forma de monumental plano secuencia con el que contar, paso a paso, lo que supone el surgimiento de la tragedia en un entorno y un momento de cotidiana despreocupación (…), jugando con la mirada cercana o lejana sin necesidad del montaje. Javier Ocaña.

El cortometraje se conforma de un plano general de una playa, el plano secuencia de trece minutos, el plano final de la madre (la abuela) de veinte segundos y el mismo plano general de la playa del comienzo repetido.

Madre está contada casi en su totalidad en un plano secuencia (unidad narrativa rodada sin cortes), es un thriller con una elevada carga dramática donde la tensión va *in crescendo* hasta generar en el espectador una angustia desbordada. El plano secuencia ayuda a generar esa tensión de la acción precisamente por la continuidad en el plano. En el lenguaje audiovisual empleado por Sorogoyen es un recurso narrativo habitual. En *Madre* la película se repite y en su filmografía anterior también, es el caso de *El Reino*, donde encontramos planos secuencia a lo largo de todo el metraje.

Además, ese plano secuencia constituye la primera secuencia de la película. Las productoras no volvieron a rodar el cortometraje, se editó tal y como es originalmente.

La financiación

Las productoras Malvalanda y Caballo Films decidieron coproducir el cortometraje en el verano de 2016. En ese momento ya se plantearon la idea de poner en marcha la película, ese final abierto les daba lugar a que el proceso creativo continuara y se desarrollara una historia de mayor minutaje. Era algo que el director y guionista Rodrigo Sorogoyen tenía muy claro.

En noviembre de 2016 rodaron el cortometraje en una jornada de trabajo después de dos días de ensayos técnicos y artísticos en la localización (un amplio piso en el centro de Madrid). Al proyecto le asignaron una ayuda de la Comunidad de Madrid a la producción de cortometrajes y una Ayuda a la producción de cortometrajes sobre proyecto del ICAA[9]. Para alcanzar el presupuesto necesario las productoras realizaron una inversión de capital y además, se sumó al proyecto, como productora asociada, Apache Films. Una vez finalizado el rodaje, la postproducción la realizaron entre diciembre y febrero de 2017.

En abril de 2017 Movistar adquirió los derechos de emisión para su plataforma. Ese mismo año las productoras recibieron una Ayuda a la producción de cortometrajes realizados del ICAA.

9 Las ayudas de la Comunidad de Madrid para la producción de cortometrajes son anuales - Ayudas a la producción de cortometrajes.

Promoción, festivales, estreno y distribución.

Madre estuvo seleccionado en festivales de alto prestigio como Toronto International Film Festival o Austin Film Festival y ha cosechado premios tan importantes como el Gran Premio del Jurado IMBDPro en Miami Film Festival, el Premio José María Forqué o el Goya a Mejor Cortometraje de Ficción. Tanto su director como la actriz Marta Nieto han sido premiados en festivales de relevancia dentro del circuito como el EuroFilmFest en Lille (Premio Mejor Dirección) o el Festival de Cine de Almería (Premio Mejor Actriz), al igual que el sonido o la fotografía han recibido reconocimientos en distintos eventos cinematográficos.

Su estreno en España tuvo lugar durante La Semana del Cine de Medina del Campo y posteriormente participó en Sección Oficial del Festival de Cine de Málaga. En el primero Marta Nieto se alzó con el premio a la Mejor actriz y en el segundo Álex de Pablo a la Mejor Dirección de Fotografía.

En mayo de 2017 participó en La Semana del Cortometraje de la Comunidad de Madrid donde obtuvo varios galardones y se convirtió en el proyecto más destacado: el Primer Premio ECAM/Comunidad de Madrid (califica automáticamente para los premios Goya)[10], el premio a la Mejor Actriz, premio Telemadrid/La Otra y el Premio Madrid en Corto[11] (programa de distribución de cortometrajes de la Comunidad de Madrid).

Madrid en Corto se encargó del lanzamiento en festivales nacionales e internacionales y durante dos años desde la Oficina de Promoción encabezada por Ismael Martín diseñaron una estrategia de distribución e hicieron que el film viajara por todo el mundo. *Madre* ha ganado 107 premios.

Después de la nominación a los Oscar, se estrenó en salas comerciales de EEUU en una sesión junto a los otros cuatros cortometrajes nominados en la categoría de ficción. Shorts.tv es una empresa autorizada por la Academy of Motion Pictures Arts and Sciences para ejecutar dicho programa. Para realizar la promoción de campaña de los premios Oscar las productoras contaron con el apoyo de la Comunidad de Madrid.

10 Algunos festivales califican para el primer corte de la selección que realiza la Academia de Cine para los premios Goya. De esa primera selección se eligen los quince finalistas.

11 Madrid en corto es un programa de la Consejería de Cultura y Turismo y gestionado por la ECAM Distribución, para la distribución de cortometrajes producidos en la Comunidad de Madrid.

El éxito nacional e internacional del cortometraje tiene lugar por un conjunto de elementos: un gran guion que conecta con el público, una interpretación sobresaliente de Marta Nieto y una dirección que acompaña a la historia y ayuda a generar esa tensión. Además, aborda tres temas universales: la maternidad, la infancia y el miedo.

> "Creo que *Madre* es un cortometraje que debe su éxito a varios factores, pero el fundamental es la conexión casi inmediata que establece con el público. Desde el primer minuto el espectador entra dentro de la historia y comparte con el personaje protagonista la angustia que va in crescendo. No es sólo lo que ve y escucha, sino lo que se imagina."[12] Carlota Coronado.

Las productoras optaron por un tráiler[13] que despertara empatía con la protagonista y como consecuencia creara en el espectador ese estado de terror que provoca el visionado del corto. Un fragmento de la conversación de la madre con su hijo dónde ella descubre que el niño está solo en la playa.

Madre, el largometraje

"*Madre* hay que verla con el cerebro y no con el corazón"[14] Rodrigo Sorogoyen.

Sinopsis

Elena recibe una llamada de Iván, su hijo de seis años, quien le dice que está perdido en una playa en Francia y que no encuentra a su padre. Esas palabras desesperadas de su hijo fueron lo último que supo de él. Diez años más tarde, Elena vive en la misma playa donde desapareció su hijo, trabaja de encargada en un restaurante y está empezando a salir de ese

12 Entrevista a Carlota Coronado Ruiz, productora y directora de cine realizada el 27/11/2019

13 Link al tráiler del cortometraje "Madre": https://www.youtube.com/watch?v=FI8KcOg16BQ

14 Yuste, Javier. 8/11/2019. El Cultural.

oscuro túnel donde lleva anclada tanto tiempo. Su vida se agita de nuevo cuando conoce casualmente a Jean, un adolescente francés que le recuerda a su hijo. Entre ellos surge una fuerte conexión que acabará sembrando el caos y la desconfianza a su alrededor.

El trasvase de géneros

> "El director convierte el corto de Madre en una película que habla sobre los rincones más inaccesibles del dolor de una madre".[15]Marta Monleón.

Cuando Sorogoyen y Peña arrancan un proceso de creación juntos siempre escriben en su pizarra una palabra o una frase para que nunca se les olvide sobre lo que están escribiendo y no perder el rumbo. En este caso, la palabra fue "maternidad". Desde el primer momento también se plantearon que la película tenía que acabar bien, no como el corto, debía tener un final luminoso.

Este tándem eligió continuar la historia por el camino creativo y narrativo probablemente menos esperado por el público, con una elipsis temporal de diez años y adentrándose en el retrato intimista de Elena, una madre que ha perdido a su hijo pero que no puede cerrar el duelo, está sumida en el dolor y tratando de encontrar la luz.

El trasvase de géneros era el primer reto al que se enfrentaban. En primer lugar, por el propio cambio de género que se planteaba al principio de la película transitando del thriller al retrato intimista, en segundo lugar, porque no elegían el camino predecible después del éxito del corto y de sus dos últimos y laureados guiones *Que Dios nos Perdone* y *El Reino*.

Aquí reside la originalidad del guion, en huir del camino previsible que hubiera sido la búsqueda trepidante de Iván por parte de Elena. Esto demuestra la capacidad de arriesgar y de adentrarse en terrenos diferentes de un director, que no se acomoda y que siempre busca nuevos caminos y profundizar en la psicología de los personajes.

> "Nos parecía muy potente empezar con un cortometraje tan de suspense, que invitaba a un thriller y acabar en algo que no tenga nada que ver en cuanto a género"[16] Rodrigo Sorogoyen.

15 Monleón, Marta. 15/11/2019. La razón.
16 Sorogoyen, Rodrigo. Marzo 2018. Memoria de dirección del proyecto.

El desarrollo y la financiación

Tras del éxito del cortometraje homónimo las productoras Malvalanda y Caballo Films emprendieron conjuntamente la fase de desarrollo del proyecto de largometraje en diciembre de 2017.

A estas dos empresas se fueron sumando distintos socios para construir la obra cinematográfica. Le Pacte, que también adquirió los derechos de distribución del film en Francia y es el agente de ventas internacional; Arcadia, con una amplia experiencia en coproducciones europeas e internacionales: *Abracadabra, Proyecto Lázaro, No llores, vuela* y Noodles Production (Francia). La distribuidora Wanda apostó por la película para lanzarla en el circuito de exhibición nacional.

> "Queríamos continuar la historia de Elena. No podíamos dejarla así, saliendo de su casa despavorida en busca de su hijo (…) siempre pensamos que les debíamos algo a esta historia y a este personaje.[17]Rodrigo Sorogoyen.

Para avanzar con labores de desarrollo de la película las productoras promotoras contaron con un apoyo de la Comunidad de Madrid que ya había respaldado la producción, distribución y promoción del cortometraje a nivel nacional e internacional.

Por la propia naturaleza del guion establecer una coproducción con Francia les resultó imprescindible tanto a nivel de financiación como logístico, ya que el escenario principal era la costa francesa y el proyecto era totalmente bilingüe (francés/castellano).

De manera paralela el equipo artístico y de producción llevó a cabo un minucioso proceso de documentación con asociaciones de desaparecidos que les aportaron datos muy útiles para construir la historia. Realizaron entrevistas y encuentros con representantes de la Asociación SOSDESAPARECIDOS,[18]que les proporcionaron el dato de que en Europa suceden diez mil desapariciones al año que quedan sin resolver.

17 Sorogoyen, Rodrigo. Marzo 2018. Memoria de dirección del proyecto.

18 SOSDESAPARECIDOS está integrada dentro de "Missing Persons International Network". Red Internacional de Asociaciones y Organizaciones para la búsqueda de personas desaparecidas y apoyo a los familiares.

"He leído mucho y he hablado con personas que han vivido una desaparición. Entender cómo opera esa ausencia ha sido entender a mi personaje"[19] Marta Nieto.

La financiación de la película se fue construyendo a través de distintas vías nacionales e internacionales:

- Televisiones: RTVE, Movistar + y Telemadrid (España), Canal + (Francia).
- A.I.E: gracias a la estructuración de inversión privada en cine, entró a formar parte del proyecto Amalur Pictures AIE, que participó en la película a través de las desgravaciones fiscales permitidas por el régimen fiscal español.
- ICAA (Ayudas generales para la producción de largometrajes sobre proyecto), Comunidad de Madrid (Ayudas a empresas productoras cinematográficas para el desarrollo de proyectos de largometraje), Les Landes y CNC (Francia).

Para ejecutar la producción de la película contaron con el equipo técnico y artístico que trabajó en el cortometraje, que además, en la mayoría de los casos ya habían colaborado anteriormente con el director. Esta premisa de partida era de gran importancia para Caballo Films y Malvalanda dando así continuidad entre proyectos y a jefes de equipo que forman parte de los profesionales habituales de Sorogoyen: Alex de Pablo, director de fotografía que ha participado en todas sus películas; Nacho Lavilla, ayudante de dirección de "Madre" y de "El Reino"; Alberto del Campo[20], montador de todos sus proyectos, Marta Nieto, multipremiada actriz por su interpretación en el corto y otros muchos colaboradores cercanos.

La preproducción, el rodaje y la postproducción

Arrancaron la preproducción oficial en julio de 2018 aunque anteriormente ya habían avanzado tareas tales como el proceso de casting para encontrar al personaje de Jean que finalmente interpretó Jules Porier o viajes a Las Landas para realizar la búsqueda de localizaciones.

19 Marta Nieto. 16/11/2019. EL DIARIO.
20 Nominado a los premios Goya por "Que Dios nos perdone" y ganador del Goya y del Premio Platino por "El Reino".

María José Díez fue la directora de producción, estuvo orquestando el proyecto de julio a diciembre, y previamente ya había participado en las distintas versiones del presupuesto. "El cálculo del posible coste de producción se realiza por parte del director de producción de manera racional – desglose del guión, información complementaria, plan de trabajo".[21] A esta formación se unió un jefe de producción, dos localizadores, un primer ayudante de dirección y un amplio equipo de auxiliares.

El casting se fue completando desde Francia y España, sumándose actores de la talla de Álex Brendemühl para el papel de Joseba y Anne Cosigny y Frédéric Pierrot para Lea y Gregory respectivamente.

Durante cuatro semanas en Vieux-Boucau-Les Bains (Francia) y otras dos más en la Comunidad de Madrid, concretamente en Cercedilla y Majadahonda, rodaron el largometraje.

La edición la iniciaron en paralelo al rodaje. Alberto del Campo y su ayudante fueron premontando y revisando el material diariamente.

Los efectos digitales, el etalonaje y toda la postproducción de imagen las llevaron a cabo en el estudio Telson.tres60. El diseño de sonido lo dirigió Fabiola Ordoyo. En junio terminaron la copia estándar en versión original y durante el verano de 2019 llevaron a cabo el doblaje al castellano para su distribución en el circuito de salas.

Promoción, festivales, estreno y distribución

Para el lanzamiento del film las productoras apostaron por su carrera en festivales internacionales. En segunda instancia y para reforzar su salida comercial en España consideraron que su participación en un festival nacional de prestigio era de vital importancia. A la película le precedía el éxito que había tenido el propio cortometraje en el circuito festivalero y las buenas críticas que había cosechado. Como consecuencia, la primera proyección de la película tuvo lugar en el Festival Internacional de Venecia en la Sección Horizontes[22] donde Marta Nieto ganó el premio a la Mejor Interpretación.

21 José G. Jacoste Quesada. 2004. El productor cinematográfico. Editorial síntesis.

22 El Festival de Venecia se enmarca dentro de La Biennale y tiene una sección de competición Oficial que es Horizontes. https://www.labiennale.org

El 8 de noviembre tuvo lugar el estreno nacional durante la Inauguración del Festival de Cine Europeo de Sevilla y Marta Nieto se alzó nuevamente con el premio a la Mejor Interpretación. El estreno en salas tuvo lugar el día 15 de noviembre en VOSE – versión original subtitulada al español- y VE -versión española-. La primera ventana de la cadena de explotación de una película lo constituyen las salas comerciales pero el producto audiovisual continúa su camino durante varios años. 'Madre' acaba de arrancar su recorrido (a enero de 2019).

Durante los meses previos a la premier fueron diseñando una estrategia de *marketing* y comunicación para tratar de alcanzar al máximo público posible. La jefa de prensa de Wanda, Yolanda Ferrer, se encargó de la campaña con los medios de comunicación. En paralelo las productoras y distribuidora fueron decidiendo y estableciendo hacia dónde se destinaría el gasto de P&A. Se emplearon los medios clásicos del modelo POEM: medios propios (redes sociales, *newsletter*, web para venta de entradas, promociones especiales, etc.), medios pagados (cine, plataformas, radio, medios impresos, exteriores, inversión en redes) y medios adquiridos (TV, radio, medios impresos, webs, blogs, redes sociales, presenciales, coloquios con equipo, proyecciones especiales).

Le Pacte será la distribuidora del film en Francia en abril de 2020, algo que ya hicieron con los dos anteriores largometrajes del director con un gran éxito de taquilla y crítica. De manera paralela ´Madre´ ha participado en festivales franceses, cabe destacar su paso por Cine Horizontes (Marsella) donde la actriz protagonista se alzó nuevamente con el galardón por su trabajo.

El sábado 11 de enero de 2020 Marta Nieto se alzó con el premio Forqué a la Mejor Interpretación. Al cierre de este artículo no ha tenido lugar la Gala de los Premios Feroz ni de los Premios Goya donde Marta Nieto también está nominada.

La distribución y explotación del cortometraje vs la distribución y explotación del largometraje.

La distribución y explotación de un cortometraje y de un largometraje se produce por caminos bien diferenciados. Mientras para las obras cortas es fundamental el circuito de festivales y las ventas a televisiones son minoritarias, para los largometrajes las ventas y preventas a televisiones nacionales e internacionales constituyen una vía para la propia financiación. También suponen un impulso importante los Festivales de Clase A o premios de elevado prestigio mundial como los Oscar que activan la comercialización de la obra.

La distribución en festivales de *Madre* el corto resultó ser una vía de ingresos importante dado el gran recorrido de premios económicos que obtuvo. El estreno internacional en el Festival Internacional de Toronto les ayudó a la financiación de la propia película, ya que las productoras aprovecharon la ocasión para presentar el proyecto de largometraje. La nominación a los Oscar les generó una activación de ingresos a nivel internacional.

Reflexión final

Madre el corto es uno de los proyectos destacables de los últimos años del panorama nacional e internacional. Es el octavo cortometraje español nominado a los Oscar. El nivel de producción de los cortometrajes en nuestro país es altísimo y con un claro reconocimiento internacional.

El largometraje es un proyecto especial en tanto que el propio cortometraje es el arranque de la película. No es fácil encontrar casos como este a nivel mundial, aunque existen diferentes ejemplos de largometrajes inspirados en obras cortas previamente.

El camino de la producción del corto al largo es totalmente natural, por ello muchos directores y productores siguen esa hoja de ruta. Y en el caso que nos ocupa, el camino de la producción del corto desembocó en el largo. Así pues el hilo creativo y de producción que une ambos proyectos ha hecho posible que las dos obras sean una realidad.

ANEXOS

Ficha técnico artística Madre el cortometraje.

Título: MADRE
Año de producción: 2017
Duración: 18 min
País: España
Guión: Rodrigo Sorogoyen
Dirección: Rodrigo Sorogoyen
Música: Olivier Arson
Fotografía: Alejandro de Pablo (A.E.C)
Reparto: Marta Nieto, Blanca Apilánez, Álvaro Balas
Productoras: Caballo Films, Malvalanda, con la colaboración de Apache Films
Dirección de Producción: Marta García Larriu
Productores: María del Puy Alvarado y Rodrigo Sorogoyen
Producción ejecutiva: Marta García Larriu, María del Puy Alvarado, Clara Nieto, Rodrigo Sorogoyen.
Género: Ficción – thriller psicológico.

Ficha técnico-artística Madre la película.

Duración: 129 min
País y año de producción: España, Francia 2019
Idioma original: Castellano y francés
Género: Thriller psicológico
Productoras: Malvalanda, Caballo Films, Arcadia Motion Pictures, Amalur Pictures A.I.E., Le Pacte y Noodles Production.

Equipo técnico.

Guion: Isabel Peña y Rodrigo Sorogoyen
Dirección: Rodrigo Sorogoyen

Productores: María del Puy Alvarado, Ibon Cormenzana, Rodrigo Sorogoyen, Ignasi Estapé, Thomas Pibarot, Jean Labadie, Anne-Laure Labadie, Jerome Vidal
Productores delegados: Eduardo Villanueva, Jofre Farré, Sandra Tapia
Productora ejecutiva: María del Puy Alvarado
Director de Fotografía: Álex de Pablo
Música: Olivier Arson
Montaje: Alberto del Campo
Dirección de Arte: Lorena Puerto
Directora de Producción: María José Díez Álvarez
Sonido Directo: Nicolás Mas
Diseño de Sonido: Fabiola Ordoyo
Mezclas: Nicolás de Poulpiquet
Vestuario: Ana López Cobos
Maquillaje: Sylvie Imbert
Peluquería: Jesús Gil
Casting: Julie Navarro

Equipo artístico.

ELENA Marta Nieto
JEAN Jules Porier
JOSEBA Álex Brendemühl
LEA Anne Consigny
GREGORY Frédéric Pierrot
BENOIT Guillaume Arnault

Referencias

Jacoste Quesada, J.G. (1996). El productor cinematográfico. Madrid: Editorial Síntesis

Unkerjürgen, Ralf; Scholz, Annette; Álvarez Olañeta, Pedro (eds). (2016). El cortometraje español (2000–2015). Tendencias y ejemplos. Ed. Vervuert Iberoamericana

Coronado Ruiz, C. (Noviembre de 2019). Entrevista para el artículo
Javier, Yuste (8 de noviembre de 2019) El Cultural. Entrevista a Rodrigo Sorogoyen
Miró, Francesc. EL DIARIO (16 de noviembre de 2019). Entrevista a Marta Nieto
Monleón, M. (15 de Noviembre de 2019). La razón
Muñoz, F. (14 de noviembre de 2019). ABC. Entrevista a Rodrigo Sorogoyen

Movilidad y maternidad en el cine costarricense contemporáneo: *Apego* (Patricia Velásquez, 2019)

NATALIA MARTÍNEZ PÉREZ

La sinopsis promocional que Patricia Velásquez maneja para *Apego* (2019) reza lo siguiente: "Ana es una mujer trabajadora, buena madre, hija preocupada, hermana cariñosa, profesional esforzada. Ana está harta de hacerlo todo BIEN"[1]. Como puede deducirse de este resumen, nos encontramos ante una historia que explora las relaciones de una mujer en un momento de crisis vital y cuya identidad viene en gran parte definida por los lazos de parentesco. El análisis que proponemos[2] a continuación pretende contextualizar por un lado los itinerarios de género que quedan reflejados en la película y, por otro, examinar la representación de la maternidad y de las relaciones materno-filiales, así como los procesos vitales de las dos mujeres protagonistas. Relativamente reciente, *Apego* fue estrenada internacionalmente el pasado febrero de 2019 en Chile, en el marco de la 19ª edición del Festival Internacional de Cine de Lebu (CINELEBU); y también ha sido presentada en las secciones oficiales del Festival Internacional de Cine de Panamá y del Festival de Cine Latino de Tübingen, en Alemania. Coproducción entre Costa Rica y Chile, ha contado con la participación de Tiempo Líquido y Ceibita Films, y el apoyo del Programa Ibermedia.

1 Sinopsis disponible en: https://www.apegolapelicula.com/ (Acceso: 15/11/2019).

2 Este trabajo se realiza en el marco del proyecto de investigación «Cartografías del cine de movilidad en el Atlántico Hispánico» (CSO2017–85290-P), financiado por el Ministerio de Economía y Competitividad del Gobierno de España y cofinanciado con fondos FEDER.

Directoras de cine centroamericano: Patricia Velásquez

Patricia Velásquez (San José, 1974) es en la actualidad una de las realizadoras costarricenses con mayor proyección internacional. Licenciada en Psicología y con estudios en Arte Dramático y Producción Audiovisual en el Instituto Nacional de Aprendizaje (INA) de Costa Rica, Velásquez posee una dilatada experiencia en radio y televisión. Sus primeras producciones radiofónicas transcurrieron en 1995 en Radio Costa Rica con un consultorio femenino en el que intervenía como profesora de psicología en *Teoretica* y, más tarde, en Radio U con *Noche tras noche* y con un programa propio llamado *Neurótica*. De forma paralela en televisión, dirigió un programa de música alternativa, diferentes anuncios comerciales y el programa *Trans*, un espacio de arte urbano y cine independiente que en su primer año fue nominado a mejor programa en el XII Festival de Cine y Video Centroamericano Ícaro. Tras "autoexiliarse" durante una temporada al Caribe, Velásquez estudió un Máster en Comunicación en la Universidad de Costa Rica (UCR), y en 2007 cofundó junto a Oscar Herrera la productora audiovisual Tiempo Líquido. Después de realizar varios videoartes, en 2008 dirigió el cortometraje *Cualquiera*, que obtuvo, entre otros, el premio a Mejor cortometraje de ficción en la XVI Muestra de Cine y Video Costarricense. En el 2009 fue seleccionada por el periódico *El Financiero* en el *ranking* de los 40 jóvenes empresarios más destacados del país; y entre 2010 y 2011 fue la productora del festival de cine de Costa Rica. En 2010 escribió y dirigió el cortometraje *Matías*, y mientras tanto fue invitada a distintos foros de coproducción cinematográfica como el Talent Campus de la Berlinale, el de Guadalajara y el Bolivia Lab. En 2015 estrenó su primer largometraje, *Dos Aguas*, en el Festival Internacional de Cine de Panamá, que obtuvo mención de honor en los premios nacionales de Cultura de Costa Rica y fue seleccionado en los premios Platino en las categorías de Mejor fotografía y Mejor ópera prima iberoamericana. En 2016, estrenó junto a Oscar Herrera su primer largo documental *La Sombra del Naranjo*, ganador de Costa Rica en DOCTV Latinoamérica. En la actualidad, Velásquez se encuentra en la promoción de *Apego* -su segundo largometraje de ficción- y en la producción de la segunda temporada de *Algunos Lugares* (2018). Esta *webserie* se emite también en Trece Costa Rica Televisión y es uno de los proyectos nacionales apoyados por el fondo para el fomento audiovisual y cinematográfico

El Fauno, relativo al Centro Costarricense de Producción Cinematográfica del Ministerio de Cultura y Juventud.

La carrera de Velásquez es sintomática de un contexto de florecimiento del cine centroamericano sucedido durante las últimas décadas. Si en los años noventa, la única película exhibida en pantallas fue la guatemalteca *El silencio de Neto* (Luis Argueta, 1994), en los últimos veinte años, se han realizado y exhibido numerosos largometrajes de ficción en los diferentes países centroamericanos. Así, en los últimos veinte años el audiovisual centroamericano ha experimentado un auge nunca antes logrado en su historia, principalmente en el campo del largometraje de ficción, obteniendo numerosos reconocimientos internacionales. Si bien en los años setenta y ochenta también surgió una producción intensa, esto se debía en buena parte al momento histórico que se estaba viviendo. Como ha señalado la historiadora costarricense María Lourdes Cortés, "[la] lucha por el canal de Panamá, el triunfo de la revolución sandinista, la guerra civil en El Salvador y Guatemala. Los ojos del mundo estaban puestos sobre el istmo (…) y había mucha ayuda extranjera para la producción cinematográfica. Una vez que vino la paz, el apoyo se acabó y nuevamente cada director tuvo que jugársela como pudo" (2009, p.59). La década de 2010 supuso un *boom* a nivel cuantitativo, destacando una nueva generación de jóvenes realizadores que han tenido acceso a formación profesionalizada. "El abaratamiento de las nuevas tecnologías y el entusiasmo de jóvenes profesionales se han combinado y han contribuido a este auge de imágenes. Se han abierto escuelas de producción audiovisual y regularmente se ofrecen talleres de profesionalización en los diversos países de la región" (Cortés, 2014, p.152).

A ello se suma la creación de diferentes festivales que permiten mostrar obras nacionales e internacionales, como el Ícaro y los festivales internacionales de Panamá y San José. Así, la institucionalización y promoción del cine iberoamericano del siglo XXI pasa por plataformas o eventos de premios (Cerdán y Labayen, 2019, p. 1). Si como indican los autores, el concepto de cine iberoamericano es ambiguo, los festivales y ceremonias de premios se han convertido en "estrategias geopolíticas transnacionales que hablan de las tensiones y de los enfoques culturales y financieros dentro y fuera de la región iberoamericana" (Cerdán y Labayen, 2019, p. 14). Al mismo tiempo, existen una serie de estrategias institucionales, como los fondos. A Cinergia, que ha apoyado centenares de proyectos, se han sumado Panamá y Costa Rica a Ibermedia -el fondo de coproducción intergubernamental-, a DocTv –de apoyo a los documentales-, y se han aprobado leyes de fomento al cine como la de Panamá. No obstante, no todos los países tienen apoyos formales para el fomento del sector audiovisual. Como señala Cortés, "los realizadores han logrado coproducir, conseguir dinero mediante *crowdfunding*, convencer a algunas empresas o recurrir a sus propios recursos" (2014, p. 152). De esta forma, en la actualidad encontramos un panorama en el que todos los países de la región están produciendo ficción y documental, pero también animación, series de televisión, *webseries* y videojuegos.

En este nuevo escenario de renacimiento de las representaciones centroamericanas, las mujeres ocupan un importante lugar como realizadoras además de productoras y gestoras, si bien en los años ochenta y noventa apenas encontrábamos nombres propios. A excepción de Patricia Howell, considerada la primera mujer cineasta de Costa Rica y autora de *Dos veces mujer* (1982), *Íntima raíz* (1984) y *Lobas* (2015), su última cinta. Así, son numerosas las realizadoras centroamericanas que han estrenado su primera obra de ficción durante los últimos años, como la también tica Alexandra Pérez (*La caja de los besitos*, 1992), las nicaragüenses María José Álvarez y Martha Clarissa Hernández (*Blanco organdí*, 1998) o las hondureñas Katia Lara (*De larga distancia*, 2000) y Elizabeth Figueroa (*Fantasmas del huracán,* 2000). Títulos inaugurales de la última década son las aclamadas *La Yuma* (2010), de la nicaragüense Florence Jaugey, y *Cápsulas* (2010), de la guatemalteca Verónica Riedel.

Costa Rica es el país de la región donde las mujeres han destacado con una mayor producción. Además de las citadas Patricia Howell y Alexandra Pérez, en el terreno de la ficción encontramos a Ishtar Yasin (*El camino*, 2007; *Dos Fridas*, 2018), Paz Fábrega (*Agua fría del mar*, 2009; *Viaje*, 2015), Maureen Jiménez (*Mujeres apasionadas*, 2003), Hilda Hidalgo (*Del amor y otros demonios*, 2009; *Violeta al fin*, 2017), Isabel Martínez (*El último comandante*, 2010, en codirección con Vicente Ferraz), Laura Astorga (*Princesas rojas*, 2013), Kattia González (*Cosas que no se rompen*, 2017), Sofía Quirós (*Selva*, 2017; *Ceniza negra*, 2019), Alexandra Latishev (*Medea*, 2017), Paz León (*Aquí y ahora*, 2018), Antonella Sudasassi Furniss (*El despertar de las hormigas*, 2019), Erika Bagnarello (*Primero de enero*, 2014; *Gigi*, 2017) y a Soley Bernal (*Te presento a mi novio*, 2019).

De igual modo a Patricia Velásquez, algunas de estas directoras -como Erika Bagnarello- han rodado también documentales. El género documental costarricense femenino ha sido fructífero, hallando directoras como Maricarmen Merino (*Bella*, 2014), Elena Gutiérrez (*Mutlab*, 2016), Adriana Cordero Chacón (*La Dixon*, 2017), Dinga Haines (*Hombre de fe*, 2017), Natalia Solórzano (*Moving so Slowly*, 2019) y Estefani Céspedes (*El Psicópata, crónica de un caso sin resolver*, 2019). La mayoría de estos títulos han obtenido importantes éxitos de taquilla a nivel nacional y una excelente recepción en festivales internacionales.

Cabe señalar que para Cortés, las primeras cineastas centroamericanas comparten rasgos comunes en sus argumentos, "considerado propios de una escritura fílmica femenina, ya que se pueden asociar con lo semiótico y lo materno" (2005, p. 474). Este afán por abordar temáticas que hablan de las necesidades y temores de las mujeres, y su gusto por que los protagonistas de las historias sean mujeres y niños, parece haber sido heredada por esta nueva generación de directoras a la que Velásquez pertenece. La autora considera que estos trabajos pueden considerarse una suerte de "escritura femenina", ya que privilegian en su puesta en pantalla lo inconsciente, lo impulsivo, lo reprimido, elementos que, según Julia Kristeva, "rompen con la lógica del orden patriarcal" (2005, p. 474–475). Esta idea es refrendada por Cortés cuando analiza las películas de la última década. "La mayor parte de estos filmes escritos por mujeres, cuyos relatos difieren en temáticas, épocas aludidas, personajes y propuestas argumentales coinciden en problemáticas esenciales, [como el] cuestionamiento al mito de la mujer/madre o una visión de la realidad desde la mirada infantil" (2014, p. 153). En el caso de *Apego*, encontramos esa mirada femenina no solo en la dirección sino también en el guion, escrito a cuatro manos por Patricia Velásquez junto a la escritora tica Catalina Murillo, con quien ha trabajado en todos sus proyectos anteriores.

Sobre madres e hijas: ***Apego***

Apego cuenta la vida de Ana (Kattia González), una arquitecta de 35 años, recién divorciada, madre de dos niñas pequeñas e hija de exiliados chilenos. Cuando una de las hijas de Ana abre una cuenta en Facebook a su abuela Julia (Teresita Reyes), esta retoma el contacto con un antiguo amor de la universidad al que decide visitar en Chile.

La propuesta de este viaje provoca que las relaciones familiares se cuestionen y recompongan. Como señala la sinopsis de la web oficial, "Ana (...) cae en la cuenta que lleva años viviendo una vida que no quiere por complacer a su familia; poco a poco ha dejado de ser ella. A través de un relato íntimo, *Apego* propone algo sencillo pero que continuamente se nos olvida: detenernos un rato y escucharnos"[3]. Toda una verdadera declaración de intenciones exponiendo los temas sobre los que la directora busca reflexionar.

La película propone a la "madre-como-sujeto", tanto en el personaje de Ana como en el de Julia, pues estas no se definen exclusivamente a partir de su maternidad. Esta perspectiva, resulta relativamente reciente. "Mientras que la Historia ha reconocido el trabajo maternal casi exclusivamente en términos de su impacto en el hijo, la cultura contemporánea está comenzando a articular la madre como sujeto" (Bassin, Honey y Kaplan, 1994, p. 9). Al mismo tiempo, la sinopsis refleja otro de los puntos clave del texto: la denuncia del encorsetamiento de la protagonista en la sociedad. Ana es definida en relación a los otros, ya sean familiares o colegas. Como explica Kaplan, las ficciones que abordan a la madre como sujeto tienden a problematizar la maternidad poniendo en conflicto discursos contradictorios sobre las dificultades de conciliación, la búsqueda de autorrealización y el impacto de la madre ausente en el hijo (1992, p.26). Pues como indican Visa y Crespo, "no fue hasta la incorporación de la mujer y el hombre al trabajo asalariado, cuando el término 'maternidad' empezó a tener el significado contemporáneo" (2014, p. 25).

La teoría del apego

El título de la película resulta locuaz. En la actualidad, el apego se constituye como una de las teorías más influyentes en el campo de la psicología y las neurociencias (Oliva, 2004). La teoría del apego (Bowlby, 1979) se concibe como la tendencia de los humanos a generar vínculos afectivos sólidos con determinadas personas a lo largo de la vida. A partir de

3 Sinopsis disponible en: https://www.apegolapelicula.com/ (Acceso: 15/11/2019).

evidencia empírica se ha demostrado que el apego gestado en la primera infancia tiene gran incidencia en la forma en que se crean vínculos con otras personas en la edad adulta, influyendo en las relaciones interpersonales, así como en su bienestar o ajuste socioemocional (Bowlby, 1979). La teoría del apego toma en cuenta la tendencia a formar íntimos lazos emocionales con personas concretas a lo largo de la vida adulta hasta la vejez. "En la infancia dichos lazos se desarrollan con el cuidador principal, que es generalmente la madre, a la que se acude en busca de cuidado, consuelo y apoyo; y durante la adolescencia y la adultez, estos lazos se mantienen, pero son complementados con nuevos vínculos" (Oliva, 2004). La propia directora explica en una entrevista el porqué de ese título: "El nombre tiene que ver con las teorías del apego, que es el primer vínculo que uno genera al nacer con uno de los progenitores pero que, ya en la adultez, ese vínculo puede convertirse en algo negativo cuando se convierte en una dependencia o co-dependencia"[4]. De esta forma, Velásquez compone un relato a partir de las relaciones de Ana con su entorno y, en especial, con su madre. Poco a poco, la protagonista irá ganando independencia soltando aquellos vínculos afectivos que frenan sus inquietudes. La directora añade "dejamos de hacer cosas que queremos hacer porque sentimos que nos pueden quitar el cariño. Es algo que pasa mucho en las familias: sentimos que no podemos salir de ciertas reglas familiares que nos van limitando en la vida".

Relaciones materno-filiales

En *Apego* encontramos elementos de las anteriores películas de la directora, tanto la presencia de las relaciones entre los hermanos, como sucedía en *Dos aguas*; como el padre enfermo o los lazos familiares en *La sombra del Naranjo*. No obstante, como indicábamos arriba, la maternidad se constituye como uno de los temas centrales de la película. De este modo, huye de uno de los tropos más comunes del cine: la ausencia (a

4 Entrevista a Patricia Velásquez en el Canal CB24 Noticias Centroamérica disponible en: https://www.youtube.com/watch?v=Jecj4dFeS40 (Acceso: 19/11/2019).

veces inexplicada) o irrelevancia narrativa de la madre de la protagonista" (Deleyto, 2003, p. 222). Velásquez explica al respecto que "es una historia de familia, pero esta vez desde una visión más femenina; es una historia sobre las madres y las hijas, y lo compleja que puede ser esa relación"[5]. Tanto es así, que la primera escena de la película la protagonizan Julia y Ana hablando mientras preparan la comida en la cocina. Dicho espacio se resignifica convirtiéndose en un espacio propio para las mujeres. La relación materno-filial se expresa principalmente en sus palabras, no en los hechos, un incesante diálogo aunque sean cotidianidades. En este sentido, "las mujeres hemos encontrado sitios de relación al margen de la luz pública, de la oficialidad. Espacios marginales que han ayudado a configurar lo que podríamos llamar una cultura propia donde la conversación, el intercambio de impresiones, la palabra en definitiva, forma una parte fundamental" (Visa y Crespo, 2014, p.25).

En esa primera escena, Ana pregunta a su madre sobre sus planes de futuro ahora que su padre se ha jubilado. Sin embargo, Julia no quiere hablar del tema, pues el matrimonio parece atravesar una crisis. Esta dinámica se mantiene a lo largo del filme: Julia y Ana buscan comunicarse pero al mismo tiempo evitan hablar de los temas que les incomodan. Por ejemplo, cuando Julia pide a su hija que sus nietas vean más a su ex marido, Ana se niega a discutir sobre su decisión. A pesar de todo, madre e hija pasan gran parte del tiempo juntas. Una escena interesante es cuando Julia se abre un perfil en Facebook mientras pregunta por teléfono a Ana las instrucciones. Finalmente Julia quiere agregar a su hija, a lo que esta responde: "¡Pero el mío no! ¿Por qué? Si nos vemos todos los días ¿me vas a espiar ahí también?" Más adelante, Ana fotografía a su madre para que la suba a la red social. En ese sentido, Ana responde a las demandas de su madre, pero a la vez siente que se entromete demasiado en su vida.

5 Entrevista realizada por Ibermedia "Patricia Velásquez habla de 'dos aguas', su sorprendente ópera prima" (14/07/2015) disponible en: http://www.programaibermedia.com/nuestras-cronicas/patricia-velasquez-habla-de-dos-aguas-su-sorprendente-opera-prima/ (Acceso: 21/11/2020).

Contradicciones y roles sociales

El relato muestra el lugar incómodo que Ana tiene en la sociedad, algo que le lleva a esa especie de crisis existencial. Cuando su madre decide reencontrarse con su amigo de juventud, Ana se replantea su vida: no quiere repetir el rol de su madre, pues se da cuenta que se está convirtiendo en una mujer que nunca quiso ser. Como explica Velásquez, "hay una posibilidad para Ana en su trabajo: un proyecto que de concretarse significaría mudarse a México y despegar su carrera profesional. Su madre, que dejó familia, casa y trabajo por seguir a su esposo en Costa Rica, no entiende el 'egoísmo' de su hija, aunque ella misma se arrepiente cada día de esa decisión"[6]. Como rezaba la sinopsis, Ana está encorsetada en una serie de roles impuestos. Es un modelo de mujer "*superwoman*": gran arquitecta que no descuida el mandato de género de la ética de los cuidados. En ese sentido, encarna esa generación de mujeres que, debido a su edad, deben hacerse cargo tanto de sus hijos como de sus padres. De hecho, cuando su padre ingresa en el hospital por una infección y es diagnosticado de depresión, sus dos hermanos varones le piden que sea ella quien le cuide en su casa. Ana rehúsa replicando que no es justo porque la casa de su hermano es más grande y tiene un cuarto extra. Finalmente los hermanos consiguen que el padre se quede en la casa de Ana argumentando que se trata de una "cuestión emocional", porque junto a ella se sentirá más estimulado debido a que es "la preferida".

Por otro lado, se muestra la presión social que se ejerce sobre la maternidad. En un primer momento, la relación con su exmarido Daniel (Daniel González-Muniz) es complicada. Se trata de un hombre que huye de las responsabilidades: no paga las facturas, no asiste a las visitas programadas con sus hijas, compra un perro que termina cuidando Ana, sale con una novia joven… Sin embargo, lo que frustra a la protagonista realmente es que él sea permisivo mientras ella carga con todas las responsabilidades: "Hasta cuando sales con ellas es un problema, las dejas hacer lo

6 Entrevista realizada por La Nación "La película 'Apego': un retrato tico sobre el exilio y el empoderamiento femenino" (22/05/2019) disponible en: https://www.nacion.com/viva/cine/la-pelicula-apego-un-retrato-tico-sobre-el/K643ZR5W6FG2VPR7DHSBK4W6GA/story/ (Acceso: 17/11/2020).

que les da la gana y, entonces, cuando yo les pongo alguna regla, piensan que estoy loca".

Ana siente además que ha fracasado en la educación de sus hijas. Pues, si bien Ana demuestra su carácter feminista en esta faceta (por ejemplo, no quiere leer *La bella durmiente*), siente que no puede hacer nada contra el entorno sexista que les rodea. En una escena, su hija mayor ataviada con corona y plumas comienza a posar como modelo. Ana le dice que eso está bien como disfraz pero "no para andar así en la vida real". Su hija le contesta que va a ser modelo, y Ana replica "tú también podrías ser artista, cantante, astronauta, ¿no?"; la niña responde: "¡yo voy a ser la modelo más bonita del mundo!" abandonando la habitación. Otro ejemplo es cuando un día Ana, siempre apurada en sus desplazamientos, recoge a sus hijas tarde del colegio. La profesora aprovecha su encuentro para contarle que la pequeña ha mordido a otro niño, algo que "nunca antes había pasado" y que estaba "volviéndose muy rebelde". Ana explica que se está divorciando y que la situación es complicada, a lo que la profesora contesta: "puede ser que, sin querer, usted esté transmitiendo un poco de ansiedad a la niña". De esta forma, toda la culpabilidad recae sobre Ana, incluso en acontecimientos externos. Su madre también fomenta este sentimiento de culpa. En una tienda de ropa, mientras Julia se prueba diferentes modelos, Ana le comenta que le han ofrecido desarrollar un proyecto en México. "Dime hija, ¿qué vas a hacer con las niñitas? ¿Las va a llevar de su familia? ¿Las vas a sacar del año escolar a mitad del año con todo el apoyo que tienen? (...) Yo sacrifiqué todo por ustedes y por el papá. Todo". Ana le responde que ella vino porque quiso, que nadie le obligó. Julia, airada, responde: "¿Realmente crees eso tú? ¿Que yo quise dejar mi país, quise dejar mi familia, mis amigos, mi trabajo, mi vida? ¿Tu realmente lo crees, Ana?". En esa transmisión de roles y mandatos de género, Julia impone a su hija esa vida de sacrificio que ella ha experimentado y de la que se lamenta.

Sin embargo, a lo largo del filme asistimos a una evolución, a un empoderamiento de la protagonista. Ana cae en la cuenta de que necesita un cambio, pues lleva años viviendo una vida que no quiere por complacer a su familia. El viaje de su madre, la enfermedad de su padre, su proyecto profesional... Ana se enfrenta a una serie de contradicciones y decisiones que minan sus anhelos de libertad. Vemos cómo se acostumbra a su nueva vida de soltera y, si bien al inicio siente nostalgia o anhelo por su ex, en un determinado momento –cuando descubre que él tiene pareja-, borra todas las fotografías y decide ir a su trabajo a plantarle cara. Le recrimina que no pase tiempo con sus hijas, además de darle el disfraz de su hija diciéndole: "devuélvele esto a tu noviecita y no quiero por favor que le vuelva a comprar juguetes sexistas a Claudia". Más tarde, en consonancia con ese arco evolutivo, se muestra cómo Ana conoce a un hombre en una fiesta nocturna con el que practica sexo. En la secuencia se destaca que es ella quien toma la iniciativa, desnudándose y zambulléndose en la piscina. Podemos inferir, por tanto, que el discurso feminista está presente a lo largo de la película encarnado especialmente en el devenir de Ana. Esa insatisfacción llevará a un desenlace poco convencional en el que la protagonista deja a sus hijas con su exmarido mientras toma un vuelo rumbo a México, prevaleciendo sus deseos profesionales (el proyecto en el que trabaja a lo largo de la cinta) por encima de sus obligaciones familiares. A pesar de las dificultades, Ana alza el vuelo, literalmente.

Miradas sobre la mujer "envejeciente"

Julia, como su hija, siente que su momento ha llegado y que debe buscar nuevos retos tras una vida de sacrificio dedicada a su marido e hijos. En ese sentido, es ella antes que Ana la primera en salir de su situación. Julia, de unos setenta años, es dinámica, alegre, hace taichí, natación, juega con sus nietas… incluso tiene interés por las redes sociales[7]. En realidad, el cine contemporáneo deja a las mujeres mayores de cincuenta años –más aún si superan los 65 años de edad- fuera del foco. La mujer madura se circunscribe a determinados espacios, lejos de tener papeles protagónicos. "La vida cotidiana de los ancianos sigue fuera de foco" (Gordillo, 2010, p.99). En el caso de las mujeres el estigma se agrava, pues como señala Bolen, "para un patriarcado orientado sobre todo hacia la juventud, convertirse en una mujer mayor es convertirse en alguien invisible, en una no-entidad" (2003, p. 14). Así, son raras y escasas las historias que dan relevancia o protagonismo a una mujer madura o anciana. *Apego* lo hace evitando caer en estereotipos, pues el personaje de Julia es muy poliédrico. Tras un

7 Algo que resulta innovador ya que apenas existen representaciones cinematográficas de personajes femeninos maduros o "envejecientes" a utilizando las nuevas tecnologías (Gordillo, 2010, p.99).

pasado en el que parece haber permanecido en silencio –y un presente en el que soporta la incomunicación de su marido-, Julia desea comunicarse con su hija, con sus nietas, incluso con el mundo a través de Facebook. En la comida familiar cuando anuncia su viaje y todos comienzan a decidir por ella, Julia debe gritar para comunicar eficazmente su deseo: "¡Voy sola!".

Este modelo de mujer entroncaría con un prototipo que Inmaculada Gordillo ha denominado: "la abuela alegre", aunque también encontramos a "la madura enamorada y la abuela infiel" (2010, p.112). La abuela alegre ya no se sacrifica por los hijos y vive su propia vida: viaja, se divierte, se enamora y, en definitiva, actúa libremente. Puede enfrentarse a los hijos si se oponen a este tipo de libertad y le intentan imponer normas sobre "lo políticamente correcto para una persona mayor". Se trata de un personaje que vive el amor con la independencia y autonomía de la juventud, lejos de todo sentido dramático o doloroso, a pesar del desencuentro con la familia o la sociedad. "Estas mujeres elaboran una serie de mecanismos de resistencia para luchar contra el sistema opresivo impuesto por el marido, los hijos o la sociedad, en busca de su propia felicidad" (2010, p.112). Pese a un pasado que no puede cambiar, Julia se enfrenta con ilusión a un futuro dejando a su marido e hijos atrás.

La cuestión de la edad está profundamente conectada a las políticas del cuerpo y de género. Políticas surgidas en los últimos años dentro de una sociedad cuya máxima expresión de belleza se encuentra en la eterna juventud (Twigg, 2004). No solo los denominados "Aging Studies" están interesados en el estudio del cuerpo, el feminismo también ha elaborado una extensa bibliografía sobre la corporalidad, explorando algunos temas como la reproducción o los modelos de belleza (Woodward, 1999). En este sentido, es interesante la escena en la que Julia se encuentra dentro de un probador de una tienda de ropa mirándose al espejo. Julia parece reflexionar sobre su identidad mirándose en el espejo, por otro lado, un motivo visual icónico muy polisémico (Jousse, 2016). Julia se palpa el vientre, el trasero, los brazos, el cuello, el rostro… se pone una blusa y posa coquetamente. Fuera, su hija le piropea y ella disfruta encantada. Esa mirada en soledad frente al espejo describe cómo Julia hace décadas que no se contempla, una postura que abandona por dejar de ser invisible y descubrir su deseo sexual. Precisamente la madurez y el envejecimiento de los cuerpos en relación al sexo resultan un tabú a nivel representativo. A ello se le suma la idea generalizada de la inactividad sexual de la mujer tras la menopausia, que aún es vista como una "muerte simbólica" (Zecchi, 2014). Resulta interesante una escena en la que en mitad de una cena familiar, Julia y su amigo chileno comienzan a restregarse la comida por el rostro y el cuerpo mientras gimen extasiados. Ana asiste atónita a la escena mientras sus hermanos lo ignoran, finalmente en su delirio descubrimos que se trata de una pesadilla de Ana. El análisis es curioso en tanto que la exhibición del deseo carnal y la sexualidad activa de mujer de unos setenta años en el encuentro con su amante puede resultar innovadora, el hecho de que en realidad sea un mal sueño parece llevar la propuesta hacia el psicoanálisis y los propios temores y tabúes de Ana. De hecho, esta pregunta a su hermano si no le molesta que su madre se vaya con otro hombre[8].

Por otro lado, Julia no solo huye del espacio familiar sino también de lo que implica: la ética de los cuidados. Antes de su viaje, Ana intenta evitarlo aduciendo que su padre está enfermo; sin embargo, Julia responde: "Es un hipocondriaco. Si tanto te preocupa, cuídale tú". Esta representación se complementa con una inversión de los espacios tradicionalmente sexualizados. Julia pasa la mayor parte del tiempo en el exterior realizando diferentes actividades mientras que Andrés parece recluido en el hogar. Es ilustrativa la escena en la que Julia prepara su maleta mientras su marido, Andrés (Leonardo Perucci), está tumbado en la cama. Así, es la mujer la que sale al espacio público mientras el varón permanece observándola en la esfera privada. Antes de irse, Andrés dice a Julia: "Me hubiera gustado que las cosas se hubieran dado diferentes", consciente de que nada la detendrá. Julia alza el vuelo -también literal- antes que su hija sin volver a aparecer en el resto de metraje convirtiéndose tal vez y a pesar de todo en inspiración para esta. A pesar de la loable evolución de Julia, cabe reflexionar sobre el motor de su transformación que no es otro que el amor romántico, un varón al que tal vez ha idealizado.

8 El rechazo de los hijos hacia nuevos amores de los padres maduros puede rastrearse en otras películas como *A mi madre le gustan las mujeres* (Inés París y Daniela Fejerman, 2002), *Conversaciones con mamá* (Santiago Carlos Oves, 2004) o *Elsa y Fred* (Marcos Carnavale, 2005).

Un retrato tico-chileno sobre el exilio

Apego no es una autobiografía, sin embargo tiene relación con su familia: los padres de Patricia Velásquez son también chilenos que huyeron de la dictadura militar de Augusto Pinochet en los años setenta. Velásquez explica que no sabe si existe "la realidad del exilio" y supone que debe ser diferente para cada familia. Lo que sí asegura es que "hay una nostalgia en quienes se van que nunca sana", y que se transmite a sus hijos "sin que lo entiendan bien". "Es un Chile que va mucho más allá de lo tangible, de las personas o los lugares concretos, es un lugar que está atravesado por lo afectivo y por lo imaginario y siempre por una pregunta que nadie dice pero que está ahí, ¿cómo habría sido la vida si nunca nos hubiéramos ido?"[9] Esta pregunta se la hacen los diferentes personajes a lo largo de la película, incluso Ana llega a afirmar que si ella y sus hermanos hubieran nacido allá, "Mami sería como menos histérica". En este sentido, otro de los temas abordados en la película es el desarraigo. De nuevo, pasamos a exponer en primer lugar un apunte de la directora en la web oficial: "*Apego* es la historia de una familia de migrantes en Costa Rica que salieron de su país por razones políticas y se han adaptado como han podido a su nuevo entorno. Es la historia de miles de personas que aún hoy día deben marcharse de sus países y dejarlo todo. De alguna forma la familia queda rota y quienes crecen como extranjeros aprenden desde muy jóvenes a anhelar otro lugar que prácticamente no existe más que en la imaginación de los padres"[10]. En un entrevista, Velásquez explica que "hay muchas razones por la cuales las familias emigran y yo quería, no contar el momento de cuándo sucede, sino contar lo que pasa después que tiene que ver con la segunda generación"[11].

9 La película 'Apego': un retrato tico sobre el exilio y el empoderamiento femenino" (22/05/2019) disponible en: https://www.nacion.com/viva/cine/la-pelicula-apego-un-retrato-tico-sobre-el/K643ZR5W6FG2VPR7DHSBK4W6GA/story/ (Acceso: 17/11/2020).

10 Apartado "Notas de la directora" disponible en: https://www.apegolapelicula.com/ (Acceso: 16/11/2019).

11 Entrevista realizada por El Observador " 'Me gusta jugar con la contradicción': Patricia Velásquez, directora de *Apego*" (26/05/2019) disponible en: https://observador.cr/noticia/me-gusta-jugar-con-la-contradiccion-patricia-velasquez-directora-de-apego/ (Acceso: 21/11/2020).

Según sus palabras, la directora siente que es "de aquí y de allá". "Uno tiene ese sentimiento de no pertenecer a ninguna parte". En este sentido, la figura de Patricia Velásquez es sintomática de las lógicas transfronterizas en tanto podemos entender su trayectoria enmarcada en lo que Kathleen McHugh ha denominado las "minorías transnacionales". Como señala la autora, "cuando el cineasta autobiográfico proviene de una minoría transnacional, el problema de la historia se mezcla con el geográfico, el origen, el hogar" (McHugh, 2005, p. 155). En parte, Velásquez ejemplifica una minoría transnacional desde dos ejes: el nacional (tica de padres emigrados chilenos) y el de género (mujer). De alguna forma, esa falta de pertenencia se refleja en cómo vinculan Ana y sus hermanos con sus padres. Para la directora, "la nostalgia heredada hace que las familias de inmigrantes sean muy apegadas dándote un lugar seguro, pero que a la vez, también te aprisiona un poco". Asimismo, el tema de la memoria está presente, especialmente a través de Andrés, que anhela el pasado mientras ojea antiguos álbumes de fotos. Ya en los créditos iniciales se muestran fragmentos documentales en blanco y negro de escenas cotidianas, imágenes que intuimos son de la familia protagonista y, que sin embargo, no podemos ubicar. Como explica Laura Podalsky, "en el cine latinoamericano contemporáneo uno de los aspectos más interesantes es que sus imágenes están deslocalizadas o desarraigadas, son difíciles de ubicar geográficamente de modo que se apela a audiencias tanto locales como extranjeras (2011, p. 127). Esto sucede en *Apego*, donde la mayor parte de la acción transcurre en interiores de forma que apenas se puede ubicar geográficamente el lugar en el que sucede la historia. No obstante, algunos planos generales exteriores muestran espacios urbanos reconocibles para las audiencias ticas.

A modo de conclusión puede decirse que, en las últimas décadas, las mujeres centroamericanas se han incorporado a la industria cinematográfica con gran éxito. Tienen más accesibilidad que nunca a la producción y a la creación audiovisual, proyectando sus trabajos a nivel nacional e internacional en foros y festivales. Esto evidencia la importancia crucial que tiene la perspectiva de las mujeres realizadoras y guionistas para generar diversidad en las representaciones audiovisuales. En el panorama del cine costarricense Patricia Velásquez se sitúa generacionalmente entre directoras como Hilda Hidalgo o Laura Astorga. Cercanas en rasgos de estilo y en temas, estas directoras buscan un cine personal y social, no tanto con tendencias socio-críticas, sino mostrando la universalidad del drama personal. *Apego* incorpora estas inquietudes introduciendo además representaciones que buscan subvertir los discursos hegemónicos de género.

Referencias:

Bassin, D., Honey, M. y Kaplan, M. M. (1994). *Representations of Motherhood*. New Haven: Yale University

Bolen, J. S. (2003). *Las diosas de la mujer madura. Arquetipos femeninos a partir de los cincuenta*. Barcelona: Kairós

Bowlby, J. (1979). *Vínculos afectivos: formación, desarrollo y pérdida*. Madrid: Morata

Cerdán, L. y Fernández Labayen, M. (2019). The Institutionalisation of Ibero-American Cinema in the Twenty-First Century: The Fénix and PLATINO Awards. *Journal of Latin American Cultural Studies*, 1, 1–18

Cortés, M. L. (2005). *La pantalla rota. Cien años de cine en Centroamérica*. México DF: Taurus

Cortés, M. L. (2009). El renacer del cine centroamericano. *Cinémas d'Amérique Latine*, 17, 59–61

Cortés, M. L. (2014). Mujer y madre en el cine centroamericano actual. *Cinémas d'Amérique Latine*, 22, 152–165

Deleyto, C. *Ángeles y demonios. Representación e ideología en el cine contemporáneo de Hollywood*. Barcelona: Paidós

Gordillo, I. (2003). La mujer "envejeciente": silencios, estereotipos y miradas en el cine de la primera década del siglo XXI. En: *La representación de las mujeres en el cine y la televisión contemporáneos* (97–116). Barcelona: Laertes

Jousse, T. (2016). El espejo (186–191). En: *Motivos visuales del cine*. Barcelona: Galaxia Gutenberg

Kaplan, E.A. (1992). *Motherhood and Representation. The Mother in Popular Culture and Melodrama*. New York: Routledge

McHugh, K. (2005). Giving "Minor"' Pasts a Future. Narrating History in Transnational Cinematic Autobiography. En: *Minor Transnationalism* (155–177). Durham: Duke University Press

Oliva, A. (2004). Estado actual de la teoría del apego. *Revista de Psiquiatría y Psicología del Niño y Adolescente*, 4 (1),65–81

Podalsky, L. (2011). *The Politics of Affect and Emotion in Contemporary Latin American Cinema: Argentina, Brazil, Cuba, and Mexico*. Nueva York: Palgrave Macmillan

Twigg, J. (2004). The Body, Gender and Age: Feminist Insights in Social Gerontology. *Journal of Aging Studies*, 18, 59–73

Visa, M. y Crespo, C. (2014). *Madres en red. Del lavadero a la blogosfera*. Madrid: Clave Intelectual

Woodward. K. (1999). *Figuring Age: Women, Bodies, Generations*. Bloomington: Indiana University Press

Zecchi, B. (2014). *Desenfocadas. Cineastas españolas y discurso de género*. Barcelona: Icaria

La representación del aborto en el cine español (1973–2019): de la clandestinidad a la seguridad

Álvaro Alconada Romero, Maravillas Torrecilla Hernández y Erica Briones Vozmediano

La intención del presente capítulo es introducirnos en las perspectivas desde las que ha sido abordado el aborto en el cine español contemporáneo, desde los años 70's a la actualidad. Así, se han clasificado cronológicamente las películas en las que el tema del aborto está presente, distinguiendo tres periodos en función de la legislación vigente en relación al mismo. De esta forma se pretende mostrar una visión de las representaciones del aborto en el cine español en los siguientes periodos legislativos:

En 1985 llegó la primera Ley con la que se despenalizaba la práctica del aborto en España (LO 9/1985 del 5 de julio). Hasta entonces, la práctica de abortos inducidos en la clandestinidad era un grave riesgo para la salud de las mujeres. Los abortos clandestinos no solo no se realizaban en clínicas especializadas sino que además incluían procedimientos rudimentarios que implican un mayor peligro para la salud de las mujeres, como el empleo de utensilios como perchas, agujas de tejer, pera jabonosa, junto al recurso a plantas como la ruda o el perejil para poner fin a un embarazo no deseado. El aborto inducido a través de asistencia sanitaria consiste en la interrupción del proceso fisiológico empleando o bien medios farmacológicos (conocidos como la píldora abortiva, mediante la que se expulsa el tejido embrionario) o quirúrgicos (con instrumental: aspiración y legrado) (Ministerio de Sanidad y Servicios Sociales, 2014).

La ley de 1985 estipulaba tres supuestos bajo los que las mujeres podían abortar legalmente: en casos de violación, si la salud de la madre corría peligro (tanto física como psíquica) o en casos de malformación del feto. En ocasiones, aquellas mujeres que deseaban interrumpir su embarazo, se acogían al supuesto riesgo para su salud psicológica, para lo que necesitaban la aprobación y acreditación oficial de un profesional sanitario. En la Sanidad Pública, esto podía suponer más trámites y dificultad de los que ofrecían las clínicas privadas especializadas, por lo que las mujeres que se lo podían permitir acudían en mayor medida a estas últimas. Mientras en la Sanidad Pública era un servicio gratuito concedido en función de la percepción y moralidad del profesional médico, en la Privada no se juzgaba ni cuestionaba la voluntad de las mujeres de interrumpir el embarazo. La precariedad económica, por tanto, podía suponer una barrera añadida para aquellas mujeres que necesitasen abortar.

Esta legislación introduce la terminología de Interrupción voluntaria del embarazo, que sirvió tanto para concretar la naturaleza voluntaria de la práctica y diferenciar aquellos abortos espontáneos –pérdidas gestacionales- de los inducidos.

Quince años después, la legislación sufrió un cambio de paradigma al basarse la legislación de 2010 (LO 2/2010 del 3 de marzo) en el cumplimiento de un plazo temporal establecido en la semana 14 de la gestación para poder interrumpir el embarazo. El Partido Popular recurrió dicha ley en el Tribunal Constitucional, y presentó sin éxito una propuesta de reforma de Ley que pretendía no solo volver a los supuestos de la ley de 1985 sino, además, reforzar los requisitos de acreditación de peligro psicológico, anulando el derecho de decisión de las mujeres. Estas perspectivas muestran la división de la sociedad española aún hoy en día (Salinero, 2018)

Finalmente, además de estas referencias cronológicas, se ha introducido un epígrafe con películas españolas o de participación española (co-producciones) que fueron rodadas en el extranjero, ya que responden igualmente a la visión y creación desde el contexto español, aunque estén fuera de los periodos legislativos citados porque se enmarcan en otros contextos.

Metodología

Se realizó una búsqueda de películas españolas que incluyeran el tema entre sus contenidos como criterios de inclusión, para lo que se empleó la palabra clave "aborto" en la base de datos contenida en la página web "Internet Movie Data Base" (IMDB). Dicha búsqueda obtuvo 30 títulos que abarcan 45 años (de 1971 a 2016), de los que se descartaron los dos cortos (*Old number seven, 2009; Salvación, 2011*), cuatro películas por no reunir los criterios de inclusión (*Tráfico de menores* 1978, italiana; *El viaje*

1992, argentina; *Metroland*, 1997, británica; y *Vessel II*, 2014, documental estadounidense), y dos por no encontrarlas disponibles para su visionado (*Abortar en Londres, 1977; Girl Versus, 2016*).

A los 22 títulos restantes fueron añadidos dos títulos más (*El precio del aborto y Los días que vendrán*), ampliando el rango temporal hasta 2019 (48 años). Los tres autores se dividieron los 24 títulos para proceder a su visionado y posterior análisis de contenido de aquellas escenas relativas al aborto.

Tras el visionado, cuatro películas fueron descartadas por no incluir el tema entre sus contenidos: *Adiós, cigüeña adiós, Lucía y el sexo, Meublé la casita blanca, y Cosas que nunca te dije.*

El análisis de contenido de los 20 títulos restantes se realizó en base a una serie de bloques temáticos definidos previamente por los investigadores: centralidad del proceso abortivo, fases que se muestran y detalles de descripciones, aborto meditado o espontáneo, presiones y razones para tomar decisión, personas implicadas en la decisión, aborto seguro versus clandestino, consecuencias físicas, psicológicas y sociales tras el aborto y el papel de los servicios sanitarios.

Periodo tardofranquista, postfranquista y transición (décadas de los 70 y 80)

Cuatro películas abarcan un periodo del 73 al 82: *Aborto criminal (1973), El huerto del Francés (1978), Aquella casa en las afueras (1980*), *Colegas (1982);* aunque dos más *(La culpa, 2006; y Katmandú, 2011*) también hacen alusión a esta época. *Contexto cultural "tradicional"*

Las películas del periodo tardo y postfranquista reflejan el momento histórico cultural del momento, influenciado por una educación basada en la religión católica en el que el sexo era considerado pecado fuera de los fines reproductivos, convirtiéndolo en un tema tabú.

Incluso algunas películas incluyen mensajes directos escritos al principio o final de la película:

> *"Mujer: Siente la vocación y la grandeza del poder que tú tienes de llamar a la vida dando acogida y alimento a ese nuevo ser que el Creador te ha confiado y que depende absolutamente de ti*" (*El precio del aborto*, 1975).

Las películas de este período reflejan la moral católica de la época que promueve la decencia entre las mujeres y castiga ejemplarmente su transgresión (la cárcel, la muerte, la culpa omnipresente y el arrepentimiento, que llevan incluso al suicidio).

Asistencia para el aborto desde la clandestinidad

En este período la opción del aborto es únicamente contemplada en el marco de la clandestinidad, de acuerdo a la penalización del aborto existente. Las mujeres que intentaban realizar esta práctica eran tratadas como criminales, así como las personas que se ofrecían a practicarla (fundamentalmente enfermeras practicantes, matronas, y médicos), ya que ambas podían ir a la cárcel si se descubría. Así lo muestra *Aborto criminal* (1973), en la que tanto las mujeres que acuden a una clínica clandestina en Barcelona, como las dos mujeres que trabajan en ella, y las personas que facilitaban el contacto, son juzgados y sentenciados a cumplir condena de cárcel. La película muestra 4 casos de mujeres embarazadas que acuden a una clínica clandestina en Barcelona, regentada por una mujer y su ayudante que se hacen pasar por masajista y esteticista, quienes también acuden a domicilio.

Asimismo, en este sentido también se refleja la opción de viajar al extranjero, principalmente Reino Unido (*Abortar en Londres*, 1977), como indica el propio título- u otros países como Alemania (*Colegas*, 1982) para interrumpir el embarazo legalmente en estos países, pese a que en el territorio nacional esta evasión de la ley también era condenada

En las películas, como reflejo de la realidad, queda patente cómo la clase social de las mujeres, vinculada a la capacidad económica de poder pagar por dichos servicios (el aborto clandestino o el viaje), era determinante para poder decidir sobre su reproducción.

Aquellas mujeres que no pudieran costearse dichos servicios no podían interrumpir sus embarazos, o debían hacerlo en situaciones aún más peligrosas para su salud, en condiciones de insalubridad -optar por abortos clandestinos por los que les pidieran menos dinero a cambio, en los que se entiende las condiciones pudieran ser más insalubres-.

Las condiciones de insalubridad son resaltadas en estos casos, en los que las camillas de quirófano son sustituidas por mesas de cocina, sofás o graneros (*Aborto Criminal*, 1973)

La figura de la matrona clandestina es construida de forma negativa como un personaje hostil, a menudo caracterizada como una mujer mayor, ruda y brusca, desprovista de empatía y las características deseables en un profesional de la salud. De forma intencionada se construye con estas características un personaje poco amigable para trasladar al espectador una mujer "mala" que actúa al margen de la ley para conseguir un beneficio económico a costa de realizar una práctica tan prohibida como mal vista por la sociedad de la época. En consecuencia, los abortos clandestinos son mostrados en las películas como un maltrato a las mujeres, que son tratadas de forma brusca y despersonalizada, a lo que se suma que algunos de estos casos se producen de forma forzada contra la voluntad de las mujeres (*Aborto criminal, El precio del aborto, El huerto del francés).*

En el caso de *Aquella casa en las afueras* (1980) este miedo a las condiciones de la clandestinidad es transformado en un relato de terror, en el que además aparece el aborto como imposición, no solo socio-económica, sino también como obsesión criminal y delirio de la antagonista que quiere provocar un aborto forzosamente. Refleja la culpa sentida tanto por la mujer que no puede tener hijos como por las que abortan. Es patente la crudeza del aborto clandestino, que se muestra en una atmósfera fría y lúgubre entre delirios y pesadillas, al igual que aparece en *La culpa* (2006).

De la misma forma fría y lúgubre aparece el proceso abortivo en *La culpa* (2006), una cinta más contemporánea pero ambientada en los años 60. En ella, una doctora tiene una clínica privada en su casa, donde practica abortos de manera clandestina y ofrece a la protagonista que se aloja en su casa colaborar con ella.

Aunque las mujeres que acuden a la clínica lo hacen de forma voluntaria, ella se somete a una de estas intervenciones auto-forzada por motivos económicos, tras lo que los sentimientos de culpa y arrepentimiento le atormentan. El castigo moralista de esa película de terror radica en la venganza de los fetos abortados, que cobran vida y asesinan tanto a mujeres que abortan como a la médica.

En todas estas películas que muestran la clandestinidad de la práctica, se muestran los utensilios metálicos (pinzas, ganchos y varillas de gran tamaño) de forma directa con protagonismo en los planos, de forma amenazante ante el peligro para la salud que suponen

Relaciones sentimentales

En este contexto, las relaciones sentimentales de las parejas se basan en el enamoramiento de ellas hacia ellos, mientras ellos pueden ser tan solo unos proxenetas que se aprovechan de ellas (*El huerto del francés*, 1978). Las películas de esta época reflejan la ingenuidad con la que se construye la figura femenina en el momento, que es tratada siempre como una niña desprovista de conocimiento. Frente al amor romántico proyectado en ellas, es de destacar la imposición de una sociedad machista en la que, tras la búsqueda de placer, los hombres no se quieren hacer cargo de su responsabilidad.

- *"Como te has dejado engatusar?*
- *Todavía no lo comprendo. Yo me reía de las chicas que se enamoraban, y ya ves tú.*
- *Bueno, todo tiene remedio, se casará contigo*
- *Eso no es posible, ya tiene mujer*
- *Entonces es un granuja*" (*Aborto criminal, 1973*)

En este sentido, vemos situaciones en que hombres más mayores, de clase alta o con poder económico, tienen amantes jóvenes, llamativas por su belleza, de zonas rurales o subordinadas laboralmente de las que se aprovechan y luego ven en el aborto "quitarse de problemas".

En *El huerto del francés* (1978) el desapego emocional del padre, que solo tiene interés físico en ella (como en otras de sus amantes que emplea de prostitutas, lo que también intenta con ella tras el aborto) contrasta con el fuerte enamoramiento de ella, que ignora los negocios turbios a los que se dedica el protagonista:

- *"¿Tu me quieres Juan?*
- *Claro que te quiero, si esto tuviera algún peligro no te lo propondría créeme /…/*
- *Me encantaría tener un hijo tuyo Juan, aunque solo vinieras a visitarnos de vez en cuando"*

Las relaciones sentimentales en las que se contextualizan las relaciones sexuales que han propiciado los embarazos se basan en el binomio amor romántico y violencia explícita. Las desigualdades de poder entre hombres y mujeres son tan extremas como entre proxenetas y prostitutas:

- *Mañana mismo fuera, o te lo quito a patadas*
- *Siempre te he obedecido, te doy todo lo que gano, pero eso no te lo doy, es mío y lo quiero ¿Te enteras?* (Él le pega y forcejean) *¡A mi no me gritas!" (Aborto criminal, 1973).*

Por ejemplo, en *Aborto Criminal* una de las mujeres que abortan se enamora del policía que investiga el caso, aunque este le había propinado una bofetada en una de las primeras escenas.

Sin embargo, ya en el periodo de la transición democrática, también vemos casos de películas que muestran relaciones de cuidado y comprensión mutua en la pareja, aunque siempre dentro de los roles de género clásicos en los que el marido trabaja y toma las decisiones, y la mujer se encarga del hogar y la descendencia (*Aquella casa en las afueras*, 1980; *Colegas*, 1982)

Agencia de las mujeres

Pocas veces las mujeres deciden por sí mismas. En aquella época no estaba tan extendido el uso de los diferentes métodos anticonceptivos. Además, las mujeres eran menores de edad hasta los 21 años e, incluso después de esa edad, solían ser infantilizadas y tratadas como entes ingenuos caracterizadas por la dependencia hacia un hombre o progenitor.

- *"Soy menor de edad y me debo aún a la tutela de mis padres.*
- *Pero ese hijo que llevas dentro es tan tuyo como mío*
- *No habrá hijo*
- *¿Cómo?*
- *Mi madre dice que me hará abortar. Te guste o no. De lo contrario te denunciará por corruptor de menores* (*El precio del aborto*, 1975)

En el transcurso de 10 años se nota una evolución positiva en cuanto a la agencia de las mujeres protagonistas, que pasan de ser forzadas a abortar por sus parejas (*Aborto Criminal*, 1973; *El huerto del francés*, 1978) a poder decidir por ellas mismas -aunque sigan siendo los personajes masculinos quienes lo expresen: "la que tienes que decidir eres tú" (*Colegas*, 1982)

En Katmandú (2011), basada en una historia real de los años 70/80, la protagonista se caracteriza por tener una postura clara en contra de su propia maternidad: a modo de flashback se muestra cómo solicitó desesperada entre llantos un aborto de su anterior matrimonio, a una mujer que en un principio se niega pero luego cede ante los ruegos y súplicas de la protagonista:

- *"Mira hija, yo ayudo a las mujeres casadas que ya tienen más críos y no pueden con otro. Pero tu eres joven, acabas de casarte*
- *¡Nooooo! por favor, por favor (llora), no lo entiende, no lo entiende, me quedan dos años de carrera, quiero viajar, quiero enseñar, y si tengo este niño, es que se cierra todo ¿lo entiende? ¡Es que se me cierra todo!, por favor, por favor, por favor, por favor….(llora)*

Luego en Nepal, donde se desarrolla la trama de la película, tampoco quiere formar una familia con su actual marido, quien al final la abandona por dicho motivo pese al amor que se tienen.

Sororidad

Es patente el apoyo entre mujeres en esta práctica escondida, mostrándose a una o varias amigas como acompañantes (*Aquella casa en las afueras*, 1980)

Legislación de 1985 (décadas de los 80 y 90 y primera del siglo XXI)

Seis películas abarcan un período de 1992 a 2010: *Jamón, Jamón (1992), Amic/Amat (1999), Solas (1999), Así es la vida (2000), Las mantenidas sin sueños (2005), De espaldas al mar (2009).*

Contexto cultural

En esta época, la interrupción del embarazo ya es legal y, progresivamente, la opinión social se muestra favorable al aborto en algunas esferas, esto queda patente en *Amic, amat* (1999) donde la familia es de clase alta y aconsejan a su hija interrumpir el embarazo pese a que ella parece que no quiere: "*Si yo estuviera en tu lugar, un ratito en la clínica y a casa*".

Asistencia regularizada para el aborto

En la película *Solas* (1999) aparece una escena en la que María está sentada en una sala de espera, para ser atendida por la trabajadora social y solicitar información sobre su deseo de interrupción voluntaria del embarazo. Encontramos una progresión en la posibilidad de acceder a la realización del aborto a través de la Seguridad Social.

- "*Tengo la cita la semana que viene para lo del aborto*"
- "*De puta madre, ¿Vale dinero?*"
- "*No*"
- *¿Qué más quieres? Si encima es gratis, si las mujeres de ahora no os podéis quejar. Mi vieja de joven casi se muere del aborto que le hizo una partera y encima tuvo que darle mil duros.*"

La película *De espaldas al mar* (2009), muestra la angustia y soledad de Alicia, una adolescente embarazada por posible un abuso sexual por parte de su padre (aunque este hecho no se menciona explícitamente en ninguna escena la película, él la llama insistentemente por teléfono y ella no quiere hablar con él, ella llora desconsolada). En la escena en la consulta para la solicitud de la realización de un aborto, la entrevista clínica no refleja preguntas sobre un posible abuso, muestra a la profesional explicando que necesita la firma de su padre, madre o de su tutor legal para poder autorizar el aborto. Acto seguido aparece la adolescente falsificando la firma para que le puedan realizar el procedimiento. En cuanto a la escena de la realización del aborto, se muestra la vulva de la adolescente con el espéculo y a la profesional aplicando el instrumental quirúrgico para realizar el legrado; mientras lo realiza, se detiene y le pregunta a Alicia si va bien, si necesita que pare o si continúa con el procedimiento.

Esta preocupación por el bienestar de la paciente contrasta con el período anterior en el que, en el contexto de la clandestinidad, las profesionales sanitarias que realizaban los abortos lo hacían de forma despersonalizada sin preocuparse por el posible sufrimiento de las pacientes.

Agencia de las mujeres

La agencia de las mujeres para decidir sobre su reproducción a través de no sucumbir a las presiones ajenas (de los hombres o de otras mujeres como madres o suegras) es visiblemente mayor en este período, como reflejo de la evolución de la autonomía de la mujer.

"Esto es lo que me pasa a mi. Yo tengo que decidir" (Amic, Amat, 1999)

En *Jamón, jamón* (1992) el embarazo aparece como tema complementario a las diferencias de clase en una España profunda y remota, sin más ley que el poder y el dinero. Dentro de un panorama cargado de tópicos, aparece la solidaridad femenina frente a desigualdades de género y la explotación sexual y laboral. Por otro lado, se muestra el mimo e infantilización del hijo de clase alta, por una madre fría y poco ética por lo demás, que no ve digna de su hijo a la hija de una prostituta. Es en este contexto en el que aparece (únicamente en una escena) el aborto como presión a la que no cede la protagonista, defendiendo su derecho sobre su embarazo frente a los intentos de convencerla por parte de la suegra (en este caso el padre queda al margen, impotente e incapaz de enfrentarse a su madre).

- *"Yo quiero que te cases con mi hijo, está destrozado… y, además, vas a ser madre de un niño, aunque creo que lo mejor sería que abortases.*
- *El niño es mío y haré lo que quiera. Y no me pienso casar con José Luís."* (*Jamón, jamón*, 1992)

Relaciones sentimentales

En ocasiones, las decisiones de las mujeres siguen estando basadas en la importancia otorgada a las relaciones sentimentales con los hombres que las han dejado embarazadas, pese a que ellos puedan seguir apareciendo como ajenos o desentendidos del proceso.

Por otra parte, *Solas* (1999) refleja la soledad que siente la protagonista frente al proceso y el desentendimiento e incomprensión por parte de su pareja.

– *"Quiero que me acompañes, tengo miedo"*
– *"¿Miedo tú? Miedo antes…"*

La protagonista es una mujer de unos cuarenta años, con precariedad laboral y un problema de alcoholismo, que se queda embarazada de un hombre que no la ama. No aparece ninguna expresión de afecto por parte de las personas implicadas. Ella expresa su deseo firme de abortar, aunque le solicita a él que la acompañe. Él, sin embargo, le explica que eso se lo pida a su "vieja", que el único apoyo que recibirá por su parte, será económico y sólo si es para poder efectuar el aborto.

Sororidad

La importancia de las redes de apoyo a través de las amigas se continúa mostrando en este período. En *De espaldas al mar (2009*) se expone la situación de una adolescente lesbiana embarazada que pide ayuda a una mujer que trabaja como camarera en el vecindario. Ésta ayudará a la protagonista alrededor de todo el proceso previo y posterior a la realización del aborto, ya que ella da su número de teléfono en los servicios sanitarios (ya que la afectada es menor de edad y falsifican la firma del tutor) y es ella quien asume los cuidados de la protagonista los días posteriores a la realización del aborto.

Legislación de 2010 (segunda década del s. XXI)

Tan solo una película ambientada en España, *Los días que Vendrán* (2019), se contextualiza en un período en el que la opción de interrumpir el embarazo es contemplada plenamente como un derecho, de forma libre, una opción perfectamente factible y viable para la que no existen barreras más allá de la de los plazos estipulados de las 14 semanas.

En esta película reciente, una pareja joven adulta se plantea la posibilidad de interrumpir el embarazo que llega por sorpresa. Toman la decisión de forma consensuada, aunque él enfatiza que la última decisión la tiene ella, y en realidad la de ella parece basarse en los deseos de él:

- *Vale, pues vamos a una clínica, abortamos, y ya está*
- *¿Tú quieres tenerlo?*
- *No. Eso es lo que tu digas, vaya es decisión tuya, tú debes tomar la decisión final, yo te respeto y te apoyo en todo lo que tú digas*

La decisión sobre el aborto la toman conjuntamente y, aunque se expresa el derecho de la mujer de tener la última palabra, queda implícita la preponderancia de la opinión del hombre puesto que al final lo tienen porque él cambia de opinión.

Películas ambientadas fuera de España

Nueve películas están ambientadas fuera de España, comprendiendo un período de 19 años (de 1992 a 2011) y cinco países: una en Turquía (*La pasión turca*, 1994), tres en Argentina (*Las mantenidas sin sueños,* 2005; *Nordeste, 2005),* dos en México (*El crimen del padre Amaro*, 2000; *Así es la vida*, 2000), Chile (*Promedio rojo*, 2004), Italia (*No te muevas*, 2004) y Nepal (*Katmandú*, 2011). *Maximum Shame* (2010) se ubica en un universo paralelo[1].

En *La pasión turca* (1994) se repiten los mismos clichés, en las que la desigualdad de poder en la pareja es patente al ser él quien decide e impone que ella aborte contra su voluntad, ya que ella es la amante y él ya tiene más hijos fruto de su matrimonio. Aunque la diferencia en este caso es que el aborto se produce en una institución sanitaria reglada con condiciones óptimas como anestesia, incluso total, ya que ella se despierta cuando ya ha terminado la intervención.

La opinión de la mujer protagonista no importa, no tiene agencia; no se aprecia su lucha más allá del ruego, lo que hay que entender en el contexto de una relación de violencia y en una cultura especialmente patriarcal

1 *Maximum shame* (2010) es una película surrealista ambientada en un universo apocalíptico paralelo. El aborto solo aparece de manera anecdótica en un momento determinado de una forma totalmente simbólica e interpretable: primero aparece la chica en un charco de sangre en una sala llena de fetos con cordón umbilical y, en una escena onírica de sadomasoquismo, la chica le dice al novio que está embarazada y, en ese momento, les atraviesa una lanza a los dos; tras lo que se despierta ella sola.

como la turca en los 90. La imposición del aborto se convierte en una muestra más de la violencia que ejerce él contra ella. Ella deseaba el hijo y vive como una violación a su cuerpo el despojarle del hijo deseado. Se muestra el impacto psicológico antes, durante y después de la práctica ya que su ánimo se vuelve triste y apático, como muestra una escena posterior en la que aparece divagando por la casa: "¡*me estoy volviendo loca*!". Como consecuencia de la relación violenta que sufre y el desencanto con el marido, que no solo la obliga a abortar sino también a prostituirse, al final la protagonista –caracterizada hasta ahora por su sumisión- recupera su agencia cuando acaba matando al marido como venganza de los varios abusos sufridos.

El drama social y la dependencia económica del hombre también aparece patente en *Así es la vida* (2000), una coproducción ambientada en un México en que las diferencias de género se ven patentes hasta el drama, mostrándose abiertamente el odio y diversos tipos de violencia. En la película solo aparecen mujeres, que se quejan de la decisión compartida e incluso preferente por tener hijos de unos hombres que no se hacen cargo y las abandonan, provocando una visión ambivalente hacia sus hijos, siendo lo que más quieren en el mundo, pero también el símbolo de su subyugación, además de traídos a un mundo nefasto. El aborto es recurrente y aparece en diferentes circunstancias: tanto espontáneo/natural, como inducido. En ambos casos se muestra un estrés post-traumático, una situación difícil de superar y una soledad y odio al padre.

En el caso del deliberado además del miedo y nerviosismo de la mujer, se muestran los riesgos de la clandestinidad y el procedimiento que hay que seguir yendo al hospital si se complican las cosas para intentar disimular su intento de interrupción del embarazo sin que la condenen. En este caso, el aborto clandestino se produce en una curandera que humaniza este procedimiento naturalizándolo e intentando tranquilizarla, aunque es evidente la dura experiencia y la incertidumbre de la mujer por que vaya todo bien. No sabemos nada de la muchacha que va a abortar, simplemente que está sola y parece segura. También vemos que se repite esa presión de una figura de poder sobre la decisión de la mujer embarazada, en este caso la protagonista recuerda cómo le presionaba la madrina para que abortase en su momento, cosa a la que ella se niega.

Esa presión también se hace patente en *Las mantenidas sin sueños* (2005) en la que la hija decide tener su bebé contradiciendo y enfrentándose a su madre. En esta película, ambientada en Argentina, el aborto aparece como recurso al que se ha recurrido tras un embarazo adolescente en el que la madre presiona en el hospital para que se lo practiquen a su hija sin contar con su opinión, aunque al final no se produce y le lleva a una vulnerabilidad social en la que acaba cayendo hasta un abandono y despreocupación de su hija, que se cría junto a una madre colocada y ausente. Pero además acaba practicando el aborto sucesivas veces no mostrándose más que el momento en que la madre le acompaña al lugar y le da el dinero (se deduce que es clandestinamente). Acaba mostrándose como consecuencia de la despreocupación y sinsentido vital que le lleva a tener conductas de riesgo y, además, acaba encontrando el lucro en pedir a su madre dinero para abortar que acaba usando para consumir droga.

Esa incomprensión de la que quiere ser madre adolescente enfrentada a su madre que quiere que aborte y viva otra realidad diferente a la suya se muestra en el siguiente diálogo:

> "*Pero estaba mi mamá tirada allá en el consultorio del médico, llorando, gritando, implorándole que me haga un aborto, que me deje ser adolescente un tiempo más… Mi penitencia duró todo el resto de mi embarazo, encerrada como una criminal por traer un hijo a este mundo*" (*Las mantenidas sin sueños*, 2005)

Dentro del tratamiento de las consecuencias del aborto, en *No te muevas* (2004), ambientada en un lugar inhóspito de una ciudad italiana, se refleja la culpa por el aborto que se extiende a los dos miembros de la pareja y queda ejemplificada en una frase de ella: "*Dios no nos lo perdonará*". También se aprecia esa falta de responsabilidad masculina ocultando una relación paralela en la que la amante, de una posición socio-económica marginal, queda embarazada. La mujer aparece totalmente sumisa tanto en la relación como en un primer momento del embarazo en el que él baraja el aborto facilitando condiciones adecuadas en el hospital en el que trabaja (aunque sería clandestino, con buenas condiciones), pero finalmente se arrepiente y le dice que no aborte. Tras un periodo en el que él la abandona por no afrontar la situación, ella decide abortar clandestinamente "con los gitanos" por no sentirse capaz de atender a un bebé, repitiéndose esa causalidad de vulnerabilidad social, soledad y dependencia de un hombre que no afronta la situación, que también vemos en *Así es la vida* (2000) o *Las mantenidas sin sueños* (2005). Cuando él vuelve, a pesar de ser médico, poco puede hacer por ella, que muere a causa de una infección por las nefastas condiciones en que el aborto se produce.

El protagonista de *Promedio rojo* (2004), comedia ambientada en Chile, ella se queda embarazada de un amigo del protagonista y se lo confiesa a este mientras vomita y él le sujeta el pelo (él es quien la asiste y apoya mientras el padre del bebé se desentiende).

La chica se plantea abortar pese a que en Chile no es legal. Una amiga de ambos que parece tener más experiencia, les explica e ilustra con dibujos los tipos de aborto que existen (con inyección, pastillas…), e incluso le enseña al amigo enamorado de la embarazada cómo tiene que hacerlo con una cuchara; él se asusta y ella le dice que si no tienen dinero cómo piensan hacerlo. La amiga los lleva a un médico que, en una muestra de machismo, insinúa "en broma" un intercambio sexual con la amiga si no tienen dinero, continuando la sátira entre la temeridad y el regateo sobre el coste de la intervención.

Finalmente, ella se va a España sin que aún se le note el embarazo, dejando con la duda al espectador si abortará allí o no. Al final de la película ella vuelve a Chile y aparece en el aeropuerto con un bebé.

Vemos otro tipo de presión en *El crimen del padre Amaro* donde se plantea el inicio de una relación sentimental entre un joven sacerdote con Amelita, una joven de 16 años en un pequeño pueblo de México en el siglo XIX. La joven se queda embarazada de Amaro, y él le propone a Amelia que aborte, porque de lo contrario él tendría que abandonar el sacerdocio. Ella no quiere interrumpir el embarazo, trata de recuperar una relación amorosa con una pareja anterior para evitar el aborto, sin embargo, es rechazada y finalmente accede a la solicitud de Amaro. Amelia es asistida en una clínica clandestina donde sufre una hemorragia masiva durante el procedimiento del legrado quirúrgico. La joven fallece desangrada en la camioneta de Amaro, mientras él conduce apresuradamente hacia un hospital en un intento de que pudieran atenderla.

Otro reflejo del peligro de la práctica del aborto clandestino lo vemos en *Katmandú, un espejo en el cielo* (2011) que nos muestra la experiencia de Laia, una joven que viaja a una región de Nepal donde hace una amiga, Sharmila, que busca el embarazo pero queda embarazada de una niña. Debido a la cultura patriarcal, ella interpreta este hecho como una vergüenza y una deshonra para la familia de su marido, y no quiere parir a una primogénita mujer. Para interrumpir este embarazo acude a una mujer de edad avanzada que parece actuar de curandera que le facilita remedios a base de hierbas para abortar. Finalmente, Sharmila muere por intoxicación a causa "del remedio" para llevar acabo la interrupción del embarazo.

Conclusiones

De las 20 películas analizadas, en 12 el tema del aborto es central, mientras que en el resto (8) el tema aparece como secundario o anecdótico supeditado a otra temática principal. En algunos casos al principio de la trama, por ejemplo como disyuntiva entre interrumpir el embarazo o no (*Los días que vendrán*) o como recuerdos de la protagonista (*Katmandú*). En otros al final de la película como precursor del desenlace (*La pasión turca*; *Katmandú*). Y también aparece como opción que trata de ser impuesta por otra persona (*Jamón, Jamón*; *Así es la vida*; *Las mantenidas sin sueños*).

En 16 de las películas sí se acaba produciendo finalmente el aborto, aunque en una de ellas en la que se reflejan dos casos (*El precio del aborto*) la protagonista no lo consigue, aunque sí quería abortar. En este sentido, resultan significativos los casos en los que las mujeres se plantean abortar e incluso están a punto de hacerlo, pero al final se arrepienten y no lo hacen (*Los días que vendrán, No te muevas, Promedio rojo, Colegas*).

Que en películas contemporáneas (*Amic/amat*, *Promedio rojo*, *Los días que vendrán*) acaben llevando a término el embarazo y desistan de la idea de abortar, refleja una ideología moral "pro-vida" contraria al aborto. En este sentido, es de destacar que solo una de las 20 películas ha sido dirigida por una mujer: *Katmandú*, de Icíar Bollaín, que precisamente es la que muestra una postura más firme de la protagonista rechazando por activa y pasiva su maternidad.

En 11 de estos casos el aborto se produce de forma clandestina e insegura. Por otra parte, en *Nordeste* se muestra un aborto farmacológico, pero realizado de forma insegura, ya que la mujer se automedica, sin supervisión, sin conocimiento del uso adecuado del fármaco y poniendo en grave riesgo su salud. Solo en 3 casos se muestra la realización del procedimiento quirúrgico del aborto de forma segura institucionalizada (*La pasión turca, Solas, De espaldas al mar*).

Cuando las personas no pueden acceder a la interrupción voluntaria del embarazo de forma libre y gratuita, se convierte en un problema de justicia social, mostrando consecuencias nefastas en caso de recurrir a intervenciones clandestinas. Prueba de ello es que, en cinco películas, como consecuencia de un aborto realizado en condiciones de inseguridad debido a la clandestinidad, las mujeres mueren (*Katmandú; El crimen del padre Amaro; La culpa; No te muevas; El precio del aborto*). En otra

(*Aborto criminal*) la chica que ha abortado se suicida. Las muertes muestran por una parte el peligro para la salud de los abortos clandestinos y sus consecuencias, pero por otra también pueden haberse incluido en la trama para actuar como moraleja social.

Con la legalización del aborto no aumenta su práctica, sino la seguridad y protección de la salud de las mujeres que deciden practicarlo libremente (Sedgh et al., 2012). Se trata de ofrecer un servicio de Salud Pública que evite la clandestinidad o la merma del poder de decisión de las mujeres sobre sus cuerpos, sexualidad y reproducción.

Muchas películas reflejan las consecuencias negativas del embarazo no buscado y en situaciones de precariedad, tanto llegando el proceso a su término (vulnerabilidad social, fin de la adolescencia) como ejecutando una intervención voluntaria del mismo (trauma, culpa, obligación cultural de procrear).

Con este capítulo se comprueba como el tema de la diferencia de clase y la imposición es un tema recurrente en la filmografía española sobre el aborto. Por ejemplo vemos que en la película *Jamón, jamón* aparece como parte de un intento de sometimiento e imposición sobre el cuerpo de una mujer rebajada por su clase o condición, y lo encontramos repetidamente en otras películas de ese periodo como *No te muevas*, así como en la filmografía general.

En cinco películas se incluyen abortos inducidos forzados (*El huerto del francés, El precio del aborto, La pasión turca, Aquella casa en las afueras, El crimen del padre Amaro*) frente a 11 películas en las que se producen de forma voluntaria. Estos son meditados, aunque hay que destacar que algunos son forzados indirectamente (*La culpa, Las mantenidas sin sueños, y Nordeste* por motivos económicos; y la coprotagonista de *Katmandú* por la imposición patriarcal interiorizada de no querer dar a luz una niña). Sólo en el caso de la protagonista de *Katmandú* es por convicción personal de no querer ser madre.

Que en 4 casos los abortos sean forzados por imposición de los hombres (*El huerto del francés, Aborto criminal, La pasión turca, El crimen del padre Amaro)*, es consecuencia de la superioridad de poder tradicional de la sociedad patriarcal y cultura machista. La agencia de las mujeres es minimizada hasta el extremo de que cuando no es imposición de los hombres, lo es de las madres de las embarazadas (*El precio del aborto; Las mantenidas sin sueños*), la madrina (*Así es la vida*) o la suegra (*Jamón, jamón*). Las películas en las que ellas deciden libremente (*Amic, amat;*

Solas, De espaldas al mar) muestran una evolución positiva en cuanto a la agencia femenina sobre su propia reproducción, aunque en otras la decisión de abortar siga estando supeditada a los deseos de ellos (*No te muevas*; *Los días que vendrán*).

Así mismo, es común la relación entre violencia explícita y aborto, como en *La pasión turca, Las mantenidas sin sueños, De espaldas al mar* (el embarazo es fruto del abuso del padre), *Aborto criminal* o *El precio del aborto.* En este sentido, numerosas películas muestran el abandono por parte del padre y la soledad de la mujer para afrontar la situación que acaban decantando la decisión (acompañada de dependencia de las parejas y escasez de medios). En contraste, algunos de estos contextos también reflejan el apoyo de otras mujeres (*Aquella casa en las afueras; Así es la vida; Las mantenidas sin sueños, De espaldas al mar*), en una muestra de sororidad.

En definitiva, podemos ver una evolución en las temáticas y perspectivas relacionadas con el aborto en el cine español que viene acompañando la evolución social y legislativa al respecto. Desde la clandestinidad, la culpa, el abandono y vulnerabilidad de la mujer; a una mayor implicación en pareja y autonomía de las mujeres en la decisión sobre sus propios cuerpos y la reproducción. Desde unas prácticas de riesgo absoluto, a una seguridad en el proceso.

Videografía

Iquino, I. F. (Director) (1973). Aborto criminal [Película]. España. IFI Producción S.A.

Xiol, J. (Director) (1975). El precio del aborto [Película]. España. CIC Films.

Naschy, P. (Director) 1978. El huerto del francés. [Película]. España. Laro films.

Martín, E. (Director) (1980). Aquella casa en las afueras [Película]. España. Kalender Films International.

Pérez Giner, J.A. (Productor). de la Iglesia, E. (Director) (1982). Colegas [Película]. España. Ópalo Films

Vicente Gómez, A. (Productor). Luna, B. (Director) (1992). Jamón, jamón [Película]. España. LolaFilms S.A./Oviedo TV S.A./Sogepaq.
Vicente Gómez, A. (Productor). Aranda, V. (Director) (1994). La pasión turca [película]. España. Lolafilms.
Pons, V., Basté, X. (Productor). Pons, V. (Director) (1999). Amic/Amat [película]. España. Els films de la Rambla
Pérez, PA. (Productor). Zambrano, B. (Director) (1999). Solas [Película] España. Maestranza Films.
Garnica, A., Imperiale, L. y J. Sánchez (Productores). Ripstein, A. (Director) (2000). Así es la vida [Película]. Coproducción México-España-Francia.
Birman Ripstein, D. y Ripstein A. (Productores). Carrera C. (Director) (2002). El crimen del padre Amaro. [Película] México/España. Alameda Films. Artcam International/Blu Films/FOPROCINE.
Castellitto, S. (Director) (2004). No te muevas [Película]. Coproducción Italia-España-GB. Cattleya/Alquimia Cinema S.A./The Producers Films
Asensio, M. (Productor). López, N. (Director) (2004). Promedio Rojo [Película]. Coproducción Chile-España.
Vonarb, A., Monfort, I., Solanas, J. y Soumache, A. (Productores) Solanas, JA. (Director) (2005). Nordeste. [Película]. Coproducción Argentina-España-Francia-Bélgica; Polar Films/Montfort Producciones/ Onyx Films.
Fogwill, V. y M. Desalvo (Directores). (2005). Las mantenidas sin sueños [Película]. Coproducción Argentina/España. Avalon Production/ Hubert Bals Fund/Instituto Nacional de Cine y Artes Audiovisuales.
Ibáñez Serrador, N. (Director) (2006). La culpa- Películas para no dormir [Película]. España, Filmax.
Escalona, G. (Director). (2009). De espaldas al mar [Película]. España. Despertar Films.
Atanes, C. (Productor y director) (2010). Maximum shame [Película]. España. Fort Knox Audiovisual.
Bollaín, I. (Director). (2011). Katmandú, un espejo en el cielo [Película]. España. Media Films/ Es.docu/The Kraken Films AIE/Afrodita Audiovisual AIE
Marques-Marcet, C. (Director) (2019). Los días que vendrán (Els dies que vindran) [Película]. España. Lastor Media/Avalon P.C/ ICAA/ Movistar+/TVC.

Referencias

Boletín Oficial del Estado (1985). Ley Orgánica 9/1985 del 5 de julio, de reforma del artículo 417 bis del Código Penal

Boletín Oficial del Estado (2010). Ley Orgánica 2/2010 del 3 de marzo, de salud sexual y reproductiva y de la interrupción voluntaria del embarazo

Cifrian, C.; Martínez Ten, C.; Serrano, C. (1986) La cuestión del aborto. Icaria Editorial, Barcelona

Miranda Lucas, M.J., & Comas d 'Argemir, D. (2016). "Discursos de profesionales de la salud y de mujeres sobre el aborto voluntario"'. Revista de Bioética y Derecho, (38), 37–53

Ministerio de Sanidad y Servicios Sociales (2014). Programa Formativo de la Especialidad de Enfermería Obstétrico Ginecológica (Matrona). Instituto Nacional de Gestión Sanitaria

Salinero Alonso, C. (2018) "El aborto no punible en el ordenamiento jurídico español: la -casi eterna- respuesta a una incertidumbre". Revista Electrónica de Ciencia Penal y Criminología (RECPC)., 20–31, pp.1–34

Sedgh, G., Singh, S., Shah, I.H., Ahman, E., Henshaw, S.K., Bankole, A. (2012). "Induced abortion: incidence and trends worldwide from 1995 to 2008". The Lancet, 379, 9816, pp.625–632

La representación del aborto en Chile en los medios audiovisuales de ficción

Mariana Loezar Hernández y Erica Briones Vozmediano

Introducción: Antecedentes históricos y legales del aborto en Chile

Desde el año 1874 que el Código Penal chileno regula el aborto dentro de los crímenes o delitos que atentan contra el orden de las familias, la moralidad pública y la integridad sexual. En este, se sancionaba a quien causase un aborto *"maliciosamente"*, concepto que estuvo sujeto a diversas interpretaciones (Lampert-Grassi, 2015).

En 1931, con la creación del Código Sanitario, se da el primer paso en la despenalización del aborto, permitiendo su interrupción por razones terapéuticas. Para esto se necesitaba la opinión documentada de 3 facultativos (Lampert-Grassi, 2015), sin embargo, en algunos casos se permitía que el aborto fuera ejecutado por el personal médico teniendo dos testigos (Dides et al., 2015). Más tarde, en el año 1968 se da origen a un nuevo Código Sanitario con el que se reducen las exigencias respecto a la indicación de aborto terapéutico, solo se necesitaba la opinión de dos médicos/as cirujanos para poder realizar la intervención (Lampert-Grassi, 2015).

A mediados de la década de los sesenta, se desarrolla el Programa Nacional de Planificación Familiar (*Informe de Monitoreo Social: Implementación de la ley de interrupción del embarazo en tres causales*, 2019) que tuvo como principal objetivo reducir el número de abortos inseguros realizados en esos años (Lampert-Grassi, 2015). En ese entonces, las mujeres no tenían control de su natalidad por lo que en caso de embarazos no deseados recurrían mayoritariamente a abortos clandestinos, en otras palabras, el aborto era utilizado como un método de control de fecundidad.

Con el comienzo de la dictadura (1973) ya se empiezan a notar cambios respecto al ámbito de los derechos reproductivos de las mujeres, ya que se restringió el acceso a métodos anticonceptivos y también a información relacionada con la planificación familiar (*Informe de Monitoreo Social: Implementación de la ley de interrupción del embarazo en tres causales*, 2019). A finales de la dictadura en 1989, una comisión cerrada compuesta solo por hombres determinó la prohibición absoluta del aborto en cualquier circunstancia (Nicholls & Cuestas, 2018). Este tema es tratado en los artículos 342 a 345 del Código Penal, donde se castiga severamente tanto a la propia mujer que realizase un aborto por su cuenta o aceptara que otra persona se lo realizase como también al facultativo que colaborase o participase en primera persona en esta intervención (Dides et al., 2015).

Parlamentarias/os presentaron 27 proyectos de ley respecto a este tema, de los cuales ninguno fue apoyado por el poder ejecutivo. En el año 2013 se desarrolló un proyecto de ley de interrupción legal del embarazo por tres causales: en caso de violación, riesgo vital de la mujer e inviabilidad fetal extrauterina (Castillo & Fernández, 2018), aunque no es hasta principios del año 2015 que la presidenta Michelle Bachelet ingresa al parlamento un proyecto de ley que proponía la modificación del Artículo 119 del Código Sanitario para así despenalizar la interrupción voluntaria del embarazo bajo esas tres causales (Nicholls & Cuestas, 2018). Finalmente, la Ley fue aprobada en el Congreso Nacional en agosto del 2017, y siguió en marcha a pesar de un requerimiento de inconstitucionalidad solicitado en su contra (Castillo & Fernández, 2018). En septiembre del año 2017 se promulga la Ley N°21.030 (*Despenalización de la interrupción voluntaria del embarazo en tres causales*, 2017) sobre Interrupción Voluntaria del Embarazo por Tres Causales que permite el aborto en los siguientes escenarios: riesgo vital de la mujer, por lo que la interrupción del embarazo evita un peligro para su vida; inviabilidad fetal extrauterina por patología congénita adquirida o genética de carácter letal y cuando el embarazo sea producto de una violación, en este caso está permitido hasta las doce semanas de gestación en mayores de 14 años y catorce semanas en menores de 14 años.

Ya transcurridos unos años desde la promulgación de esta Ley, se pueden evidenciar diversas limitaciones con respecto a su planteamiento y a su implementación. Con respecto a lo primero, la objeción de conciencia ha sido uno de los temas más controvertidos. Existen dos tipos de objeción de conciencia: la personal -que puede ser invocada por el personal sanitario que desempeña funciones en el pabellón- y la institucional -que en este caso solo puede ser invocada por instituciones privadas- (Canales et al., 2018). Esto ha dado origen a un escenario en el que diversas instituciones privadas se declaren objetoras de conciencia, incluso aquellas que cuentan con financiamiento público. En este mismo sentido, algunas de ellas exigen a sus profesionales que no realicen abortos ni siquiera en otras instituciones de salud, superponiendo de esta forma la objeción de conciencia institucional a la personal (Robertson & Nova, 2018). Según el Informe *Monitoreo Social: Implementación Ley IVE* (2019) de acuerdo con los datos entregados por el MINSAL, un 50,5% de los médicos obstetras se declaró objetor en la causal de violación, un 28,6% en el caso de inviabilidad fetal y un 20,7% en caso de riesgo vital de la mujer.

Por otro lado, la penalización del aborto en situaciones que escapan a las tres causales estipuladas por la ley también pone en discusión el resguardo de los derechos humanos de mujeres que se tienen que someter a abortos clandestinos. En este sentido, el Estado de Chile tiene una deuda democrática con las mujeres por el incumplimiento a los acuerdos internacionales que adquirió en materia de derechos humanos de las mujeres, esto visto desde la perspectiva de que obliga a las mujeres a recurrir al aborto clandestino, con la desinformación y vulnerabilidad que esto conlleva (Nicholls & Cuestas, 2018)

Según el Informe Aborto en Chile de la Corporación MILES (Canales et al., 2018) en base a datos del Departamento de Estadísticas e Información en Salud del Ministerio de Salud de Chile, considerando las causas de muerte materna por causas obstétricas directa el aborto fue la tercera causa (13%) después de los trastornos hipertensivos del embarazo (23%) y las complicaciones del embarazo, parto y puerperio (15%). En este mismo sentido, en relación a los egresos hospitalarios el "aborto no especificado" y el "aborto espontáneo" son la segunda y tercera causa de egreso hospitalario por aborto (Canales et al., 2018).

En relación a los datos obtenidos por la Ley de Transparencia de Gendarmería de Chile -entre el año 2007 y 2017- 166 personas fueron condenadas por aborto en Chile, de ellas 108 son mujeres (Canales et al., 2018). La clandestinidad también da luz verde a que las mujeres se tengan que someter a un trato indigno e inadecuado tanto de parte de quien le está realizando la práctica como también cuando deben acudir a las instituciones sanitarias por algún tipo de complicación (Casas & Vivaldi, 2013).

Esta ley punitiva fomenta y profundiza la brecha de desigualdad en la sociedad chilena (Dides et al., 2015), en el sentido que las mujeres de estratos socioeconómicos más bajos deben enfrentar un aborto en condiciones de inseguridad -ya sea por las condiciones sanitarias y las competencias de la persona y el lugar donde se desarrolla el aborto como también a la inseguridad que genera el uso de pastillas abortivas de las cuales muchas veces no se tiene conocimiento alguno- (Nicholls & Cuestas, 2018); mientras que las de estratos socioeconómicos altos es sabido que, a pesar de también estar circunscritas en la ilegalidad, pueden acceder a condiciones más seguras para realizar el procedimiento. Se sabe que en distintas clínicas privadas a lo largo del país se ingresan a mujeres con un diagnóstico distinto al aborto (por ejemplo una apendicitis) para encubrir esta práctica, que termina siendo realizada por profesionales competentes y en condiciones sanitarias óptimas (Nicholls & Cuestas, 2018).

Metodología

En primer lugar, se realizó una búsqueda de películas chilenas que incluyeran el tema del aborto entre sus contenidos, ya sea como tema central o bien secundario. Para ello se utilizó el sitio web *CineChile*[1] que es el resultado de un proyecto de investigación realizado por un grupo de periodistas e investigadores en cine para conformar una enciclopedia de cine chileno en internet. El término utilizado para la búsqueda fue el de "Aborto". De esta búsqueda resultaron 9 títulos, 5 largometrajes y 4 cortometrajes respectivamente. Solo se pudo acceder a 7 títulos del total (3 largometrajes y 4 cortometrajes), dado a que los restantes[2] no se encontraban disponibles para visualizarlos online. Además, se incluyó una serie de televisión de ficción por lo que finalmente resultaron ser 8 los títulos seleccionados:

1 *CineChile: Enciclopedia del Cine Chileno*: https://cinechile.cl/
2 Dos largometrajes de ficción: *La espera* (2010) y *Silencio* (2017).

Tabla 1.

Título	**Tipo**	**Año**	**Dirección**
Aborto	Cortometraje documental	1965	Pedro Chaskel
Antonia	Largometraje de ficción	2001	Mariano Andrade
Mujer no es sinónimo de madre	Cortometraje documental	2011	Margot Valenzuela Nicolás Roa
El Reemplazante	Serie de televisión de ficción	2012	Javier Bertossi Ignacio Arnold Nicolás Acuña Cristián Jiménez
Apio Verde	Largometraje de ficción	2013	Francesc Morales
La sombra de mis recuerdos	Cortometraje documental	2015	Vania Aedo
7 semanas	Largometraje de ficción	2016	Constanza Figari
Franco	Cortometraje de ficción	2016	Alex Landauro

Fuente: Elaboración propia en base a datos de CineChile (*CineChile: Enciclopedia del Cine Chileno*)

Se procedió a la visualización y análisis de contenido de las selecciones.

Resultados

Primera parte: análisis de contenido a partir de los datos generales de las selecciones

Del total de ocho títulos consultados, tres de ellos cuentan con la participación de mujeres en su dirección (*Mujer no es sinónimo de madre; La sombra de mis recuerdos y 7 semanas*). Con respecto al año en el que se realizaron, se puede observar que hay cierta tendencia al aumento de la visualización de este tema desde el 2010 en adelante, ya que son siete los títulos que se desarrollan a partir de ese año.

En relación al contexto político y legislativo, *Aborto* (1965) es el único título que se desarrolla cuando el aborto terapéutico en caso de riesgo vital de la mujer estaba permitido en Chile. Las otras ocho selecciones se desarrollan en décadas posteriores a fines de la dictadura (1989) donde se prohibió tajantemente la interrupción voluntaria del embarazo en cualquier circunstancia. Cada una de estas selecciones representa un contexto diferente por el cual las mujeres consideran el aborto como opción.

En el cortometraje *Aborto* (1965) se puede evidenciar que el aborto clandestino era una práctica frecuente en las mujeres de la época. Los embarazos no deseados eran resultado de la ausencia de mecanismos de planificación familiar, a lo que muchas veces se le sumaban los escasos recursos. Frente a este escenario, muchas mujeres decidían abortar clandestinamente, en esta época solo estaba permitido el aborto terapéutico en caso de riesgo vital de la mujer. Lo anterior podría explicar que el tema del aborto era tomado con cierta naturalidad, a pesar de desarrollarse en el marco de la ilegalidad. Esto se evidencia en que frente al diagnóstico de la protagonista de "*perforación uterina por raspaje realizado fuera del hospital*" no se observa que el personal sanitario inicie acciones legales. Por otro lado, se muestra otro de los hitos importantes en esta época que es el de la implementación de programas de planificación familiar para las mujeres.

En el periodo de tiempo en el que se desarrolla *Antonia* (2001) el aborto ya era absolutamente ilícito, desde fines del año 1989. No es de extrañar que el aborto en este contexto haya estado fuertemente estigmatizado por la sociedad como una práctica cruel e inmoral. Esto se ejemplifica en este largometraje, donde la hermana de la protagonista le expresa *"el aborto no es ninguna solución, solamente que lo pienses me parece monstruoso"*. En *El reemplazante* (2012) parece ser un tema del que se habla con más naturalidad, esto se puede explicar porque la serie se desarrolla en un contexto de vulnerabilidad y escasos recursos en el que estos temas se desarrollaban con más frecuencia. *Apio Verde* (2013) pone en la mesa la discusión de la legalización del aborto terapéutico dado que representa el caso mediático de una mujer que tenía un cáncer cervicouterino que no podía tratarse por estar embarazada de un hijo sin posibilidades de vida. Este caso fue real, y tuvo gran alcance en los medios de comunicación chilenos, sin embargo, no es hasta el año 2017 que logra finalmente aprobarse la ley de aborto en tres causales. Por último, en el largometraje *7 semanas* (2016) se representa el aborto desde la perspectiva del derecho a decidir de las mujeres. Esto coincide también con cómo se muestra en el cortometraje *Mujer no es sinónimo de madre* (2011), donde se hace hincapié en la importancia de la maternidad como elección.

Con respecto a la situación socioeconómica, solo una de las selecciones (*Antonia*, 2001) se desarrolla en un contexto socioeconómico más próximo al sector medio-alto. En este caso el cuestionamiento sobre la continuación de su embarazo tiene que ver con la voluntad de ser madre, a diferencia de las otras representaciones, en las cuales el nivel socioeconómico es uno de los motivos principales por los que no se puede continuar con el embarazo *(Aborto,* 1965). Los títulos restantes representan familias de clase media chilena, también sometidas a ciertas vulnerabilidades. Esto hace que se interrelacionen las dos esferas mencionadas anteriormente, el poder ser madre (se puede mantener a un futuro hijo o hija) versus el querer ser madre (voluntad de querer convertirse en madre).

De las ocho selecciones, solo en dos de ellas el aborto no se presenta como temática central, que es el caso de *Antonia* (2001) -que es una película donde el tema del aborto solo se trata en un par de escenas- y *El Reemplazante* (2012) -que, al ser una serie, solo se trata el tema del aborto en cinco capítulos-. Sin embargo, en los otros títulos son distintas las situaciones de aborto que se representan como, por ejemplo: aborto clandestino que termina en una urgencia con riesgo vital, aborto terapéutico por inviabilidad del feto, aborto clandestino fallido, aborto espontáneo y aborto por libre decisión de la mujer.

Segunda parte: análisis de contenido según fases en torno a la decisión del aborto

Estoy embarazada

No todas las mujeres de los títulos seleccionados se enteran de igual forma sobre su embarazo. En *Antonia* (2001), *Apio Verde* (2001), *y El Reemplazante* (2012), las protagonistas se enteran de su embarazo solas, sin la compañía ni el apoyo de sus parejas en ese momento. Solo en *7 semanas* (2016) la pareja de la protagonista se encuentra con ella en el momento en el que se realiza el test de embarazo. En este mismo sentido, ninguno de los embarazos representados en estos títulos fue planificado, y solo en el caso de *El Reemplazante* (2012) el embarazo fue producto de una relación informal.

Cómo me hace sentir mi embarazo

Tras recibir la noticia de que están embarazadas, son diversas las emociones que inundan a las mujeres dependiendo de los contextos que viven. Por ejemplo, en *Aborto* (1965) la protagonista expresa que este nuevo embarazo es un verdadero problema debido a que ya tiene tres hijos que mantener. A lo anterior se suma que ella pensaba que ya no podría quedar embarazada por una experiencia de aborto anterior que había tenido, donde había tomado un remedio que le había hecho muy mal. En *Antonia* (2001) la protagonista se toma muy mal la noticia, refiere que ella no quiere ni puede tener hijos porque le ha costado mucho llegar a donde está en su trabajo, porque las cosas no están bien con su pareja, porque no se imagina gorda, con las piernas hinchadas, con la cara llena de espinillas, dándole pecho a su bebé en su trabajo. Para la protagonista de menos de 16 años de *El Reemplazante* (2012) el embarazo significa un gran problema, y ella misma refiere que el padre de la criatura no existe y que su madre no se puede enterar de nada. A pesar de ello, busca respuestas a sus inquietudes en una compañera de curso que ya había sido madre, tal como se muestra en el siguiente diálogo:

– *"¿Es muy difícil tener un cabro chico?*
– *Sí…es complicado, porque hay momentos que te sentís sola, te angustiai, es difícil…*
– *Pero ¿para ti ha sido más bueno o más malo?"*

En *Apio Verde* (2013) a pesar de ser un embarazo no planificado, la protagonista se toma la noticia con mucha alegría e ilusión. Mientras que la protagonista de *7 semanas* (2016) se muestra muy dubitativa frente a esta noticia, y no manifiesta la misma alegría que su entorno familiar y su pareja. Sin embargo, nadie parece notar esta actitud o quizás nadie se detiene a pensar que quizás no se siente del todo a gusto con su embarazo. Esto tiene relación con una concepción social de la maternidad en la que existen pautas sobre cómo se tiene que sentir una mujer después de saber que está embarazada, parece ser que no hay espacio para que otro tipo de emociones emerjan.

Otras personas saben que estoy embarazada

Otro aspecto importante a considerar es cómo reacciona el entorno de estas mujeres frente a su embarazo, considerando a sus parejas, familia y grupos de personas con los que comparten cotidianamente. En este sentido, es posible evidenciar cómo una mujer al estar embarazada transita rápidamente a un estado del que tiene que, de alguna manera, hacerse responsable. En *Aborto* (1965) la pareja de la protagonista reafirma la dificultad que significaría tener a otro hijo/a en las condiciones que viven, eso sí le deja la responsabilidad a ella que decida sobre qué quiere hacer.

En *Antonia* (2001), la hermana de la protagonista es la primera en enterarse de la noticia. Le expresa su alegría y le comenta que aproveche esta oportunidad para concretar su matrimonio. Su pareja se entera bastante avanzada la película y ni siquiera es ella quien se lo comenta, por lo que pone en duda de si él es el verdadero padre de ese futuro hijo/a.

En *El Reemplazante* (2012), la protagonista recurre a su profesor para comentarle su situación, él le pregunta que qué piensa hacer con su embarazo a lo que ella responde que da lo mismo lo que piense porque no tiene opciones. Tras comentarle al hombre con el que había estado sobre su embarazo, este le contesta que la *guagua* no es de él, que él no es tonto. Sin asumir ningún tipo de responsabilidad y de manera bastante violenta le pregunta que qué es lo que va a hacer con esa *guagua.*

La protagonista de *Apio verde* (2013), le comenta a su pareja la noticia y ambos se lo toman con mucha ilusión, de hecho, se puede ver que mantiene bastante unida a la pareja.

En *7 semanas* (2012) todo el entorno de la protagonista parece estar muy ilusionado con la idea del embarazo, su familia y la familia de su pareja se lo toman muy bien. En este mismo sentido, se pueden evidenciar constantes exigencias hacia la protagonista por su embarazo. Por ejemplo, su pareja la pone en duda por ser vegetariana dado a que por su condición necesita comer bien, su profesora de baile la cambia de posición a una de menos exigencia porque ya no puede hacer los mismos ejercicios, sus compañeras le preguntan constantemente si se está controlando y asocian su estado de humor a que le están haciendo efecto las hormonas, su familia reacciona muy mal cuando esta no acude a uno de los controles médicos. De hecho, su madre le dice que:" *no lo digo ni por usted ni por Simón, lo digo por su guagüita"*. Esto deja entre ver que la transición desde mujer a mujer embarazada es muy rápida, y al parecer según estas representaciones la salud biopsicosocial de la mujer pasa a estar en un segundo plano.

Finalmente, en el cortometraje *Franco* (2016) es posible evidenciar otra perspectiva de los hechos: la del hombre. Aquí se muestra como la noticia del embarazo le afecta y preocupa constantemente en su cotidianidad, principalmente por la imposibilidad de llevarlo a término. El principal motivo que se puede deducir de esta representación es el de la condición socioeconómica en la que viven ambos.

Punto de inflexión: se considera el aborto como una opción

Tal como se expresa en la literatura, el hecho de pensar en el aborto como una opción es resultado de un contexto personal. Son diversos los factores que pueden influir en esta decisión. Es por lo mismo que es necesario tener en consideración los motivos por el cual las mujeres se plantean este escenario, si es que cuentan con medios para poder recurrir a este tipo de intervención y en cómo les afecta el hecho de que sea ilegal. Tal como se evidencia en las representaciones seleccionadas, en *Aborto* (1965) la principal razón que lleva a la protagonista a pensar en el aborto es su condición socioeconómica. Verdaderamente no le alcanza para mantener a una persona más en su hogar, a pesar de que tanto ella como su pareja trabajen. En *Antonia* (2001), la protagonista no está segura de si quiere tener un hijo/a y además refiere que las mujeres pueden decidir cuando quieren y cuando no quieren tener a un hijo/a. Esta inquietud en este caso está muy influenciada por lo que se mencionaba antes, la protagonista no es capaz de verse a ella misma en el rol de madre ni haciendo las cosas que las madres acostumbran a hacer. La protagonista de *El Reemplazante* (2012), le comenta a su profesor en relación a su embarazo que:

> *"Nadie quiere ser mamá a los 16 y mis amigas me han contado puras hueás sobre esas operaciones, si fuera en un hospital legal le creo, pero yo no quiero que me saquen un crío de la guata con una aspiradora y un tenedor".*

En este sentido se deja en evidencia que ella no considera la opción del aborto por un tema de seguridad, tiene miedo de que algo le pase según lo que le han comentado personas cercanas a ella. Sin embargo, cuando le cuenta al hombre con el que estuvo sobre el embarazo él le comenta que le pasará dinero para que *"se saque a la guagua"*. A pesar de no estar del todo convencida, acepta el dinero.

Otro escenario completamente distinto es el que vive la protagonista de *Apio Verde* (2013) quien frente a la inviabilidad del feto y tras la indicación de su médico que tiene que esperar el parto natural, piensa en el aborto como una opción y le expresa a su pareja: *"nadie va a saber, vamos a decir que tuve un aborto espontáneo nada más"*. Esto le acarrea graves discusiones con su pareja, quien la presiona constantemente haciéndola sentir culpable y amenazándola con la gravedad que podría tener esta decisión. Su ginecólogo también le menciona que arriesga cárcel si decide tomar la decisión de abortar, a pesar de que está transmitiendo lo que estipula la ley, por su actitud paternalista y falta de empatía da la sensación de que lo está tratando de imponer como una amenaza. Frente a esta ola de presiones, la protagonista deja de considerar el aborto como una opción y hasta piensa en que le gustaría tener algún lugar donde visitar a su hijo/a después de su muerte. Sin embargo, cuando le diagnostican cáncer cervicouterino, se termina por decidir tajantemente que esa es la única salida a lo que está viviendo. En este sentido reflexiona si realmente es necesario que ella se muera también.

En *Franco* (2016) el aborto es la única salida al contexto en el que viven ambos protagonistas, esto se evidencia en un diálogo donde la mujer expresa: "*Mira, tú preocúpate de conseguirte la plata para que terminemos con esta hueá rápido ¿ya?*". A esto se le suma que a lo largo del cortometraje se le observa a él desesperado y afligido tratando de buscar dinero para poder dar salida a esta situación.

Se decide abortar

Desde pensar en el aborto como una posibilidad a decidir realizarlo puede haber un largo camino. La decisión de abortar se manifiesta en las mujeres cuando ya buscan la forma de realizarse un aborto, este puede ser mediante una intervención clínica o bien mediante pastillas abortivas. En esta decisión es evidente que influye la opinión de diversas personas, tal como hemos ido comentando anteriormente.

La protagonista de *Aborto* (1965) decide acudir donde una abortera que le recomienda una vecina, esta tenía fama de ser segura y limpia. Uno de los mayores miedos que sentía era que le pudiera pasar algo durante la realización del aborto, sobre todo por la incertidumbre de qué pasaría con su familia si ella no estaba. En *El Reemplazante* (2012) un amigo de la protagonista se hace cargo de buscar información sobre pastillas abortivas, él las compra a través del marcado negro y se las entrega. Es su amigo quien le explica que debe meterse por "abajo" las pastillas y esperar a que hagan efecto, puede llegar a tardar 24 horas. Al otro día no nota ningún cambio, al parecer falló el intento de aborto realizado. Por otro lado, la protagonista de *Apio Verde* (2013) en una primera instancia recurre a pastillas abortivas, pero frente a las presiones de su entorno no las utiliza. Después de enterarse de su diagnóstico de cáncer, le solicita dinero urgente a una de sus amigas para poder realizarse una cesárea. Acude a un lugar a escondidas de su pareja, el médico que la trata le dice si sabía que antiguamente se utilizaba el apio como abortivo. Se observa que el entorno donde se desarrolla el procedimiento es bastante lóbrego y aparentemente no posee las condiciones sanitarias óptimas. Tras ser descubierta se retira del lugar, después de eso comienza un bucle de violencia por parte de su pareja, quien termina por dejarla atada a una cuna para evitar que realice cualquier acción para poner término a su embarazo. Finalmente, es él mismo quien le realiza el aborto en la mesa del salón de su casa, rodeándola de hojas de apio. Se observa a la protagonista sangrando y quejándose de dolor.

En el largometraje *7 semanas* (2016), la misma protagonista toma la decisión de abortar considerando su propio bienestar. Cuando le informa esta decisión a su pareja, él se muestra muy afectado y traicionado por no haberle dicho antes, y haber hecho que se ilusionara tanto con la idea de ser padre. Más adelante se le ve juntando dinero para poder comprar pastillas abortivas. En una estación de metro de Santiago de Chile se reúne con la persona que le entrega las pastillas; en una conversación que no dura más de dos minutos un hombre le indica que según las semanas que tiene con cuatro pastillas le funcionaría bien. La protagonista se realiza el aborto sola, después de ello su madre la abraza y ella se pone a llorar.

Según el cortometraje *Mujer no es sinónimo de madre* (2011) abortar no es una decisión cualquiera, no se toma en el último instante. Sin embargo, tampoco da para pensarlo mucho porque no hay tiempo para pensar. Según relata su experiencia, ella lo hizo por muchas razones, pensando en ella en primera persona. Ella intuía que si llevaba su embarazo a término tanto su vida como la de su hijo/a se verían afectadas. En este sentido expresa lo siguiente:

> *"Yo creo que se debe respetar la vida, ante todo, que yo haya tomado la decisión de suspender mi embarazo no quiere decir que no respete la vida. Amo la vida, amo mi vida. Creo también que suspender un embarazo es la forma de subvertir cierto orden que obliga a las mujeres en convertirse en madres"*

Otro de los puntos que plantea, es que el estado puede controlar quizás los medios a partir de los cuales una mujer aborta, pero lo que no puede controlar es la relación que cada mujer tiene con su maternidad, su embarazo o con el hecho de suspenderlo. Lo anterior se evidencia a continuación:

> *"Yo creo que penalizar y no penalizar no influye sobre el hecho de que una madre quiera serlo, una madre va a querer y va a poder sólo a partir de su posición en la vida, eso no lo toca el hecho de que esté penalizado o no el aborto"*

En el otro cortometraje documental, *La sombra de mis recuerdos* (2015) quien cuenta su relato expresa que sintió miedo, y miedo principalmente a ser castigada como cómplice de un delito. Es decir, un miedo relacionado a la condición de ilegalidad del aborto. Además, comenta que con el paso del tiempo se ha ido desapareciendo el miedo y el dolor que le hizo sentir esta experiencia en su momento.

Las consecuencias del aborto

Las consecuencias del aborto se viven en distintas esferas de la vida de las mujeres que se someten a esta intervención. Se evidencia que los efectos se pueden visualizar desde una perspectiva biopsicosocial, tal como se representan en los títulos seleccionados. En *Aborto* (1965) como consecuencia física la protagonista sufre de una perforación uterina, razón por la que se le interviene de urgencias. Tras esta experiencia, la matrona le indica que acuda al consultorio para que ingrese en un "*programa especial para que las mujeres no tuvieran que realizarse abortos*". La protagonista de *El Reemplazante* (2012), tras el aborto fallido decide llevar su embarazo a término. Le comenta esta decisión a su amigo quien le ofrece todo su apoyo, ella se lo agradece, pero recalca que los dos saben que ella está sola en este proceso. Posterior a esto, mientras la protagonista se encuentra realizando una tarea en el colegio comienza a sangrar, la llevan a la urgencia del hospital donde determinan que ha sufrido un aborto espontáneo. Tanto en *Apio Verde* (2013) como en *7 semanas* (2016) la película termina con la realización del aborto, por lo que no se logran visualizar consecuencias posteriores. Eso sí, en ambos casos es posible observar que las mujeres sufrieron de cierta soledad cuando anunciaron que el aborto era una opción que tenían en mente.

Papel de los servicios sanitarios

La participación de los servicios sanitarios no se observa en la misma medida en las representaciones seleccionadas, por ejemplo, en *Aborto* (1965) gran parte del cortometraje transcurre en una institución sanitaria. Primero cuando la protagonista está siendo atendida de urgencia, y después en la recuperación donde la matrona cumple un rol fundamental al promoverle que participe en el programa de planificación familiar. Por el contrario, en *Apio Verde* (2013) la atención sanitaria se desarrolla en un ambiente muy frío y hostil. La falta de empatía y calidez por parte del personal médico es evidente. A esto también se le suma una actitud paternalista y una verticalidad que es transversal en todas las escenas en las que intercede el médico.

Conclusiones

En Chile, el aborto se ha transformado en los últimos 10 años en una temática de la que se puede hablar con un poco más de libertad, al haberse incrementado las producciones audiovisuales sobre el tema.

Las razones por las cuales una mujer decide abortar suelen tener un componente personal y también otros componentes contextuales que tienen relación, por ejemplo, con que si la mujer cuenta con los medios económicos para poder realizarse un aborto o si en el país donde vive este está legalizado. Es decir, la decisión del aborto de una mujer responde a un contexto personal, influenciado a su vez por el contexto, legislativo y socioeconómico en el que se encuentra inserta. Asimismo, queda patente tras este recorrido audiovisual que durante el proceso hasta la ejecución del aborto, cobran mucha importancia las redes de apoyo con las que cuenten las mujeres.

Según se desarrollan los hechos en las representaciones analizadas se pueden observar distintas etapas que atraviesan las protagonistas. En primer lugar, cuando se enteran de su embarazo existen variaciones dependiendo de si cuentan con la compañía de sus parejas, si el embarazo es producto de una relación estable o de una informal, si el embarazo efectivamente era un embarazo planificado. Luego viene la respuesta frente a ese embarazo, lo que tiene relación a cómo se siente la mujer con esta noticia. En esta etapa suelen influir las prenociones y la concepción social que existe sobre la maternidad. Después, la noticia se hace pública al entorno de la mujer tanto a su pareja, su familia como también a sus círculos sociales. Cuando ya la mujer decide abortar, es cuando empieza a buscar el modo. El más frecuente según las representaciones seleccionadas es el de las pastillas abortivas o aborto químico como también se le conoce.

El análisis del tratamiento del aborto en la ficción audiovisual chilena reflejan que las consecuencias del aborto para las mujeres chilenas no son solo las puramente biomédicas derivadas del aborto, sino que esta decisión también puede traer consecuencias en su vida social, como por ejemplo aislamiento social o retraimiento debido al estigma social que aún existe en parte de la sociedad chilena. Queda patente que, ante el peligro para la salud de las mujeres (desde una perspectiva biopsicosocial) que suponen los abortos clandestinos e inseguros, se hacen necesarios avances sociales y legislativos que permitan interrumpir el embarazo en condiciones de libertad siguiendo el ejemplo de otros países.

Referencias

Biblioteca del Congreso Nacional de Chile. Ley Núm. 21.030 que Regula la Despenalización de la Interrupción Voluntaria del Embarazo en Tres Causales. Disponible en: https://www.leychile.cl/Navegar?idNorma=1108237
Biblioteca del Congreso Nacional de Chile. Ley Núm. 21.030 que Regula la Despenalización de la Interrupción Voluntaria del Embarazo en Tres Causales. Disponible en: https://www.leychile.cl/Navegar?idNorma=1108237
Canales, J., D'Angelo, A., Dides, C., & Soto, E. (2018). Segundo Informe Salud Sexual, Salud Reproductiva y Derechos Humanos en Chile 2017–2018

Casas, L., Vivaldi, L., Silva, M. C., Bravo, M. C., Navarro, C., & Sandoval, F. (2013). La penalización del aborto como una violación a los derechos humanos de las mujeres. Universidad Diego Portales
Casas, L., Vivaldi, L., Silva, M. C., Bravo, M. C., Navarro, C., & Sandoval, F. (2013). La penalización del aborto como una violación a los derechos humanos de las mujeres. Universidad Diego Portales
Corporación MILES. mileschile. http://mileschile.cl/

Informe de Monitoreo Social: Implementación de la ley de interrupción del embarazo en tres causales. (2019). Mesa Acción por el Aborto/Fondo Alquimia. http://oge.cl/wp-content/uploads/2019/06/Informe-Monitoreo-Social-Mesa-Aborto-Chile.pdf

Lampert-Grassi, M. P. (2015). *Aborto en Chile: Evolución histórica del marco normativo.* Biblioteca del Congreso Nacional de Chile

Nicholls, L., & Cuestas, F. (2018). Penalización del aborto: Violencia política y abusos de la memoria en Chile. *Saúde e Sociedade*, *27*(2), 367–380. https://doi.org/10.1590/s0104-12902018170419

Robertson, J. C., & Nova, A. N. (2018). *Institutional conscientious objection and health regulation: Is there a legitimate excuse to abortion in Chile? 43*, 161–177

REPRESENTAR LA MATERNIDAD EN LA FICCIÓN TELEVISIVA

"Everyone's a better mom than me!": el reto de la maternidad en la comedia televisiva. El caso de *The Big Bang Theory*

Beatriz Gómez Morales

El 16 de mayo del 2019 *The Big Bang Theory* (CBS, 2007–2019, a partir de ahora *TBBT*) emitía su episodio final congregando 18.52 millones de espectadores solo en Estados Unidos de América. Casi el doble de la audiencia agregada de ABC, NBC, Fox y The CW en ese mismo horario (Rejent, 2019). A lo largo de sus últimas nueve temporadas, la serie se posicionó como la *sitcom* número uno en audiencias y culminó su trayectoria como la oferta de ficción más exitosa en número de espectadores, un récord que no conseguía una comedia en su temporada final desde *Seinfeld* (NBC, 1989–1998). La popularidad de *TBBT* traspasa los límites de su país de origen y España es un ejemplo de ello: su episodio final concedió a Neox el mejor dato de audiencia de su historia, convirtiéndose en la tercera opción del *prime time*, por encima de Antena3, el canal generalista del mismo grupo (Vertele, 2019).

Su singular condición de fenómeno televisivo convierte a *TBBT* en objeto de estudio académico. Sobre todo ahora que ha concluido y es posible ofrecer una radiografía completa de su discurso. Este texto analiza, precisamente, una de las temáticas de mayor peso durante las últimas temporadas: la maternidad. En *TBBT*, la maternidad es presentada en dos generaciones: la de las madres de los protagonistas y la de las protagonistas como madres. Los siete personajes centrales aparecen acompañados de, al menos, uno de sus progenitores, quienes, en mayor o menor medida, intervienen a lo largo del relato. Por el contrario, la maternidad de los propios protagonistas, como sucede en otras comedias de veinteañeros que se prolongan en el tiempo gracias a su éxito (por ejemplo, *Friends*, NBC, 1994–2004 o *How I Met Your Mother*, CBS, 2005–2014), se introduce muy avanzado el relato: Bernadette no se convierte en madre hasta la décima temporada.

Los mensajes televisivos pueden ejercer una poderosa influencia sobre la concepción del mundo de la audiencia. Especialmente los cómicos, en los que la ideología pasa desapercibida y el telespectador es invitado a no tomarla en serio. Total, es solo una broma, ¿no? No exactamente. El poder del humor radica, precisamente, en "desarmar" a la audiencia, a través de la risa, para hacer más efectivos sus mensajes y reforzar su potencial ideológico (Lockyer y Pickering, 2008). En paralelo, la comedia televisiva es considerada el género más sensible al cambio social y pionero en la representación de grupos minoritarios y temas tabú (Mills, 2009). En el terreno de la maternidad, por ejemplo, la primera representación televisiva del embarazo y el parto tuvo lugar en una comedia, *I love Lucy* (CBS, 1951–1957), en una época en la que la palabra "embarazo" ni siquiera podía ser pronunciada en televisión. Sin embargo, las representaciones pioneras de la comedia no son necesariamente progresistas, precisamente porque el potencial ideológico de la comedia y el humor es ambiguo: puede cuestionar y reafirmar las concepciones hegemónicas.

Los protagonistas como hijos

Entre los cuatro protagonistas masculinos de *TBBT*, la relación maternofilial tiene mayor protagonismo que la paternofilial. Los padres de Howard y Sheldon constituyen figuras paternas ausentes: el primero abandonó a su familia cuando Howard tenía 11 años y el segundo falleció cuando Sheldon tenía 14. Este hecho limita su participación en el relato, pero no los expulsa por completo, ya que son evocados, con regularidad, por sus hijos. La ausencia del padre explica un vínculo especial entre ambos personajes. A pesar de que Sheldon menoscaba todos los logros de Howard porque no tiene un título de doctor, es el único que alivia sus preocupaciones ante la paternidad y consigue convencerlo de que será un buen padre. Por el contrario, Howard es quien aconseja a Sheldon que no interfiera en la vida sentimental y sexual de su madre: él lo hizo de niño (era muy celoso y no quería compartirla con nadie) y ahora se siente responsable de su soledad. Además, ambos intentan, sin éxito, agradar a su suegro y crear lazos paternofiliales con este. Sin embargo, tal empeño no consigue afianzarse y los dos amigos consiguen más afinidad con el suegro del otro.

Los padres de Leonard y Rajesh sí que constituyen personajes dentro de la ficción, aunque con un nivel de protagonismo muy diferente: el padre de Leonard, el Dr. Alfred Hofstadter, solo aparece en dos episodios consecutivos, mientras que el Dr. V. M. Koothrappali es un personaje recurrente de la serie. Aunque ambos amigos comentan la limitada experiencia de sus relaciones paternofiliales, el posterior desarrollo del relato suaviza, en el caso de Leonard, o desmiente, en el de Rajesh, la supuesta ausencia de una relación entre padre e hijo. Leonard y su padre tienen muchos rasgos en común. Ambos son generosos y amables y muestran una relación padre e hijo sana y gratificante. Así pues, el relato apunta a que la triste infancia de Leonard, un rasgo que marca su carácter, es responsabilidad exclusiva de su madre, la Dra. Beverly Hofstadter, una mujer dominante e incapaz de demostrar afecto a su marido e hijo. De hecho, la serie sugiere que la supuesta relación problemática entre Alfred y Leonard durante su infancia es resultado del absoluto control de Beverly sobre Alfred y sobre la educación de sus tres hijos.

Rajesh es el único personaje cuyos ambos progenitores, los únicos que viven en el extranjero (India), son personajes ocasionales de la ficción. Como en el caso de Leonard, la relación entre sus padres es difícil. La madre de Rajesh, como Beverly, es una mujer dominante que intenta someter a su esposo y nunca parece estar conforme con nada. No obstante, el padre de Rajesh no cede ante sus constantes exigencias, de manera que los problemas aumentan y la pareja, como los padres de Leonard, acaba divorciándose. Tras la ruptura, el padre, a diferencia de la madre, continúa siendo un personaje recurrente e, incluso, visita a su hijo en Pasadena.

Según Priya, la hermana de Rajesh, los padres indios son sobreprotectores. Y el relato así parece sustentarlo: Rajesh fue un niño sobreprotegido al que se le concedían todos sus deseos, de manera que sus quejas sobre unos padres ausentes solo refuerzan un carácter infantil y caprichoso. Al nacer Rajesh, su madre se volcó sobre su cuidado y crianza, controlando todos los aspectos de la vida de su hijo, incluido buscar desesperadamente emparejarlo con una mujer india de familia adinerada para que vuelva a casa. Sin embargo, su hijo tiene serios problemas para relacionarse con el sexo femenino: Rajesh sufre de un curioso caso de mutismo selectivo, trastorno que le impide pronunciar una sola palabra delante de una mujer que no pertenezca a su familia. Aunque se desconoce la etiología del mutismo selectivo, se considera multifactorial. Las investigaciones más recientes, combinadas con la experiencia clínica, sugieren que podría ser la manifestación del temperamento inhibido (Dow, Sonies, Scheib, Moss & Leonard, 1995); al tiempo que contemplan la existencia de factores hereditarios (Kristensen & Torgersen, 2001). No se han encontrado evidencias de una relación causal entre trauma y trastorno (Black & Uhde, 1995), tal como habían señalado estudios anteriores, pero determinadas variables ambientales pueden exacerbar la ansiedad y constituir un factor de riesgo. Por ejemplo, el autoritarismo, el excesivo apego a la madre, el comportamiento controlador o la sobreprotección de los padres, especialmente de la madre, han sido sugeridos (Sharkey & McNicholas, 2008; Balbuena & López, 2012). Precisamente, la madre de Leonard, una neurocientífica y psiquiatra de prestigio internacional, afirma que el mutismo selectivo de Rajesh tiene su origen en un miedo patológico a las mujeres y, como adepta de Freud, alude a la relación maternofilial del personaje. Así pues, el relato apunta al carácter dominante y las estrategias educativas de la madre de Rajesh como detonante del mutismo selectivo de su hijo.

Debbie, la madre de Howard, encarna el estereotipo de la madre judía, un estereotipo con una larga tradición en la cultura popular: "a universally recognized metaphor for nagging, whining, guilt-producing maternal intrusiveness" (Antler, 2007, p. 2). Como en el caso de Rajesh, la ficción vuelve a presentar a la madre sobreprotectora y controladora como responsable de la incapacidad de su hijo para relacionarse con las mujeres. Tras ser abandonada por su marido, Debbie convirtió a su único hijo, Howard, en el "hombre" de su vida: lo sobreprotegió y lo trató siempre como a un niño, impidiendo que se convierta en un adulto independiente y autosuficiente. Este hecho queda patente en la dificultad de Howard para "abandonar el nido" y la suposición de que su futura esposa "remplazará" a su madre en todas las tareas domésticas. Pero Howard no solo no quiere renunciar a los "privilegios" que le otorga vivir con su madre, sino que, como estereotípico hijo judío, fue educado para sentir culpa por el sufrimiento de su madre y no quiere que está vuelva a sentirse abandonada y sola. Esta faceta de Debbie la convierte, precisamente, en la única madre de la serie representada como un individuo vulnerable y potencialmente víctima.

Durante las primeras ocho temporadas, Debbie fue, sin duda, la figura materna de mayor peso y presencia en el relato. Sin embargo, su aspecto físico siempre fue un misterio para la audiencia: su rostro nunca fue revelado. Tal como señala Spiegel (2015), la incorporeidad de Debbie y el hecho de que la audiencia no necesite verla para saberlo todo de ella es la prueba del enorme poder del estereotipo de la madre judía. Su presencia lejos de las cámaras y, por consiguiente, de sus interlocutores, justifica que Debbie se comunicara, exclusivamente, mediante gritos, incorporando así otro rasgo del estereotipo que encarna.

Debbie ofrece un ejemplo perfecto de *acusmaser* (Chion, 2004), una voz incorpórea, un personaje invisible dotado de cuatro poderes: ubicuidad, panoptismo, omnisapiencia y omnipotencia. Según Chion, "el gran Acusmaser original es Jehová y, antes que Él, para cada uno de nosotros, la Madre" (p. 39), cuya voz es lo único que escucha el feto. En la vida de Howard, la omnipresencia de Debbie se alarga hasta la adultez, invadiéndolo todo, asfixiando a Howard y privándolo de cualquier momento de privacidad. Esta sobreprotección desemboca en la confluencia de sentimientos ambivalentes por parte de Howard hacia su progenitora: la ama y siente celos de cualquier otro hombre, pero al mismo tiempo la odia y bromea constantemente con su muerte, lo que apunta a un conflicto edípico, otro rasgo tópico del paradigma maternofilial judío.

La Dra. Beverly Hofstadter, la madre de Leonard, tiene un carácter dominante, como las madres de Rajesh y Howard, y, aunque no es invasiva o sobreprotectora, también dejó una profunda huella en la personalidad de su hijo. Tal como se indicó antes, el relato la presenta como única responsable de la difícil infancia de Leonard: su absoluta carencia de afecto maternal constituye el catalizador de todos sus problemas emocionales. Beverly tiene una personalidad idéntica a la de Sheldon: es arrogante, egoísta, ególatra y narcisista, de allí que su relación sea mucho más fácil con él que con su propio hijo. Aunque su comportamiento dista mucho del que se espera socialmente de una "buena madre", Beverly es considerada un "experta" en maternidad: es autora de una amplia y prestigiosa colección de libros sobre el tema. Su extenso conocimiento teórico sobre la maternidad le impide reconocer sus propios errores y asumir su parte de responsabilidad en los conflictos personales de su hijo. Por el contrario, ella insiste en atribuirle a su hijo sus propios defectos, como estrategia defensiva. Todo esto despierta en Leonard, como en Howard, una mezcla de sentimientos ambivalentes: ansía desesperadamente la aprobación y el reconocimiento de la madre, pero la odia por negárselos y se odia a sí mismo por suplicarlos. Beverly representa para Leonard una fuente de dolor y placer simultáneamente.

Finalmente, Mary Cooper, la madre de Sheldon, es la antítesis de Beverly. Mientras las estrategias de crianza de la Dra. Hofstadter consisten en ofrecer muestras de afecto solo como recompensa por los logros personales, el modelo de Mary se basa en el amor incondicional. Mary es madre, ama de casa y ayudante de la iglesia. Es una mujer profundamente cristiana, conservadora, sincera y segura de sí misma. A diferencia de su hijo, se muestra sensible a las necesidades de los demás y es cariñosa. Aunque tiene un carácter fuerte y desconfía de las habilidades sociales de su hijo, no es una madre controladora. Por el contrario, solo se inmiscuye en la vida de Sheldon cuando Leonard la llama en busca de ayuda. Conoce a su hijo a la perfección y es la única que consigue hacerlo entrar en razón. Sheldon siente un profundo respeto por su madre y, por tanto, no se atreve a contradecirla o poner en duda su autoridad. Ambos son muy distintos y eso hace que su relación maternofilial sea compleja, pero no patológica. Por el contrario, se trata de una relación basada en el amor y el respeto mutuo.

Las madres de los protagonistas masculinos se suscriben a los roles y estereotipos habituales de la comedia de situación, ofreciendo una representación de la maternidad convencional, y reforzando unos roles maternos fuertemente arraigados en el imaginario colectivo. El relato premia a las madres dotándolas de mayor protagonismo, pero solo para, en línea con cierta cosmovisión freudiana, responsabilizarlas de los problemas emocionales de sus hijos. La limitada representación de la paternidad, exclusivamente bajo la figura del "padre ausente" o "dominado", refuerza el rol de la madre como cuidadora y educadora. Y, de esta manera, facilita la identificación entre desarrollo de la personalidad y figura materna.

Exceptuando el caso de Sheldon, la serie plantea un vínculo directo entre "malas madres" e "hijos con problemas". La relación de Rajesh, Howard y Leonard con sus respectivas madres es patológica y emocionalmente perjudicial. Se trata de tres hombres "castrados" por figuras maternas dominantes. No obstante, la señora Koothrappali y Debbie son redimidas por el propio relato en la medida que sus hijos no las culpabilizan de sus problemas emocionales. Con Beverly no sucede lo mismo. En este caso, se evidencia la intención de menoscabar el personaje. Por un lado, se insiste en compararla con Mary Cooper, yuxtaponiendo una madre amorosa y cuidadora y una madre científica poco afectiva. La representación positiva de la primera, frente a la negativa de la segunda, prescribe y proscribe normas para el comportamiento materno (Kinnick, 2009), al tiempo que respalda las representaciones sexistas, estereotipadas y negativas de las mujeres profesionalmente exitosas (Lacalle & Gómez, 2016).

El fracaso de Beverly como madre y esposa evidencia el modelo de maternidad “ideal” que refuerza la ficción.

Por otro lado, la relación maternofilial entre Beverly y Leonard es la única que, debido a su conflictividad, necesita una “solución” al final del relato para que la *sitcom* pueda tener su “final feliz”. De forma satírica, la serie cristaliza la ausencia de afecto materno de Beverly a través de un *gag* recurrente: un abrazo fallido entre madre e hijo. Beverly y Leonard solo consiguen emular este característico gesto de la relación maternofilial al final de la serie. Durante la última visita de Beverly, Leonard acaba enfadándose con ella y decide expresarle todo el sufrimiento que ella le ha ocasionado a lo largo de los años. No obstante, cuando la tiene delante se da cuenta que no tiene sentido decirle todo en lo que ha fallado:

> You know what? It doesn’t matter. Doesn’t matter, you’re never gonna change. If I want you to accept me for me, I guess I’m gonna have to accept you for you. So… I forgive you […] And I forgive myself for taking so long to do it. Oh, my God, that feels so good (*The Maternal Conclusion*, T12.E22).

Beverly también admite que le sienta muy bien que él la perdone, le da las gracias y ambos se funden en un sentido abrazo. Con ese pequeño gesto, tan cargado de significado para ambos, el relato señala el inicio de un proceso de curación para Leonard, un proceso que el mismo, desde su condición de víctima, hace posible aceptando el daño que le ocasionó su madre.

Las relaciones familiares de las tres protagonistas femeninas son secundarias en relación a las de sus compañeros. En los tres casos, la relación con el padre es más estrecha y satisfactoria que con la madre. En el caso de Penny y Bernadette, la figura paterna es más recurrente que la materna, cuya participación en el relato se limita a una única aparición. Los progenitores de Amy, por el contrario, tienen la misma representación. Penny no manifiesta ningún problema para relacionarse con su madre, mientras Bernadette y Amy, sí. Ambas tienen madres extremadamente dominantes, controladoras y conservadoras. No obstante, mientras la madre de Amy recuerda a Beverly (de allí la buen sintonía de Sheldon con ambas mujeres), la madre de Bernadette parece tener más rasgos en común con Debbie.

A diferencia de Penny, el resto de protagonistas provienen de matrimonios truncados o infelices. En el caso de los padres de Leonard, Rajesh, Bernadette y Amy, el carácter dominante de las mujeres se apunta como origen de los problemas matrimoniales. Leonard y Bernadette, los dos personajes cuya personalidad es idéntica a la del progenitor del mismo sexo, reproducen, de forma inconsciente, el modelo de matrimonio de sus padres. Leonard se enamora de una mujer que lo domina y hace aflorar todas sus inseguridades, mientras Bernadette se casa con un hombre al que puede controlar. Así pues, Leonard y Howard parecen perpetuar con sus parejas la relación con sus propias madres.

Las protagonistas como madres

Bernadette y Howard son los únicos personajes principales que tienen descendencia a lo largo del relato. Sin embargo, tal como sucede entre los progenitores de los protagonistas, el peso de la paternidad y la maternidad no es equilibrado, decantándose la balanza hacia la maternidad. De ahí que, durante las últimas tres temporadas, el rol de madre resulte fundamental en la caracterización de Bernadette, mientras que para Howard, no. Bernadette, además de sus hijos biológicos, ejerce, en muchos sentidos, de madre de su propio marido. Aunque, inicialmente, se resiste a asumir el rol y las exceptivas tradicionales del género femenino (madre y cuidadora), Bernadette acaba "reemplazando" la figura de Debbie. Desde el momento en que ambas mujeres se conocen, se inicia el proceso de transformación de Bernadette en Debbie. Un proceso que culmina tras la muerte de Debbie, cuando el propio Howard, el único personaje que no lo había hecho aún, reconoce que su madre y su esposa son prácticamente idénticas. Sin embargo, Bernadette, además de todos los roles domésticos, también adopta el rol, tradicionalmente masculino, de sustento económico de la familia. No solo gana mucho más dinero que Howard, sino que también controla las finanzas familiares.

Al concluir la serie, Bernadette es madre de dos criaturas, Halley y Neil. Sin embargo, durante buena parte de la serie, su personaje se había mostrado contrario a la idea de la maternidad. Ante la creencia predominante de que las mujeres se inclinan naturalmente hacia la maternidad (Butler, 1990), Bernadette es presentada como una excepción.

La primera razón que alega el personaje para evitar tener hijos es presentada en forma de "trauma infantil" provocado por su propia madre: puesto que esta trabajaba a tiempo completo, Bernadette tenía que encargarse de sus cinco hermanos, lo que recuerda como una experiencia agotadora y horrorosa. Cuando Howard señala que con un hijo propio las cosas serán diferentes, Bernadette aún añade más motivos a su decisión: el aumento de peso, las pocas horas de sueño y la ausencia de una carrera profesional, lo que, en sus propias palabras, significaría quedarse sin futuro ni felicidad durante los siguientes 20 años. Al final, Bernadette le propone a Howard que, cuando tengan hijos, sea él quien se ocupe de ellos, mientras ella sigue trabajando y, en sus propias palabras, disfrutando de la vida. Queda claro así, que para Bernadette su carrera profesional es una fuente de satisfacción personal y felicidad. En paralelo, la imagen proyectada por la madre de Bernadette, unida a la de Beverly, apunta a la supuesta incapacidad de la mujer trabajadora para poder proporcionar un ambiente saludable para sus hijos, reforzando así el estereotipo negativo sobre dicho colectivo.

El relato continúa haciendo énfasis en la oposición de Bernadette a tener hijos, y las razones de su decisión aumentan. Tal como resume Rajesh, a Bernadette no solo le preocupa que Howard sea igual que su propio padre, quien no ayudó a su madre en la crianza y educación de sus hijos, sino que también representa el hijo que le da miedo tener. De esta manera, a las razones antes apeladas, se suma la preocupación por la carga en solitario de todas las tareas domésticas y la crianza de sus hijos, como consecuencia de la inmadurez de su pareja. No obstante, la introducción de todas las dudas de Bernadette sobre la maternidad tienen un único objetivo: preparar a la audiencia para el anuncio de su primer embarazo. Ante el descubrimiento de que está embarazada, aunque la pareja no estuviera intentando concebir una criatura, Bernadette adopta inmediatamente la actitud de futura madre. En ningún momento considera la posibilidad de no tener el bebé. Así pues, el personaje de Bernadette pasa de desafiar la suposición de que la esencia de la feminidad es la maternidad, para reafirmar la concepción de feminidad asociada a la figura de madre potencial. Así, *TBBT* pasa de la trasgresión aparente a la convención formal.

No obstante, durante el embarazo, las dudas de Bernadette no desaparecen y su nueva situación sigue sin ilusionarla: “Not every girl dreams about being a mom. Sometimes you think you’re never gonna have kids and one day you wake up and you’re pregnant” (*The Dependence Transcendence*, T10.E3). Pero la ausencia de ilusión por el embarazo, así como de “instinto materno”, también le preocupan. Tanto que se pregunta: “What’s wrong with me?” (ibíd.). El vínculo íntimo que experimentan una embarazada con la nueva vida en gestación no es un hecho universal (Arnold, 2003) pero si una idea ampliamente extendida, razón por la que Bernadette asume que no sentirlo es una mala señal. En esta parte de la trama, la comedia cuestiona "el mito de la madre natural" (Hall, 1998), así como la "maternidad esencial" (DiQuinzio, 1999). Es decir, cuestiona la maternidad entendida como un hecho esencial, natural e inevitable en la vida de toda mujer, lo que implica que aquella mujer que no manifiesta las cualidades requeridas para ser madre o se rehúsa a serlo es una mujer incompleta, anormal o deficiente (p. xiii).

Poco después del parto, Bernadette experimenta su primera crisis como madre cuando no consigue dormir a su hija, que no para de llorar. Su amigo Stuart se ofrece a ocuparse de la niña y, en pocos minutos, consigue dormirla. Bernadette rompe a llorar y afirma: "Everyone's a better mom than me!" (*The Holiday Summation*, T10.E12). Sin embargo, después de probar diferentes métodos, Bernadette encuentra la forma de dormir a su hija. Una vez más, la serie parece rebatir la "maternidad esencial": el éxito de Bernadette no es resultado, simplemente, de su condición de mujer, sino de su esfuerzo y su perseverancia. Se rompe así con una imagen simplista de la maternidad como un hecho natural y se pone de relieve la preparación, el sacrificio y la energía que intervienen en dicha práctica (Arnold, 2003). En definitiva, que ser mujer no implica ser experta en maternidad porque la maternidad no es solo un hecho biológico, sino también histórico, cultural y social. La maternidad no es instintiva, sino aprendida (Hall, 1998).

Madre a tiempo completo o madre trabajadora: ¿una disyuntiva real?

La narrativa clásica de la *sitcom* familiar estadounidense se ha decantado por la mujer que, ante la maternidad, toma la decisión de convertirse en madre a tiempo completo. Sin embargo, este formato también ha ofrecido múltiples representaciones de la madre trabajadora que han permitido abordar los desafíos a los que se enfrentan estas mujeres en su lugar de trabajo. Bernadette es una de ellas. Desde el primer momento, el personaje manifiesta sus preocupaciones por compaginar maternidad y carrera profesional. Durante su primer embarazo, cree que será alejada del proyecto en el que quiere trabajar como consecuencia de su estado. Sabe que es un riesgo real porque ya ha pasado antes: el año anterior, cuando ella misma explicó a todos que otra compañera estaba embarazada. Ante la perspectiva de perder el proyecto, Bernadette decide utilizar su propio embarazo como ventaja: amenaza a su jefe con demandarlo por discriminación. La trama evidencia que la igualdad laboral no está garantizada y que las mujeres embarazadas son vulnerables en sus puestos de trabajo. En paralelo, deja patente que Bernadette es una mujer competitiva y sin escrúpulos. Está dispuesta a utilizar su embarazo para manipular un jurado, en la misma medida en que es capaz de utilizar el de una colega para menoscabar su trabajo. La falta de compañerismo solidario de Bernadette vuelve a plantearse durante su segundo embarazo, cuando se ve obligada a guardar reposo y dejar de trabajar antes de lo previsto. Durante su ausencia, cree que Ruchi, su nueva compañera, quiere robarle sus proyectos. Y sus sospechas son confirmadas. Esta trama, como la anterior, cuestiona la solidaridad y el empoderamiento femenino, reforzando el tópico sobre la falta de cooperación entre las mujeres.

El tratamiento de la maternidad de Bernadette también aborda la presión que ejerce la sociedad sobre las mujeres que quieren ser madres y seguir apostando por su carrera profesional. Tras el nacimiento de cada uno de sus dos hijos, Bernadette se debate entre continuar trabajando o dedicarse completamente a la maternidad: "I just don't know what the right thing to do is. If I go back to work, I'm abandoning Halley. If I don't go, I'm giving up everything I worked for. It's like there's no right choice" (*The Recollection Dissipation*, T10.E20). Bernadette, que no había planeado tener hijos, es plenamente feliz con su carrera y quiere tiempo para ella. Entonces, ¿por qué siente que abandona a su hija si no cuida de ella todo el día? ¿Por qué dice odiarse a sí misma por no quedarse con ella más tiempo? Por la presión del sistema de valores hegemónico. A pesar del creciente apoyo social a las madres en los lugares de trabajo, "el mito de la madre natural" persiste (Hall, 1998) y la retórica de la "elección" se ve reducida a una mera ilusión si las opciones vitales se desvían ostensiblemente de los roles de género tradicionales (Borisoff, 2005). En paralelo, "the ideology of natural-intensive mothering [...] has become the official and the only meaning of motherhood, marginalizing and rendering illegitimate alternative practice of mothering" (O'Reilly, 2004, p. 7).

La "maternidad intensiva" es definida como un modelo de crianza "child-centered, expert-guided, emotionally absorbing, labor-intensive, and financially expensive" (Hays, 1996, p. 8). Dicho modelo, característico del capitalismo industrial del siglo XX (Maushart, 2000), es resultado de la "institución de la maternidad" (Rich, 1977). En otras palabras, la maternidad definida y restringida bajo el patriarcado, que constriñe, oprime y regula la práctica materna. Los medios de comunicación estadounidenses parecen comprometidos a presentar la "maternidad intensiva" como el modelo de maternidad ideal (Douglas & Michaels, 2004). Y las mujeres que abandonan sus carreras para convertirse en madres a tiempo completo, un fenómeno social denominado *opt out*, reciben cada vez más atención mediática (Kuperberg & Stone, 2008). Con ello aumenta la presión sobre las madres a las que se les sugiere un modelo de crianza que penaliza a todas las mujeres que no lo practican (O'Reilly, 2004). La "maternidad intensiva" es un modelo de crianza tan exigente que se vuelve inalcanzable para quienes no se pueden dedicar en exclusiva a la maternidad, lo que genera frustración y sentimiento de culpa en las madres trabajadoras. Por eso Bernadette se odia a sí misma: siente culpa por no hacer lo que hacen las "buenas" madres. Y no es la primera ni la última en sentirla: "The common thread that seems to weave its way through maternity plots from Lucy and Ricky [*I Love Lucy*] to Jamie and Paul [*Mad about you,* NBC, 1992–1999] is guilt: specifically women's guilt" (Kutulas, 1998, p. 30). Según la autora, la diferencia es que, mientras en el pasado la culpa venia impuesta por la presión del mundo exterior, las mujeres de la televisión contemporánea parecen haberla internalizado.

Pero a pesar de las dudas iniciales, Bernadette siempre acaba redescubriendo lo mucho que le gusta su trabajo y no se dedica en exclusiva ni a Halley ni a Neil. Manifiesta amor incondicional por sus hijos y es la principal responsable de su cuidado, pero también tiene una carrera profesional exitosa. La ideología de la "maternidad intensiva" reprueba a las madres trabajadoras al afirmar que no dedican, ni nunca podrán dedicar el tiempo y la energía suficientes para criar adecuadamente a sus hijos (Borisoff, 2005). Sin embargo, Bernadette, a diferencia de su madre o de Beverly, no recibe una caracterización negativa por trabajar a tiempo completo, sino que pasa a encarnar otro estándar de madre moderna: la *supermom*, una mujer que lo tienen todo y lo hace todo con facilidad y estilo (Kinnick, 2009).

Pero, ¿por qué no pasa lo mismo con Beverly? ¿Por qué el relato no le concede la misma prerrogativa? Según O'Reilly (2004), la "institución de la maternidad" se erige sobre la abdicación de la autoridad materna, la renuncia de la madre a sus propias prioridades para anteponer las de otros. Beverly no lo hace y no siente culpa por ello. Beverly se enfrenta a la "institución de la maternidad": no necesita que su marido, padres, suegros ni ningún especialista le diga cómo hacer su trabajo. Ella *es* la madre y, además, es experta en maternidad. Ella decide el modelo de crianza más adecuado para sus hijos. Y el relato la castiga por ello.

Penny y Amy: las "otras" madres

En el último episodio de la serie descubrimos que Penny está embarazada, pero ni ella ni Amy aparecen ejerciendo el rol de madre con sus propios hijos. Por el contrario, sí lo ejercen en su relación con otros personajes. Por ejemplo, Penny asume, ocasionalmente, el rol de madre con Sheldon. Dado que él es incapaz de reconocer las emociones humanas y responder a ellas de forma socialmente aceptada, ella acostumbra a indicarle cómo reaccionar y comportarse. Cuando Sheldon consolida su relación con Amy, ella también empieza a ejercer este rol, aunque Penny nunca lo abandona por completo. Mientras el resto de personajes destaca por su inteligencia técnica, profesional o académica, Penny demuestra inteligencia emocional y habilidad social. Además, domina, mejor que sus amigos, muchas de las habilidades codificadas culturalmente como masculinas. Esto la convierte, también, en una figura "paterna" para el grupo.

A lo largo del relato, tanto Penny como Amy manifiestan interés por la maternidad, pero nunca de forma concreta e inmediata. Sin embargo, en la última temporada, Penny anuncia que no quiere tener hijos. La primera en saberlo es Bernadette, quien le dice que se equivoca:

> It's just wrong. You only think you don't want kids, but once you have kids, you'll realize that you did want them [...] Aw, you sound just like me before I became a mom and learned what the meaning of love was (*The Procreation Calculation*, T12.E3).

Penny le recuerda a Bernadette que no todo el mundo necesita tener hijos para sentirse completo, pero solo consigue que su amiga se ría de ella.

Bernadette, quien alguna vez defendió la decisión de no tener hijos, ahora no consigue entender como otra mujer puede hacerlo. De esta manera, el relato está en línea con la orientación mediática general que, según Douglas y Michaels (2004), enfrenta a la mujer contra la mujer: "the new momism seeks to contain and, where possible, eradicate, all the social changes brought on by feminism" (p. 23).

Pero el anuncio de Penny no servirá para combatir el prejuicio de que la esencia de la feminidad es la maternidad. Al contrario. Como el caso de Bernadette, nos prepara para su inminente maternidad. Una vez más, el "final feliz" se impone. Inicialmente, Penny parece muy segura de su opción no natalista. Sin embargo, cambia de opinión cuando Zack, uno de sus exnovios, le pide a Leonard que sea el "padre de su futuro hijo", es decir, que sea su donante de esperma. Leonard, sabiendo que no podrá tener hijos con Penny, decide ayudar a Zack, lo que permite a Penny descubrir lo mucho que Leonard desea ser padre. Penny piensa que está decepcionando a todos por no querer tener hijos, especialmente a Leonard y a su propio padre. En una conversación semejante a la que mantuvieron Bernadette y su padre cuando ella no quería tener hijos, Wyatt le asegura a Penny que ser su padre es lo mejor que le ha pasado en la vida y que, simplemente, le gustaría que ella también probara esa experiencia. Penny reflexiona sobre su decisión y acaba convirtiéndose en madre.

En conclusión…

La importancia del rol materno impregna toda la serie. Se celebra la maternidad como una de las experiencias más enriquecedoras en la vida de una mujer y la vía para "completar" su existencia, aunque se viva con culpabilidad. Sin embargo, la práctica materna ya no es presentada como una cualidad femenina innata, ni limita a la mujer al ámbito doméstico. La incompatibilidad entre éxito profesional y responsabilidad maternal, encarnada por las madres de los protagonistas, es superada en la siguiente generación: la mujer contemporánea, como Bernadette, ya no tiene que elegir porque puede compaginar maternidad y carrera profesional. Y no por necesidad, sino por deseo propio.

La comedia televisiva muestra una capacidad limitada para explorar en profundidad las paradojas de la maternidad a principios del siglo XXI, pero visibiliza sus dilemas y reconoce los retos personales y diarios. Retos que con frecuencia no son comprendidos por la pareja, la familia, los jefes o los compañeros de trabajo. No obstante, la estrategia siempre es la misma: plantear una "transgresión" aparente, para acabar deslizándose hacia planteamientos preferentemente convencionales. Se discuten los estereotipos de femineidad y maternidad, pero con anclaje superficial. Y esos cuestionamientos resultan efímeros en un formato que entretiene sin erosionar significativamente el *statu quo*. Así, el relato oscila, continuamente, entre la insinuación de la trasgresión y la adaptación a los roles de género mayoritarios o conservadores. Se sugiere transgresión feminista, pero no se cuestiona la raíz de la concepción patriarcal de la feminidad.

Referencias

Antler, J. (2007). *You Never Call! Tou Never Write! A History of the Jewish Mother*. New York: Oxford University Press

Arnold, Abby. (2003). "The rhetoric of motherhood" [online]. The Mothers Movement Online. Recuperado en fecha 20 de noviembre de 2019, de http://www.mothersmovement.org/features/Copy/rhetoric-motherhood.pdf

Balbuena, S., & López, P. (2012). Estudio de un caso de mutismo selectivo: evaluación e intervención en el contexto escolar. *Análisis y Modificación de Conducta, 38*(157–158), 71–88

Black B., & Uhde, T.W. (1995). Psychiatric characteristics of children with selective mutism: a pilot study. *Journal of the American Academy of Child and Adolescent Psychiatry, 34*(7), 847–856

Butler, J. (1990). *Gender Trouble*. New York: Routledge

Borisoff, D. (2005). Transforming Motherhood: "We've Come a Long Way," Maybe. *Review of Communication, 5*(1), 1–11

Chion, M. (2004). *La voz en el cine*. Madrid: Cátedra

DiQuinzio, P. (1999). *The Impossibility of Motherhood*. New York: Routledge

Douglas, S.J., & Michaels, M.W. (2004). *The mommy myth.* New York: Free Press

Dow, S.P., Sonies, B.C., Scheib, D., Moss, S.E., & Leonard, H.L. (1995). Practical guidelines for the assessment and treatment of selective mutism. *Journal of the American Academy of Child & Adolescent Psychiatry*, *34*(7), 836–846

Hall, P. C. (1998). Mothering Mythology in the Late Twentieth Century Science, Gender Lore, and Celebratory Narrative. *Canadian Woman Studies*, *18*(2–3), 59–63

Hays, S. (1996). *The Cultural Contradictions of Motherhood.* New Haven: Yale University Press

Kinnick, K.N. (2009). Media morality tales and the politics of motherhood. En A.C. Hall & M.J. Bishop (Eds.), *Mommy angst (pp.1–28).* Santa Barbara, CA: Praeger

Kristensen, H., & Torgersen, S. (2001). MCMI-II Personality Traits and Symptom Traits in Parents of Children with Selective Mutism: A Case-Control Study. *Journal of Abnormal Psychology*, *110*(4), 648–562

Kuperberg, A., & Stone, P. (2008). The Media Depiction of Women Who Opt Out. *Gender and Society, 22*(4), 497–517

Kutulas, J. (1998). "Do I Look Like a Chick?": Men, Women, and Babies on Sitcom Maternity Stories. *American Studies*, *39*(2), 13–32

Lacalle, Ch., & Gómez, B. (2016). The Representation of Workingwomen in Spanish Television Fiction. *Comunicar*, *24*(47), 59–67

Lockyer, S., & Pickering, M. (2008). You Must Be Joking: The Sociological Critique of Humour and Comic Media. *Sociology Compass*, *2*(3), 808–820

Maushart, S. (2000). *The Mask of Motherhood.* New York: Penguin Books

Mills, B. (2009). *The Sitcom.* Edinburgh: Edinburgh University Press

O'Reilly, A. (Ed.). (2004). *From Motherhood to Mothering.* Albany, NY: State University of New York Press

Rejent, J. (17 de mayo de 2019). 'Paradise Hotel,' 'The Big Bang Theory' finale adjust up, 'Young Sheldon' adjusts down: Thursday final ratings [online]. TV by the Numbers. Recuperado en fecha 20 de noviembre de 2019, de https://tvbythenumbers.zap2it.com/daily-ratings/thursday-final-ratings-may-16-2019/

Rich, A. (1977). *Of Woman Born.* London: Virago

Sharkey, L., & McNicholas, F. (2008). 'More than 100 years of silence, elective mutism'. A review of the literature. *European Child and Adolescent Psychiatry*, *17*(5), 255–263

Spiegel, J. (2015). The Bing Theory on the (Not So) *Bangin'* Jewish Mother. En N. Farghaly & E. Leone (Eds.), *The Sexy Science of The Big Bang Theory (pp. 51–71)*. Jefferson, NC: McFarland & Company

Vertele. (24 de mayo de 2019). Neox hace historia en la TDT con el final de 'Big Bang Theory' (9.8%) [online]. Vertele. Recuperado en fecha 20 de noviembre de 2019, de http://vertele.eldiario.es/audiencias-canales/analisis-espana/audiencias-jueves23mayo-Neox-se-dispara-maximos-historicos-final-Big-Bang_0_2124687514.html

¿Madre no hay más que una? Maternidades reales, mágicas y simbólicas en *Juego de tronos*

M. Isabel Menéndez Menéndez y Marta Fernández Morales

La serie de televisión *Juego de tronos* (*Game of Thrones,* HBO, 2011–2019), un auténtico fenómeno cultural que adapta la saga literaria *A Song of Ice and Fire* del escritor estadounidense George R. R. Martin, está protagonizada por un inusual elenco de personajes que destaca, no solo por lo numeroso, sino también por la elección de perfiles no canónicos como protagonistas. Especial atención merecen los femeninos, pues la serie está ambientada en un universo de fantasía de inspiración medieval donde la mayoría de las mujeres son víctimas de una sociedad misógina y extremadamente violenta: "la sociedad representada se basa en el patriarcado, en el que los personajes femeninos están mayoritariamente bajo el control de algún hombre" (Rojas-La Morena, Alcántara-Pilar y Rodríguez-López, 2019, p. 22). El desarrollo de la historia televisiva –que con el avance de las temporadas fue construyendo una versión cada vez más alejada de la literaria– muestra cómo las protagonistas van conquistando espacios de autonomía y liderazgo que difieren de la posición que ocupaban al inicio.

Estas mujeres, de diferentes orígenes y estratos sociales, ofrecen la posibilidad de una lectura infrecuente sobre la maternidad, ya sea esta real, mágica o simbólica. La maternidad en *Juego de tronos* es origen y final del poder, además de esencia de ciertos protagonismos mesiánicos. Con todo, el mensaje es complejo porque no fue ni monolítico ni constante a lo largo de las ocho temporadas de la producción televisiva. En los primeros episodios, la mayoría de personajes femeninos se definía exclusivamente desde un rol tradicional; en los últimos, ese rol evolucionó de formas en ocasiones muy originales. Algunos de ellos encuentran en la institución de la maternidad el espacio para hacerse fuertes, a pesar de que sea precisamente la causa de su desgracia tras la toma de decisiones problemáticas políticamente, como ocurre con Cersei Lannister o Catelyn Stark. Otras maternidades son obsesivas y casi patológicas, como la de Lysa Arryn, o monstruosas en su crueldad, como la de Selyse Baratheon, pero todas ellas, atravesando el linaje y la tradición, explican el papel de las mujeres en la sociedad creada por Martin. Definitivamente, la representación de la maternidad en la obra no es convencional.

En la saga televisiva de HBO coexisten maternidades reales, mágicas y simbólicas y casi siempre el mensaje es que el ejercicio de la maternidad real es incompatible con el poder, especialmente si observamos este a través de mujeres de estado como Cersei Lannister. Al mismo tiempo, la maternidad simbólica, que se consigue con frecuencia tras la dolorosa pérdida de la auténtica, se revela como requisito para la adquisición de liderazgo, ya sea religioso, como el que alumbra Melisandre, la Mujer Roja, ya sea mesiánico, como el de Daenerys de la Tormenta, Khaleesi Madre de Dragones. Junto a ellas, otras madres biológicas, adoptivas o sustitutas despliegan estrategias de supervivencia, de alianza y de poder en la sombra. Lo hacen a partir de la diplomacia, como en el caso de Lady Olenna, o de la sororidad, como se percibe en maternidad simbólica que guía por ejemplo la relación entre Catelyn Stark, Brienne de Tarth y las hijas de aquella. Finalmente, no es irrelevante en *Juego de tronos* el perfil de las no-madres, igual de numerosas que las anteriores y representadas desde la autonomía y la independencia.

No es posible agotar aquí el estudio sobre las representaciones que nos ocupan. Razones de espacio exigen realizar una selección de personajes para el análisis. Por tanto, el presente trabajo se centra en los procesos de representación de diversas maternidades de importancia para la trama de *Juego de tronos*. Con un enfoque comparativo y aplicando la perspectiva de género, se acerca de forma crítica a algunas madres y no-madres de la serie, analizando su construcción narrativa, su evolución y su resonancia como figuras femeninas no canónicas en el marco de la ficción televisiva contemporánea. Nuestro objetivo es demostrar que la producción de HBO, sin ser un texto globalmente feminista, permite una lectura a contracorriente de las narrativas *mainstream* sobre maternidad, dibujando un panorama caleidoscópico en el que lo tradicional se expone para ser luego deconstruido, y en el cual los personajes de mujeres –sean o no sean madres– se alejan de lo estereotípico y lo plano de las historias al uso.

Breves apuntes teóricos sobre la maternidad

La literatura feminista ha demostrado que la maternidad es una institución altamente politizada, atravesada por múltiples tensiones derivadas de la socialización genérica (Menéndez, 2017, p. 121). La maternidad "tiene una ideología" (Rich, 2019, p. 78) e históricamente ha estado regulada por los varones. Como ha sugerido Marta Sofía López,

> todas las mujeres que han escrito, que han pensado y creado como hijas rebeldes del patriarcado han tenido que correr los mismos riesgos, y, sin duda, han sentido la misma parálisis frente a un lenguaje que nos expulsa constantemente hacia sus márgenes, hacia la histeria o hacia la degradación de un 'yo' que, según nos han contado, solo puede construirse en referencia a un mundo de padres. (2002, p. 73)

En todas las culturas, la maternidad conceptualizada por el pensamiento patriarcal está asociada a un principio de feminidad y un mandato de género: todas las mujeres deben ser madres y serlo es el prerrequisito para convertirse en una mujer normativa. La madre es "benéfica, sagrada, pura, asexual, y nutricia" y la maternidad es para las mujeres "su único destino y la única justificación de su vida" (Rich, 2019, p. 79). Consecuentemente, las no-madres se convierten en algo despreciable. El sistema patriarcal incluye "la condición negativa o sospechosa de las mujeres que no son madres" (Rich, 2019, p. 78), que se entienden como una anomalía. A la infecunda, especialmente si lo es por elección, se le exigen explicaciones y se la somete a hostilidad e incomprensión (Badinter, 2010, p. 22). La nuliparidad refiere a la carencia, a lo incompleto (Badinter, 2010, p. 149). Para las mujeres es una incongruencia, un fracaso de la feminidad en cuanto desvío de la norma (Badinter, 2010, p. 185). Ya Simone de Beauvoir, en 1949, sugería que el patriarcado había naturalizado la maternidad, construyéndola como un pilar de la subjetividad femenina (de Beauvoir, 2005). Basándose en esa conceptualización, y de forma esencialista, las distintas culturas han partido de la definición de las mujeres desde este rol. Con todo, la reflexión feminista se ha escindido entre la distinción de la maternidad como institución y como experiencia, siendo la primera la más conflictiva de ambas. Para las teorías más críticas, la maternidad coexiste con otras dos instituciones –la heterosexualidad y el matrimonio– para garantizar los privilegios de los varones. La maternidad se inscribe en el orden de lo cultural, desde donde se articula como mito –a partir de tres ilusiones: naturalidad, atemporalidad y relación exclusiva–, un dispositivo que constituye creencias y anhelos colectivos desde donde configurar su valoración social (Fernández, 1994, p. 168).

Elizabeth Badinter en *¿Existe el instinto maternal?* (1991) añade otra variable al análisis que aquí exponemos al mencionar ese supuesto amor espontáneo e incondicional que toda mujer siente hacia sus hijos e hijas y que consagra la obligación de la maternidad por encima de todo. Para la autora, esta idea aparece en el siglo XVIII –junto a la lactancia exclusiva– por cuestiones funcionales como garantizar la supervivencia, pero también para someter y aislar a las mujeres en su función reproductiva, definida como un destino natural e inevitable. Paralelamente, el patriarcado fagocita esta función, al reservar para los varones todas las cuestiones relacionadas con la herencia y el linaje. La madre sirve a los intereses del patriarcado porque ejemplifica en una sola persona la conciencia social, la religión y otros pensamientos políticos: "La maternidad institucionalizada revive y renueva las demás instituciones" (Rich, 2019, p. 92). La madre, explica Rich (2019, p. 176), se sabe desde siempre hija y madre en potencia, mientras que los varones se experimentan como hijos y solo mucho más tarde –y no siempre– como padres.

Allison Klein sugiere en su libro *What Would Murphy Brown Do?* que para comprender la evolución de las mujeres en la sociedad solo hay que encender la televisión (2006, p. 16). Como otras cuestiones que tienen que ver con la posición social femenina, la maternidad también es un asunto clave en la pequeña pantalla, y muy especialmente en los productos de ficción. Junto a los numerosos personajes que son descritos únicamente desde su rol materno, en textos contemporáneos donde aparecen mujeres emancipadas de la familia y que habitan el espacio público es frecuente que sus acciones aparezcan determinadas por la relación con sus hijos e hijas, incluyendo las maternidades simbólicas o adoptivas. El rol maternal suele ser pasivo –sin intervención en la narración– o bien conflictivo, apareciendo como una esfera incompatible con lo profesional. Así, la ficción mayoritaria elabora un mensaje en el que "[m]ientras que los hombres representan los entresijos del espacio sociopolítico, las mujeres suelen estar limitadas por universo de los sentimientos" (Lacalle y Sánchez, 2016, p. 4).

Mucho menos numerosas en las narrativas televisivas son las no-madres, y esa escasez revela el papel central que la institución de la maternidad todavía ocupa en los imaginarios culturales. Como antes ocurrió en la literatura, la construcción cultural patriarcal en los guiones recientes solo contempla dos modelos posibles de maternidad: uno positivo –cuidadora incondicional del hogar, heroína doméstica, con una vida exenta de disrupciones y cuya función principal es, además de la reproducción, ser la transmisora del modelo–, y otro negativo donde se encuentra la madre opuesta a la anterior: incapaz, desertora de sus funciones o madrastra, que rompe "con el rol materno tradicional y alimenta un desencuentro entre la figura de la madre y de la mujer" (Reyes, 2017, p. 48). La no-madre, como explicaba Badinter (2010, p. 185), es una anomalía, por lo que es imprescindible su estudio al mismo tiempo que se analizan las representaciones maternales, ya que con su sola existencia, por oposición, contribuye a la definición de la maternidad. La no-madre permite preguntarse si las narrativas proponen espacios de empoderamiento, si son mujeres positivas o negativas, en suma, si el discurso las rechaza o ensalza mientras elabora una representación de la maternidad.

La buena madre y la maternidad real en *Juego de tronos*

Comenzamos el análisis de la producción de HBO con Cersei Lannister y Catelyn Stark porque ambas encarnan la *maternidad real*, entendida en dos sentidos: por una parte, son madres de una prole (dos hijos y una hija en el caso de Lannister y tres varones y dos chicas en el caso de Stark); por otra, como mujeres de estado, están destinadas a ser madres de reyes y reinas. En los dos casos se trata de personajes descritos desde ese rol, que sitúan en el centro de su identidad. La reina Lannister es una mujer cuyos movimientos –incluyendo la gobernanza– obedecen al interés de proteger a su progenie desde una posición, no obstante, de extrema crueldad. Ella, que se rebela expresamente contra su destino como mujer que la aparta del trono, concentra sus esfuerzos de control y manipulación en construir el futuro que considera adecuado para Joffrey, Tommen y Myrcella. Es Cersei una viuda ambiciosa, una reina regente y una madre terrible que criará hijos inmaduros a quienes no se enfrentará (González, 2015, p. 68), más por amor que por debilidad. Habrá que esperar a la pérdida de toda su descendencia para que privilegie sus propias ambiciones políticas, que a partir de entonces se mezclarán con la búsqueda de venganza.

De acuerdo con Patel (2014, p. 135) –que analiza la versión literaria de *Juego de tronos*–, los personajes femeninos que intentan ganar poder en la sociedad patriarcal creada por Martin se presentan como monstruosos: Cersei necesita construir una "armadura masculina" para poder luchar en el campo político patriarcal. Esta se consigue fusionando elementos incompatibles con la feminidad normativa. Así se podría interpretar la relación de la reina con la alquimia, ya que es ella la que tiene el poder de "efectuar la llamada", algo reservado a los reyes en la monarquía inglesa del siglo XV en la que se habría inspirado Martin y luego los guiones de HBO (Runstedler, 2019, p. 129). Al dotar a la reina de esta potestad, el texto pone en el mismo plano la inestabilidad o peligro del propio *fuego valyrio* con la personalidad, también inestable –y por ello negativa– de Cersei. Simbólicamente, la producción de HBO elabora estas ideas de ocupación del espacio y el poder masculino a través del físico de la reina: vestida de riguroso negro con una imponente indumentaria de ecos militares, conserva el pelo rapado fruto del "paseo de la vergüenza" (5x10, *Misericordia*), resignificado ahora desde lo masculino para definir un nuevo reino, el de Cersei (Mantoan, 2018, p. 92).

La madre de los Stark, por su parte, también es una mujer con fuerte pensamiento político, que toma decisiones de calado o influye en las que toman los varones –sus opiniones muchas veces son más sensatas que las de su marido (Afanador, 2017, p. 67)– subvirtiendo así los roles de género, al desafiar la autoridad política patriarcal que siempre otorga el saber a los hombres (Clapton y Shepherd, 2016, p. 5). No obstante, la prioridad del personaje siempre es la protección de su familia, incluso cuando puede afectar negativamente al ámbito político o militar. Catelyn es una madre amantísima de sus hijos Robb y Bran, consejera del primero cuando accede a la corona y protectora del segundo, dependiente tras una caída (provocada por los incestuosos hermanos Lannister) que le dejará sin movilidad en las piernas. Se trata de una representación de la "loba que protege a sus crías" (Castro, 2014, p. 24), una mujer que pondrá en peligro su propia vida para cuidar de su progenie. Frente a la ambición de Cersei, que conocemos desde el inicio del relato, Catelyn es más una guardiana que se preocupa por la seguridad de los suyos, a quienes asesora y orienta. No parecen existir deseos propios en ella –como sí ocurría con la reina Lannister–, solo los que están relacionados con el éxito de sus hijos e hijas, incluyendo entre ellos los relacionados con la corona. En este personaje, no obstante, aparece un elemento que rompe con la imagen de maternidad prototípica: como madrastra es incapaz de sentir afecto por el que conoce como bastardo de su marido, Jon Nieve. Esta imposibilidad matiza la perfección del personaje y quizá hace más aceptable para el público el castigo que sufre junto a su familia en "la boda roja" (3x09, *Las lluvias de Castamere*). Por el camino, no lo olvidemos, había ejercido otra maternidad terrible al dejar a los pequeños Bran y Rickon en Invernalia –con fatales consecuencias– para seguir al ejército de Robb, por quien claramente siente debilidad.

Los personajes de Cersei y Catelyn aparecen en una dualidad que las escinde entre la buena madre que haría cualquier cosa por sus criaturas y la irresponsabilidad desde el punto de vista político, ya que precisamente por querer lo mejor para su linaje, eligen opciones que lo dañan. Ambas son caracterizadas como sobreprotectoras, especialmente en el caso de Cersei. Al observar la fatalidad de sus decisiones, los guiones le dicen al público que las mujeres no son buenas dirigentes, o bien que la maternidad es incompatible con la política. La idea se refuerza con el hecho de que Cersei, que sobrevive a sus hijos e hija, adquiere todo el poder cuando desaparecen. Convertida en una mujer enlutada, todo se invierte cuando ya no tiene que luchar por el futuro de nadie más que el propio. Mientras que en el caso de Catelyn sus erróneas decisiones la conducen a su propia desaparición, Cersei resurge como un ave Fénix a quien se le permite el poder solo cuando ha muerto toda su descendencia. En definitiva, si bien una institución patriarcal como la maternidad les había permitido cierta autonomía y liderazgo, esa misma institución es el límite que les impide una auténtica emancipación. Con Catelyn queda claro que no existía poder más allá del que tenía como madre regente. El que adquiere Cersei exige la pérdida de todo: no solo de sus tres descendientes sino también de la dignidad y el respeto de su pueblo tras la humillación del "paseo de la vergüenza", que plantea una pregunta clave: ¿puede existir poder sin liderazgo?

Alumbrando magia: las madres simbólicas de la serie

La pérdida es un elemento esencial de algunas maternidades no reales en la serie que nos ocupa, tal y como ocurre con Melisandre d'Asshai –la

Mujer Roja– y con Daenerys Targaryen, la Khaleesi Madre de Dragones. Lo esencial en estas figuras es la magia: blanca o negra, es un elemento habitual en *Juego de tronos.* Consiste en misterios, sortilegios o encantamientos que llevan a cabo diferentes personajes –religiosos con poder o personas corrientes de los territorios salvajes– o que están asociados a objetos, como el collar de Melisandre o el vidriagón –un mineral escaso con el que se forjan dagas y espadas capaces de terminar con los Caminantes Blancos. En *Juego de tronos*, la magia "es el opio de ciertas poblaciones, de ciertos soberanos que han perdido la fe" (Cahen, 2019, p. 149). El relato apela al misticismo y la brujería mientras muestra poderes demoníacos como el de Melisandre, cuyo dios se llama R'hllor y cuyo culto le permite conocer los secretos de la juventud eterna, que están guardados en el interior del collar rojo que la sacerdotisa siempre exhibe. Melisandre asegura que ve en Stanis Baratheon a Azor Ahai, el elegido, figura legendaria del culto a R'hllor, y por ello utiliza sus poderes para ayudarle a llegar al trono. En Melisandre hay una guerra de opuestos entre lo femenino y lo masculino, entre lo bello y lo bestial, lo humano y lo inhumano (Roca, Vilaprinyo y Canto, 2014).

En la segunda temporada de la ficción (2x04, *Jardín de huesos*), tras mantener relaciones sexuales con Stanis –aspirante al Trono de Hierro–, la sacerdotisa se convierte en una madre monstruosa, dando a luz a una sombra negra cuyo fin será asesinar al menor de los Baratheon para allanar el camino de Stanis. Melisandre es un personaje turbador, del que conocemos que tiene una edad indefinida aunque muy superior a la vida humana. No sabemos apenas nada de su pasado, tampoco quedan claras sus intenciones, pero sí estamos al corriente de sus poderes taumatúrgicos y de sus cualidades persuasivas, ya que no solo lleva a cabo actos extraordinarios por sí misma –como devolver la vida a los muertos– sino que es capaz de incitar a otras personas a la realización de sacrificios abominables. Así, mientras asistimos con estupefacción a su gestación mágica y espectral de un instrumento de destrucción con el que asesinar a un rival, vemos también cómo Melisandre es capaz de convencer a la esposa de Stanis de la necesidad de sacrificar a Shireen, su única hija, ella sí de carne y hueso. Se muestra de esta manera un modelo de maternidad cuyo única finalidad está ligada "al poder y su ejercicio" (González, 2015, p. 63), que se conseguirán utilizando todas las herramientas necesarias, magia negra incluida.

En cuanto a Daenerys, en el inicio de la saga televisiva la conocemos como superviviente de la casa Targaryen, aspirante al Trono de Hierro y casada contra su voluntad con Khal Drogo, líder de los Dothrakis, de quien acaba enamorándose. Será necesario que la ficción avance para observar cómo alcanza la emancipación transitando un camino de sangre y dolor. Comete un grave error cuando, obsesionada por el amor que siente hacia Drogo y embarazada de él, acepta un pacto de brujería que le cuesta la vida al hijo que espera y que impide que sea madre en el futuro. La magia de sangre que negocia con la *maegi* es una trágica elección que la obliga a ejecutar una muerte por compasión del amado. La niña ingenua y sin perfil político emerge transformada de esa pérdida, cuando es purificada por el fuego y, mediante este, consigue eclosionar los huevos de dragón de los que nacen tres "hijos" (1x10, *Fuego y sangre*). Serán tres dragones llamados Drogon, Rhaegal y Viserion, cuyos nombres son un homenaje al marido y los hermanos muertos. Ella se encargará de amamantarlos, consolidando esa maternidad simbólica que la convierte en poderosa: la Khaleesi será adorada por todo un pueblo que confía en su poder mesiánico y más tarde será coronada como reina de Meereen. En el episodio titulado *Madre* (3x10, *Mhysa*), cuando Daenerys dedica un discurso a la población esclava recién liberada, esas personas gritan "Madre, madre, madre…" y portando en alto a la Khaleesi, la consagran como dirigente política pero también como divinidad maternal (Corcuff, 2019, p. 160).

Con Daenerys nuevamente vemos un personaje femenino que adquiere relevancia mediante una relación ambivalente con la maternidad: se le niega la real, la de carne y hueso, a cambio de una simbólica. Su poder se apoya precisamente en esa maternidad basada en la magia y no en el linaje. No importa si es la última Targaryen, ella es la reina porque es la Madre de Dragones que ha sobrevivido al fuego. Es ese el poder que emana de ella, una maternidad mágica que excluye toda relación con la real. Aunque el personaje tendrá amantes, nunca dará a luz criaturas humanas, pero protegerá a los dragones como hijos propios. Será precisamente el daño que sufren estas criaturas el que impulse la destrucción final provocada por Daenerys (8x05, *Las campanas*): la venganza por lo sucedido a su prole –como ocurre con Cersei Lannister, con quien comparte tantas cosas– parece nublar su raciocinio.

Con estas maternidades mágicas y/o simbólicas nos sumergimos en una cuestión clave de *Juego de tronos*: la metafísica (Chaillan, 2016). Aunque es mucho más amplia la reflexión que se ha realizado sobre el poder, la política o la moral de esta ficción televisiva, la metafísica es un elemento central en ella: la gran pregunta que sobrevuela la narrativa es si existe algo tras la muerte del cuerpo, esto es, se interroga por la muerte del alma, se pregunta también si los seres humanos son libres o no, piensa sobre si existen o no los dioses y cómo intervienen en la vida de las personas. Nos interpela, incluso, sobre la identidad, cuando nos presenta a personajes como Brienne o Arya, quienes subvierten los roles de género en sus cuerpos *performados* fuera de la normatividad. Ellas dos son las figuras de no-madres fundamentales en la serie, y en ellas nos centramos a continuación.

Una chica y su paladín: las no-madres que no luchan por el trono

Si hasta aquí hemos analizado la maternidad en *Juego de tronos* como variable identitaria de los personajes femeninos, hemos de pensar también en aquellas mujeres que se construyen como oposición a ese rol y que permiten cerrar la lectura que la obra realiza sobre la maternidad, pues no es posible un análisis global sin tener en cuenta el anverso y el reverso. Hablamos ahora de personajes que comprometen la lectura de género, ya sea por su papel como guerreras, su sexualidad –libre y a veces fuera de la heteronormatividad– y, en general, su independencia. Entre ellas se encuentran la *caballera* Brienne de Tarth, la audaz Asha/Yara Greyjoy –que se opone a un destino que la aparta del trono por su condición de mujer– o la salvaje Ygritte. Al contrario que las mujeres de estado como Cersei, Catelyn o Daenerys, cuya emancipación no se produce hasta que desaparecen los varones a los que están ligadas y, como hemos visto, también sus descendientes, en *Juego de tronos* existen estas otras mujeres que no pasan por ninguna de estas circunstancias, quienes eligen proyectos de vida alejados de los mandatos masculinos. Precisamente por su definición fuera de la normatividad de género, no son madres ni aspiran a serlo, aunque algunas de ellas desarrollan relaciones similares con la progenie de otra mujer. Por su relevancia para las tramas, nos fijaremos en Brienne y Arya, entre quienes además existe también una relación interesante para el tema que aquí exploramos.

Brienne de Tarth, la primera mujer nombrada caballero (8x02, *Caballero de los siete reinos*), adquiere al incorporarse a la Guardia Real el respeto que se le había negado tras una vida marcada por el machismo. Este personaje se define visualmente en la serie mediante una imagen que evoca a Juana de Arco: de cabellos muy cortos, porta su dorada armadura con dignidad y es excelente en la batalla. En Brienne, los atributos que destacan son más viriles que femeninos. Es, además, un ejemplo de maternidad adoptiva. Desde su feminidad no normativa y su proyecto como futura *caballera,* tácitamente queda descartada cualquier opción de maternidad propia, pero muy pronto asume un compromiso con Lady Stark que la convertirá en la fiel escudera de sus dos hijas, Sansa y Arya. A partir de entonces ejerce como una figura materna *sui generis* que las sigue y protege el resto de su vida, con el objetivo de ponerlas a salvo en Invernalia.

En el caso de Brienne, por consiguiente, hay que destacar algunas cuestiones relacionadas con la maternidad. En primer lugar, es posible entender la solidaridad de género que se produce entre ella y Catelyn, que la lleva a aceptar la protección de sus hijas, pero la relación también podría leerse como derivada del rol masculino que parece jugar Brienne, debilitado únicamente por el amor, prototípicamente femenino, que siente por Jaime Lannister. Es decir, dado que asume un papel viril, es posible incorporar a su caracterización el elemento de protección y seguridad tradicionalmente reservado para el padre o el guerrero, y no tanto para una madre. Por otra parte, es significativo que una ficción contemporánea no sea capaz de construir un personaje de mujer realmente rompedor de los roles de género. Brienne, que aspira a espacios tradicionalmente masculinos y negados para ellas –como la Guardia Real– solo puede acceder abandonando cualquier elemento de feminidad, incluyendo la maternidad. Esta cuestión es muy visible en el desenlace de la ficción de HBO: los guiones decidieron doblegarla innecesariamente al someterla al abandono de su amado Jaime. La humillación en su caso se realiza en nombre del amor romántico. Aunque luego aparezca entre quienes toman decisiones, previamente ha sido anulada como mujer. Es sintomático de este artefacto de dominación de género que, cuando abre el Libro Blanco, lo haga para escribir la historia de Jaime Lannister y no la suya propia como la primera *caballera* en la Guardia Real.

El otro personaje principal que desborda los roles genéricos en *Juego de tronos* es la pequeña de los Stark, Arya, quien aprende las artes de la guerra en lugar de las labores femeninas, convirtiéndose en la fiera propietaria de la delgada y liviana espada llamada Aguja, un regalo de Jon Nieve. Esta espada es una metáfora del perfil de esta joven atípica: remite al mismo tiempo al mandato de feminidad y a la transgresión de este.

Arya se opone a su destino como dama de la corte y se rebela contra las convenciones de lo femenino. En su caso, siendo una chica menuda con aspecto de muchacho impúber, adopta cualidades más afines a los varones, especialmente la valentía, pero también la capacidad de venganza que lleva a cabo como asesina implacable. No cabe proyecto maternal en este personaje abandonado a su suerte cuando todavía es una niña y que aprende a sobrevivir en un medio hostil, obligada a presenciar cómo se da muerte a su padre, a su madre y a su hermano Robb. Se convierte en una virtuosa asesina y una estratega de la venganza, negándose a aceptar un lugar más tradicional que le hubiera garantizado la tranquilidad o la protección a cambio de asumir una feminidad normativa.

Arya, desde su primera aparición, se define a través de un prisma masculino: decide tomar las armas como sus hermanos, y se entrena en el uso de la violencia y la fuerza. Se trata, por consiguiente, de un personaje que invierte los patrones de género y que reflexiona sobre todo lo que está vedado a las mujeres, de la pluralidad de opciones de la que ellos disponen y de la opresión de los roles femeninos. Sus discusiones con la romántica Sansa muestran el nulo interés que para ella tiene el modelo canónico. Por consiguiente, no se puede pensar en Arya como una madre, ni presente ni futura. Esto es así porque, desde el momento que se auto-construye con valores masculinos y que es atravesada por el deseo de reparar los ultrajes recibidos por su familia, se convierte en una especie de *pater familias* sustituto, para quien no cabe el rol maternal. Los guiones de HBO reservaron para ella el papel más glorioso en la temporada final de la serie: acabar con los Caminantes Blancos al dar muerte a su líder. Sin embargo, tras esta gesta la dejaron marchar para seguir descubriendo mundos desconocidos como la aventurera en que se ha convertido, en lugar de hacerla líder de todos los reinos (papel que acabó jugando su hermano Bran). Una vez más, un personaje autónomo, con proyecto propio, que subvierte la feminidad normativa, es abocado a la soledad y el exilio.

Reflexiones finales

La maternidad en *Juego de tronos* se representa a partir de una pluralidad de personajes y desde una visión menos convencional que en otras ficciones televisivas recientes. En esta serie, es origen y final del poder, elemento sin el que no es posible analizar una institución de la que, desde el principio, habíamos aceptado su politización. En la producción televisiva hay mujeres que alcanzan la autoridad o la gestión política por su papel de madres, reales o simbólicas. Sin embargo, las decisiones que rodean esa maternidad transmiten en última instancia una idea patriarcal, al ser definida como esfera incompatible con la gestión política. No hay poder para las madres, aunque pueda parecerlo, y es imprescindible haber transitado por la pérdida para alcanzar alguna relevancia en el espacio público, el poder religioso o el universo mesiánico.

En *Juego de tronos* se observan maternidades crueles y obsesivas, maternidades instrumentalizadas por el ansia de poder o maternidades que originan proyectos monstruosos o punibles. No parece haber maternidades ordinarias y mucho menos afectuosas; no existe la maternidad positiva, ningún vestigio de instinto maternal. O es cruel o no existe o se elimina. La mayoría de los personajes encuentran en esta institución el obstáculo a sus ambiciones y en su sacrificio la fórmula para alcanzarlas. En el anverso de la moneda existen esos personajes que no son madres y que ayudan a configurar lo antedicho: para alcanzar la gloria –siempre masculina– también hay que abandonar la institución más femenina que existe. El poder solo puede llegar desde la soledad más completa o desde la elección de proyectos viriles, definidos según los mandatos tradicionales de género, en los que no cabe la existencia de una relación maternal.

La lectura de la serie de HBO, una de las más vistas de la historia, sugiere que la maternidad, o es cruel –lo que permite avanzar que las mujeres son ellas mismas problemáticas– o debe desaparecer para que un personaje femenino avance en lo social, político o público. La maternidad es disruptiva con la autoridad o el liderazgo, y por ello las mujeres no gobiernan bien. Pero como era mandato de género patriarcal, tampoco su abandono o rechazo garantiza el empoderamiento, ya que los personajes que deciden mimetizarse con los varones y descartarla tampoco alcanzan el reconocimiento. *Juego de tronos* se ha presentado como una serie rompedora, en la que ha habido muchas más oportunidades para dibujar personajes femeninos que en otras y cuyos problemas de género se explicaban por la ubicación del relato en un mundo patriarcal de inspiración medieval. Sin embargo, el análisis de algunas instituciones atravesadas por el género, como la maternidad, deja claro que nunca hubo una reflexión feminista como origen de los guiones. Las últimas temporadas se estrenaron en una sociedad conmocionada por el #MeToo, con la crítica del público y las propias quejas de las actrices, cada vez con más peso en la producción. Las demandas de cambios se concretaron en que fue desapareciendo el sexismo más explícito de los primeros capítulos y se fue dando más espacio a mujeres, muchas de ellas interesantes, capaces de despertar pasiones entre el público. Pero la ausencia de mujeres en la producción y probablemente la limitada visión feminista de creadores y guionistas ha impedido un mensaje realmente positivo sobre las protagonistas y sus proyectos. La representación de la maternidad y la propia conclusión de *Juego de tronos* –con todos los personajes femeninos eliminados, relegados o neutralizados– así lo demuestran.

Referencias

Afanador, L. F. (2017). Sobre el boom de Juego de Tronos. *Revista Universidad de Antioquía,* 329, 64–67

Badinter, E. (1991). *¿Existe el instinto maternal? Historia del amor maternal siglos XVII al XX.* Barcelona: Paidós

Badinter, E. (2010). *Le conflit: La femme et la mère.* París: Flammarion

Cahen A. (2019). *Game of Thrones décodé.* Mónaco: Éditions du Rocher

Castro, A. (2014). *Canción de Hielo y Fuego*: Los "personajes" en la obra de George R. R. Martin. *Philologica Urcitana*, 10, 1–34

Clapton, W y Shepherd, L. J. (2016). Lessons from Westeros: Gender and power in *Game of Thrones*, *Politics*, 37(1), 5–18

Corcuff, P. (2019). *Juego de tronos* o el devenir autoritario del "populismo de izquierda". *Nueva Sociedad*, 282, 156–163

Chaillan, M. (2016). *Game of Thrones: une métaphysique des meurtres.* París: Le Passeur Éditeur

De Beauvoir, S. (2005). *El segundo sexo*. Madrid: Cátedra, 1949

Fernández, A. M. (1994). *La mujer de la ilusión. Pactos y contratos entre hombres y mujeres*. Buenos Aires: Paidós

González, O. (2015). "Mis hijos…": la lucha por el poder y la paternidad/maternidad en Juego de Tronos. En M. Visa (Coord.), *Padres y madres en serie. Representaciones de la parentalidad en la ficción televisiva* (pp. 63–70). Barcelona: Editorial UOC

Klein, A. (2006). *What Would Murphy Brown Do? How the Women of Prime Time Changed our Lives*. Emeryville: Seal Press

Lacalle, Ch. y Sánchez, B. (2016). The representation of women in the family in Spanish television fiction. *Communication & Society*, 29(3), 1–14

López, M. S. (2002) En el nombre de la madre y de la hija. En A. I. Blanco, B. Doménech, M. S. López y R. Marcos (Eds.), *Nuevas visiones de la maternidad* (pp. 73–95). León: Secretariado de Publicaciones y Medios Audiovisuales Universidad de León

Mantoan, L. (2018). Raven: Cersei Lannister, First of Her Name. En L. Mantoan y S. Brady (Eds.), *Vying for the Iron Throne. Essays on Power, Gender, Death and Performance in HBO's Game of Thrones* (pp. 90–93). Jefferson: McFarland & Company

Menéndez, M. I. (2017). A girl has no name: género, poder y violencia en *Game of Thrones*. En M. I. Menéndez y P. Illera (Eds.), *Guerras simbólicas. El papel del audiovisual en la lucha contra la violencia de género* (pp. 117–126). Palma de Mallorca: Edicions UIB

Patel, C. (2014). Expelling a monstrous matriarchy: Casting Cersei Lannister as abject in A Song of Ice and Fire. *Journal of European Popular Culture*, 5(2), 135–147

Reyes, M. (2017). La maternidad y las relaciones materno-filiales en la obra de Elena Ferrante. *Asparkía,* 31, 47–63

Rich, A. (2019). *Nacemos de mujer. La maternidad como experiencia e institución*. Madrid: Traficantes de sueños, 1986

Roca, B., Vilaprinyo, B. y Canto, D. (2014). *Filosofía de Hielo y Fuego. Las claves para comprender Juego de tronos*. Barcelona: Ediciones invisibles

Rojas-La Morena, A. J., Alcántara-Pilar, J. M. y Rodríguez-López, M. E. (2019). Sexo, violencia y estereotipos en el *brand equity* de una serie. El caso de Juego de Tronos. *Cuadernos de Gestión*, 19(1), 15–40

Runstedler, C. (2019). Cersei Lannister, Regal Commissions, and the Alchemists in *Game of Thrones* and *A Song of Ice and Fire*. En Z. Rohr y L. Benz (Eds.), *Queenship and the Women of Westeros. Female Agency and Advice in* Game of Thrones *and* A Song of Ice and Fire (pp. 129–143). Londres: Palgrave Macmillan

Mujeres profesionales y domesticidad/maternidad en las series detectivescas anglo-sajonas: El caso de *No Offence*

M. Isabel Santaulària i Capdevila

En su libro *Working girls: Gender and sexuality in popular cinema*, Yvonne Tasker (1998) ponía de manifiesto la importancia de las series detectivescas con protagonistas femeninas a partir de los ochenta ya que demostraron la viabilidad comercial de la mujer detective/policía y llevaron a una transformación del género, que incorporó temática femenina/feminista. Series como *Remington Steele* (NBC, 1982–1987), *El espantapájaros y la Sra. King* (*Scarecrow and Mrs. King*, CBS, 1983–1987) o *Luz de luna* (*Moonlighting*, ABC, 1985–1989) fueron algunas de las primeras en presentar a mujeres detective cuya función en la trama no era la de lucir vestidos y enseñar cuerpo, como ocurría en series anteriores tales como *Honey West* (ABC, 1965–1966), *The Girl from U.N.C.L.E.* (NBC, 1966–1967), *Police Woman* (NBC, 1974–1978) o *Los ángeles de Charlie* (*Charlie's Angels*, ABC, 1976–1981). *Cagney & Lacey* (CBS, 1982–1988) fue particularmente excepcional ya que se centraba en la profesionalidad de las protagonistas y su relación de amistad, compañerismo y confianza mutua, además de tratar de forma clara y abierta temas de interés para las mujeres como el aborto, la violencia doméstica o los derechos de las víctimas de violación. El éxito de la serie, según una de sus creadoras, Barbara Corday, demostró que las espectadoras "querían ver a mujeres mayores y sabias afrontando los altibajos de sus complicadas vidas" (Press, 2018, p. 7).[1]

Si nos fijamos en la gran cantidad de series detectivescas protagonizadas por mujeres en la actualidad, parece que este interés en las historias en las que las protagonistas son profesionales sigue vigente. Solo en Estados Unidos, el catálogo de ejemplos incluye *Bones* (Fox, 2005–2017), *The*

1 Todas las traducciones del inglés están hachas por la autora, incluyendo las citas de la serie.

Closer (TNT, 2005–2012) y su spin-off, *Major Crimes* (Warner, 2012–2018), *El club contra el crimen* (*Women's Murder Club*, Fox, 2007–2008), *Castle* (2009–2016), *Rizzoli & Isles* (Warner, 2010–2016), *Imborrable* (*Unforgettable*, ABC, 2011–2017) o *El cuerpo del delito* (*Body of Proof*, ABC, 2011–2013), por mencionar algunas de las más populares. En el Reino Unido, el número de series con mujeres detective protagonistas es aún mayor con ejemplos como *Testigo mudo* (*Silent Witness*, BBC, 1996-), *Blue Murder* (ITV, 2003–2009), *Scott & Bailey* (ITV, 2011–2017), *Vera* (ITV, 2011-), *La caza* (*The Fall*, BBC, 2013–2016), *Broadchurch* (ITV, 2013–2017), *Happy Valley* (BBC, 2014-), *Agatha Raisin* (Acorn, 2014-), *The Coroner* (BBC, 2015–2016), *Marcella* (ITV, 2016-), *The Loch* (ITV, 2017), *In the Dark* (BBC, 2017), *Hidden* (BBC, 2018-), *Shakespeare and Hathaway* (BBC, 2018-) o las más recientes *Queens of Mystery* (Acorn, 2019-) y *My Life Is Murder* (Acorn, 2019-). En estas historias, las mujeres están en situaciones de igualdad con los hombres –en algunos casos, son incluso sus superiores– y son competentes, independientes y/o autónomas. Estas series demuestran que hay una demanda para las representaciones de mujeres profesionales que los canales de pago y las nuevas plataformas de video a demanda están dispuestas a incorporar en su programación. Al no tener que dirigirse a un público mayoritario, estos medios pueden ofrecer más variedad discursiva para satisfacer a diferentes nichos demográficos (*demographic niches*), entre los que se hallan las mujeres que buscan imágenes de empoderamiento y control sobre sus vidas. Estas series son también sintomáticas de los cambios en la construcción de la feminidad en las últimas décadas en nuestras sociedades supuestamente postfeministas en las que las mujeres han logrado avances considerables en el espacio público.

A pesar del progreso de las mujeres en el mundo laboral y la consecuente normalización de la figura de la mujer trabajadora en las series de televisión contemporáneas y otras artes representacionales (sobre todo el cine y la novela), nuestras sociedades occidentales son aún conservadoras y reticentes a dar carta blanca a la mujer en el espacio público, que sigue siendo patriarcal, controlado por los hombres. En consecuencia, muchos productos culturales contemporáneos son engañosamente progresistas ya que dan cabida a las mujeres trabajadoras para sucesivamente devolverlas a 'su entorno doméstico natural' o, al menos, convencerlas de que su felicidad radica en el matrimonio y la maternidad. Por lo tanto, en general los *mass media* están al servicio del estatus quo y cuentan historias moralizantes que perpetúan mitos de género y promueven imágenes y estilos de feminidad obsoletos y, en teoría, extinguidos. La crítica feminista ha dado varios nombres a estas campañas encubiertas de re-domesticación de la mujer. Susan Faludi las llamó 'reacción' en su influyente libro *Backlash: The undeclared war against women* a principios de los noventa. En la actualidad, otras autoras siguen denunciando que la liberación de la mujer es más aparente que real y se refieren a estas fuerzas culturales neoconservadoras con términos que, aunque con matices distintos, inciden en los mismos discursos orientados a la revalorización de la mujer doméstica: 'retro-sexismo' (Imelda Whelehan, 2000), 'retirada' o *retreatism* (Negra, 2009), 'sexismo ilustrado' (Douglas, 2010) o 'la mística postfeminista' (Munford y Waters, 2014).

Estas tendencias culturales no se pueden desvincular de un entorno social particularmente difícil y turbulento a causa de crisis económicas a nivel global que, tal como explican Susan J. Douglas y Meredith W. Michaels (2005, p. 24), han llevado a una situación de precariedad laboral generalizada o al colapso de instituciones gubernamentales fundamentales para la familia, como son las escuelas públicas o las ayudas sociales para madres y menores en situaciones de vulnerabilidad. Sin embargo, la solución a estos problemas no es limitar el acceso de la mujer al trabajo. Además, la vena reaccionaria en la cultura popular no es nueva, sino que tiene sus raíces en el ideario del 'ángel doméstico' (*the Angel in the House*) victoriano que se resiste a desaparecer. Todavía hoy en día, la mujer trabajadora, ya sea una madre trabajadora o una mujer que prioriza su carrera por encima del matrimonio o la maternidad, se ve como una anomalía que tiene que ser corregida y la cultura popular utiliza estrategias diversas para convencer a la mujer de que la verdadera felicidad pasa por encontrar pareja, casarse y ser madre. Estas estrategias, argumentan Anne C. Hall y Mardia J. Bishop (2009, p. 7–8), incluyen representaciones negativas de las mujeres profesionales que son demasiado ambiciosas, destinos solitarios y trágicos para las mujeres que deciden centrarse en sus carreras o retratos desalentadores del entorno laboral, que se describe como impersonal, alienador, agotador u hostil. Aunque el trabajo no es siempre gratificante, las historias que únicamente muestran los percances y problemas a los que se enfrenta la mujer trabajadora hacen que la alternativa doméstica sea mucho más atractiva, sobre todo si tenemos en cuenta que, en los relatos de ficción, parece que la solidaridad, el respeto y el compromiso con los otros son aspectos que se localizan exclusivamente en entornos familiares (Brenner, 2000, p. 173). Si a estas condiciones les sumamos lo que Douglas y Michaels denominan *new momism* y Hall y Bishop *the mommy mystique* o la sobresaturación en los *mass media* de imágenes que 'glamorizan' e idealizan la maternidad y que incitan a las mujeres a quedarse en casa y dedicarse exclusivamente al cuidado de sus hijos, podemos deducir que los productos culturales que consumimos siguen mostrando, directa o indirectamente, que el hogar y la maternidad son los destinos naturales de toda mujer.

La ficción televisiva contemporánea no es una excepción y el arquetipo de la buena esposa/madre que se dedica exclusiva y felizmente al cuidado de su hogar y de sus hijos se presenta como el modelo más adecuado de feminidad. Esta situación se reproduce incluso en la ficción detectivesca, un género en el que el ejercicio de la actividad profesional es esencial para el desarrollo de la trama, que necesariamente gira alrededor de una investigación criminal. Cuando la protagonista es una mujer, su trabajo ocupa el interés narrativo de la historia, pero esto no significa que sea gratificante o que la mujer pueda complementar su profesión con una vida personal plena y satisfactoria. En la televisión británica, por ejemplo, uno de los primeros y más influyentes retratos de la mujer detective fue en la serie *Principal sospechoso* (*Prime Suspect*, ITV, 1992–2006). En la primera temporada, el novio de la protagonista, la inspectora Jane Tennison, rompe con ella porque no consigue llegar a tiempo para preparar una cena para él y unos clientes a los que necesita para su negocio. En las temporadas siguientes, Jane paga un precio muy alto para avanzar en su carrera: cuando se queda embarazada, decide abortar porque no puede contemplar ser madre soltera si quiere dedicar tiempo a su trabajo, sus relaciones amorosas son superficiales y temporales, se convierte en alcohólica y tiene que hacer su trabajo acompañada de un equipo hostil y superiores que cuestionan sus métodos simplemente porque es una mujer competente en un mundo de hombres. Consecuentemente, la serie resalta la soledad de la protagonista y la dureza de su trabajo. Al final de la serie, Jane se jubila y, sin su trabajo y solo una botella como compañía, su futuro es desolador, por lo que la serie consolida la percepción de que una vida dedicada al trabajo no vale la pena para las mujeres, sobre todo si no se han equipado con un marido y una familia a los que regresar después de la jubilación.

Afortunadamente, la cultura popular no se ciñe a una sola postura discursiva. También afortunadamente, las mujeres no somos esencialmente iguales y no todas compartimos los mismos deseos, preocupaciones y temores innatos. Por lo tanto, la presunción que subyace en muchos productos postfeministas de que el matrimonio y la maternidad son los objetivos primordiales de nuestras vidas no es cierta, o al menos no lo es para todas las mujeres. Si tenemos en cuenta, pues, que el espectro de deseos, aspiraciones y necesidades en nuestra paleta es amplio, y que la televisión es, ante todo, un negocio que tiene que captar diferentes tipos de audiencia, no es de extrañar que encontremos productos menos conservadores que apuestan por modelos de detectives femeninas que difieren de los arquetipos de la mujer detective que circulaban, y aún circulan, en la televisión o en el cine y que van desde la solterona inofensiva à la Miss Marple, la guapa heroína romántica trasplantada a una trama detectivesca à la Temperance Brennan en la serie *Bones*,[2] la víctima de traumas diversos atrapada bajo el techo de cristal à la Clarice Starling en las versiones cinematográficas de las novelas de Thomas Harris, o las profesionales agriadas después de vidas dedicadas a trabajos poco gratificantes à la Jane Tennison en la mencionada *Principal sospechoso*. Estos ejemplos o bien ignoran la posibilidad que una mujer puede vivir de su trabajo como investigadora o retratan el entorno laboral como tan odioso que la alternativa doméstica se intuye como más apetecible; en casos como el de *Bones*, por otro lado, el perfil profesional de la protagonista queda atenuado gracias a un arco narrativo recurrente que explora su relación con el agente del FBI Seeley Booth, y la incorporación de un bebé en sus vidas.

La televisión británica es especialmente interesante con series que rompen con los esquemas existentes de la mujer detective. *Vera*, por ejemplo, se atreve con una protagonista soltera de edad avanzada que, como inspectora jefe, ocupa una posición de autoridad, es respetada y admirada, y afronta su soledad con normalidad, a veces hasta con alivio. Ya antes de *Vera* otras series habían dado voz y protagonismo a mujeres mayores. *The Mrs. Bradley Mysteries* (BBC, 1998–2000), basada en el personaje creado por la escritora Gladys Mitchell, actualizaba el personaje de la detective amateur al estilo de Miss Marple incluyendo mensajes en defensa de la independencia de la mujer. En *Hetty Wainthropp Investigates* (BBC,

2 La serie está basada en las novelas escritas por Kathy Reichs. La Temperance (Tempe) Brennan de las novelas no tiene nada que ver con el personaje de la serie. En la serie, Tempe es joven, guapa y atlética. En las novelas, es una cuarentona divorciada basada en la misma autora que, como su personaje, es una antropóloga forense.

1996–1998), la protagonista, una mujer casada, decide convertirse en investigadora privada después de su jubilación. *Rosemary & Thyme* (ITV, 2003–2006) se centraba en la relación profesional y de amistad de dos mujeres de mediana edad que, después de que sus vidas den giros inesperados,[3] montan un negocio de jardinería que les lleva a lugares donde se comete algún tipo de crimen que ellas investigan y resuelven. Situadas en Manchester, las series *Blue Murder* y *Scott & Bailey* siguen las vicisitudes de sus protagonistas, todas ellas oficiales de policía. *Blue Murd*er se centra en la inspectora Janine Lewis, madre divorciada que tiene que lidiar con su exigente vida profesional y las dificultades de criar a sus cuatro hijos sola. En *Scott & Bailey*, Rachel Bailey y Janet Scott se convierten en amigas, además de compañeras, que, además de resolver casos, se ayudan a sobrellevar sus complejas vidas personales caracterizadas por un matrimonio fracasado (en el caso de Janet), relaciones poco satisfactorias y problemas familiares.

La serie *No Offence* (ITV, 2015-), situada también en Manchester, es una digna sucesora de *Blue Murder* y *Scott & Bailey*. Como en estas dos series, *No Offence* gira alrededor de la vida profesional de tres mujeres policía fuertes y respetadas: la inspectora jefe Viv (Vivienne) Deering y sus colegas y amigas, las sargentos Dinah Kowalska y Joy Freers. La serie es más realista y sombría que *Blue Murder* y, a pesar de la sordidez de muchas de las historias y de las tragedias y experiencias traumáticas que les acontecen, *No Offence* es más optimista que *Scott & Bailey* en su presentación del entorno laboral y de las carreras y aspiraciones de las protagonistas. Las tres policías son inteligentes y capaces de atar cabos sueltos y hacer las deducciones necesarias para resolver casos difíciles como son la investigación de un asesino en serie que mata a chicas con el síndrome de Down en la primera temporada; un caso de abuso sexual de menores detrás del cual está el hijo de la cabecilla de una de las mafias más poderosas de Manchester, Nora Attah, en la segunda temporada; y, en la tercera temporada, una trama política en la que una de las candidatas a la alcaldía de Manchester, Caroline McCoy, está dispuesta a todo para llegar al poder, incluyendo hacer tratos con organizaciones neonazis, fomentar el odio racial e incluso fingir un atentado a su persona para ganarse la simpatía de

3 Laura Thyme es una expolicía que deja a su marido cuando descubre que le es infiel. Rosemary Boxer pierde su trabajo de profesora de horticultura aplicada en la universidad.

los electores, un atentado que tiene consecuencias fatales para una de las protagonistas de la serie ya que Joy muere durante la persecución y tiroteo después del atentado.

Viv, Dinah y Joy no son las primeras detectives inquisitivas e inteligentes en ser retratadas en la pequeña pantalla. De hecho, el raciocinio y la intuición son características esenciales del detective desde su creación y las primeras detectives de ficción[4] necesariamente tuvieron que incorporar las mismas características que sus homólogos masculinos para poder ser eficaces en sus investigaciones. Lo que distingue a las protagonistas de *No Offence* es la naturalidad con la que utilizan su autoridad. En muchos ejemplos anteriores e incluso coetáneos, las detectives tienen que lidiar con actitudes sexistas que las obligan a estar a la defensiva y a tener que protegerse de ataques a sus decisiones o métodos simplemente porque sus colegas o jefes no las respetan por ser mujeres. En estos casos, la agenda feminista necesariamente va ligada a una situación de desigualdad que se tiene que perpetuar para justificar la prevalencia y vigencia del feminismo. En *No Offence*, las protagonistas no necesitan mostrar sus credenciales feministas en un entorno en el que no son juzgadas por su sexo sino por su profesionalidad. Las protagonistas hacen valer su autoridad simplemente porque están al servicio de la justicia y harán lo que sea necesario para que sus investigaciones den resultados, incluso cuando esto implica tener que imponer sus iniciativas ante superiores, hombres y mujeres, escépticos u obtusos. En la primera temporada, por ejemplo, Viv se planta en el servicio de caballeros mientras su superior, Darren Maclaren, está orinando para convencerle de que la desaparición de una chica que están investigando no es un caso aislado, sino que se trata de una víctima del mismo asesino, al que se refieren como 'el Manitas', *Handyman*. Su alegato es breve pero convincente y efectivo, aunque también añade que tiene una versión más larga si la necesita y si su próstata lo puede aguantar (1.2).[5]

4 En la novela sensacionalista de mediados del siglo XIX en Inglaterra, por ejemplo, encontramos a dos de las más interesantes en las novelas *The woman in white* (1860) y *The law and the lady* (1875) de Wilkie Collins. Marian Halcombe y Valeria Brinton-Woodville investigan casos que les permiten salvar a su hermanastra y esposo, respectivamente, de situaciones comprometidas y tramas maquiavélicas.

5 Los episodios de la serie no tienen títulos. Para hacer referencia al episodio referenciado, utilizo el número de la temporada seguido por el número del episodio (1.2 sería primera temporada, episodio 2).

Cuando el plan que tenían para trasladar a un hombre que está bajo su protección fracasa y este se da a la fuga, Viv no deja que la cuestionen ya que obraron con precaución. Sin embargo, se acerca a Maclaren y le dice que aceptará una reprimenda de buen grado cuando tenga tiempo, pero que hay un avance en el caso del asesino en serie que están investigando y que tienen que ponerse en acción inmediatamente (1.5). En la segunda temporada, por poner un último ejemplo, Viv tiene una nueva jefa, Christine Lickberg, que cuestiona las decisiones de Viv en varias ocasiones. Viv siempre logra hacer prevaler sus opiniones e incluso la convierte en aliada. Le dice: "Me pusieron a su cargo porque les apetecía ver una pelea entre las dos. Demostrémosles que están equivocados" (2.2).

En su lucha sin tregua contra la injusticia y su trabajo como protectoras de las víctimas, las tres protagonistas utilizan también la autoridad que les confiere su cargo para enfrentarse a los criminales a los que persiguen, aunque sean oponentes formidables. En una ocasión, Viv se persona en el banquete de boda de Jimmy Webb, un traficante con antecedentes que se casa con la hija del líder de una banda neonazi. Rodeada de la familia de la novia, Viv toma el micro, felicita a la pareja y anuncia que va a proceder a arrestar a Jimmy por ser sospechoso de un asesinato. Le sugiere que no oponga resistencia si no quiere levantarse a la mañana siguiente con algo peor que una resaca (1.3). A Nora Attah la amenaza con caer sobre ella como si fuera una tonelada de ladrillos si la ve saltándose la ley (2.1) y, en su discurso durante la ceremonia en la que le dan un reconocimiento por su carrera, avisa que sus enemigos, refiriéndose a Nora sobre todo, van a arrepentirse de haber hecho que tuviera que ser imaginativa para atraparlos (2.1). En la tercera temporada, Viv investiga a un hombre de negocios, Lionel Dirkin, sospechoso de financiar un partido neonazi. Se acerca a él mientras está comiendo y le amenaza para que le dé información pero Dirkin se atraganta con un hueso. Antes de ayudarle, Viv le dice: "No tienes que tener miedo de atragantarte, saco de mierda con papada. Es de mí de quien tienes que asustarte" (3.2).

Viv, Joy y Dinah no dudan en saltarse procedimientos o actuar sin permiso de sus superiores para conseguir sus objetivos. Dinah pierde la cabeza y se deja llevar por su rabia o sus instintos en algunas ocasiones –se lanza al agua para salvar a Cathy Calvert, una víctima de 'el Manitas' (1.1) o entra en un edificio ardiendo para rescatar a una mujer y su hija, aunque no puede romper la puerta de otro apartamento en el que unos adolescentes están encerrados, por lo que mueren asfixiados (2.2). No obstante, tanto las infracciones de la ley como las heroicidades impulsivas son estrategias narrativas que sirven para mantener el suspense de la historia ya que la serie enfatiza que para resolver casos se tiene que trabajar duro, pensar estratégicamente y ser exhaustivo en las investigaciones. Antes de una operación importante, Viv recuerda a su equipo cómo tienen que actuar: "Ya sé que estáis todos nerviosos, el corazón os late, no podéis respirar. Estamos a punto de cerrar este caso, pero 'a punto' no es suficiente. Tenéis que mantener la calma, ser metódicos, portaros como si fuerais a una misa de domingo" (1.6). En otra ocasión antes de un interrogatorio a un sospechoso después de la muerte de Joy, Viv le dice a uno de los miembros del equipo, Spike Tanner, que tienen que actuar como los profesionales que son, poner cara de póquer, es lo menos que pueden hacer por Joy en un día tan triste (3.1). Viv también anima a su equipo a convertir su conmoción, dolor y rabia en combustible para motivar su investigación (3.1). El trabajo policial es ante todo una profesión dura y la serie no la trivializa sino que muestra aspectos poco agradables como: horas interminables de vigilancia, revisión metódica de pruebas y escenarios, largas esperas en salas de autopsia, fiascos y errores fatales, interrogatorios infructuosos, incluso la muerte.

El retrato de los inconvenientes del trabajo policial en la serie no es una estrategia para mostrar que el puesto de trabajo es un nido de serpientes del que toda mujer debería alejarse ya que *No Offence* no se queda corta a la hora de presentar los aspectos positivos de la experiencia laboral. En primer lugar, el uso justo de la autoridad de las protagonistas y su efectividad para resolver casos se recompensa con el respeto de colegas y superiores. Cuando Viv recibe el premio por sus logros en su carrera, Lickberg alaba a Viv por su fuerza, dedicación y vitalidad; también explica que el porcentaje de solicitudes para trabajar en su unidad es más alto que la media y que la razón principal por la que piden traslados a la unidad de Viv es para poder trabajar con ella (2.1). Lickberg es la superior de Viv y tiene que hacerla quedar bien, pero está claro que Viv es querida. Cuando entra para recoger el premio toda la sala se pone de pie para aplaudirla y, en su línea, acepta el galardón en un discurso en el que pone en evidencia su humor cáustico e inteligente y la reciprocidad de sus sentimientos ya que Viv realmente quiere a su equipo. De hecho, una de las características de la serie es que tanto los que están al mando como el resto del equipo aprecian el trabajo que hacen los demás y lo admiten públicamente. Viv da una promoción a Joy primero (1.1) y a Dinah más adelante (3.2) ya que reconoce que son “agentes de primera categoría” (1.1). También las alaba cuando se lo merecen. Cuando durante un interrogatorio Joy consigue que un sospechoso se declare culpable de asesinar a su esposa, Viv pide al resto del equipo que le hagan una reverencia y dice, “¿Sé elegirlas o qué?” (1.3). Igual que Viv, los que están al mando están orgullosos de sus subordinados y se lo hacen saber. Lickberg, por ejemplo, felicita a Joy por su trabajo, le dice que es una estrella en auge y que puede ayudarla a escalar puestos y esquivar serpientes (2.2). Más adelante felicita a Viv y a su equipo por su trabajo cuando consiguen un avance importante en la investigación de Nora Attah (2.4).

Aunque las felicitaciones pueden ser individuales o colectivas, la serie siempre celebra el trabajo en equipo. Los que están al mando reconocen que el trabajo individual es importante siempre y cuando esté al servicio de la investigación y no de las ambiciones personales de los agentes. De hecho, incluso los que están al mando están dispuestos a dejar que otros se lleven el mérito de sus éxitos si esto significa que pueden seguir investigando. También hacen sacrificios personales para garantizar la resolución de casos. En la tercera temporada, por ejemplo, Viv está contra las cuerdas por una acusación falsa de racismo. La alcaldesa de Manchester, Caroline McCoy, a la que están investigando, pide su cabeza pero Marilyn Marchant, la inspectora jefe en la tercera temporada, decide dar un paso adelante y dimitir. De esta forma, la institución policial queda bien ante el público por depurar responsabilidades y Viv y su equipo pueden seguir con su investigación para acabar con McCoy (3.4). Por otro lado, cuando los detectives se equivocan, hacen algo de lo que se sienten culpables o están disgustados o tristes siempre reciben el apoyo de colegas y superiores. En *No Offence*, los casos son duros pero el ambiente es agradable y se caracteriza por el compañerismo, la comprensión y el cariño. Las tres protagonistas establecen una relación de amistad a pesar de ser muy diferentes: Viv es una mujer casada sin hijos, abierta, descarada y una estratega nata; Dinah es una madre soltera pasional, impulsiva y maternal; Joy es soltera, vive con sus gatos y es racional, estricta y modosa. A pesar de sus diferencias, se quieren –la frase de apoyo entre Joy y Dinah se repite un par de veces a lo largo de la serie: “Tú tienes mi corazón. Yo te cubro la espalda” (1.1; 1.8). Consecuentemente, y a diferencia de muchos productos culturales en los que las mujeres se representan como rivales, las tres protagonistas se protegen, incluso de situaciones muy comprometidas. La primera vez que vemos a Dinah en pantalla, por ejemplo, es durante una persecución en la que, accidentalmente, el sospechoso muere aplastado bajo un autobús. Viv tiene el incidente registrado por una cámara de seguridad pero, como la imagen de Dinah no es clara, no deja que nadie la relacione con el caso. Joy y Viv protegen a Dinah incluso de un asesinato: el del marido de Viv, Laurie, a quien identifican como el asesino en serie de la primera temporada y a quien Viv prefiere muerto antes que desvelar que ha estado casada con un asesino.[6]

A pesar de las situaciones que les toca vivir, la amistad mantiene a las protagonistas unidas y fuertes por lo que su puesto de trabajo es su zona de confort. Además, el trabajo nunca deja de ser gratificante, un desafío que las mantiene interesadas y en alerta, sobre todo cuando siguen una pista prometedora, se ponen en acción, desarrollan estrategias arriesgadas o hacen un descubrimiento importante. En estas situaciones, manifiestan su entusiasmo explícitamente, como cuando Viv, antes de desplegar un plan que han ideado, pide que levanten la mano todos los que crean que este nivel de riesgo es sexi (1.2) o cuando comenta que aún adora el sonido de las sirenas de los coches patrulla dirigiéndose hacia una misión (1.5). Gritos de triunfo también puntúan todos los avances en las investigaciones, como cuando descubren que un portátil que han imputado vincula a un criminal con las víctimas (1.6). Como el trabajo es la mayor fuente de satisfacción para las protagonistas, siempre va primero y se antepone a las relaciones románticas. En el primer episodio ya queda claro el tono que la serie va a seguir cuando Dinah echa a su cita del taxi por flirtear con una camarera y, de vuelta a su casa, detecta a un sospechoso y baja del taxi para perseguirlo (1.1). Durante toda la primera temporada, Viv antepone su trabajo a su relación con Laurie, que se queja de que pasa demasiado tiempo fuera de casa. En el primer episodio de la tercera temporada, Joy explica que ha conocido a un chico por internet, un agente del FBI, que ha venido

6 Viv se da cuenta de que está investigando a su propio marido al final de la primera temporada y lo primero que hace es destruir todas las pruebas. Dinah lo averigua pero Viv le explica que tiene intención de deshacerse de él. Esa misma noche, logra reducirlo y atarlo y Dinah se queda para vigilarlo mientras piensan en un plan. Laurie logra desatarse pero Dinah lo reduce con la ayuda de Cathy, a quien Laurie tenía encerrada en el maletero para deshacerse de la única víctima que ha sobrevivido y que él cree que puede reconocerle. Después de una lucha, Cathy y Dinah lo matan. Joy también averigua lo que ha pasado pero esconde una prueba que podía incriminar a Dinah. Las tres comparten el secreto y, lo más importante, no tienen remordimientos. Después de todo, hay un asesino menos en las calles.

a conocerla en persona. Es su primera cita importante desde hace años, pero la misión en la que trabaja se retrasa y Joy dice que su cita tendrá que esperar. También es sintomático que las víctimas son prioritarias siempre y, por lo tanto, merecen toda su atención, dedicación y cariño, pero ni Viv, ni Joy, ni Dinah se consideran unas víctimas ni siquiera cuando descubren que sus parejas las han engañado y utilizado y se recuperan de la decepción de forma casi inmediata. Como he mencionado, cuando Viv descubre que su marido es el asesino en serie al que investiga, decide eliminarlo y protege a Dinah para que no sea relacionada con su muerte. El periodo de luto que tiene que seguir para guardar las apariencias se le hace insoportable y, pasado el tiempo de rigor, vuelve a su trabajo con más ganas si cabe. Aunque declara que Laurie fue su gran amor, no deja que esto la afecte porque, en realidad, Laurie no valía la pena y, por lo tanto, no ha perdido algo importante. En la segunda temporada, Joy empieza una relación con un agente de protección de menores, Ewan Murray, que es sospechoso de pasar información al hijo de Nora Attah. Joy no quiere creerlo pero le tiende una trampa para saber si es cierto. Cuando descubre que es verdad, las tres le preparan una encerrona sin que Joy muestre nada más que alivio e indignación. Después de todo, las relaciones fallidas no tienen por qué ser demoledoras para mujeres que tienen otras prioridades en la vida.

Ni siquiera la maternidad, que aún hoy en día sigue siendo una forma, quizás la más generalizada, de garantizar que las mujeres sean relegadas al espacio doméstico tal como pronosticó Adrienne Rich en *Of Women Born: Motherhood as Experience and Institution*, consigue apartar a las tres protagonistas de lo que es su verdadera vocación. La serie ni se plantea que tenga que haber un conflicto de intereses entre el trabajo y ser madre. Es cierto que el espacio laboral es poco propicio para la madre trabajadora y que, sin acciones políticas para solucionar el problema de la conciliación laboral y familiar, las mujeres a menudo tienen que decidir quedarse en casa, buscar trabajos a media jornada o resignarse a no poder avanzar en su carrera. Por lo tanto, la cultura popular podría ser una forma de concienciar al público de las dificultades de ser madre trabajadora. Sin embargo, en un contexto en el que la maternidad se edulcora de tal forma que, en el imaginario popular, se ve como la experiencia más gratificante que puede vivir toda mujer y a la que debería dedicar su vida, para muchas mujeres a las que nos gusta nuestro trabajo y no hemos ni contemplado ser madres, es reconfortante ver una serie que se plantea que hay otras fuentes de felicidad más allá del matrimonio, el hogar y los hijos.

Viv, de hecho, tiene muy claro que no quiere niños, a los que considera una fuente de "mocos, mal olor, y exigencias. Es como decir adiós a tu vida" (2.3). Joy ni siquiera se plantea que las relaciones pasen por delante de su trabajo. Incluso Dinah, que es madre soltera, dedica toda su energía a su trabajo, lo que provoca quejas de su madre, Magda, que es quien cuida de su hija mientras Dinah trabaja, y de su hija, Tessa, que tiene unos doce o trece años cuando empieza la serie y es una adolescente de unos quince en la tercera temporada. La serie no retrata a Dinah como una madre insensata por dejar que su trabajo pase por delante de su hija ya que deja claro que Dinah cumple con una labor importante para la sociedad. Si bien es cierto que Tessa resiente la dedicación casi exclusiva de su madre a su trabajo y, en una ocasión, se mete en problemas por salir de fiesta, beber y repartir pastillas entre sus amigos, nadie en la comisaría interpreta que su comportamiento tenga algo que ver con la irresponsabilidad de Dinah. Al contrario, como hija de una policía, Tessa tiene que ser madura y portarse bien y así se lo dice uno de los compañeros que más quiere a Dinah, Spike (3.4). En la serie, además, la expresión de los instintos maternales no se limita al entorno doméstico. Para Dinah, así como para todos los padres y no padres de la serie, garantizar la protección de los niños es una de sus responsabilidades más importantes como policías. En el caso de Dinah, no solo rescata a Cathy Calvert del agua, sino que se la lleva a casa para cuidarla en la primera temporada y, durante las siguientes, la sigue protegiendo, sobre todo cuando se queda embarazada y, como ella, se convierte en madre soltera de una niña. Y Cathy no es la única menor por la que Dinah se desvive. Cuando cree que Nora Attah es la responsable de la muerte de unos niños en un incendio, se presenta en su casa hecha una furia para hacerle ver que lo que ha hecho no es solo criminal, sino inmoral (2.2). Finalmente también se desvive para encontrar a una adolescente desaparecida (2.4) y para proteger a una mujer embarazada de una acusación de asesinato que no ha cometido ya que no quiere que su hija crezca en una prisión (2.5). En el caso de Dinah, en definitiva, su tesón y su pasión no son las únicas características que la convierten en una gran policía, sino también su dedicación a la protección de los más vulnerables. Ser madre es parte de su identidad y un aspecto que la convierte en una profesional comprometida con su trabajo, destinada, como pronostica Viv, a prosperar y convertirse en una inspectora jefe espectacular en el futuro (3.5).

No Offence, en definitiva y para concluir, es un alegato a favor de la mujer trabajadora. Viv, Dinah y Joy tienen una profesión difícil y arriesgada y la serie no edulcora los problemas y peligros a los que se enfrentan (algunos de ellos letales, ya que Joy, como he mencionado, muere en un tiroteo). Después de todo, es una serie dramática y, como tal, tiene que dar a los espectadores momentos de tensión emocional. Sin embargo, la serie ofrece un retrato de tres mujeres fuertes, competentes y decididas que, a pesar de los conflictos, tragedias y crisis que tienen que afrontar, están satisfechas con sus vidas y sus trabajos y no se arrepienten del camino que han escogido o se plantean otras alternativas. El trabajo les ofrece el apoyo que generalmente solo se encuentra con la familia en las historias de ficción: compenetración, solidaridad, cariño. También es gratificante porque en el trabajo son respetadas y tienen la posibilidad de avanzar en su carrera. En un contexto en el que parece que la felicidad de la mujer radica en el matrimonio y la maternidad, series como *No Offence* son refrescantes. Si bien es cierto que la serie, al igual que otras con mujeres profesionales protagonistas, vende una fantasía de igualdad y empoderamiento que no se corresponde a la realidad (al menos a la realidad de muchas mujeres), también es cierto que series como esta demuestran que hay una demanda para las representaciones de mujeres que tienen una vida profesional satisfactoria y, por lo tanto, que no todas nuestras fantasías tienen que ver con encontrar pareja y tener niños. Como argumenta Rebecca Feasey (2012, p. 9), las ideas no solo se fraguan en los discursos políticos o en instituciones como la educación o la religión. Las series de televisión son más que entretenimiento escapista. Son también plataformas desde las que desafiar roles de género tradicionales y posturas esencialista de lo que constituye la feminidad. Por lo tanto, representaciones como las que encontramos en *No Offence* nos incitan a imaginar futuros diferentes y tendrían que ser aplaudidas por hacer que otras alternativas a la domesticidad y a la maternidad parezcan también deseables.

Referencias

Brenner, J. (2000). *Women and the politics of Class*. New York: Monthly Review Press

Douglas, S.J. (2010). *The rise of enlightened sexism: How pop culture took us from girl power to girls gone wild*. New York: St. Martin's Griffin

Douglas, S.J., & Michaels, M.W. (2005). *The mommy myth: The idealization of motherhood and how it has undermined all women*. New York, London, Toronto and Sydney: Free Press

Faludi, S. (1991). *Backlash: The undeclared war against women*. London: Chatto & Windus

Feasey, R. (2012). *From happy homemaker to desperate housewives: Motherhood and popular television*. London and New York: Anthem Press

Hall, Ann C., & Bishop, M.J. (2009). *Mommy angst: Motherhood in American popular culture*. Santa Barbara, California; Denver, Colorado; and Oxford, England: ABC CLIO

Munford, R., & Waters, M. (2014). *Feminism and popular culture: Investigating the postfeminist mystique*. London and New York: I.B. Tauris

Negra, D. (2009). *What a girl wants? Fantasizing the reclamation of self in postfeminism*. London and New York: Routledge

Press, J. (2018). *Stealing the show: How women are revolutionizing television*. New York, London, Toronto, Sydney and New Delhi: Atria Books

Rich, A. (1977). *Of women born: Motherhood as experience and institution*. London: Virago

Tasker, Y. (1998). *Working girls: Gender and sexuality in popular cinema*. London and New York: Routldege

Whelehan, I. (2000). *Overloaded: Popular culture and the future of feminism*. London: The Women's Press

"It comes with the tits" o, ¿por qué somos madres?: Explorando la figura de la madre soltera en las series de Amy Sherman-Palladino *Gilmore Girls* y *The Marvelous Mrs. Maisel*

Noor Yasmina Benchichah López

"Se supone que las mujeres deben ser madres. Se supone que es natural. Viene con las tetas ¿no? Llevas el equipo preinstalado" («Porqué te fuiste», 1x03), se pregunta la maravillosa señora Maisel y también este capítulo. Para explorar las posibles respuestas a esta cuestión, se tomarán a los personajes de Lorelai Gilmore y Miriam 'Midge' Maisel, los personajes principales de *Las chicas Gilmore* (WB, 2000–2006; CW, 2006–2007; Netflix, 2016) y *La maravillosa Sra. Maisel* (Amazon Video, 2017-), respectivamente, como eje central a partir del cual examinar la representación de la maternidad en la ficción televisiva estadounidense actual en general y la figura de la madre soltera en concreto. Y, también, cómo esto se puede ver influenciado cuando a la cabeza de las narraciones se encuentra una mujer, Amy Sherman-Palladino, una de las no muchas mujeres *showrunners* de la televisión contemporánea, que no es madre, y cuyas narraciones están protagonizadas por mujeres. Que son madres.

El tema de la maternidad gana visibilidad en la tercera edad dorada de la televisión gracias, sobre todo, a las nuevas formas de representación de la familia televisiva y llega marcada por la decadencia de la figura paterna y materna, como algunos han indicado (Tous, 2013: 43–74). En el mismo texto, Tous identifica alguna de estas nuevas maternidades que nada tienen que ver con el progenitor ejemplar donde las relaciones padre (y madre) e hijo (e hija) eran idílicas. Así, en las ficciones televisivas preocupadas por mostrar dinámicas familiares, se pueden encontrar ejemplos de progenitor colega, padres no modélicos, padres ausentes e inversión de los roles entre la figura del padre (madre) e hijo (hija). Interesa aquí especialmente detenerse en la figura del progenitor colega y que tomando prestada la definición de Crisóstomo se entendería como aquellas "[…]

relaciones paternofiliales de igual a igual, en que los hijos en muchas ocasiones ayudan a sus padres en la toma de decisiones vitales o en momentos de inflexión; o incluso se vuelven en cuidadores que velan por su bienestar físico o emocional [...] donde las relaciones entre padre e hijos se dan desde la madurez emocional por ambas partes, la consideración y el cariño, de igual a igual y en colaboración voluntaria de las partes" (2015: 37). Es necesario remarcar, y como se comentaba, que la mujer ha ganado presencia y visibilidad en la Tercera Edad Dorada de la Televisión; y es que con las nuevas formas de pensar, hacer y consumir la ficción televisiva se ha propiciado la aparición de determinadas formas de representación sobre la feminidad. Algunos identifican esta realidad como una "tercera oleada del feminismo" (Creeber, 2006: 54) donde la identidad se concebiría como fragmentada y cambiante, rompiendo con la oposición binaria de género y dando lugar a un espacio donde el rol de la mujer tiene espacio para ser cambiante y mostrarse en todas sus diferentes facetas. Una de estas tendría que ver con una corrosión del modelo de maternidad (Tous, 2013: 70), introducido en los años noventa con series como *Roseanne* (ABC Family, 1988–1997) -serie en la que Amy Sherman-Palladino se estrenaría como guionista, casualmente- o *Matrimonio con hijos* (Fox, 1987–1997), donde eliminan los tabúes sexuales, los nuevos modelos de familia y la desestructuración familiar son aceptados con normalidad (Tous, 2015: 167–168).

Es en este contexto donde se enmarca la figura materna que interesa al presente texto. Nos interesa enmarcar a la mujer soltera que no ve la maternidad como un problema que debe ser solucionado, es decir, son madres que eligen serlo y que eligen además serlo sin un hombre a su lado y sin la necesidad de recuperar o sustituir a ese padre. Son madres que deciden seguir con esa maternidad alejadas del estigma que se deriva de ser madre soltera. Madres como Lorelai y Midge desafían los roles tradicionales de maternidad. Su aproximación a esta suele ser alternativa y en ocasiones hasta cuestionable, comparten la crianza con un grupo de apoyo formado por personas de confianza y a menudo tienen que hacer malabares para compaginar su vida profesional con la familiar. Nos interesan también estas dos madres solteras en concreto porque pertenecen a dos series donde ser mujer, madre y soltera no son lo que motiva la narración, es decir, estas tres realidades no se presentan como la preocupación del relato, sino que son la premisa sobre la que se construye. Una señal de ello se encuentra en el propio título de las series al utilizar los nombres de estas madres como elemento identificativo principal. Son las «chicas» Gilmore y la maravillosa «señora Maisel» y no cualquier otra combinación posible de palabras. Como sucediera con Buffy, Xena, Ally o incluso Roseanne, el centro de estas series está situado en las mujeres. Así, la señora Maisel y las chicas Gilmore son las heroínas de un mundo donde los hombres, y el resto de elementos narrativos, suceden a su alrededor, la mujer es el motor de la narración y es el hombre el que las complementa.

Lorelai Gilmore: «De tal palo, tal astilla»

Lorelai encara la maternidad a su manera. Muchos dirán de ella que es alocada, dramática o imposible. Le gusta la comida poco sana y prefiere encargarla en restaurantes de comida rápida a cocinarla, se pasa el día tomando café, su casa está llena de cachivaches, su vestuario es pintoresco, su coche es un jeep estilo safari con ventanas de plástico, y el primer día de colegio en la nueva y exclusiva academia preparatoria de su hija, se presenta en tejanos cortos, camiseta fucsia y botas de vaquero, porque su ropa estaba en la tintorería y el despertador de peluche no ronroneó. Y en ese mismo episodio, cuando Rory le pregunta que porqué insiste en pintarle las uñas de los pies si va a llevarlos tapados Lorelai le contesta como si fuera lo más lógico del mundo, que "todo el mundo sabe que las chicas de escuela privada son malas. Y las chicas malas siempre llevan esmalte rojo", para acto seguido entrar en casa corriendo dejándole las uñas a medio pintar cuando Lane llega anunciando que tiene CDs nuevos y justificándose diciendo "que más da, ¡de todos modos llevarás zapatos!" («El primer día de las Gilmore en Chilton», 1x02). A pesar de todo ello, Lorelai ha criado ella sola a una hija que es buena, amable y que ha podido entrar en Yale por méritos propios. Lorelai es una buena madre que escucha, protege, enseña y nutre. Pero a su manera.

Para entender el tipo de madre que es Lorelai, debe uno remontarse a su infancia y al hogar en el que se crió. Lorelai nació en el seno de una familia adinerada y tradicional de Hartford, Connecticut; su padre trabaja como corredor de seguros en una importante firma y para él, la felicidad radica en despertarse cada día, ponerse un traje e ir a la oficina; Emily, por su parte, se encarga de gestionar la casa y la vida social de la familia, organiza actos benéficos y pertenece a la asociación de las Hijas de la Revolución Americana. Y Lorelai simplemente nunca ha encajado en esa vida. Odia todo lo que tiene que ver con el estilo de vida de sus padres, la élite, para ella es aburrida, predecible y sofocante. Por eso, al quedarse embarazada a los dieciséis años decide huir de esa vida e iniciar la suya propia («Queridos Emily y Richard», 3x13). Lorelai ya sabía lo que era mejor para ella y su hija a los dieciséis años, lo que no incluía aceptar los planes de futuro que sus padres habían hecho para ella, casarse con Christopher, el padre del bebé y hacer que este trabaje para la empresa de Richard. Así, todavía una adolescente y con un bebé a su cargo, Lorelai encuentra trabajo de doncella en un hotel a cambio de un salario y habitación. Lorelai está contenta con la vida que ella misma ha construido para ella y Rory, bajo sus propios términos y sin depender de nadie. No obstante, cuando no consigue el dinero para pagar la costosa escuela preparatoria para Rory, se traga su orgullo y pide el dinero a sus padres, a pesar de haber prometido que no volvería a depender de ellos. Y por eso, acepta también la contraoferta que Emily le hace, quién le pide a cambio de costearle la educación a su nieta que ambas acudan a cenar cada viernes a su casa. Lorelai bien podría haberse olvidado de todo el tema de Chilton y por consiguiente de sus padres, y de hecho por un momento incluso la propia Rory tiene dudas de querer ir, pero no lo hace. Porque Lorelai antepone el bienestar y el futuro de su hija al suyo propio («Piloto», 1x01).

Pero a pesar de que Lorelai es una madre soltera capaz de criar ella sola a su hija, cabe remarcar que también ha necesitado rodearse de personas que la ayuden, aludiendo, así, a una forma de maternidad compartida. Desde Mía, la mujer que acoge a Lorelai en el Independence Inn y le da un techo y un trabajo, convirtiéndose desde ese momento en una especie de madre honoraria para las chicas («Entradas y salidas de hoteles», 2x08), Sookie, la mejor amiga de Lorelai y que siempre está dispuesta a ayudar, sobre todo por lo que hace a alimentar a madre e hija («El funeral de Caribe», 1x05), y Luke siempre ha sido una constante en la vida de Rory, desde prepárale una mesa especial en la cafetería para su cumpleaños («La fiesta de cumpleaños de Rory», 1x06) y acudir a su ceremonia de graduación («Eso son cuerdas, Pinocho», 3x22). Pero realmente todo el pueblo de Stars Hollow podría entenderse como figura paterna dada la estrecha relación que madre e hija tienen con este. Incluso Miss Patty, la profesora de baile del pueblo, dice a Christopher en tono chistoso que en el pueblo todos son como padres de Rory («El regreso de

Christopher», 1x15). Asimismo, especial mención merecen los abuelos de Rory, pues entran en su vida cuando ella es ya una adolescente y con un chantaje de por medio, tal y como se comentaba más atrás. Richard y Emily pasarán a ser otro punto de apoyo para Rory y, por extensión, Lorelai, desde ese primer momento. Desde ayudarlas económicamente en diversos momentos de su vida, acoger a Rory en su casa cuando esta lo necesita y, también, y aunque a menudo Lorelai se arrepienta, siendo otra constante en sus vidas. Y es que a pesar de la no muy buena relación de Lorelai con sus padres, Lorelai no los aleja de su vida porque quiere que estén allí para su hija.

Cuando se habla del dúo protagonista de esta serie, suele enmarcarse a Lorelai como la más alocada y a Rory como la responsable. No obstante, es necesario remarcar que entre madre e hija no se produce un intercambio de roles, es decir, en ningún caso estamos hablando de que Rory sea la adulta de la relación y Lorelai la infantil. Entre las chicas Gilmore se establece una relación de iguales, son madre e hija, pero sobre todo son grandes amigas. En este sentido no se debe entender a Lorelai como inmadura o irresponsable, sino como una mujer capaz que ha sabido criar a una hija ella sola, llegar a gerente del hotel donde empezó como doncella, comprar una casa para ella y Rory, sacarse la carrera de empresariales, y comprar, renovar y dirigir su propio hotel. Lorelai es una madre responsable, pero que en ocasiones necesita de la guía de Rory. Por ejemplo, cuando rompe con Luke, Rory tan solo necesita de una llamada de Sookie, la mejor amiga de su madre, para dejarlo todo, incluidas las clases de la universidad, para volver a casa («Di algo», 5x14). Y esto es muy significativo del tipo de relación que tienen madre e hija, teniendo en cuenta lo seriamente que Rory se toma sus estudios. Ambas se admiran y tienen una relación basada en la aceptación y el entendimiento. Lorelai quiere a su hija por lo que es, una chica sensata para la que entrar en una buena universidad es lo más importante. Lorelai es protectora de su hija, no tanto como para no dejar que un grupo de desconocidas se cuele en su casa a media noche y se la lleve a desayunar como ritual de iniciación a un club secreto de Chilton («De tal palo, tal astilla», 2x07); pero sí para amenazar a una enfermera diciendo "¿te acuerdas de la fuerza del cariño y Shirley McLain está en el hospital y la arma porque no le ponen a su hija una inyección? Pues lo aprendió de mí y bajó el tono", cuando esta no le informa sobre el paradero de su hija quien acaba de sufrir un accidente de coche («Enséñame a estudiar», 2x19). Y aunque la relación entre ambas sea de amigas y de igual a igual, Lorelai no duda en señalarle cuando no está obrando de forma correcta pero sin ser condescendiente, sino siempre desde la construcción crítica y la experiencia. A menudo, los desencadenantes de estos conflictos son un chico. Por ejemplo, cuando Rory acude al baile del colegio y vuelve tarde porqué ella y su novio se han quedado dormidos después de una inocente sesión de lectura («El baile de Rory», 1x09) o cuando Rory empieza a evitar a su novio Dean porque empieza a tener sentimientos hacia otro chico («Los días locos del verano», 3x01). Y es que aunque Lorelai esté feliz por la vida que eligió vivir, no quiere que Rory cometa los mismos errores que ella. En todo caso, siempre la ayuda a encontrar el camino correcto sin empujarla hacia este o criticarla por equivocarse. Incluso cuando Rory deja Yale y se va a vivir con sus abuelos, a llevar la vida que Lorelai no quiso llevar, a sabiendas que está tirando todos sus sueños y todo por lo que tanto ha luchado por la borda, Lorelai espera a que Rory regrese por propia voluntad («Una casa no es un hogar», 5x22).

Pero como mejor queda definido el rol de madre que ejerce Lorelai es en palabras de la propia Rory, concretamente en el discurso que da en la ceremonia de graduación de Chilton donde le dedica una gran parte a su madre. "[…] pero mi máxima inspiración viene de mi mejor amiga, la maravillosa mujer que me dio el nombre, la vida y la identidad, Lorelai Gilmore. Mi madre me hizo entender que con esfuerzo podía hacer lo que me propusiese y que llegaría a ser quien yo quisiese. Llenó nuestra casa de amor, diversión, libros y música […] durante estos dieciocho maravillosos años que hemos vivido juntas no sé si alguna vez se ha dado cuenta de lo que realmente quiero ser es ella. Gracias mamá, eres el punto de referencia de mi vida («Eso son cuerdas, Pinocho», 3x22).

Miriam ' Midge' Maisel: «Una chica judía entra en el Apolo…»

Midge es una mujer feliz. A los veintiséis años está casada con un hombre maravilloso, Joel, tiene dos hijos y vive en un lujoso apartamento en el Upper East Side de Nueva York. En el discurso que da en su boda dice estar feliz por haber conseguido todo con lo que soñaba de niña. Rezuma felicidad. La secuencia en la que Midge sale de la carnicería y exclama que va a venir el rabino, con su vestido fucsia y abrigo rosa, muestra a una Midge exuberante y feliz con la vida que lleva. Entonces su marido, en plena crisis egoísta y existencial, le confiesa que tiene una aventura con su secretaria, que no es feliz con la vida que lleva y la deja. Y el idílico mundo en el que Midge creía vivir empieza a desmoronarse, pues no solo su marido la deja, sino que sus padres al enterarse de la separación la culpan de ello, y también descubre que todos estos años ha estado dependiendo económicamente de su suegro porque Joel es un negado de las finanzas que jamás ha ganado un centavo. Todo en su vida es una apariencia. Una escena en especial es característica de las mentiras en las que se basa su existencia. Cada noche cuando se va a dormir, Midge se levanta de la cama cuando Joel ya está dormido para realizar su rutina de belleza -ponerse los rulos, desmaquillarse y aplicarse crema en la cara- y al día siguiente se despierta antes que él para maquillarse, echarse perfume y peinarse para después volverse a acostar como si no hubiera pasado nada («Piloto», 1x01 y «Ya Shivu v Bolshom Dome na Kholme», 1x02).

Pero lejos de ser un relato sobre el abandono, la narración presenta el despertar de esta mujer -madre- que es la maravillosa señora Maisel. Porque este es el cimiento de la serie, una mujer, una madre, que decide que va a dejar el camino que le han marcado y que ella misma ha decidido seguir durante tanto tiempo, para empezar a llevar una vida en la que ella sea el centro de su propia persona. Hasta ese preciso momento de la ruptura con el marido había estado funcionando para agradar a otros. A sus padres al casarse con un chico judío y tener hijos enseguida, a su marido desviviéndose por él para apoyarle en su fantasía de triunfar en los escenarios como cómico, e incluso a la sociedad, siendo una mujer modelo de la comunidad que ha conseguido que el rabino vaya a su casa a celebrar el Yom Kipur («Piloto», 1x01). Es cierto que es Joel quien la deja a ella, pero es Midge quien dice que no cuando él la intenta recuperar. Podría haber dicho que sí, su madre es de lo único de lo que habla, de cuando Joel vuelva a por ella y de los vestidos que debería ponerse para recuperarlo, pero se niega. Midge podría haber decidido seguir siendo una mujer prototipo y volver con el hombre que la ha engañado, pero decide decirle que no. Y cuando lo hace, su rostro expresa decisión y firmeza. Debe de ser una de las primeras decisiones que toma ella sola para ella, sin ningún tipo de presión familiar o social («Porqué te fuiste», 1x03). Desde ese momento, Midge es una mujer que se empodera episodio tras episodio.

Una de las formas más evidentes de este empoderamiento es la comedia y los escenarios en los que Midge empieza a actuar, pues es en ellos donde por primera vez puede ser totalmente libre. Y es a través de sus actuaciones donde empieza a tomar conciencia sobre sí misma y también sobre el tipo de madre que es y lo que para ella significa la maternidad. Midge tiene dos hijos, Ethan y Esther. Ella sabe que lo está haciendo mal, se esconde detrás de la ironía y la comedia, pero en el fondo el fracaso es muy real. En una de sus actuaciones bromea diciendo que en el bolso lleva tres pintalabios pero ninguna foto de sus hijos y que si los secuestraran no sabría cómo describirlos. Decir cómo son sus hijos es algo que no debería costar a una mujer con el don de la palabra como Midge. Y seguidamente se hace una pregunta crucial, "¿y si lo mío no era ser madre? ¿Y si me he equivocado de profesión? Si no te gusta la sangre, no te haces cirujano. Si no te gusta volar, no te haces azafata. No puedo cambiar de opinión y donar a mis hijos a la biblioteca [...] Se supone que las mujeres deben ser madres. Se supone que es natural. Viene con las tetas ¿no? Llevas el equipo preinstalado. ¿Hay excepciones? [...] Nunca lo había pensado hasta esta noche" («Porqué te fuiste», 1x03). Hasta ese momento tener hijos para Midge ha sido como jugar a las muñecas, les pone ropita mona, los lleva a pasear por el parque, les organiza fiestas con otras muñecas/niños y fantasea con su mejor amiga que sus hijos se casaran cuando crezcan («Gracias y buenas noches», 1x08). Midge ha tenido hijos porque es lo que venía después de casarse, porqué era su deber como esposa («Piloto», 1x01). Pero ahora que empieza a plantearse la vida que quiere y las decisiones que ha tomado, es cuando se da cuenta de que tal vez no quería tener hijos, que tal vez no estaba preparada para tenerlos. Y uno puede arrepentirse de muchas cosas, ¿pero de tener hijos? No son algo de lo que uno se pueda deshacer con facilidad cuando te das cuenta de que no los necesitas. Pero cuando Midge se da cuenta de esto, también se lamenta de que su hijo mayor Ethan se va a dar cuenta de todas estas dudas que está teniendo y de lo mala madre que es por estar preguntándose si tal vez no debería haber tenido hijos. Y eso la hace ser una buena madre. Tiene muy presente a sus hijos y se preocupa por ellos. Cuando empieza su relación profesional con Sussie, su agente, en un momento de derrumbe Midge le dice que va a tener que oírla hablar de sus dos hijos si quiere ser su representante («La Sra. X en el Gaslight», 1x06). Es cierto que Midge comparte la crianza de sus hijos con sus padres, que viven en el mismo edificio, su criada Zelda, los abuelos paternos y en ocasiones hasta con la vecina. Joel además sigue completamente implicado en la vida de sus hijos; pero esto nada tiene que ver con ser una madre irresponsable, tiene que ver más bien primero con el estilo de vida que lleva, una vida rodeada de comodidades y segundo con la profesión de comediante, que a menudo le hace estar lejos de su casa y sus hijos. Y eso es algo que le preocupa, desentenderse de sus hijos y que se puedan olvidar de ella («Vaya día…», 2x08). Midge sabe que es una madre desastrosa, pero intenta serlo menos.

Otro aspecto sobre la forma en la que Midge encara la maternidad tiene que ver con una característica crucial del personaje, su aspecto físico. Midge es una mujer a la que le gusta arreglarse y estar guapa. Tiene una habitación llena de vestidos y siempre viste acorde la situación. Para Midge el aspecto es importante, en su primera actuación en un escenario se lamenta de que Joel la haya dejado por su secretaria que tan si quiera es guapa y pide al púbico que la mire y le digan quien no querría llegar a casa y encontrarse con un cuerpo así («Piloto», 1x01). En otra escena del mismo episodio Rose, la madre de Midge, critica sus brazos y le dice que todavía necesita ejercitarlos y le sugiere que los tape con una chaqueta. Y también comenta que la frente de Esther, su hija pequeña, todavía no ha mejorado. El control que Midge ejerce sobre su apariencia llega al nivel de medirse el cuerpo y anotarlo en una libreta para asegurarse de que esas medidas no varían. Y también mide la frente de su hija. Aunque ciertamente medir la frente a un bebé para controlar su crecimiento es una práctica alarmante y totalmente vanidosa, el ritual al que Midge se somete tiene que ver con la representación de la mujer en los años sesenta y la cosificación de su cuerpo. Midge debe estar siempre impoluta. Debe ser buena en todo lo que hace, desde hacer un asado a elegir el tono correcto de pintalabios, y tiene que tener siempre una sonrisa. Pero Midge esconde una faceta mucho más trágica bajo todas esas capas de maquillaje, enaguas en vestidos voluminosos y color rosa. Detrás de esa perfecta sonrisa hay una mujer derrumbada que no puede mostrar como verdaderamente se siente porque tanto su familia como la sociedad le obligan a aparentar, porqué además de mujer es madre y tiene que ser fuerte por sus hijos. Debe sonreír y hacer sonreír, poner buena cara a la sociedad y el resto del mundo. Y por eso cada vez que Midge sale a escena se viste como si fuera a una gran gala.

Amy Sherman-Palladino: madre de madres

Las Chicas Gilmore y *La maravillosa Sra. Maisel,* del mismo modo que sus otras dos series originales -*The return of Jezabel James* (Fox, 2008) y *Bunheads* (ABC, 2012–2013)-, tienen todas las marcas personales de Amy Sherman-Palladino: una mujer protagonista fuerte, diálogos densos e interminables, la familia disfuncional, el tono tragicómico, temáticas sobre la feminidad y la maternidad y la figura del padre o marido se elimina de la ecuación. Sherman-Palladino ha dicho abiertamente que no tiene ningún tipo de oposición al matrimonio, de hecho, ella misma está casada con su compañero creativo Daniel Palladino (Sherman-Palladino, 2017b). Del mismo modo, al contrario de sus protagonistas, no tiene hijos y a menudo ha expresado no tener ningún deseo de tenerlos (Sherman-Palladino, 2017a).

Cabe decir que la maternidad es la constante más destacable de sus narraciones. La relación madre-hija forma parte del proceso de desarrollo de sus personajes (Sherman-Palladino, 2018) y seguramente es posible rastrear la influencia que su labor como guionista en la sitcom *Roseanne* ha tenido en sus personajes, del mismo modo que su aproximación a la comedia, con claros toques del subgénero del «screwball comedy», se ve influenciada por sus orígenes en una familia de cómicos (Sherman-Palladino, 2010: 4). No obstante, para Sherman-Palladino la comedia no proviene de un lugar feliz, sino todo lo contrario. Se está relacionando aquí la maternidad con tragedia. Aunque con elevadas dosis de humor para que la vida no parezca tan terrible, "[…] Me encanta la energía que desprenden las heroínas femeninas yendo por la vida con sus tacones altos y su pelo estupendo. ¿Por qué no dar un toque de color a tu vida?" (Sherman-Palladino, 2017a). Y es así como conectan Midge y Lorelai. A pesar de las muchas diferencias entre ambos personajes, siendo la más evidente que están separadas por varias décadas la una de la otra, las semejanzas, como se ha mostrado en el presente capítulo, son demasiadas para pasarlas por alto. Las dos disfrutan de una relación tóxica con sus respectivas madres, no llegan a romper con los orígenes -Midge sigue llevando una vida de lujos y Lorelai lleva a Rory a Chilton-, comparten la crianza de sus hijos con personas de confianza que las ayudan en momentos difíciles, se preocupan por su aspecto -algo que les viene de sus madres-, ven como el padre de sus hijos entra y sale de sus vidas y ambas viven en su pequeño universo del que ellas son el centro.

Lo más revelador es, sin duda alguna, que las dos comparten el mismo viaje iniciático que las lleva a crecer y desarrollarse como mujeres y madres. Ambas parten de una vida acomodada y una situación confortable en la que se va a producir una ruptura. Para Lorelai es algo drástico, quedarse embarazada por accidente a los dieciséis años, tener a Rory y abandonar el hogar familiar para establecerse por su cuenta. A Midge la ruptura le llega algo más tarde, con el abandono de Joel, y con su nueva carrera en los escenarios y la comedia. Después de esta ruptura, las dos pasan por un momento de incertidumbre y dificultades. En Lorelai es el tener que criar a un bebé y trabajar para procurarse el sustento, en Midge es la inestabilidad familiar que vive con Joel y sus padres y por estar iniciando su carrera artística. El viaje de Midge por ahora se queda aquí ya que la serie sigue emitiéndose, el de Lorelai no obstante continua hasta llegar a una nueva estabilidad, la vida que ella misma construye para sí misma y su hija.

¿Volverían Lorelai y Midge a ser madres si pudieran revisar el pasado? Ambas son madres antes de estar "preparadas", Lorelai por su juventud y por no buscar ser madre, y Midge porque tuvo los hijos dictándose por el convencionalismo social. No obstante, es importante remarcar como ambas, a pesar de las dudas que puedan haber tenido desde que trajeron a este mundo una nueva vida, deciden ser madres. Es una elección consciente. Y en este sentido, no importa lo mucho (o poco) que la figura del padre esté involucrado en la vida de sus hijos, en la sociedad actual se sigue esperando que sea la madre quien los crie, no importa que el padre prometa sustentarlos económicamente o que les prometa un confortable vivienda -Joel quiere pagarle un piso a Midge y le promete que se ocupará de ella y los niños- o que pague la costosos estudios universitarios -como hace Christopher con Rory-, la responsabilidad de criarlos sigue cayendo en la madre. Pues es la madre quien los transporta en su vientre, quien los amamanta de su seno. Aquí la ficción televisiva nos está recordando que la realidad sigue rigiéndose por representaciones tradicionales de la maternidad. Y la respuesta a porque son madres es realmente sencilla. Lorelai es madre por la posibilidad de libertad que esto le brindaba. Al convertirse en madre tuvo la fuerza suficiente para decir basta y poner fin a una vida desdichada, ser madre le permitió convertirse en la mujer que es. Y la razón de porqué Midge es madre se encuentra en la cita con la que se abría el presente artículo. Midge es madre porque viene con el equipo preinstalado. Lo que en un inicio parecía una observación chistosa resulta ser la dolorosa realidad, Midge es madre porque, como mujer, es lo que le tocaba hacer una vez se hubo casado. Eso es lo que ella quería y lo que había planeado y todo cuanto necesitaba. Porque así se lo habían dicho desde pequeña. Su familia y la sociedad. Y, aunque en la actualidad la presión para la mujer ha disminuido, algo, la realidad es que la mujer siempre vendrá con el equipo preinstalado.

Referencias

Creeber, G. (2006). "Decoding Television: Issues of Ideology and Discourse". En Creeber, G. *Tele-visions. An introduction to studying television*. Londres: British Film Institute, pp. 44–60

Crisóstomo, R. (2015). "El progenitor «colega»: nuevas relaciones paternofiliales en las series de televisión". En Visa, M.. *Padres y madres en serie. Representaciones de la paternidad en la ficción televisiva.* Barcelona: UOC, pp. 33–40

Sherman-Palladino, A. (2010). Citada en Lavery, David. "Impossible Girl: Amy Sherman-Palladino and Television Creativity". En Diffrient, S. y Lavery, D. *Screwball Television: Critical Perspectives on Gilmore Girls*. Syracuse: Syracuse University Press, pp. 3–18

Sherman-Palladino, A. (2017a). Citada en Paskin, Willa. «Nothing like a jew eating a pickle and you put some christmas carols over it». En: *Vulture* [https://www.vulture.com/2017/11/amy-sherman-palladino-the-marvelous-mrs-maisel.html]. Fecha de consulta: 20-4-2019

Sherman-Palladino, A. (2017b). Citada en Busis, Hillary. «*Gilmore Girls* creator Amy Sherman-Palladino explains her marvelous new tv series». En: *Vanity fair* [https://www.vanityfair.com/hollywood/2017/03/gilmore-girls-amy-sherman-palladino-amazon-pilot-marvelous-mrs-maisel]. Fecha de consulta: 20-4-2019

Sherman-Palladino, Amy (2018). Citada en Angelo, Megan. «TV is finally showing motherhood as it really is». En: *Glamour* [https://www.glamour.com/story/tv-showing-motherhood-as-it-really-is]. Fecha de consulta: 20-4-2019

Tous-Rovirosa, A. (2013). *Mites en sèrie. Els temes clau de la televisió.* Barcelona: Trípodos

Tous-Rovirosa, A. (2015). "La inversión de los roles en las series familiares. Las nuevas madres en *A dos metros bajo tierra, United States of tara* y *Transparent*". En Visa, M.. *Padres y madres en serie. Representaciones de la paternidad en la ficción televisiva.* Barcelona: UOC, pp. 167–178

La mirada de la serialidad televisiva a los extremos de la maternidad: el caso de *El Cuento de la criada*

Ana Lanuza Avello y Elena Cebrián Guinovart

Las distopías son herramientas altamente efectivas para la exploración social: se preguntan sobre los límites de la relación persona- poder en el contexto en que se producen y apuntando claramente los riesgos de deshumanización. El *Cuento de la criada* (*The handmaid's tale*, Hulu, 2017-) no es una excepción. Explora los efectos del régimen totalitario de la república de Gilead que- golpe de estado mediante- ha sustituido a una democracia estadounidense que colapsó por problemas medioambientales y por el desplome de la natalidad. La despersonalización de todos los habitantes de Gilead- sean hombres o mujeres, sean jerarcas o esclavos en el nuevo régimen- es evidente, pero el eje narrativo que se utiliza para visibilizarlo es poco frecuente en dos sentidos. La primera originalidad es el campo intervenido por el poder: para remediar el problema demográfico el poder ha institucionalizado y redefinido la maternidad. Y la segunda es que el punto de vista narrativo es femenino: los efectos perversos de este nuevo marco los conocemos a través de una *criada*- un miembro de la nueva casta de esclavas sexuales en que Gilead ha convertido a las mujeres fértiles- cuya función es someterse a una violación ritual para quedarse embrazadas y gestar hijos, que no serán suyos sino de los *comandantes*- los jerarcas- y las *esposas* de estos.

Sobre estas dos cuestiones es sobre las que se sostiene lo más valioso del análisis de la serie. En *El cuento de la criada* la deshumanización se produce a través de la desvinculación institucionalizada de la maternidad, y la clave distópica reside en que la serie recupera una novela que en 1985 planteaba un problema de control sobre el cuerpo de las mujeres y la utiliza para preguntarse por los efectos de la resignificación de la maternidad vigente 30 años después. En la sociedad líquida- siguiendo la terminología de Bauman- la maternidad también se ha vuelto líquida y adopta formas múltiples en función del deseo de quien esté implicado.

El trabajo que sigue se ocupa de identificar el análisis social que plantea *El cuento de la criada* a partir de la situación extrema de la maternidad forzada que vertebra la serie. El epígrafe 1 clarifica las dos tramas con las que la serie cuenta cómo Gilead instrumentaliza y desnaturaliza la maternidad, y el epígrafe 2 visibiliza las estrategias con las que la serie plantea las preguntas sobre la "maternidad líquida".

Tramas en torno a la maternidad en *El cuento de la criada*

Es cierto que- según se ha planteado más arriba- como buena narración distópica *El cuento de la criada* presenta una sociedad en la que la alienación es general. Aunque las estrategias para conseguirlo sean diversas, todas las personas están vigiladas, han sido asignadas a una casta que las encierra en una función y en un espacio, y todo funciona a partir de unas normas que no atienden a la realidad o la naturaleza, sino a la ideología. Pero también es cierto que el pilar que sostiene el régimen se apuntala directamente en la cuestión de la maternidad.

En un momento en que la infertilidad humana se extiende por el planeta como si de una plaga se tratara, *Los hijos de Jacob* han implantado en EEUU un sistema político y social que se orienta a que las mujeres cumplan con su "destino biológico", que no es otra cosa que su capacidad para concebir, dar a luz y cuidar de los niños que nacen. Todas las demás dimensiones y capacidades de las mujeres son reprimidas en un brutal ejercicio de ingeniería social, ideado, curiosamente, por una mujer: Serena Joy, la esposa de uno de los líderes del nuevo orden.

La sumisión de las mujeres a los hombres y al sistema se escenifica de manera explícita en *la ceremonia*, una violación ritual orientada a que los *comandantes* fecunden a las mujeres que han demostrado ser fértiles. Si el embarazo finalmente se produce, su éxito no pertenecerá a las criadas –madres biológicas- sino a los líderes, y una vez nacido el niño estas deben cederlo a aquellos y sus esposas, entrando de nuevo en un ciclo de las violaciones rituales en el que se busca un nuevo embarazo, pero ya en otra casa.

Esta maternidad institucionalizada se desarrolla en la serie en torno a dos tramas. La principal se ordena en torno a la experiencia de la búsqueda de un hijo como fin último que legitima a las personas que lo consiguen, pero también a la estructura de poder. Esta trama principal, que se desarrolla de forma muy similar en la novela de Margaret Atwood, ocupa principalmente la primera temporada y se construye en torno al triángulo de relaciones entre la *criada* que protagoniza la serie- June, rebautizada como Defred en el régimen de Gilead- el *comandante* Fred Watterford a quien ha sido asignada, y la *esposa* estéril de este, Serena Joy. En la segunda temporada, la serie se despega de la novela y sus guionistas encuentran espacio para plantear otras cuestiones que configuran la segunda trama a partir de las consecuencias de la ruptura del vínculo biológico de las madres con sus hijos, construyendo los dilemas en torno a otras familias y otras *criadas*.

La búsqueda de un hijo a toda costa implica en la serie en primer lugar la celebración periódica de *la ceremonia*: la violación ritual que se celebra en el momento en que las *criadas* son fértiles y en la que los *comandantes* buscan fecundarlas en el marco de una escenografía que pretende representar que las *criadas* y las *esposas* se hacen una sola mujer (1x01).

La narrativa audiovisual de la serie representa *la ceremonia* con un juego de luces y sombras, planos cenitales y silencio que plantea la descontextualización de la sexualidad. Es una situación violenta y antinatural que en la serie los implicados no saben gestionar emocionalmente: "Me parece todo muy impersonal" le dice el Comandante Fred Watterford a su *criada*, cuando por haberse saltado el protocolo de *la ceremonia* esta le recrimine diciéndole "No vuelva a tocarme así delante de ella" (1x05). El propio Watterford, en el límite entre la desubicación y el abuso de poder, inicia una relación confusa con June/Defred que comienza con partidas de Scrabble– "Aquí podemos saltarnos las reglas un poquito" (1x02)- y termina llevándola a un prostíbulo clandestino en el marco de un autoengaño romántico- "Que se note la próxima vez que te ha gustado. Aquí eres libre" (1x09).

Y cuando además *la ceremonia* fracasa en la consecución del hijo, el propio sistema empuja a buscarlo en el marco de relaciones sexuales clandestinas. "Igual no puede el comandante... Se te acaba el tiempo... Deberíamos probar de otra manera" (1x05) plantea Serena Joy- *esposa* del Comandante Watterford- a la *criada* June/Defred al proponerle que mantenga relaciones sexuales con el chofer de la familia. Incluso los ginecólogos, en las revisiones periódicas a las que deben someterse las criadas para verificar si están o no embarazadas, se ofrecen sexualmente.

Todo vale para conseguir el bebé que supone el éxito personal y social, además de la legitimación del nuevo orden. Y lo que importa es tenerlo, no importa de quién sea o cómo se haya conseguido, cosa que en realidad contradice los valores oficiales: "Gilead valora la familia, y recompensa a quienes siguen dichos valores" (2x05) afirma públicamente el Comandante Watterford.

De hecho es muy discutible que lo que valora y recompensa Gilead sea la familia. Por un lado la estructura formal de las familias "gileadianas" es premoderna: se ajusta perfectamente a la tradición latina en la que famulus- el antecedente etimológico de familia- es el conjunto de los esclavos y criados de una persona (Corominas, 1987). La familia del Comandante Watterford la componen además de él y su *esposa*, la *criada* que le han asignado con fines reproductivos, la sirvienta de la familia, el conductor y la esposa de este. No se trata, por otra parte de una familia moderna, ya que falta la red de afectos y el espacio de privacidad que Juan Manuel Burgos explicita al definir esta familia como:

> "compuesta por los padres con algunos hijos y quizá algún familiar, los cuales crean un ambiente privado- fuertemente separado tanto de la sociedad como del trabajo del padre- en el que se concede una importancia nueva y relevante a las relaciones interpersonales, tanto entre la pareja como entre los padres y los hijos" (Burgos, 2004:6)

La familia en Gilead resulta ser, por tanto, una realidad fabricada al servicio de una ideología, sin intimidad, amor o libertad; que no es fruto del deseo de los miembros que la componen, ni siquiera de su consentimiento, sino de un plan de ingeniería social que apuntala el control de las personas en la destrucción de los vínculos que naturalmente unen a los seres humanos. Esta cuestión de la despersonalización a través de la ruptura de los vínculos humanos, aunque se plantea en la primera temporada, se concreta con mayor claridad en la segunda.

El punto de partida de la desvinculación de las personas en la serie es la separación de los hijos de sus madres biológicas, y es un punto nuclear del régimen totalitario. La casta de las *criadas* no tiene más sentido en la República de Gilead que el de generar hijos que se quedaran los *comandantes* y sus *esposas*; y cuando ya no sean fértiles su destino será, en el mejor de los casos, convertirse en una *martha*- el servicio doméstico esclavo en las casas de los comandantes- o en el peor, ser enviadas a *Las Colonias*, donde limpiaran zonas altamente contaminadas y morirán intoxicadas.

Aunque la cuestión es central en la distopía, en la primera temporada se plantea de modo complementario al tema central, que es el encierro y la dominación de las *criadas*. Solo se visibiliza en la subtrama de la criada Jannine/Dewarren, que da a luz una niña (1x02) con la que intenta escapar para no tener que entregarla al Comandante Warren Putnam y su esposa Naomi (1x09). En esta temporada sabemos de Hannah, la hija que June/Defred tuvo antes del advenimiento de Gilead, pero por el momento no es relevante.

La desvinculación de los hijos de sus madres biológicas gana espacio desde la segunda temporada a través de varias subtramas. Cronológicamente, la primera que se plantea es la que desarrolla el embarazo de la *criada* protagonista June/Defred. Ya en el primer capítulo de esta segunda temporada se demuestra la irrelevancia e las criadas para el régimen de Gilead: "Señora, aquí está su bebé" le dice durante una ecografía el ginecólogo a Serena Joy- la *esposa* del *comandante* al que June/Defred está asignada- ignorando completamente a la embarazada (2x01). "Quiero que sepas que voy a ser la mejor madre posible para mi bebé" le dice la *esposa* Serena Joy a la *criada* June/Defred, buscando tranquilizarla respecto al futuro del niño que la segunda está gestando, pero que se quedará la primera (2x06).

En esta temporada se desarrolla la trama de la hija de Janine/Dewarren- que se inició en la primera- para evidenciar los efectos negativos de la ruptura del vínculo maternal natural. Aunque la *esposa* del Coronel Warren Putnam- que se quedó con el bebé- no siente ningún afecto por ella y sólo le interesa como elemento de prestigio social, está muy preocupada por su mala salud y en el momento en que enferma de gravedad, no duda en saltarse las normas para conseguir que de modo clandestino una *martha*- que era la neonatóloga más prestigiosa de los desparecidos EEUU- la examine. La exdoctora diagnostica que lo que la niña necesita es que la desconecten de todos los aparatos que la monitorizan, además deben conseguir que se sienta segura y a gusto. A cambio de la consulta médica irregular, Naomi Putnam ha tenido que consentir en que la antigua *criada* de la familia, su madre biológica, la vea. Janine/Dewarren pasa la noche besando y abrazando a la niña, haciendo que se recobre cuando todo parecía indicar que moriría (2x08). Otro ejemplo de las consecuencias problemáticas de desvincular a madres e hijos es el adelanto del parto de la *criada* protagonista de la serie- June/Defred- que la narración presenta como consecuencia del disgusto que le supone que Hannah, la hija de la que la separaron al convertirla en criada, no la reconozca cuando consigue encontrarse con ella (2x10).

La última subtrama que plantea la separación de hijos y madres biológicos es previa a la implantación de Gilead: Moira, la mejor amiga de la protagonista desde la universidad, recuerda cómo antes del golpe de estado tuvo un hijo en el marco de un acuerdo de vientre de alquiler. Situación que ella viviría sin mayores complicaciones morales o emocionales: cuando June, que la acompaña a entregar el niño, le pregunta cómo se siente, ella responde desenfadada "¡Genial! Es raro estar sola."(2x07). De hecho, la cuestión trágica en esta trama no es la pérdida de contacto con el bebé, sino que la necesidad de saber qué ha sido de la ginecóloga que se ocupó de su embarazo y su parto, y que terminó siendo su pareja. La trama del alquiler del vientre de Moira con fines económicos, y sin una separación dramática, se introduce mediante un flashback después de que la protagonista de la serie haya tomado la decisión de escapar de Gilead para que su hija no se quede con el matrimonio Watterford: "No pienso dejar que vivas en este entorno ni por asomo. Ellos no son tus dueños. Voy a sacarte de aquí." (2x06).

La comparación entre la maternidad voluntaria con finalidad económica de Moira y las maternidades impuestas con finalidad política a las *criadas*, no es explicita. Se construye con un juego de idas y venidas del presente al pasado que pone en paralelo cuestiones que no son exactamente iguales pero que están muy cerca, consiguiendo que la exploración social que permite la serie vaya mucho más lejos de lo que a simple vista parece.

Las preguntas de la serie en torno a la *maternidad líquida*

Que las herramientas de control político en Gilead sean intervención de la sexualidad e imposición de la maternidad justifica que *El cuento de la criada* se interprete como una alegoría del control patriarcal sobre las mujeres a través de sus cuerpos y su actividad: (Rodríguez, 2018 y Ros, 2018). Pero limitarse a esta interpretación es no hacer justicia a la amplitud de matices de una serie que, poniendo el foco en la maternidad, en realidad conduce la mirada hacia la despersonalización generalizada que resulta de la apropiación y la falsificación de cuestiones esenciales en una sociedad. El punto de partida es la vinculación entre madres e hijos, pero no es la única ruptura de vinculación que se contempla. La serie muestra cómo el poder totalitario desvincula la maternidad de su contexto necesario- apego materno filial y familiar, amor y sexualidad- a la vez que, como se ha explicado en otra parte, evidencia los efectos indeseables de dicha descontextualización.

El vínculo humano refuerza la identidad de las personas y posibilita su desarrollo. De ahí que la desvinculación sea el primer paso en el proceso de control y redefinición de una nueva sociedad. En su plan para instaurar la Republica de Gilead, *Los hijos de Jacob* separan, al hombre de su Dios, a los maridos de las mujeres, a los amantes, a los amigos... lo consiguen a partir del ataque al vínculo primero, el que da lugar a la vida: el de la madre con su hijo. Los pasos que dan en la serie para acabar con la sociedad estadounidense e implantar su régimen de terror son cuatro:

El primero es la desvinculación social. Se fuerza la ruptura de las relaciones de amistad, amor, y sexuales en todos los niveles, y en última instancia de la madre y el hijo que nace de ella.

En segundo lugar se formaliza la objetivación de las mujeres, que son reducidas y equiparadas a sus funciones. Para ello se codifican los roles femeninos- las *esposas* son castas y virtuosas, las *criadas* fértiles y potencialmente atractivas, las *marthas* son trabajadoras, las *prostitutas* son pecadoras- y se priva a las mujeres de su identidad original a través de la asignación de un nuevo nombre vinculado a su función.

La función permite, en tercer lugar, la agrupación de las personas en colectivos- comandantes, esposas, marthas, criadas- que implican la atribución automática de un modo de pensamiento unificado y común.

Por último, se aplica un plan de ingeniería social que, partiendo de "la fertilidad como recurso nacional, la reproducción como imperativo moral" (1x06), implica el dominio de la información a través del control de los cauces por los que circula, la redefinición de la realidad a través de la creación e imposición de un nuevo lenguaje ("feminismo doméstico", "destino biológico") y el control férreo de la actividad en a través de prohibiciones como las de jugar, leer o escribir.

La excusa fundamental para la creación de la Republica de Gilead es la infertilidad que amenaza a la naturaleza humana. Por tanto, en el orden social establecido el acto de alumbrar se sitúa en el centro de todo su sistema organizativo y se reduce a un acto biológico sin consecuencias afectivas, al igual que la ocurre con la concepción. Y es desde ahí desde donde los líderes de Gilead pretenden redefinirlo, controlarlo, manejarlo como la pieza de un puzle de un nuevo orden social. Pero la maternidad es mucho más que un parto. Se construye sobre un nido de relaciones humanas, de vínculos, que en última instancia van a conformar el contexto en el que se desarrollará la vida del individuo. El ámbito primario, siguiendo a López Quintás, es el formado entre la madre y el recién nacido y en él se constituye un vínculo esencial, pues la vida del hombre empieza en el seno de la madre. Separar a las madres de los hijos es lo último que puede hacerse para destruir una sociedad, que no es sino un complejo conjunto de vínculos (2004, p.37).

Que la ruptura del vínculo materno filial sea el caballo de Troya en la serie para desmontar la sociedad es lo que nos permite ampliar la mirada para que el análisis social sea de calado general. Esto se consigue con un juego retórico que en otro trabajo hemos calificado de *vintage* (Cebrián, 2019, p.144) y que consiste en ir y venir del pasado al presente usando *flashbacks*, y poniendo en paralelo cuestiones sobre las que la diferencia entre los modelos sociales introduce preguntas sobre el momento actual: en la serie se ha implantado un sistema para que mujeres esclavizadas por el poder político tengan hijos para otras parejas, en la sociedad que contempla la serie se discute la implantación de una estructura profesionalizada que ponga a disposición de quienes puedan pagarlo los cuerpos de mujeres pobres que puedan gestar hijos para ellos (El País, 2008). En la sociedad que contempla la serie para tener hijos ya no hay un modelo aspiracional de familia que se presume que perdure, sino que hay múltiples modelos, diferentes pero equivalentes de familias, en las que tener hijos o no, y que durarán en tanto en cuanto los implicados quieran mantenerlas (Sánchez, 2019 y Universidad de Padres, 2018); en la serie la familia es una estructura falseada e intervenida por el poder que manipula la diversidad presentándose como una certeza. En la serie gestar hijos es el destino biológico de las mujeres, y en la sociedad que contempla la serie empieza a extenderse la idea de que la maternidad limita el desarrollo de las posibilidades de las mujeres (Badinter, 2017).

A través de las implicaciones de la ruptura de los vínculos entre las personas la serie mira de frente a la sociedad que ha ampliado las formas de familia y de maternidad y le pregunta si hay límites.

Referencias

Badinter, E. (2017). *La mujer y la madre.* Madrid: La esfera de los libros.

Bauman, Z. (2006). *Vida líquida.* Barcelona: Paidos

Burgos, J. M. (2004). *Diagnóstico de la familia.* Madrid: Palabra

Cebrián Guinovart, E. (2019). *The handmaid´s Tale: entre el vintage y la paradoja teocrática.* En J. Martínez-Lucena, A. González de León Berini, y S. Abbate. (Eds.) *Control social e imaginarios en las teleseries actuales.* Barcelona: UOC

Corominas, J. (1987). *Breve diccionario etimológico de la lengua castellana.* Madrid: Gredos

El País (2008). Se alquila vientre en India. Disponible en https://elpais.com/diario/2008/08/03/sociedad/1217714403_850215.html (Consultado en noviembre de 2019)

Lanuza Avello, A. (2011). *El hombre intranquilo, mujer y maternidad en el cine clásico americano.* Madrid: Editorial Encuentro.

López Quintás, A. (2004). *La experiencia estética y su poder formativo.* Bilbao: Universidad de Deusto

Rodríguez, M. "El Cuento de la Criada: Patriarcado y distopía" En https://www.camaracivica.com/analisis-politico/series/cuento-criada-patriarcado-distopia/ Consultado el 20 de diciembre de 2018

Ros, L. " 'El cuento de la criada', la escalofriante distopía que llegó en el momento oportuno" En https://www.espinof.com/series-de-ficcion/the-handmaids-tale-la-escalofriante-distopia-que-llego-en-el-momento-oportuno Consultado el 20 de diciembre de 2018

Sánchez, E. (2019). "Los 11 tipos de familia que hay en la actualidad" En https://lamenteesmaravillosa.com/los-11-tipos-de-familia-que-hay-en-la-actualidad/ Consultado en noviembre de 2019

Universidad de Padres (2018). "Diversidad de modelos y situaciones familiares" En https://universidaddepadres.es/destacada_blogup/diversidad-de-modelos-y-situaciones-familiares/ Consultado el 8 de enero de 2020

El proceso de reproducción y crianza en la ficción televisiva contemporánea

Mariona Visa Barbosa

Como estamos viendo en este volumen, la institución maternal ha sido profusamente representada en la ficción cinematográfica y televisiva, aunque durante muchas décadas desde el simbolismo y sin dejar aflorar la figura de la madre desde un punto de vista realista. Este hecho ha conllevado que también hayan quedado fuera de las narrativas populares todos aquellos procesos biológicos vinculados a la maternidad y la forma en que las mujeres los han vivido. La menstruación, la búsqueda del embarazo, la infertilidad, los abortos, la gestación, las pérdidas gestacionales y perinatales, el parto, la lactancia y el posparto han sido silenciados o infra representados en las obras culturales durante siglos, o tratados de forma estereotipada sin tener en cuenta la subjetividad femenina.

Las Venus Paleolíticas, una de las primeras imágenes simbólicas creadas por los humanos, representaban a mujeres embarazadas. Más adelante, durante el Renacimiento, proliferaron las pinturas que mostraban el embarazo de la Virgen María. Pero a partir de la celebración del Concilio de Trento, en el siglo XV, está visibilidad del cuerpo femenino en gestación fue tendiendo a la invisibilidad (Visa, Crespo, 2014). Hasta bien entrado el siglo pasado en el mundo occidental era considerado como una condición médica que debía esconderse de la esfera pública. Existen algunos testimonios, escasos, de mujeres que decidieron contar su experiencia maternal dentro del contexto artístico, como el de Frida Kahlo, que pintó su aborto en la obra *Henry Ford Hospital* (1932) o el de Mary Kelly, que ilustró su posparto en *Pospartum document* (1973–1979). Pero más allá de estas y otras excepciones, los testimonios sobre el hecho de convertirse en madre no estuvieron presentes en los relatos populares.

Durante la primera mitad del siglo XX la etapa reproductiva no formó parte de las tramas cinematográficas ni televisivas. La instauración de un código de regulación moral, llamado código Hays, que funcionó desde 1934 hasta 1967, censuraba todos aquellos contenidos inapropiados, por lo que los procesos relativos a la maternidad no se mostraban con detalle. Tan solo el embarazo era en ocasiones utilizado como elemento narrativo que desencadenaba o bien en un matrimonio feliz o, por contra, en un castigo por conducta inadecuada (Boswell, 2014, p.66). A partir del levantamiento del código la forma de representar estos procesos cambió y el embarazo pasó a ser el principal elemento argumental en algunos filmes. Pero esta visibilidad no llegó de la mano de una mayor normalidad ya que las primeras obras que la incorporaron tuvieron como género o bien la comedia (en las que el embarazo era un gag argumental ligado a menudo a la pérdida de control sobre el propio cuerpo) o la ciencia ficción y el horror, ya que el cuerpo gestante se convirtió en un espejo en el que se proyectaban todos los miedos sobre la entonces pionera reproducción artificial (Oliver, 2012, p.7), como se puede ver en *La semilla del diablo (Rosemary's baby*, 1968). Más adelante también en *Carrie* (Brian de Palma, 1976), la menstruación, la sexualidad y la capacidad reproductiva de la mujer eran el motivo principal del horror (Boswell, 2014, p.119).

En nuestro país, no fue hasta el aperturismo del tardofranquismo cuando algunas comedias populares incorporaron la reproducción como temática principal, pero desde un punto de vista totalmente masculino. *Crónica de nueve meses* (Mariano Ozores, 1967*), El padre de la criatura* (Pedro Lazaga, 1972) o *El insólito embarazo de los Martínez* (Javier Aguirre, 1974) narran el embarazo con tintes eróticos y deteniéndose en los cambios que los hombres, no las mujeres, experimentan durante el proceso. La única excepción sería el filme *Adiós cigüeña adiós* (Manuel Summers, 1971), que muestra el embarazo no deseado de una chica adolescente que será asumido como una responsabilidad comunitaria, de forma lúdica, por parte del grupo de amigos del que forma parte.

Poco a poco la visibilidad fue aumentando. A partir de los años 90 proliferaron las comedias románticas con la reproducción como tema central. Se refieren a ellas algunos académicos con el nombre de *momcom mom comedies* (Oliver, 2012). En ellas, la transformación del cuerpo de la mujer y la alteración de su vida cotidiana, para su posterior restablecimiento, es el argumento central de la trama. *Nueve meses (Nine months,* 1995), *Lío embarazoso* (*Knocked up,* 2007)*, El plan B (The Back-up plan*, 2010), *Qué esperar cuando estás esperando (What to expect what you are expecting*, 2012) o la española *Embarazados* (2016) son ejemplo de ello. Por lo que respecta a la lactancia, en estos filmes las connotaciones son generalmente también humorísticas o eróticas. Además, se muestra esta experiencia tan solo en mujeres caucásicas, mayores y con nivel educativo superior, que aparecen amamantando en espacios privados, nunca a bebés mayores de un año y a las que la lactancia no les conlleva dificultades (Foss, 2013; Visa, 2017).

En televisión, las primeras imágenes de una mujer embarazada se pudieron ver en la popular serie estadounidense *I Love Lucy,* en 1953, que incorporó la gestación de unos de los personajes principales a causa del embarazo real de la actriz que la interpretaba. A pesar de mostrar el vientre creciente de la protagonista, quedó prohibido utilizar en el diálogo el término embarazo, siendo sustituido por el de "estado de buena esperanza".

En los últimos años, pese que la madre había sido habitualmente una figura importante en las ficciones televisivas, su rol ha pasado de ser lo que Feasey (2012) llamaba "happy homemaker" a las "good enough mothers" que llegaron a nuestras pantallas a inicios del siglo XXI. Así, de las matriarcas que protagonizaron durante décadas los culebrones televisivos y de las amas de casa presentes en las comedias de situación se ha pasado a un retrato de las madres con más matices y pluralidad de discursos, aunque no es hasta los últimos años que estos nuevos relatos se han centrado también en explicar, desde el punto de vista de las mujeres o incluyendo su subjetividad, el proceso de reproducción y crianza. De todas formas, estos cambios no siempre han conllevado una representación realista de la mujer, ya que algunos estudios han demostrado cómo los hombres siguen teniendo los papeles principales y se siguen manteniendo los estereotipos femeninos (Tous-Rovirosa et al., 2013; Sink, Mastro, 2017); así como que las mujeres con cargos de responsabilidad son caracterizadas frecuentemente de forma negativa, al tiempo que los problemas de conciliación de los roles familiares y profesionales se eluden sistemáticamente (Lacalle, Gómez, 2016).

Actualmente, la producción de contenidos por parte de la televisión por cable y las plataformas de vídeo a demanda, así como la especialización temática de la producción audiovisual en general, ha propiciado un aumento de obras que narran la maternidad de las protagonistas. En este capítulo nos detendremos a estudiar cuatro series estrenadas durante los últimos años, centradas en el relato de los procesos biológicos vinculados a la maternidad, con el fin de observar la descripción de las madres protagonistas y los procesos de reproducción y crianza mostrados. Las series referidas serán: *Catastrophe* (Channel 4, 2015, aquí vista en Movistar +),

Mira lo que has hecho (Movistar +, 2017), *The letdown* (Netflix, 2017) y *Madres trabajadoras* (CBC, 2017; aquí vista en Netflix).

Catastrophe narra el embarazo accidental surgido a raíz de una relación sexual ocasional entre la londinense Sharon y el americano Rob en un pub de Londres. Días más tarde, al saber que serán padres, deciden seguir adelante con el embarazo y empezar una relación. *Mira lo que has hecho,* que es también analizada con más detalle en un capítulo aparte en este volumen, explica los cambios que se producen en la relación de pareja cuando se tiene el primer hijo. En *The letdown,* nombre que alude tanto a la palabra decepción como al reflejo de eyección de la leche materna, vemos el posparto y la reincorporación al trabajo de su protagonista. Finalmente, *Madres trabajadoras* es una serie sobre el regreso de un grupo de madres al mundo laboral tras la baja maternal. Las cuatro ficciones han sido producidas en la última década y se han podido ver en nuestro país a través de plataformas de pago (Movistar + o Netflix). El género mayoritario es la comedia, y tres de ellas han sido creadas y producidas por mujeres, que también protagonizan la historia como actrices principales: Sharon Horgan (*Catastrophe*), Alison Bell (*The letdown*) y Catherine Reitman (*Madres trabajadoras*). La otra, *Mira lo que has hecho*, ha sido escrita y protagonizada por Berto Romero.

Se han dejado fuera de este estudio otras ficciones como *Vergüenza* (Movistar, 2017), *Smilf* (Showtime, 2017, aquí vista en Movistar), *El cuento de la criada (The handmaid's tale*, MGM, 2017, aquí vista en HBO), *Big Little Lies* (HBO, 2017-) o *Better things* (FX, 2016-) por tratarse o bien de una distopía o de series centradas exclusivamente en la fase de la crianza y no en el proceso de reproducción, aunque todas ellas han contribuido en poner de relieve problemáticas asociadas al cuerpo materno y a las relaciones maternofiliales. También se descartan aquellas obras que a pesar de tener mujeres como protagonistas están más alejadas en el tiempo y no incorporan una lectura tan detallada de estos procesos como *Gilmore Girls* (The WB, 2000–2007), *Mujeres desesperadas* (*Desperate Housewives*, ABC, 2004–2012), *Orange is the new black (Netflix, 2013–2019)* o *Weeds (Showtime, 2005–2012)*, aunque en su momento supusieron un avance a la hora de retar las normas socio-sexuales establecidas y de representar la relación madre-hija (Mercado, 2007; Buonanno, 2017).

El modelo familiar representado en las ficciones analizadas es la familia nuclear en todos los casos. De todos modos, como veremos, existen otros tipos de familia en el entorno de los protagonistas. El rol del padre en estas series es de implicación en el proceso de crianza, pero no siempre con los conocimientos sobre cómo desarrollar su papel. Todas las madres protagonistas trabajan antes de dar a luz en profesiones cualificadas, y su intención es re-incorporarse a la vida laboral después del parto, aunque la conciliación no será fácil para ninguna de ellas, ya sea por condicionantes personales o sociales.

Por lo que respecta a los procesos de reproducción mostrados encontramos el embarazo (*Catastrophe, Mira lo que has hecho)*, el parto (*Catastrophe, Mira lo que has hecho, Madres trabajadoras)*, la lactancia materna (*Catastrophe, Mira lo que has hecho, The letdown, Madres trabajadoras*) y la interrupción voluntaria del embarazo (*The letdown, Madres arrepentidas*).

En cuanto a los procesos de crianza representados, las temáticas vinculadas a esta etapa que se muestran son el sueño del bebé (*The letdown, Mira lo que has hecho*), el control de esfínteres (*Mira lo que has hecho*), la escolarización (*Catastrophe, The letdown, Mira lo que has hecho, Madres trabajadoras*) y los cuidados en general (en todas).

Pasamos a continuación al análisis detallado de estos procesos en cada ficción.

La primera temporada de *Catastrophe* se centra en la concepción no planificada entre los hasta entonces desconocidos Shane y Rob y la posterior evolución del embarazo. Los capítulos narran así las visitas médicas y los síntomas que padece la mujer al mismo tiempo que se nos explica cómo los dos progenitores se van conociendo y preparando su boda. Shane tiene alrededor de cuarenta años, dato que aparece como tema recurrente en diferentes escenas. En la primera consulta ginecológica el doctor califica su embarazo como "geriátrico", a la vez que anuncia que observa una anomalía en su cérvix. Uno de los capítulos se basa en la realización de la prueba de la amniocentesis, para descartar posibles malformaciones, ya que por su edad la mujer es una gestante de alto riesgo.

Por lo que respecta a los síntomas del embarazo, se muestra el aumento de la libido en Shane, situación que da lugar a algunas escenas cómicas, aunque las conversaciones sobre sexualidad y las escenas en las que la pareja tiene relaciones íntimas son habituales durante toda la serie. En el último capítulo de la primera temporada la mujer rompe aguas en medio de una discusión, en su noche de boda, aunque el embarazo aún no ha llegado a término. La serie termina su primera entrega sin ver el desenlace del posible parto y no es hasta el primer capítulo de la segunda temporada que se comenta que el niño nació de forma prematura. De todos modos, los cuidados y la evolución de este hijo forman parte de una elipsis temporal y de hecho la protagonista ya aparece embarazada de su segunda hija en la siguiente temporada, por lo que no se trata en detalle la maternidad de un hijo prematuro.

La segunda temporada empieza con un salto temporal, mostrando directamente el parto de la segunda hija de la pareja. En este, todo empieza de forma caótica ya que Shane, debido a haber tenido algunas falsas alarmas previas, llega tarde al hospital. Entonces pide a gritos una cesárea, aunque el equipo médico la desaconseja porqué ya ha completado la dilatación. "*Haz que me rajen. No es demasiado tarde*", le implora a Rob, que estará presente en el parto, a pesar que un amigo le había aconsejado que no estuviera ya que según este "*Es una maldita zona de guerra*", de la que debería estar alejado.

Después del nacimiento, Shane acude a las clases posparto, aunque enseguida se muestra que no tiene nada que ver con las otras mujeres que asisten, que son representadas como madres sin ambición laboral. "*Creo que no encajé porque no me hicieron una lobotomía*", comenta al respecto a una amiga. Estos momentos de reunión de las clases posparto son utilizados en todas las series de este estudio para representar la diversidad de madres que existen y cómo la maternidad conlleva compartir una misma situación (clases posparto, inscripción a las guarderías) con personas diversas y que asumen la crianza desde diferentes perspectivas.

En relación a la lactancia, en varias escenas se muestra cómo Shane amamanta a su hija. Este hecho es visto como algo práctico y natural, aunque en una ocasión la protagonista diga "*Creo que voy a dejar de producir leche*", para poder tener más independencia, mostrando la agencia y el conocimiento sobre el propio cuerpo que tiene la protagonista. De igual forma, la lactancia no le impide poder estar tiempo alejada del hogar, ya que utiliza el sacaleches cuando por diferentes motivos no puede estar con su hija. En un viaje de fin de semana romántico con su marido a París se le olvida llevárselo, por lo que debe ir a comprar otro ya que tiene los pechos llenos de leche y le duelen, situación que provoca algunos gags cómicos.

Las etapas de la crianza representadas en la serie son la búsqueda de la mejor guardería, la escolarización del niño y los cuidados, en este caso a cargo de canguros. Los abuelos no adoptan el rol de cuidadores de los nietos en la serie, como tampoco lo harán en *Mira lo que has hecho*, ya que son mayores y son ellos quienes necesitan ser cuidados (uno de los abuelos muere en ambas series durante la trama). *Catastrophe,* junto con *Madres trabajadoras*, son las únicas series en las que el sueño del niño o no se aborda o se hace de forma menor. En alguna escena se sobreentiende que dejan llorar a sus hijos hasta que se duermen, porque en un capítulo los padres advierten a la canguro que sobre todo no coja en brazos al bebé.

Otras temáticas vinculadas a la maternidad que se muestran en la ficción son los cambios en la sexualidad de la pareja después de tener hijos, la religión en que el niño será criado, la relación con la familia política y la culpa o imperfección de los padres- no solo de la madre- al no saber con certeza si se están haciendo las cosas bien.

En *Mira lo que has hecho* el modelo familiar representado es también el nuclear. En este caso aparecen otros tipos de familia ya que en las reuniones de la guardería tienen un rol secundario dos madres lesbianas y una madre soltera por elección; modelos parentales que también aparecen de forma secundaria en *The letdown* y *Madres trabajadoras.*

La primera temporada se inicia con el parto del primer hijo de la pareja, que es narrado desde el punto de vista del padre, interpretado por Berto Romero, sobre quien recae mayormente el protagonismo de la ficción. En la segunda temporada la madre vuelve a estar embarazada, esta vez de gemelos, aunque no se incide demasiado en los síntomas del embarazo ni en las pruebas médicas, que aparecen solo en el primer capítulo. En el resto, la crisis de pareja y la conciliación familiar y laboral serán los temas más recurrentes.

En referencia a la lactancia, la madre también amamanta a su bebé, aunque cuando a los seis meses quiere tomar la decisión de destetar, se siente culpable por si este hecho puede tener repercusiones en el tipo de persona en que su hijo se va a convertir. Un gag de la serie se basa precisamente en un sueño dónde se le ve en la cárcel, años más tarde, a causa de la supuesta mala vida que ha llevado por no ser amamantado durante más tiempo, escena que muestra la presión y dudas que muchas mujeres sufren en el momento de tomar esta decisión.

Las etapas de crianza mostradas son muy parecidas a la que se referencian en *Catastrophe*, aunque en *Mira lo que has hecho* sí que se incide en el tema del sueño del bebé y en otros aspectos que la primera trata más superficialmente. En un capítulo los padres aplican el llamado método Estivill para enseñar a su hijo a dormir (que consiste en dejarle llorar hasta que se duerma), aunque se muestra después como les cuesta llevarlo a cabo. El padre es quien tiene más dudas sobre este método, y piensa qué pasaría si su hijo le tratara igual a él en su senectud, escena que se explica a través de un gag, tras el cual lo termina durmiendo en brazos.

También se detalla cómo los padres consideran los múltiples tipos de enfoques educativos que existen en la actualidad y cómo les cuesta decidirse por la mejor guardería. La falta de sexo entre la pareja durante el posparto da motivo también a numerosas escenas cómicas, así como la religión con la que se criará al hijo y, en concreto, el tema de si se será o no bautizado. Como nuevas aportaciones, *Mira lo que has hecho* retrata la mala relación con la familia política, en concreto entre el padre y el suegro.

The letdown empieza con el posparto de Audrey, la protagonista. De todos modos, aunque no se visualiza propiamente el momento del parto, sí se hace referencia a los partos de distintas mujeres cuando estas acuden a las clases de posparto que atiende la protagonista. En una de las sesiones en la pizarra está escrito "*No judgement*" ("No juzgar"), aunque cuando una madre cuenta su parto con cesárea se muestra claramente como el resto de madres la desaprueba, poniendo sobre la mesa la inclinación que la sociedad actual manifiesta hacia los partos naturales. Una de las mujeres que asiste a estas clases es madre soltera por elección, de donante no anónimo. Más adelante este quiere conocer al niño e implicarse en la crianza, aunque en un principio la madre es reacia y le deja bien claro que "*Tú no eres su padre, eres su donante*".

La implicación del marido de la protagonista en la crianza es la menos elevada del total de las series analizadas. En un capítulo los compañeros de trabajo incluso le aconsejan que llegue tarde a casa, para encontrarse así a su hijo ya dormido y no tener que hacer nada.

Como las otras madres protagonistas, Audrey amamanta a su hijo. Cuando debe reincorporarse al trabajo utiliza el sacaleches, al igual que Shane en *Catastrophe*, a pesar que su madre no entiende porque no le da un biberón y se ahorra así esta incomodidad. El sacaleches es mostrado por tanto como una herramienta facilitadora de la conciliación, aunque se destaca la incomodidad de su uso.

En la segunda temporada de la serie se relatan las consecuencias que una interrupción voluntaria del embarazo realizada por razones médicas (riesgo de rotura del útero a causa de una cesárea complicada en el primer parto) conlleva a la protagonista, en concreto el hecho de no contarla a su entorno más próximo cuando sucedió. La acción se relata al cabo de unos meses de haber ocurrido y el hecho de compartirla propicia que otra de las madres con las que se relaciona explique un anterior aborto voluntario, que no es explicado en detalle.

Por lo que respecta a las etapas de crianza mostradas, la falta de sexo y la religión en la que se educará al hijo siguen siendo temas recurrentes. Y una de las situaciones más narradas en la primera temporada es la dificultad para conseguir que el niño consiga dormirse. Se muestra cómo la madre consulta diversos libros de autoayuda, aunque finalmente el niño se duerme mientras ella le lee en voz alta su libro favorito, *Frankenstein*.

Madres trabajadoras narra cómo es la reincorporación al trabajo de cuatro mujeres que han sido madres recientemente. Tres de ellas forman familias nucleares y otra tiene como pareja a una mujer, siendo así la única de las cuatro ficciones referenciadas que tiene como protagonista a una madre homosexual.

En la primera temporada se relatan algunos momentos que todas las mujeres viven durante el posparto, como la caída de los pechos, las alteraciones en el deseo sexual (en esta ficción, dos madres destacan por tener la lívido muy alta durante este período) e incluso la depresión posparto, que sufre una de ellas.

Una de las cuatro madres protagonistas vuelve a estar embarazada a los pocos meses de dar a luz, de un embarazo que le impide desarrollar su vida con normalidad, por lo que durante varios capítulos se plantea abortar. Primero visita una clínica con una de sus amigas, de la que se va después de ver el ambiente frío que la preside. Finalmente, decidirá abortar y volverá a esta misma clínica acompañada de su marido. Durante estos días, en su trabajo como terapeuta, le comenta a una paciente durante una sesión: "*Yo no te recomendaría tener hijos. A ver, tiene sus cosas, pero te limita totalmente*".

Aunque se hace referencia a que al menos dos de las madres amamantan a sus hijos durante el transcurso de la serie, no las vemos hacerlo prácticamente en ninguna ocasión. La representación de la lactancia en esta serie destaca por ser mostrada más en momentos excepcionales que en la cotidianidad. En la tercera temporada hay una escena en la que una de las madres protagonistas da el pecho a su amante durante una relación sexual. Y a lo largo de los capítulos vemos como la extracción de leche de forma artificial es parte de la rutina de las mujeres, más que el acto de amamantar en sí. La utilización del sacaleches en el trabajo es habitual, destacando las desventajas e incomodidad del uso de este aparato. La lactancia se acota, además, a un período concreto. A medida que avanzan los capítulos, cuando una de las madres decide finalmente dejar la lactancia, le consulta a su asesora posparto: "*¿Si dejo de amamantar, sería una madre terrible?*", a lo que esta responde que no, que para algo existe la leche de fórmula. En la misma sesión, se muestra la desaprobación de las protagonistas hacia las madres que siguen dando el pecho más allá de los primeros meses.

Por lo que refiere a la conciliación, dos de las mujeres dejan a los hijos a cargo de canguros, y otra de ellas a cargo del padre de la criatura, que es quien está en casa. En este caso, a diferencia de en *Catastrophe* (en la que en una temporada el padre era también quien cuidaba a los hijos), el hombre es retratado de forma estereotipada como alguien que ha perdido toda su masculinidad e incluso desarrolla un sistema para poder dar leche a su hija a través de un pecho artificial.

La carrera laboral de las mujeres no se resiente demasiado a causa de la maternidad, y una de ellas opta a una promoción lejos de casa durante tres meses durante la primera temporada, que después abandonará de forma brusca a causa de una enfermedad padecida por el hijo. A pesar de esta situación, al inicio de la segunda temporada recupera el trabajo a media jornada y consigue otro, por lo que las madres de esta ficción son las que tienen más agencia y las que menos renuncias deben hacer en sus vidas a causa de la maternidad.

Estas cuatro series contemporáneas muestran como en la actualidad se están planteando relatos plurales respecto a la maternidad en televisión. Todas ellas son comedias, aunque esto no implica que los procesos biológicos relativos a la maternidad sean utilizados únicamente como gags cómicos, ya que son pocas las escenas en los que los síntomas de embarazo o la pérdida de control sobre el propio cuerpo durante esta etapa sean la causa principal de comicidad. *Madres trabajadoras* es la única en que a menudo se descontextualizan estos procesos con finalidad humorística.

Las madres protagonistas de estas ficciones tienen cada vez más agencia y saben cómo quieren vivir esta etapa. Tienen dudas sobre como desempeñar su rol, pero sobre todo en *Catastrophe* y *Madres trabajadoras* controlan los cambios en su cuerpo y no necesitan ayuda externa para saber cómo quieren alimentar, dormir o educar a sus hijos. Así, podríamos concluir que desde estas obras se deja de incidir en la idea altamente propagada durante años por las revistas de puericultura y algunas obras cinematográficas en las que se definía a las madres como sujetos incompetentes o siempre carentes de conocimientos, ya que estos pertenecen al ámbito científico y están en permanente actualización. (Medina et al, 2014)

La etapa vital más representada es el posparto, por tanto, más allá de los cambios en el cuerpo que produce el embarazo se incide en la transformación vital que sufren las madres protagonistas durante los meses posteriores al parto, etapa que históricamente ha estado infra representada en la ficción audiovisual televisiva. Como hemos visto al inicio de este capítulo, el embarazo había sido bastante mostrado en algunas obras cinematográficas durante las últimas décadas, llegando incluso a consolidar un subgénero propio. Por fortuna, actualmente encontramos ejemplos también en la pantalla televisiva de cómo se sienten las mujeres no solo durante el embarazo sino después del parto, incidiendo en las dificultades que existen al reincorporarse al trabajo. *The letdown* y *Madres trabajadoras* son también innovadoras por incorporar el tema de los abortos voluntarios, que habitualmente habían sido tratados de forma moralista en el cine y la televisión; así como la depresión posparto. Otras situaciones como la infertilidad, la reproducción asistida o las pérdidas gestacionales y perinatales no se abordan con detalle o no aparecen en las ficciones analizadas, aunque son temáticas que sí van apareciendo en algunas ficciones nacionales e internacionales como *Vis a vis* (A3, 2015–2019), *Vergüenza* (Movistar +, 2017-) o *This is us* (NBC, 2016-), así como en ficciones cinematográficas. Será interesante comprobar si en un futuro cada vez van siendo más presentes estos procesos.

De todas formas, a pesar de destacar estos avances, cabe señalar que estas ficciones y sus temáticas todavía no han llegado a las televisiones generalistas, sino que son todas distribuidas por plataformas de pago y dirigidas a públicos muy específicos, por lo que el acceso a estos contenidos no se puede considerar todavía mayoritario. Aunque cada vez se va visibilizando más la etapa de reproducción y crianza en las series generalistas, esta temática sigue sin hacerse extensible a otras producciones seriadas como podrían ser por ejemplo los dramas pensados para un target adolescente que precisamente han proliferado en las nuevas plataformas de distribución de contenidos audiovisuales, donde el rol de la figura materna es en ocasiones el ausente, como señala Feasey (2017) al remarcar que las *missing mothers* han aumentado en los últimos años con el auge de los dramas para un público juvenil.

Aún a falta de mayores progresos en la visibilidad de más procesos vinculados a la reproducción y en la inclusión de estos en ficciones generalistas, podemos concluir que en las series analizadas la representación de la maternidad muestra un avance respecto décadas anteriores. El discurso se aleja de su representación tradicional y añade relatos narrados desde la subjetividad femenina, mostrando la diversidad de emociones que se sienten durante la etapa de reproducción y crianza, similares a los que se han desarrollado en otras artes en las últimas décadas. Igualmente, destaca la visibilidad de los problemas de conciliación que se habían eludido sistemáticamente en anteriores ficciones televisivas, ya que, aunque en la vuelta al trabajo de las protagonistas la maternidad no siempre es un impedimento para su desarrollo profesional, se muestran con detalle los esfuerzos que estas deben hacer para poder prosperar.

Referencias

Boswell, P. A. (2014). *Pregnancy in Literature and Film*. Jefferson NC: McFarland

Buonanno, M. (2017). *Television antiheroines: women behaving badly in crime and prison drama*, Chicago: University of Chicago Press

Feasey, R. (2012). *From happy homemaker to desperate housewives: motherhood and popular television*. London: Anthem Press

Feasey, R. (2017). Good, Bad or Just Good Enough: Representations of Motherhood and the Maternal Role on the Small Screen. *Studies in the Maternal*, 9(1): 5, 1–31. doi: https://doi.org/10.16995/sim.234

Foss, K. A. (2013). That's not a beer bong, it's a breast pump! Representations of breastfeeding in prime-time fictional television. *Health communication*, *28*(4), 329–340. doi: 10.1080/10410236.2012.685692

Lacalle, C.; Gómez, B. (2016). La representación de las mujeres trabajadoras en la ficción televisiva española. *Comunicar*, *24*(47), 59–67

Medina Bravo, P., Figueras Maz, M., & Gómez Puertas, L. (2014). El Ideal de madre en el siglo XXI: la representación de la maternidad en las revistas de familia. *Estudios sobre el Mensaje Periodístico*. 2014; *20*(1): 487–504. DOI: 10.5209/rev_ESMP. 2014. v20. n1. 45244

Mercado, M. T. (2007). Maternidad, secretos y deseos en Mujeres desesperadas en La caja lista: Televisión norteamericana de culto (Cascajosa, Concepción. Ed), 215–230

Oliver, K. (2012). *Knock me up, knock me down: Images of pregnancy in Hollywood films*. Columbia: Columbia University Press

Sink, A. Mastro, D. (2017). Depictions of gender on primetime television: A quantitative content analysis. *Mass Communication and Society*, vol. 20, no 1, p. 3–22

Tous-Rovirosa, A. Meso-Ayerdi, K., Simelio-Sola, N. (2013). The Representation of Women's Roles in Television Series in Spain. Analysis of the Basque and Catalan Cases. *Comunicación y sociedad*. Volumen XXVI. Número 3, 67–97

Visa, M. y Crespo, C. (2014). *Madres en red: del lavadero a la blogosfera*. Madrid: Clave Intelectual

Visa, M. (2017). La representación de la lactancia materna en el cine. *Estudios sobre el Mensaje Periodístico*, *23*(1), 689–700. doi: http://dx.doi.org/10.5209/ESMP.55623

Ficción audiovisual y maternidad. Análisis de la serie *Mira lo que has hecho*

Andrea Castro-Martínez y Pablo Díaz-Morilla

La maternidad y los aspectos que se asocian a ella han aumentado su visibilidad en los últimos años y han alcanzado una mayor presencia social. Además, este aumento de visibilidad ha traído consigo un enfoque múltiple del propio concepto de maternidad y de los roles que tradicionalmente se derivaban de ella, principalmente los asociados a la figura de las mujeres, pero también los que se asignan a los hombres.

De forma tradicional la principal encargada del cuidado de los hijos ha sido la mujer, desprendiéndose de este rol una serie de obligaciones que determinan no solo la forma de comportarse en el seno de la familia y en el contexto de la maternidad, sino que también conlleva implicaciones en otros ámbitos como el social o el laboral. Encargarse de las tareas del hogar o ser la principal responsable de aspectos como la educación tanto formal como informal de los hijos son tareas clásicamente asociadas a la figura materna.

En cuanto a la vida profesional, los efectos en el trabajo que ha tenido el cuidado de hijos menores según los datos del Instituto Nacional de Estadística revelan que para los hombres no ha habido efectos en un 85,19% de los casos frente al 65,18% de las mujeres, que además son las más afectadas al adoptar medidas como cambiar el horario, cambiar de puesto, pedir permisos y excedencias o tener que reducir horas de trabajo, medida que afecta a un 20,63% de mujeres ante un 3,05% de hombres (Europa Press Data, 2019). También es llamativo el dato que revela la Encuesta de Población Activa en su módulo sobre conciliación entre la vida laboral y la familiar del año 2018 (Instituto Nacional de Estadística, 2019) según el cual el 47,76% de las mujeres dejaron de trabajar más de seis meses por cuidado de los hijos, lo que contrasta con un 9,79% de los hombres.

Sin embargo y aunque de forma muy paulatina, los estereotipos asociados a las mujeres en cuanto a la maternidad han ido evolucionando, así como han variado los roles que desempeñan las mujeres ante el proceso de convertirse, o no, en madres. Además, en la sociedad actual cada vez son más los hombres que se implican en el proceso de su paternidad y que ejercen la misma de manera responsable, así como a través de una experiencia conjunta y complementaria a la de la maternidad.

En cuanto a la representación que de la maternidad se hace en la ficción audiovisual, se trata de un ámbito donde cobran especial importancia las series, tanto por el aumento de consumo que han experimentado como por el modo en que las plataformas que las ofrecen bajo demanda han modificado la configuración del mercado audiovisual actual. De este modo la forma en que las series reflejan los comportamientos y reacciones de mujeres y hombres en cuanto a la maternidad y la crianza constituye un tema de gran interés.

En este contexto se desarrolla la presente investigación, cuyo objetivo es estudiar el proceso de construcción audiovisual de aspectos relacionados con la maternidad que realiza la serie de televisión *Mira lo que has hecho*. Como objetivos secundarios se plantean:

- Analizar la representación en esta ficción de los aspectos de la maternidad y la paternidad vinculados a la llegada del primer hijo.
- Describir el modo en que este producto audiovisual refleja los roles asignados a hombres y mujeres durante este proceso.
- Estudiar la forma en que la serie plasma los cambios que trae consigo la maternidad y la paternidad en cuanto a las relaciones personales, familiares y laborales.

Perspectivas sobre la maternidad

En el cambio de perspectiva sobre la maternidad que se está produciendo en la actualidad en España, especialmente entre las mujeres jóvenes, han tenido un fuerte peso múltiples iniciativas y contenidos que han proliferado en diferentes campos para aportar una visión más novedosa sobre el tema. Estos nuevos puntos de vista están presentes en ámbitos tan dispares como pueden ser las redes sociales, con ejemplos como Malasmadres, o la ilustración, donde figuras como la de Paula Bonet o La Volátil ofrecen visiones actuales y realistas de lo que supone para la mujer experimentar un embarazo o la maternidad.

El caso de Malasmadres es paradigmático en España ya que constituye una comunidad digital creada en 2013 y que en la actualidad cuenta con más de 57.800 seguidores en Twitter, 352.000 seguidores en Instagram y de 367.700 fans en Facebook. Según su página de Facebook (Club de Malasmadres, 2019a) se trata de una iniciativa encabezada por Laura Baena y creada con la intención de desmitificar la imagen de la madre perfecta y de la maternidad y de luchar por una sociedad más igualitaria y corresponsable.

La idea del Club es reivindicar un nuevo modelo social de lo que implica la maternidad sin perder la identidad individual como mujer. En su web se definen del siguiente modo (Club de Malasmadres, 2019b)

> Somos ya más de 750 mil madres en redes sociales y nos hemos convertido en altavoz de una generación. Con una lucha común: la conciliación. Porque somos madres que no queremos renunciar a nuestra carrera profesional, pero tampoco queremos renunciar a ver crecer a nuestros hijos. Bajo el lema "Yo No Renuncio" llevamos dos años de lucha, llegando a conseguir 300.000 firmas en nuestra petición change.org/norenuncio y creando la Asociación "Yo No Renuncio".

Han creado una página web en la que se integra un blog y una tienda online con productos propios que están alcanzando un gran éxito de ventas y a través de la Asociación Yo No Renuncio impulsan diferentes acciones encaminadas a visibilizar la falta de conciliación como problema de gran importancia social que afecta a las mujeres españolas. Mediante esta iniciativa también han llevado a cabo diversos estudios sobre la situación de la mujer en España y otras acciones y eventos como campañas de concienciación, encuentros con mujeres a lo largo de todo el territorio nacional o carreras solidarias que contribuyen a amplificar su mensaje. En 2019 también han puesto en marcha una herramienta llamada *El teléfono amarillo de la conciliación* como servicio legal y laboral gratuito para recoger consultas sobre distintos aspectos vinculados a la conciliación, y que ya ha atendido más de 1.800 consultas (Club de Malasmadres, 2019c). Así esta iniciativa del Club de Malasmadres está siendo todo un éxito y cada vez atrae a más mujeres que se sienten identificadas con el objetivo de cambiar la imagen que se tiene de la maternidad a través de un sentimiento colectivo de pertenencia a este proyecto.

Este interés por cambiar la imagen de la mujer y de la maternidad se está haciendo eco en otros ámbitos y uno de los que más auge ha tenido en los últimos años es el de la ilustración. Han surgido múltiples proyectos promovidos por ilustradoras que transmiten con sus trabajos un cambio en los estereotipos de género, ya que suelen emplear protagonistas femeninas en sus imágenes, y sus trabajos se caracterizan por un gran realismo al reflejar la vida cotidiana y los problemas a los que se enfrenta una mujer actual y moderna, alejada del ideal femenino tradicional.

Algunos nombres destacados en el panorama nacional son Ana Juan, Paula Bonet, Isabel Ruiz Ruiz, Raquel Córcoles con su personaje Moderna de Pueblo, Flavita Banana, Agustina Guerrero, Raquel Riva Rossi, creadora del conocido personaje Lola Vendetta, Sara Herranz, María Hesse, Maria Murnau con la iniciativa Feminista Ilustrada, o a nivel internacional la brasileña Carol Rossetti, Emma Clit, Sara Fratini o Alejandra Lunik, entre muchas otras ilustradoras que abordan la problemática femenina e incluso la lucha feminista en sus trabajos. Además, la mayor parte de estas ilustradoras emplean las redes sociales y en especial Instagram para difundir sus proyectos, donde suelen acumular gran cantidad de seguidores y sus dibujos obtienen gran notoriedad.

En cuanto a la maternidad cabe destacar la figura de la artista plástica e ilustradora española Paula Bonet que en 2018 lanza su libro *Roedores / Cuerpo de embarazada sin embrión* para abordar un tema tan silenciado como es el del aborto espontáneo:

> Un libro con formato de diario acompañado de un animalario pintado en el que se intenta comprender la corporeidad de la ausencia para alumbrar una de esas construcciones levantadas entre tinieblas por tantas mujeres. "Roedores | Cuerpo de embarazada sin embrión" da voz al silencio, rompe un tabú y normaliza una realidad tan común como la del aborto espontáneo (Paula Bonet, 2019).

También en el ámbito de la ilustración, pero empleando una clave humorística, la artista Agustina Guerrero se sumerge en el mundo de la maternidad. Lo hace a través de su personaje La Volátil, de la que comenzó contando sus andanzas en un blog en 2011 y sobre la que ya ha publicado varios libros. Uno de estos libros, *La Volátil, Mamma Mia* (2015) aborda los nueve meses de embarazo a través de diferentes viñetas donde pone imágenes a todo el proceso de forma realista, desenfadada y divertida.

Bonet y Guerrero son solo dos ejemplos de entre las muchas ilustradoras que tratan en sus trabajos la maternidad y el derecho de las mujeres a decidir sobre sus cuerpos y sobre el hecho de convertirse en madres, sin dejar que esto las defina como mujeres.

Ya en el campo de la ficción audiovisual, las construcciones arquetípicas de personajes femeninos en las series de televisión son habituales y conllevan significados negativos asociados a diferentes tipologías de estereotipos (Caldevilla, 2010). Esto se debe a que el proceso de caracterización de personajes en la ficción y en las series de televisión se vale de los estereotipos como forma de categorización para que el espectador se haga rápidamente una idea de los rasgos distintivos de los personajes y sus motivaciones, de forma que puedan explicarse con facilidad las acciones que tendrán lugar durante la narración (Galán, 2006).

Un ejemplo de cómo se perpetúan los estereotipos asociados a la maternidad en la esfera de la ficción es la sitcom americana *Modern Family* (ABC, 2009-) donde, pese a la intención de representar un modelo de familia actual, la figura femenina se aborda desde una perspectiva tradicional ligada al ámbito doméstico y familiar (Jaso, 2018). Esto también ocurre con ficciones de tanto éxito como *Sexo en Nueva York* (*Sex and the city*, HBO, 1998–2004), una serie que pretende ser realista, pero en la que los personajes femeninos repiten clichés femeninos clásicos y lo dejan todo por ser madres y esposas (Gracia, 2010).

También las series de dibujos animados reproducen historias donde se perpetúan estereotipos de género al no dar espacio a nuevos tipos de familia y centrarse como núcleo familiar en la mujer que concibe la maternidad como realización vital dedicada al cuidado de la casa y de los hijos (Sánchez-Labella, 2017).

Sin embargo, la representación que las series de ficción hacen de la maternidad contemporánea y de la figura de una madre no siempre perfecta, así como los nuevos ideales de feminidad basados en personajes femeninos de rasgos más modernos, ya han sido objeto de análisis por parte de algunos autores (D'Amelio, 2017; Feasey, 2017; Medina et *al*., 2010). Por otra parte, también se ha estudiado el abordaje audiovisual que se ha hecho de aspectos concretos vinculados a la maternidad, como puede ser la lactancia materna, que en este caso está infrarrepresentada en la producción cinematográfica (Visa, 2017).

Desde los años 90 las series españolas se inclinan hacia temas que a su vez preocupan a la sociedad, como la inserción de la mujer en el mercado laboral o el retraso en la edad de maternidad (Galán, 2007, p. 236). En el caso español, la ficción televisiva "proyecta una imagen compleja de la familia, en la que se mezclan tópicos y estereotipos, pero que intenta reflejar la sociedad a partir de la cual se construye" (Lacalle y Gómez, 2016, p.10). Aunque se mantiene la presencia de la mujer como madre y de su rol fundamental dentro del hogar, si bien se combina con una mayor representación de la misma en entornos laborales

(Fernández et *al*., 2011). Así, las representaciones de la familia en la ficción española han sufrido una evolución y han incorporado nuevos esquemas familiares que ofrecen distintos entornos en los que la mujer puede abrirse a nuevos roles alejados de los que tradicionalmente se le han asignado (Lacalle y Hidalgo-Marí, 2016).

En este contexto, las nuevas representaciones de la maternidad y la familia conviven con productos culturales que perpetúan roles de género y visiones estereotipadas de los personajes encarnados por mujeres.

Metodología

Este trabajo se configura como un estudio de caso de la serie *Mira lo que has hecho,* al tratarse de un producto que aboga por un tratamiento contemporáneo de la maternidad y la paternidad. Se opta por el estudio de caso ya que resulta una opción adecuada para "explicar una determinada circunstancia actual o realizar una extensiva y profunda descripción sobre algún fenómeno social presente sin un control extremo de variables intervinientes" (Rodríguez y Valldeoriola, 2009, p.59).

Las herramientas de recolección de datos que se han empleado han sido:

– Estudio de las características de la serie como proyecto audiovisual a través de una ficha de análisis (tabla 1).

Tabla 1. Ficha de análisis de producción de *Mira lo que has hecho*.

Ficha de análisis de producción de la serie	
Fecha de emisión	País
Canal de emisión	Franja de emisión
TV a la carta	
Género	Duración
Productora	Temporadas
Capítulos por temporada	Capítulos emitidos
Dirección de la serie	
Reparto	
Equipo de guion	

Elaboración propia.

- Análisis de todos los capítulos de la serie pertenecientes a las temporadas existentes hasta el momento (las dos primeras) a través de una tabla de análisis de contenido estructurada en diversas variables (tabla 2).
- Entrevista semiestructurada en profundidad a un representante del equipo técnico de la producción. En concreto a Carlos Therón, director de la primera temporada de la serie.
- Estudio de documentación y material promocional de la serie aportada por la productora de la misma.

Tabla 2. Tabla de análisis de contenido de los capítulos de la serie.

Mira lo que has hecho	
Personaje protagonista	Hombre/Mujer
	Características
Personajes secundarios	Hombre/Mujer
	Características
Rol masculino protagonista	Clásico/Moderno
	Perfil profesional
	Perfil familiar
	Relaciones sociales
Rol femenino protagonista	Clásico/Moderno
	Perfil profesional
	Perfil familiar
	Relaciones sociales
Maternidad/Paternidad	Responsabilidad
	Relaciones de pareja
	Relaciones personales
	Relaciones familiares
	Relaciones laborales
	Otros

Elaboración propia.

Resultados

Mira lo que has hecho es una serie de ficción producida por Movistar+ en colaboración con El Terrat que se estrenó en febrero de 2018 en el canal #0 de la operadora. Según el dossier promocional de la primera temporada se trata de "una comedia urbana sobre lo que conlleva ser padres por primera vez, del miedo, de la falta de práctica, del desconocimiento".

Está basada en ciertos elementos autobiográficos que reflejan parte de la experiencia de su creador, Berto Romero, y de otras experiencias que se han tomado prestadas. Está calificada para mayores de 18 años y la primera y segunda temporadas están compuestas cada una por 6 capítulos de unos 25 minutos de duración.

La creación y el guion han corrido a cargo de Berto Romero, Rafel Barceló y Enric Pardo y los directores han sido Carlos Therón en su primera temporada y Javier Ruiz Caldera en la segunda. Por su parte, la producción ejecutiva ha correspondido a Domingo Corral y Xen Subirats. Está protagonizada por Berto Romero y Eva Ugarte que dan vida a una pareja que se enfrenta a la experiencia de tener su primer hijo y el resto del reparto lo completan Mariano Venancio, Chete Lera, Carmen Esteban, Anna Carreño, Juanfra Suárez, Jordi Aguilar, Belén Cuesta y Nuria Gago.

La primera temporada se estrenó completa bajo demanda en 2018 y la segunda lo hizo un año después, en 2019. La tercera temporada concluyó su grabación a final de diciembre de 2019 y está previsto que se estrene en 2020.

Las dos primeras temporadas están conformadas por los siguientes capítulos:

Capítulos de las temporadas 1 y 2 de Mira lo que has hecho	
Temporada 1	1.1 Legítimo material para pajas 1.2 El ocaso de Occidente 1.3 Guardipapis 1.4 Hotfire 1.5 Seguimos vivos 1.6 Papá
Temporada 2	2.1 Sudor y lágrimas 2.2 El hijo de Beto 2.3 La noche de la iguana 2.4 La dolce vita 2.5 Piñata 2.6 Los terribles dos

Los protagonistas de esta producción son Berto (Berto Romero) y Sandra (Eva Ugarte) una pareja que se vive por primera vez la maternidad. Berto es un humorista y presentador de televisión que ante su nueva situación debe buscar el equilibrio entre su vida profesional y familiar y que afronta la paternidad con ilusión, pero también con miedo. Sandra es una mujer independiente e inteligente, con una consolidada trayectoria profesional como médico anestesista y con un alto nivel de auto exigencia, tanto en el campo profesional como en el personal, siendo ella el pilar de la relación de pareja que mantiene con Berto. El proceso que conlleva la maternidad hará que Sandra se replantee muchas cuestiones de su vida cotidiana.

La serie se estructura como una comedia realista en la que se representa el día a día de unos padres primerizos y para lograrlo sus creadores usaron “como material de trabajo experiencias propias o prestadas, en un tono naturalista, y mirando de frente a la miseria y la trascendencia que supone traer una vida al mundo. Hay mucha comedia ahí, una comedia a veces salvaje e incómoda, y también hay emotividad y tristeza, pero sobre todo mucha ternura” (Berto Romero, citado en Movistar+, 2019).

La primera temporada se centra en la experiencia que supone ser padres primerizos, desde la vivencia del final del embarazo hasta la experimentación de la maternidad y paternidad de esta pareja que debe compaginar su vida sentimental, familiar y profesional con su nueva situación.

Los índices de audiencia de la primera temporada hicieron que, tras *Arde Madrid*, *Mira lo que has hecho* fuese la segunda serie original más vista en Movistar+. Además, también ha sido un éxito de crítica, ya que Eva Ugarte estuvo nominada como Mejor actriz protagonista de una serie en los premios Feroz y la producción fue galardonada con el premio MiM a Mejor Serie de Comedia y con el premio del público en el Festival IBAFF.

Por su parte, la segunda temporada se desarrolla tiempo después, cuando todavía siendo pequeño el primero de sus hijos, Berto y Sandra se preparan para tener gemelos. Este cambio en su vida coincide con un importante proyecto profesional de Berto: el rodaje de una nueva serie sobre su reciente paternidad. Esto, unido a la mayor atención que requiere el primogénito de la familia, dará lugar a una incipiente crisis de pareja. Esta segunda temporada se trata en parte de un curioso ejercicio de metalenguaje en el que las referencias a la primera entrega de la serie son constantes, ya que en la ficción rodada por Berto durante la segunda temporada se representan hechos a los que el espectador ya asistió en la primera.

Así, se profundiza en los cambios que conlleva la maternidad, no solo para la mujer, sino también para la pareja e incluso para el resto de la familia; en palabras de Berto Romero, le interesaba “explicar qué le pasa a una pareja que funciona, que se quiere, que no tiene ningún problema interno, que no se cuestiona, que ha buscado tener un hijo por amor, pero que no había previsto (porque nadie lo hace, o nos extinguiríamos) el tamaño del reto que supone la paternidad. Cómo les va a poner a prueba frente a su familia, frente al mundo, y cómo les va a obligar a buscar una nueva forma de relacionarse" (Movistar+, 2019).

De este modo la serie aporta una visión sobre el proceso de maternidad y paternidad que no suele ser habitual en la ficción, ya que se trata de una temática que "en general siempre se ha tratado de manera edulcorada y acrítica y creo que la propuesta de Berto supone un ángulo de acercamiento poco habitual y por tanto muy interesante" (Carlos Therón, comunicación personal, 3 de noviembre de 2019).

La perspectiva narrativa desde la que se abordan los problemas derivados de la crianza de los hijos combina el relato basado en la realidad actual con el humor llevado en ocasiones al extremo y con, en ciertos casos, algunas pinceladas de exageración que sirven para ejemplificar o ilustrar los problemas cotidianos a los que los protagonistas se enfrentan en su nueva situación. Para el director de la primera temporada, Carlos Therón (comunicación personal, 3 de noviembre de 2019), "estamos hablando de una ficción en la que podemos hacer una proyección para ver el futuro del bebé protagonista convertido en un camello convicto para ilustrar la preocupación de su madre. Es decir, los problemas que se abordan (miedo a ser una mala madre) son realistas, la forma de representarlos (la visita a la prisión) no lo es".

En el desarrollo narrativo de la serie tienen lugar una serie de momentos que ejemplifican las complejidades de la maternidad, de este modo, desde la segunda secuencia del primer capítulo de la primera temporada de la serie, se establece la presión que la presencia permanente de las familias de ambos protagonistas ejerce sobre la pareja, con todos los familiares opinando sobre el modo de tratar al recién nacido y de tomar decisiones sobre su futuro. Incluso la decisión de bautizar al bebé es tomada para complacer al padre de Sandra en contra de la opinión inicial de los protagonistas.

Esta complejidad de la maternidad y cómo la misma ha modificado los hábitos del personaje de Sandra se concreta asimismo a través de algunos diálogos, como los que le dirige el personaje de Rosa, su hermana: "Desde que eres madre te has vuelto una sosa y una aburrida" (capítulo 1x01) o "¿Por qué no le das ya el biberón y te olvidas? (…). Lo que no quieres es perder la competición con las otras madres" (1x02).

Del mismo modo, en capítulos posteriores se manifiestan otras complejidades relacionadas con las decisiones que implica la maternidad como por ejemplo, la elección de escuela y la relación con el resto de padres, con los que la pareja protagonista tiene diversos encontronazos debido a sus diferentes maneras de enfocar el cuidado y educación de los hijos, así como la elección de pediatra y los problemas para compaginar vida laboral con cuidado del bebé cuando no puede ir a la guardería por estar enfermo, tal y como refleja el capítulo 1x03.

A partir principalmente del capítulo 4 de la primera temporada la serie no se limita a realizar menciones en los diálogos sobre el agobio que sienten los padres, sino que se aplican varias técnicas audiovisuales que aportan a la narración otros modos de comunicar frustración y estrés a través de recursos no relacionados de forma directa con los diálogos. Así, se producen de forma frecuente *flashbacks* y *flashforwards* en la narración, y se usan técnicas de edición como el *jumping cut* –grabar una acción completa desde el mismo tipo de plano efectuando cortes en la edición- para transmitir agobio en las acciones relacionadas con el cuidado del bebé y los quehaceres cotidianos, así como destacar de forma visual el cansancio que produce el día a día del hecho de compaginar vida laboral y familiar.

La serie muestra también otras vertientes de la maternidad escasamente reflejadas en la ficción audiovisual generalista, como pueden ser las dificultades para reanudar la vida sexual de la pareja tras el parto o el dolor producido por la lactancia. Al acercarse el final de la primera temporada el tono de comedia de la serie se hace cada vez más complejo, por ejemplo jugando con algunos diálogos que llevan al extremo estas dificultades, como el "Te puedes morir de no dormir, ¿verdad?", pronunciado por el marido de Sandra y coprotagonista de la serie Berto en el inicio del capítulo 5 de la primera temporada o las dificultades que atraviesa la unión de la pareja ante adversidades como la muerte del padre de Berto o la operación de urgencia de su hijo Lucas en el último capítulo de la primera temporada, el 6.

En el primer capítulo de la temporada 2 se manifiesta que las dificultades en la crianza van a persistir y por ejemplo el personaje de Sandra ejemplifica con un diálogo una de las fases de la infancia: "Los terribles dos [años], es una fase de rabietas que es como una primera adolescencia", a lo que Berto, volviendo a incidir en el carácter de comedia de la serie, replica: "¿Y qué nos reserva para la segunda? ¿Sacar una navaja y apuñalarnos?" (capítulo 2x01).

En esta segunda temporada además de desarrollar la crianza del hijo de la pareja protagonista, el personaje de Sandra aparece embarazada de gemelos, con lo que se incide en las dificultades de un embarazo. Además, se introduce el personaje de Bego, interpretado por Nuria Gago. Se trata de una amiga de Sandra que aporta una nueva visión de la maternidad, al ser una madre soltera también con numerosas dudas pero cuyo personaje tiende en menor medida que la pareja protagonista a recursos de diálogos relacionados con la comedia, como por ejemplo el siguiente que sostiene con Berto: "Oye, que tener un niño no es solo miseria, no te vayas a arrepentir tú ahora" "¿Y qué hago si me arrepiento? ¿Lo devuelvo?" (capítulo 2x01).

La serie aporta en esta segunda temporada mucha más información sobre los problemas y complejidades de la maternidad, ejerciendo incluso en ocasiones una función didáctica sobre el espectador. Así, se producen conversaciones entre Sandra y Bego sobre las malformaciones fetales y el riesgo de muerte fetal que ocasiona realizar la prueba de la amniocentesis o se incluye un número musical en el inicio del capítulo 2x02 que cumple una función didáctica y trata sobre las contracciones de Braxton Hicks y otros términos relacionados con el embarazo.

En esta segunda temporada también se hace más compleja la gestión de las relaciones, haciendo manifiesto el hecho de que ser padres no es algo exento de cometer numerosos fallos en la crianza a pesar de que las intenciones sean las mejores posibles. Así, comienzan los primeros roces entre la pareja que acaban derivando en una crisis sentimental. Berto está muy centrado en su trabajo, en la grabación de la serie que emplea el metalenguaje sobre su vida, mientras que Sandra se ocupa del cuidado de su hijo. Como recurso audiovisual se emplea el montaje alternado para contrastar el buen ambiente que existe en la vida social y laboral de Berto con los problemas que se generan en el ámbito doméstico y de los que se ocupa Sandra en solitario.

Las técnicas de edición también son empleadas en el capítulo 2x04, en el cual a través de detalles narrados en diversos *flashbacks* se representa cómo era la maternidad y la paternidad en los años 80, para marcar la diferencia entra la implicación, especialmente de la figura paterna, en la educación y el cuidado de los hijos.

El hecho de que la complejidad en la crianza no es algo que pueda solucionarse de forma rápida y fácil se pone de manifiesto con cómo la serie muestra la dificultad de explicar a un niño pequeño el nacimiento de dos hermanos y los celos que esto puede ocasionar, con un Lucas que quiere llamar la atención permanente de sus padres y que muestra un comportamiento rebelde en casa y un alto grado de agresividad en la guardería (capítulo 2x05).

Otro hecho que ejemplifica la complejidad de la maternidad es que vemos a Sandra comportarse con Bego de forma similar a como lo hacía su familia con ella, aportando consejos obvios e innecesarios y provocando el enfado de su amiga (capítulo 2x06).

Para Carlos Therón (comunicación personal, 3 de noviembre de 2019)

> Los perfiles de los protagonistas y secundarios responden a un complejo trabajo de equilibrios de roles, conflictos y necesidades de la historia que son muy difíciles de resumir en pocas líneas y que son el resultado de muchas horas de reflexión, debate y desarrollo por parte de los guionistas.

Conclusiones

En la serie se plasma una representación de los procesos vinculados a la maternidad en la que se aboga por una vivencia compartida, en la que el rol tradicional de la mujer ha evolucionado. Desde un punto de vista actual expone esta nueva etapa como un proceso en el que el hombre es corresponsable y coprotagonista del cuidado de los hijos y de los procesos que acompañan a la maternidad, de forma que la visibilizan de forma realista respecto a las nuevas generaciones de padres del siglo XXI.

Mira lo que has hecho a través de las acciones y los diálogos de los personajes muestra una nueva visión de la maternidad, representada de forma muy escasa en la ficción audiovisual en general y de forma aún más infrecuente en la ficción seriada española en particular, en el que el proceso de embarazo y crianza de un hijo es desprovisto de misticismo y se efectúan numerosas críticas a través de la comedia a los roles tradicionales de padre y madre. De esta forma, se producen comparativas entre la crianza por parte de padres de la década de los 80 y la complejidad de la crianza en la sociedad española actual. Esta complejidad es reflejada en la serie a través de muy diversos ámbitos: la guardería del niño, la relación con familiares y amigos una vez se ha producido el nacimiento del bebé o las dificultades que atraviesa la pareja para compaginar vida laboral y crianza del niño. Otros temas que la serie aborda y que se han visto reflejados de forma muy minoritaria en la narrativa audiovisual generalista son el deterioro de las relaciones sexuales de la pareja o las posibles enfermedades y problemáticas relacionadas con la salud que implica la maternidad.

Mira lo que has hecho es una ficción compleja pues, desde el formato de comedia afronta temas que podrían relacionarse de forma más directa con el drama como la pérdida de familiares, la responsabilidad de ser padres o la complejidad que implica el proceso de nacimiento y crianza de un hijo. La serie no rehúye además aspectos didácticos que tampoco suelen aparecer de forma frecuente en el formato de comedia, principalmente a partir de la temporada 2, no solo narrando la historia de los protagonistas, sino informando de los pasos del proceso y aportando numerosa información acerca de las posibles dificultades de un parto o embarazo y de las enfermedades que puede sufrir un bebé o un niño de corta edad.

Para mostrar las complejidades de este proceso la serie no solo se apoya en un excelente trabajo de documentación y construcción de personajes a través de los guiones literarios en general y de los diálogos en particular, sino que el trabajo de dirección y edición de la misma aporta numerosa información visual que repercute en que la experiencia del espectador sea más amplia, llegando a transmitir de forma muy elaborada con todos los medios a su alcance las complejidades del proceso de la maternidad, representado por lo general en el audiovisual de forma simple, con poco grado de profundización y utilizando únicamente una perspectiva optimista o positiva, pasando por alto todas las dificultades que sí muestra abiertamente *Mira lo que has hecho*.

Referencias

Bonet, P. (2019). *Paula Bonet Bio*. Paula Bonet. Recuperado de https://www.paulabonet.com/bio/

Caldevilla, D. (2010). Estereotipos femeninos en series de TV (Ensayos), *Chasqui Revista Latinoamericana de Comunicación,* 111, pp. 73–78.

Club de Malasmadres (2019a). Nuestra Historia [Página de Facebook Club de Malasmadres] Recuperado de https://www.facebook.com/malasmadres/

Club de Malasmadres (2019b). *El Club de las Malasmadres*. En Club de Malasmadres. Recuperado de https://clubdemalasmadres.com/el-club/

Club de Malasmadres (2019c). *El teléfono amarillo de la conciliación recoge más de 1.800 consultas*. En Club de Malasmadres. Recuperado de https://clubdemalasmadres.com/reduccion-jornada-consulta-frecuente/

D'Amelio M.E. (2017) Motherhood 2.0: *Una Mamma Imperfetta* and the Representation of 'Imperfect Motherhood' in New Media. In: Faleschini Lerner G., D'Amelio M. (eds) Italian Motherhood on Screen. Italian and Italian American Studies. Palgrave Macmillan, Cham. DOI https://doi.org/10.1007/978-3-319-56675-7_13

Europa Press Data (2019). *Conciliación de la vida laboral y familiar en España, estadísticas, datos y gráficos*. Europa Press Data. Recuperado de https://www.epdata.es/datos/conciliacion-vida-laboral-familiar-espana-estadisticas-datos-graficos/383

Feasey, R. (2017) Good, Bad or Just Good Enough: Representations of Motherhood and the Maternal Role on the Small Screen. *Studies in the Maternal*, 9(1): 5, pp. 1–31, DOI: https://doi.org/10.16995/sim.234

Fernández Gómez, E., Gil Gascón, F, Segado Boj, F. & Sánchez-Aranda, J.J. (2011). *Las mujeres en la ficción televisiva española de prime time*. Logroño: Universidad Internacional de La Rioja

Galán Fajardo, E. (2006). Personajes, estereotipos y representaciones sociales. Una propuesta de estudio y análisis de la ficción televisiva. *ECO-PÓS*, vol. 9, n.1, p.58–81. URI: http://hdl.handle.net/10016/9475

Galán Fajardo, E. (2007). Construcción de género y ficción televisiva en España. *Comunicar: Revista científica iberoamericana de comunicación y educación*, (28), 229–236. DOI: https://doi.org/10.3916/C28-2007-24

Gracia, L. (2010). Realidad, ficción y los estereotipos masculinos y femeninos en dos series de HBO: Los Soprano y Sexo en Nueva York. *TONOS. Revista electrónica de estudios filológicos*, (19)

Guerrero, A. (2015). *La Volátil, Mamma Mia*. Barcelona: Lumen

Instituto Nacional de Estadística (2019). *Encuesta de Población Activa módulo sobre conciliación entre la vida laboral y la familiar. Año 2018*. Instituto Nacional de Estadística. Recuperado de https://www.google.com/url?sa=t&rct=j&q=&esrc=s&source=web&cd=18&cad=rja&uact=8&ved=2ahUKEwizwa-ivY_mAhUkxoUKHaNNDtkQF-

jARegQICBAC&url=https%3A%2F%2Fwww.ine.es%2Fprensa%-2Fepa_2018_m.pdf&usg=AOvVaw0sR9VfAWF_hYM-XF98qYff

Jaso, M. F. N. (2018). La feminidad en la sitcom doméstica: representación y estereotipos. El caso de Modern Family. *Revista Dígitos*, (4), 67–94

Lacalle, C. & Gómez, B. (2016). La representación de la mujer en el contexto familiar de la ficción televisiva española. *Communication & Society 29*(3), 1–15

Lacalle, C. & Hidalgo-Marí, T. (2016): La evolución de la familia en la ficción televisiva española. *Revista Latina de Comunicación Social*, 71, pp. 470 a 483http://www.revistalatinacs.org/071/paper/1105/25es.html DOI:10.4185/RLCS-2016-1105

Medina, P., Aran, S., Munté, R., Rodrigo, M., & Guillén, M. (2010). La representación de la maternidad en las series de ficción norteamericanas. Propuesta para un análisis de contenido, Desperate Housewives y Brothers & Sisters. En II Congreso Internacional de la Asociación Española de Investigadores en Comunicación: «Comunicación y desarrollo en la era digital». Málaga 3-5 febrero, 2010

Movistar+ (2019). La serie según Berto Romero. Movistar+. Recuperado de https://miraloquehashecho.movistarplus.es/novedades/la-serie-segun-berto

Rodríguez Gómez, D., & Valldeoriola Roquet, J. (2009). *Metodología de la investigación*. Barcelona: Universitat Oberta de Catalunya

Sánchez-Labella Martín, I. (2017). La representación de la maternidad en las series de dibujos animados emitidas en televisión. En F. J. Herrero Gutiérrez y C. Mateos Martín (coord.) *Del verbo al bit* (pp. 1829–1845). La Laguna (Tenerife): Sociedad Latina de Comunicación Social

Visa, M. (2017): La representación de la lactancia materna en el cine, *Estudios sobre el Mensaje Periodístico* 23 (1), 689–700

Listado de fotos

Sobre las autoras

Mariona Visa Barbosa es doctora en Comunicación Audiovisual. Actualmente es profesora del Grado de Comunicació i Periodisme Audiovisuals de la Universitat de Lleida, sus principales líneas de investigación se centran en el análisis de la representación de la familia en los medios de comunicación y en las nuevas tendencias en ficción televisiva. Es autora de *Madres en red* (Visa, Crespo, 2014); *Padres y madres en serie* (Visa, 2015), así como de numerosos artículos publicados en revistas nacionales e internacionales, entre los que destacan: "The wounded blogger: analysis of narratives by women with breast cancer" (Coll-Planas, Visa; 2016), "La lactancia materna en el cine" (Visa, 2017) o "Narrativas transmedia de no-ficción: Estudio de caso del podcast Le llamaban padre, de Carles Porta" (Visa, Terés, 2018).

Teresa Serés Seuma es licenciada en Filología Catalana y Comunicación Audiovisual, i Doctora por la Universitat de Lleida. Es profesora asociada del Grado de Comunicació i Periodisme Audiovisuals de la Universitat de Lleida. Las líneas de investigación de sus trabajos giran en torno al humor y la representación de la identidad. Ha publicado algunos artículos y libros sobre estos temas: "Maternidad e identidad femenina en la sociedad de inicios del siglo XXI. 'La Riera', un ejemplo de identidad femenina tardomoderna ligada a la maternidad" en *Padres y madres en serie* (Visa, 2015); "Suspiros de España" (1974) un espacio de protesta disimulada" en *Nuevas realidades en la comunicación audiovisual* (2017) o *Capri, per morir-se de riure* (1918).

Ana M Palomo-Chinarro es licenciada en Historia del Arte por la Universidad de Barcelona y Doctora en Educación por la Universidad de Vic-Universidad Central de Cataluña. Forma parte del grupo de investigación consolidado de Estudios de Género: Traducción, Literatura, Historia y Comunicación de la UVic-UCC. Es profesora de la UVic-UCC y coordinadora de los estudios de Comunicación Audiovisual.

Ha participado en proyectos de investigación financiados por entidades internacionales, en colaboración con universidades extranjeras en las que también ha impartido docencia: The University Of Wales-Trinity College Carmarthen (Gran Bretaña), Universidad Nacional de Misiones (Argentina), Universidade Unijuí: Universidade Regional do Noroeste do Estado do Rio Grande do Sul (Brasil), Universidad de Columbia (Paraguay), Universidad Autónoma (Nicaragua), Universidad de la Habana (Cuba) o Universidad de Guadalajara (México), entre otras. Ejerce como periodista cultural desde el año 1987 en diferentes medios. Posee una larga experiencia en comisariado de exposiciones, en los ámbitos nacional e internacional.

M. Salomé Ribes tiene un doctorado en Filología Catalana por la UB y Curso de postgrado sobre Medios de Comunicación por la UdL. Ha investigado en materias como la sintaxis, la gramática histórica, el asesoramiento lingüístico y la metodología en la enseñanza de lenguas. En sociolingüística ha participado en algún congreso y publicaciones sobre la mujer y el humor gráfico. Trabaja como profesora en el Departamento de Filología Catalana y en el Máster de Enseñanza de Español/Catalán para Inmigrantes.

Àngels Santa es catedrática emérita de Literatura francesa en la Universidad de Lleida. Su actividad investigadora se centra en la literatura popular, sobre la que ha publicado numerosos estudios. Se interesa asimismo por la literatura femenina y autobiográfica en la época contemporánea y por la literatura comparada. Dirige la revista de estudios de lengua y literatura francesas y francófonas *L'Ull crític.* Realizó la edición crítica de *Jacques* de George Sand (Honoré Champion, París, 2012).

M. Carme Figuerola Cabrol es catedrática de Filología Francesa en la Universidad de Lleida. Su investigación sobre literatura francesa de los siglos XIX a XXI se centra preferentemente en tres aspectos: la literatura de entre guerras, la novela popular y su recepción literaria y cultural en el ámbito franco-catalano-español y la literatura femenina, a la cual se asoma a través de análisis de novelistas como George Sand, Delly, Irène Némirovsky, Maïssa Bey, Malika Mokeddem, Fawzia Zouari, Léonora Miano.

Helena Alonso Capdevila es doctora en Filología Catalana. Máster en Comunicación, educación y cultura y en Traducción literaria. Ha trabajado en el sector editorial y ha ejercido la docencia en las Universidades de Colonia y Bonn. Actualmente es profesora de enseñanza secundaria y profesora asociada en la Universidad de Lleida. Sus principales intereses son la teoría de la literatura, la traducción literaria y la comunicación y representación culturales. En estos campos es autora de diversas publicaciones.

Laia Balasch Solé es periodista. Editora en los informativos de betevé. Ha desarrollado su carrera en el sector digital y audiovisual, centrada principalmente en las áreas de cultura y tecnología. Ha dirigido documentales de crítica social. Licenciada en Humanidades y Periodismo per la Universidad Pompeu Fabra. Máster en Innovació i Qualitat Televisives (TV3, UPF, UAB) y Postgrado en Corrección u Asesoramiento Lingüístico (UAB).

Montse Sanjuan Oriol es Licenciada en Ciencias de la Información (UAB) y en Filología Hispánica (UNED). Ha trabajado como profesora y como periodista, siendo uno de los miembros fundadores de la revista leridana *La Boira* (1979). Como escritora, el año 2014 publica en Pagès Editors su primera novela, *La sergent Anna Grimm* y el 2015, *El misteri del bressol buit*. El año 2018 aparece el 3r libro de la serie, *Anna Grimm, memòria mortal*. El año 2020 publica *Dues dones*.

Joana Soto Merola es periodista, antropóloga y doctora en Periodismo. Máster en Antropología y Etnografía. Sus áreas de investigación son las identidades culturales, la juventud, los movimientos y los imaginarios sociales. Es autora de obras colectivas como *Padres y madres en serie, Imaginaris nacionalsocialismos moderns. Segles XVIII - XXI, La generación indignada. Topías y utopías del 15M* y *Altres llengües a Lleida*. Es profesora asociada de la Universidad de Lleida. En el ámbito profesional, ha trabajado como periodista y antropóloga y actualmente es la editora de Pagès Editors y Editorial Milenio.

Olga Albarrán Caselles es profesora del departamento de español en la Universidad de British Columbia, Canadá. Su investigación se centra en los discursos reproductivos y la relación entre maternidad y escritura en el campo literario hispánico.

Ana Luiza de Figueiredo Souza es doctoranda y Máster por el Programa de Posgrado en Comunicación de la Universidade Federal Fluminense (PPGCOM UFF). Licenciada en Comunicación Social por la Universidade Federal do Rio de Janeiro (UFRJ), con habilitación en Publicidad y Propaganda. Coordinadora del equipo de revisión de la Revista Contracampo (PPGCOM UFF). Miembro del grupo de investigación MiDICom. Actúa como productora de contenido, editora de textos y escritora, con obras seleccionadas para el catálogo de la Bologna Children's Book Fair, acervo básico de la FNLIJ y Muestra de Teatro Infantil de la ATACEN. También figura como autora en el e-book *Fluxos em redes sociotécnicas: das micronarrativas ao big data* (IBPAD) y en la colección *A Maternidade nas Mídias* (FACOS/UFSM). Sus trabajos académicos pueden ser consultados en las plataformas ResearchGate, Google Scholar, Lattes y Academia.

Julia Martínez-Cabeza Jiménez es graduada en Comunicación Audiovisual y Máster en Profesorado de Enseñanza Secundaria Obligatoria y Bachillerato, Formación Profesional y Enseñanzas de Idiomas por la Universidad de Granada. Investigadora en Comunicación Audiovisual y Publicidad. Miembro del Grupo de Investigación CiberAV "Cibercultura, Procesos Comunicativos y Medios Audiovisuales" (SEJ508). Su área de investigación está vinculada al Cine de Animación y sus efectos educativos, así como a las redes sociales. Cuenta con varias publicaciones sobre estas temáticas en editoriales como Tecnos y Tirant lo Blanch.

Estrella Martínez-Rodrigo es profesora Titular de Comunicación Audiovisual y Publicidad en la Universidad de Granada. Su docencia e investigación se han desarrollado en torno al discurso audiovisual y de la web 2.0, sobre lo que ha publicado 7 libros, más de 50 capítulos de libros en editoriales de prestigio, y más de 40 artículos en revistas de impacto. Es responsable del Grupo de investigación "Cibercultura, Procesos Comunicativos y Medios Audiovisuales" (SEJ 508) de la Junta de Andalucía y ha dirigido numerosas tesis doctorales. Su investigación gira en torno a la comunicación audiovisual y digital, y a sus efectos sociales y educativos. Ha participado en diversos Proyectos de Innovación Docente y

Proyectos de Investigación nacionales, europeos e iberoamericanos. Forma parte del Comité científico y de revisores de varias revistas científicas de impacto, y del Comité científico de múltiples Congresos internacionales consolidados.

Katixa Agirre es profesora agregada en el departamento de Comunicación Audiovisual y Publicidad en la Universidad del País Vasco. Miembro del grupo NOR, centrado en lenguas minoritarias y medios, también investiga en torno al género en la ficción audiovisual, como por ejemplo el mito de Lolita o la serie *Mad Men*.

Itxaso del Castillo Aira es profesora interina en el departamento de Comunicación Audiovisual y Publicidad en la Universidad del País Vasco. Actualmente realiza la tesis sobre los monstruos femeninos en el audiovisual contemporáneo de terror.

Lorenzo J. Torres Hortelano desde 2005 es profesor titular e investigador en la Universidad Rey Juan Carlos, impartiendo asignaturas de "Análisis y teorías del cine", "Géneros Audiovisuales" y "Narración Audiovisual". Desde 2018 es Vicedecano de Extensión Universitaria y Relaciones Internacionales de la Facultad de Ciencias de la Comunicación. Ha escritos varios libros y artículos centrados en el análisis textual de la cultura audiovisual: (https://www.researchgate.net/profile/Lorenzo_Torres). Pertenece a los grupos de investigación INFOCEN y ATAD.

María del Puy Alvarado es Licenciada Ciencias de la Información, Publicidad y Relaciones Públicas, por la Universidad Complutense de Madrid y Diplomada en Producción por la ECAM (Escuela de la Cinematografía y del Audiovisual de la Comunidad de Madrid). Desde el año 2006 dirige la empresa audiovisual Malvalanda con la que ha producido numerosos proyectos de ficción y documental. Actualmente es profesora asociada de producción audiovisual en la UCM. Ha estado tres veces nominada a los premios Goya por los cortometrajes *Luchadoras* (2009), *La Primavera Rosa en México* (2016) y *Madre* (2017). Este último trabajo, dirigido por Rodrigo Sorogoyen, fue galardonado en los Premios Goya y nominado a los Premios Oscar. Productora ejecutiva de *Money* y *The Chain*, también ha producido *Madre* la película.

Natalia Martínez Pérez es profesora ayudante doctora en el departamento de Comunicación en la Universidad Carlos III de Madrid, donde fue becaria predoctoral y obtuvo el doctorado internacional en Investigación en Medios de Comunicación. Miembro del grupo de investigación Televisión-Cine: memoria, representación e industria (TECMERIN), junto a Concepción Cascajosa es autora del libro *Mujeres en el aire: haciendo televisión* (Cuadernos Tecmerin, 2015). Sus últimas publicaciones se encuentran en los volúmenes *Guerras simbólicas. El papel del audiovisual en la lucha contra la violencia de género* (UIB, 2017) e *Imaginarios digitales del Sur: historias de pertenencia y desarraigo en los cines hispánicos* (Peter Lang, 2019).

Álvaro Alconada Romero es licenciado en Psicología con especialidad en Psicología Social por la Universidad Complutense de Madrid. Doctor en Antropología Social y Cultural por la misma universidad. Personal docente e investigador en el Departamento de Enfermería y Fisioterapia de la Universidad de Lleida. Es miembro del grupo consolidado de estudios en Sociedad, Salud, Educación y Cultura (GESEC) de la Universidad de Lleida, así como del Grupo de Investigación en Cuidados en Salud (GRECS) del Institut de Recerca Biomèdica Lleida.

Maravillas Torrecilla Hernández es enfermera. Máster en salud, mujer y cuidados por la Universidad de Murcia. Doctora en investigación en cuidados de Enfermería por la Universidad de Murcia. Personal docente e investigador en el Departamento de Enfermería y Fisioterapia de la Universidad de Lleida. Es miembro del grupo consolidado de estudios en Sociedad, Salud, Educación y Cultura (GESEC) de la Universidad de Lleida, así como del Grupo de Investigación en Cuidados en Salud (GRECS) del Institut de Recerca Biomèdica (IRB) Lleida.

Erica Briones Vozmediano es profesora lectora Serra-Hunter en el Departamento de Enfermería y Fisioterapia de la Universidad de Lleida, Doctora en Ciencias de la Salud, Máster en Igualdad de Género, Especialista en Cultura y Violencia de género, y Licenciada en Humanidades. Enseña e investiga Salud Pública con especial énfasis en el género como determinante social de la salud. Es miembro del grupo consolidado de estudios en Sociedad, Salud, Educación y Cultura (GESEC) de la

Universidad de Lleida, así como del Grupo de Investigación en Cuidados en Salud (GRECS) del Institut de Recerca Biomèdica (IRB Lleida).

Mariana Loezar Hernández es licenciada y titulada en Enfermería por la Universidad de Valparaíso en Chile con experiencia profesional en atención primaria de salud. Máster en Investigación y Cuidados de Enfermería en Poblaciones Vulnerables por la Universidad Autónoma de Madrid. Estudiante de Doctorado en Cuidados integrales y Servicios de Salud en el Departamento de Enfermería y Fisioterapia de la Universidad de Lleida. Su línea de investigación se enmarca en género y salud.

Beatriz Gómez es doctora en Comunicación y Periodismo por la Universitat Autònoma de Barcelona y profesora lectora Serra Húnter en el Grado de Comunicación y Periodismo Audiovisuales de la Universitat de Lleida (UdL). Investigadora del Observatorio de Ficción Española y Nuevas Tecnologías (OFENT) y miembro del equipo español del Observatorio Iberoamericano de la Ficción (OBITEL). Ha participado en diversos proyectos de investigación dedicados al análisis de la representación de las mujeres y los jóvenes en la ficción televisiva española, así como la historia de la comedia televisiva en España.

María Isabel Menéndez Menéndez es Profesora Titular de la Universidad de Burgos, donde imparte docencia en el Grado de Comunicación Audiovisual y en el Máster Universitario Oficial en Patrimonio y Comunicación. En la actualidad, es Directora de la Unidad de Igualdad de Oportunidades de dicha Universidad. Como investigadora se ha dedicado al estudio de la comunicación desde la perspectiva de género, con especial interés por el análisis feminista de discursos de cultura popular como la publicidad, la prensa femenina, el cine o la televisión. Autora de más de un centenar de textos, en 2009 obtuvo el III Premio de Investigación de la Cátedra de Violencia de la Universitat de les Illes Balears y en 2017 fue convocada como experta en la Comisión de Igualdad del Senado, en la Ponencia de Estudio para la elaboración de estrategias contra la violencia de género.

Marta Fernández Morales es Profesora Titular de la Universidad de Oviedo, donde imparte docencia en el Grado de Estudios Ingleses y el Máster Erasmus Mundus en Estudios de las Mujeres y de Género. Durante doce años fue Profesora Titular en la Universitat de les Illes Balears, donde dirigió la Cátedra de Estudios de Violencia de Género y lideró el grupo de investigación 'Representación, Ideología y Recepción en la Cultura Audiovisual', del que sigue siendo colaboradora (www.rirca.es). Su investigación se centra en el análisis de manifestaciones culturales estadounidenses contemporáneas. Es autora de cuatro libros y editora de otros ocho, siendo el más reciente *Rethinking Gender and Popular Culture in the 21st Century: Marlboro Men and California Gurls* (co-editora; Cambridge Scholars Publishing, 2017). Su trabajo ha aparecido en revistas especializadas como *Atlantis*, *Women's Studies*, *Tulsa Studies in Women's Literature*, *American Drama* o *Feminist Theory*.

Isabel Santaulària es profesora titular del Departamento de Inglés y Lingüística de la Universitat de Lleida. Sus áreas de investigación son los estudios culturales, los estudios de género y las narrativas populares. Ha publicado un libro sobre asesinos en serie en la ficción, *El monstruo humano: Una introducción a la ficción de los asesinos en serie* (Laertes, 2009), y numerosos artículos en revistas nacionales e internacionales como son *Atlantis*, *Lectora*, *Diegesis*, *The Journal of Gender Studies*, *Victoriographies*, *Clues: A Journal of Detection* o *The European Journal of English Studies*. Es miembro de dos grupos de investigación: uno dedicado al estudio de la vejez y la masculinidad en la literatura norteamericana y otro sobre la maternidad.

Noor Yasmina Benchichah López es licenciada en Comunicación Audiovisual por la Universitat Autònoma de Barcelona y Doctora en Estudios Avanzados de Comunicación por la Universidad Ramon Llull de Barcelona. En los últimos años ha centrado su carrera investigadora en el estudio de la ficción televisiva norteamericana mostrando especial interés en el género de la ciencia-ficción, así como también en las nuevas tipologías narrativas y los relatos que se expanden más allá de los límites televisivos. Actualmente alterna la labor académica con la publicación de artículos y la colaboración en diversos centros culturales impartiendo clases de lenguaje audiovisual e introducción al guión.

Ana Lanuza Avello es profesora adjunta de la Universidad CEU San Pablo. Doctora en Comunicación Audiovisual por la Universidad CEU San Pablo, Máster en Filosofía por la Universidad Francisco de Vitoria, y Licenciada en Comunicación Audiovisual (especialidad en creatividad publicitaria y marketing) por la misma Universidad. En la actualidad desarrolla su carrera docente e investigadora en la Universidad CEU San Pablo, donde ha impartido las asignaturas de "Estructura del sector de la comunicación y la publicidad", 'Narrativa audiovisual' y 'Guion para cine y televisión', entre otras. Ha sido delegada europea de la asociación internacional de medios de comunicación SIGNIS desde el año 2013 hasta el 2017. Ha participado en distintos concursos relacionados con la crítica cinematográfica y ha sido jurado en festivales internacionales de cine, tales como el Jameson Cinefest Film festival (Hungría) o el Festival de cine de San Sebastián. Entre sus publicaciones destaca la monografía "El hombre intranquilo, mujer y maternidad en el cine clásico americano", publicada por ediciones Encuentro.

Elena Cebrián Guinovart es profesora adjunta de Teoría de la comunicación y la información en la Universidad CEU San Pablo. Licenciada en Periodismo por la Universidad Complutense de Madrid, Doctora en Comunicación por la Universidad CEU San Pablo y máster en Humanidades por la Universidad Francisco de Vitoria. La mayor parte de su investigación se centra en los efectos sociales y políticos de los medios de comunicación, atendiendo especialmente a los efectos del *politainment* y de los imaginarios resultantes de la política en red. Recientemente ha comenzado a trabajar en la construcción mediática sobre la maternidad y la familia. Ha publicado varios artículos y capítulos de libros sobre campañas electorales y redes sociales. Es colaboradora del Instituto de la familia de la Universidad CEU San Pablo.

Andrea Castro es docente e investigadora en la Universidad de Málaga desde 2016. Anteriormente fue durante ocho años subdirectora y docente en los Grados en Comunicación (Periodismo y Publicidad y RRPP) en EADE University of Wales in Málaga y en las Enseñanzas Artísticas Superiores en Diseño Gráfico y de Interiores desde 2014. Durante estos años también impartió clase en el MBA del centro. Ha trabajado en diferentes medios de comunicación y ha sido docente, consultora y creadora de contenidos de Marketing, Publicidad y Comunicación para diversas entidades públicas y privadas. Doctoranda en Comunicación en la Universidad de Málaga, sus líneas de investigación se centran en relaciones públicas, comunicación estratégica y comunicación interna y en nuevas formas publicitarias.

Pablo Díaz-Morilla es investigador en la Universidad de Málaga. Es director y docente en los Grados en Comunicación en EADE University of Wales in Málaga desde 2007 y en las Enseñanzas Artísticas Superiores en Diseño Gráfico, de Interiores y de Producto desde 2014. Imparte clases también en el MBA del mismo centro. Ha ejercido la docencia en el Departamento de Comunicación Audiovisual y Publicidad de la Universidad de Málaga durante varios cursos. Doctorando en Comunicación su proyecto de Tesis recibió el Premio Fundación SGAE a ayuda en proyectos en materia de investigación en cultura. Su línea de investigación se centra en comunicación comercial, nuevas formas publicitarias, teatro y productos culturales y en relaciones públicas. Compagina su actividad docente e investigadora con su trabajo como dramaturgo y guionista, con proyectos y textos representados y premiados a nivel nacional.

Espacios literarios en contacto

Esta colección recoge estudios de literatura francesa orientados hacia el terreno de la comparación, abarcando al mismo tiempo el género popular y la literatura escrita por mujeres. La riqueza de la literatura francesa confrontada con las literaturas hispánicas y las tendencias populares de la época contemporánea así como la escritura de las mujeres autoras ofrece un amplio e interesante abanico de posibilidades que permite profundizar en los aspectos más representativos de la literatura francófona contemporánea. La colección acoge monografías, obras colectivas, actas de coloquio y tesis doctorales en castellano, francés y catalán.

Cette collection recueille des études de littérature française orientées vers le domaine de la comparaison, englobant en même temps le genre populaire et la littérature écrite par des femmes. La richesse de la littérature française mise face à face avec les littératures hispaniques et les tendances populaires de l'époque contemporaine ainsi que l'écriture des femmes auteures offre un large et intéressant éventail de possibilités qui permet d'approfondir dans les aspects les plus représentatifs de la littérature francophone contemporaine. La collection accueille monographies, ouvrages collectifs, actes de colloque et thèses de doctorat en castillan, français et catalan.

Vol. 1 Àngels Santa & Marta Segarra (eds.)
Simone de Beauvoir, filosofía, literatura y vida
ISBN 978-3-0343-1077-2. 2012

Vol. 2 Amelia Peral
Cuerpo de Reescritura
La intertextualidad en la escritura de Hélène Cixous
ISBN 978-3-0343-1279-0. 2013

Vol. 3 Inmaculada Illanes y Mercedes Travieso (eds.)
El mar. Imágenes y escrituras
ISBN 978-3-0343-1377-3. 2013

Vol. 4 Concepción Palacios & Pedro Méndez (éds.)
Femmes nouvellistes françaises du XIXe siècle
ISBN 978-3-0343-1409-1. 2013

Vol. 5 Àngels Santa (ed.)
Des lettres et des femmes… La femme face aux défis de l'histoire
ISBN 978-3-0343-1367-4. 2013

Vol. 6-8 Forthcoming

Vol. 9 Maria Isabel Corbí Sáez & Angeles Llorca Tonda (eds)
Simone de Beauvoir. Lectures actuelles et regards sur l'avenir
Simone de Beauvoir. Today's readings and glances on the future
ISBN 978-3-0343-1616-3. 2015

Vol. 10 Nadia Mékouar-Hertzberg, Florence Marie & Nadine Laporte (éds.)
Le genre, effet de mode ou concept pertinent ?
ISBN 978-3-0343-1683-5. 2016

Vol. 11 Encarnacion Medina Arjona, Ouidad Tebbaa & Marlène Bouzin (éds.)
Jardins littéraires et méditerranéens
ISBN 978-3-0343-1684-2. 2016

Vol. 12 Hélène Baty-Delalande & Jean-François Massol (éds.)
Jean Barois, centenaire d'un roman-monstre.
Lectures à vif, lectures actuelles
ISBN 978-3-0343-2141-9. 2017

Vol. 13 Encarnación Medina Arjona (éd.)
Germinal, la mine et les arts
ISBN 978-3-0343-1368-1. 2017

Vol. 14 Flavia Aragón Rosano & José Antonio López Sánchez (eds.)
Historias de viajes (2 vol.)
ISBN 978-3-0343-2646-9. 2017

Vol. 15 Juan Manuel Aragüés, Thierry Capmartin, Nadia Mékouar-Hertzberg & Alfredo Saldaña (éds.)
Le sujet en question. Ce qu'en pensent la littérature et la philosophie
ISBN 978-3-0343-3407-5. 2018

Vol. 16 Mariona Visa, Erica Briones & M. Carme Figuerola (eds.)
La maternidad en la ficción contemporánea
ISBN 978-3-0343-3877-6. 2020

www.ingramcontent.com/pod-product-compliance
Ingram Content Group UK Ltd.
Pitfield, Milton Keynes, MK11 3LW, UK
UKHW041121041026
8980IPUK00032B/970

9 783034 3387